Resources and Applications of
Landscape Plants in
Karst Areas of Southwest China

中国西南喀斯特园林植物资源及应用

盛茂银　等 编著

化学工业出版社
·北京·

内容简介

本书在介绍中国西南喀斯特自然地理、生态环境、植被特征等总体概况的基础上，分别对中国西南喀斯特园林植物资源的乔木、灌木、藤木、草本四个类型主要物种进行了系统的介绍，包括各物种的系统分类、形态特征、生物学习性、地理分布和园林应用等情况。最后对中国西南喀斯特石漠化治理、自然保护地建设、村落建设与保护、地质公园保护开发、道路绿化以及河湖治理中的园林植物资源应用和案例进行了详细阐述和解析。

本书重点总结了中国西南喀斯特园林植物资源及其应用，同时涉及园林景观和生态修复规划设计的理论、方法、思路和案例，可供风景园林、生态修复、喀斯特环境治理、植物资源利用等领域的工程技术人员和研究人员参考，也可供相关专业领域研究生参考使用。

图书在版编目（CIP）数据

中国西南喀斯特园林植物资源及应用／盛茂银等编著．—北京：化学工业出版社，2021.12
ISBN 978-7-122-39957-1

Ⅰ．①中…　Ⅱ．①盛…　Ⅲ．①喀斯特地区－园林植物－植物资源－研究－西南地区　Ⅳ．①S68

中国版本图书馆CIP数据核字（2021）第192557号

责任编辑：刘　军　孙高洁
责任校对：边　涛
装帧设计：关　飞

出版发行：化学工业出版社
（北京市东城区青年湖南街13号　邮政编码100011）
印　　装：中煤（北京）印务有限公司
787mm×1092mm　1/16　印张34　字数827千字
2022年2月北京第1版第1次印刷

购书咨询：010-64518888　　售后服务：010-64518899
网　　址：http://www.cip.com.cn
凡购买本书，如有缺损质量问题，本社销售中心负责调换。

定　　价：268.00元

本书编著者名单

盛茂银　王霖娇　李雨萱　余丞程　张茂莎　赵扬辉

前言

中国西南喀斯特地处长江和珠江两大流域水系的上游，主要分布在以贵州省为中心的云南、贵州、广西、湖北、四川、重庆、湖南、广东地区，横跨云贵高原和广西丘陵，地势总体上西高东低，区域面积超 $1.15\times10^6km^2$，喀斯特面积约 $5.4\times10^5km^2$，是世界三大喀斯特集中连片区中面积最大，喀斯特发育最强烈的典型地区。该区域水热丰富但分布不均匀、碳酸盐溶蚀性强、水文二维结构明显，具有岩石裸露率和钙镁含量高、土壤贫瘠、季节性干旱严重等自然胁迫环境。喀斯特生态系统的稳定性、抗干扰性差，与黄土、沙漠、寒漠并列为中国四大生态环境脆弱区。植物生境的主要特征为：①富钙镁偏碱性的石生生境；②具有地上地下垂直剖面上的“二元三维”多层空间的储水结构，地表水漏失严重；③水平空间上小生境高度异质；④植被生物量低，易受外界干扰，退化后极难恢复。其适生植物具有石生性、嗜钙性、耐贫瘠和耐旱性等限制性特点，形成了与地带性植被不同的顶级群落，即亚热带石灰岩常绿落叶阔叶混交林。中国西南喀斯特是我国植物区系相汇交错区和交接过渡的中间地段，生物多样性丰富，植物种类繁多，具有园林应用前景的植物资源极其丰富。长期以来，该区域由于人口超载，强烈的人为活动导致原本脆弱的生态系统出现生态环境退化十分严重的石漠化现象，严重制约了区域社会经济可持续发展。随着生态保护、美丽中国和全面脱贫攻坚等国家重大战略的实施，当前该区域石漠化治理、生态修复、景观建设等如火如荼地开展，区域社会经济发展取得了长足进步，迫切需要对该区域的园林植物资源进一步开发利用。本书基于长期的野外调查基础，结合文献查阅，对我国西南喀斯特园林植物物种资源及其在喀斯特生态修复和景观建设中的典型应用进行系统介绍，为西南喀斯特园林植物资源开发利用和实践应用提供参考和依据。

本书以中国西南喀斯特（简称西南喀斯特）为背景展开阐述，包括既相互独立又相互关联的十一章，分上下两篇。上篇五章（第一章至第五章）主要介绍西南喀斯特自然地理与生态环境概况和乔灌藤草园林植物主要物种。第一章概述了西南喀斯特自然地理、生态环境、植被特征、环境对植物生长的主要胁迫和植物多样性的总体概况。第二至五章分别介绍了西南喀斯特65种乔木、62种灌木、28种藤本和52种草本园林植物资源的系统分类、形态特征、生物学习性、地理分布和园林应用情况。下篇六章（第六章至第十一章）详细阐述了西南喀斯特地区生态修复和景观建设中园林植物的典型应用。第六章介绍了喀斯特石漠化治理中的园林植物应用与案例。第七章介绍了喀斯特自然保护地建设中的园林植物应用与案例。第八章介绍了喀斯特村落建设与保护中的园林植物应用与案例。第九章介绍了喀斯特地质公园保护开发中的园林植物应用与案例。第十章介绍了喀斯特道路绿化中的园林植物应用与案例。第十一章介绍了喀斯特河湖治理中的园林植物应用与案例。

本书是一部总结介绍我国西南喀斯特园林植物资源及其在喀斯特生态修复和景观建设中典型应用的专著，以盛茂银教授课题组长期以来的野外调查和相关社会服务项目成果等为编写基础，结合盛茂银教授和王霖娇副教授承担的贵州师范大学风景园林专业硕士研究生“风景园林植物资源与应用”课程教学成果编写而成。本书第一章由王霖娇、盛茂银执笔撰写；第二章由王霖娇、李雨萱执笔撰写；第三、第七和第十一章由盛茂银、张茂莎执笔撰写；第四和第六章由盛茂银、余丞程执笔撰写；第五、第九和第十章由王霖娇、赵扬辉执笔撰写；第八章由盛茂银、李雨萱执笔撰写。最后本书由盛茂银教授统稿。贵州师范大学喀斯特研究院风景园林专业学位硕士研究生张穗粒、罗娜娜、石庆龙、史开樯、王钰玺、王博、李雪、幸思衍、颜翔琦、陈婉宁、韩雪、李艾芬、张米林参与了本书园林植物物种资源和应用案例调查及收集的部分工作。

本书研究成果主要由贵州师范大学风景园林专业学位硕士点建设经费资助完成，同时得到以下基金项目资助，特此一并感谢。

（1）国家自然科学基金地区项目（31660136），喀斯特石漠化演替过程中生态化学计量学特征的响应及其驱动机制。

（2）贵州省科学技术基金重点项目（黔科合基础[2020]1Z012），基于细根功能性状的喀斯特石漠化适生植物环境适应策略研究。

（3）贵州省科学技术基金（黔科合基础[2019]1224号），典型喀斯特石漠化生态系统植硅体碳时空分布格局、演变规律及其驱动机制。

（4）贵州省优秀青年科技人才支持计划（黔科合平台人才[2017]5638），喀斯特石漠化生态系统植物多样性时空分布格局及其演替机制。

（5）贵州省普通高等学校科技拔尖人才支持计划（黔教合KY字[2016]064），喀斯特石漠化生态系统植物多样性和功能群的演变规律及其形成机制研究。

限于各方面的水平，本书不妥之处在所难免，请各位读者、同行不吝赐教，作者将在此基础上不断改进，不断完善，为我国喀斯特园林植物资源开发利用及喀斯特生态修复和景观建设贡献微薄力量。

盛茂银

2021年7月

目录

第四章 西南喀斯特藤本园林植物资源 / 214

第五章 西南喀斯特草本园林植物资源 / 259

上篇

中国西南喀斯特园林植物资源

第一章

西南喀斯特生态系统及其植物资源概况

水对石灰岩等可溶性岩石以溶解与沉淀为主，侵蚀与沉积、崩塌与堆积为辅的作用都称为喀斯特作用，由这种作用塑造的地貌称为喀斯特地貌（图1-1），在中国又称为岩溶地貌。

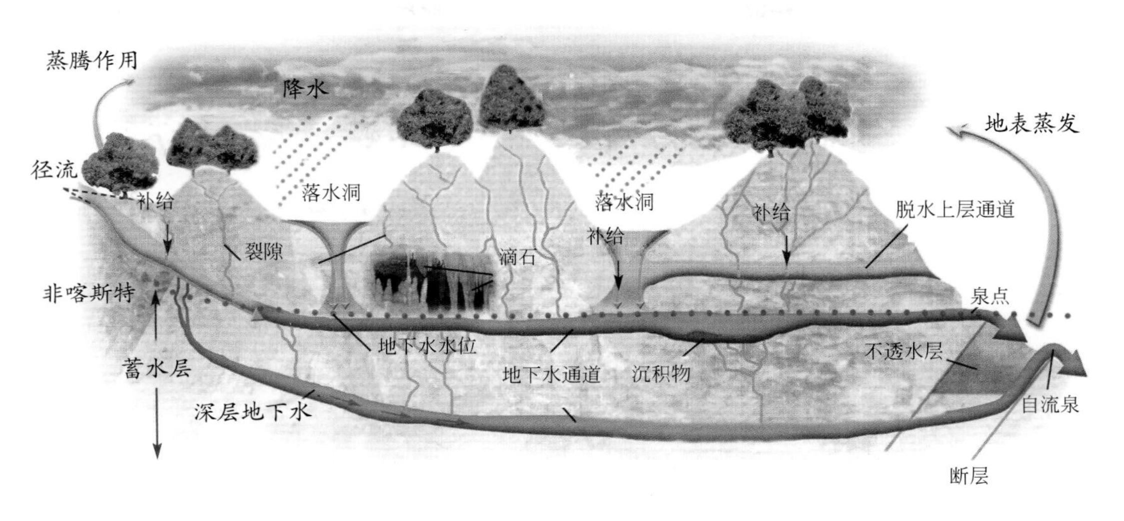

图1-1　喀斯特系统概念模式图

第一节　自然地理概况

一、地质与岩性

中国喀斯特以发育在碳酸盐岩地区为主，分裸露、覆盖、埋藏3个类型。中国碳酸盐岩古老坚硬，新生代大幅度抬升，未受末次冰期大陆冰盖刨蚀，与东亚季风区水热配套而具有很大特色。中国西南喀斯特地区碳酸盐岩属于扬子区、江南区、华南区、巴彦喀拉—秦岭区及藏北—滇西区中的滇西分区。主要以扬子区、江南区和华南区为主，不同地区碳酸盐岩出露面积的比例明显不同（宋同清等，2015）。

西南喀斯特地区可溶岩石主要为三叠系以前古老的碳酸盐岩，包括震旦系、寒武系、奥陶系、志留系、泥盆系、石炭系、二叠系、三叠系，总厚度为3000 ～ 10000m（姚长宏等，2001）。西南区北部和西部属于扬子准地台区，震旦纪以来沉积了数千米厚的碳酸盐岩系，上震旦统以白云岩为主，岩性均一，厚千米左右。寒武系四川（靠近贵州）和贵州一带以白云岩类为主，四川（靠近湖北）和湖北一带以泥质石灰岩为主。奥陶系以石灰岩为主，岩性稳定，厚仅数百米。志留系为碎屑岩，泥盆系、石炭系在许多地方缺失。二叠系碳酸盐岩广泛分布，大多数为纯质石灰岩。三叠系为白云岩、石灰岩沉积，白云岩比例逐渐增大，过渡到碎屑岩。早在古生代及其以前的地层中很少有碳酸盐岩系，晚古生代以来广泛发育碳酸盐岩系地层，泥盆纪、石炭纪和二叠纪碳酸盐岩沉积厚度在广西几千米至万余米，湖南中部、广东北部2000余米。云南东南部、广西中部和西部下三叠统有数百米厚碳酸盐，广西西北部中、上三叠统有巨厚碳酸盐岩沉积，湖南中部为泥质碳酸盐岩与灰岩互层（袁丙华和毛郁，

2001）。云南西北部、四川西部地区出露的碳酸盐岩绝大多数为三叠系地层。

西南喀斯特碳酸盐岩分为灰岩、灰岩夹层、灰岩与碎屑岩互层、灰岩与白云岩互层、白云岩、白云岩夹层、白云岩与碎屑岩互层、碎屑岩、碎屑岩夹层碳酸盐岩、碳酸盐岩夹碎屑岩、碳酸盐岩与碎屑岩互层11类。主要岩石类型有石灰岩、白云岩及沉积碎屑岩。碳酸盐岩地层与非可溶岩层的组合情况有两种基本类型，即互层型和连续型。互层型分布在西南喀斯特区中部、西部和北部的贵州、云南东部、四川南部、湖北西部一带。碳酸盐岩层总厚度可达3000～10000m，主要为寒武系-奥陶系及泥盆系-三叠系地层，并常夹有非可溶岩层，如砂岩、页岩和玄武岩等。连续型分布在西南喀斯特区东南部的广西、湖南南部一带，厚达3000m，为中泥盆统到中三叠统碳酸盐岩（宋同清等，2015）。有些地区，白云岩、白云质灰岩在中寒武统、中泥盆统、中石炭统或三叠系中占主要地位（袁道先，1992）。石灰岩的矿物组成主要是方解石、白云岩与黏土矿物、石英，石灰岩的溶蚀风化过程主要是$CaCO_3$与$MgCO_3$的淋溶而将部分含Fe、Al的黏土矿物残留下来的过程。

二、地貌特征

1. 地貌类型的划分

喀斯特地貌类别有不同的分类标准，较为常见的为按喀斯特作用发生地分为地表喀斯特和地下喀斯特。此外，按出露条件划分为裸露型喀斯特、覆盖型喀斯特、埋藏型喀斯特。按气候带划分为热带喀斯特、亚热带喀斯特、温带喀斯特、寒带喀斯特、干旱区喀斯特。按岩性划分为石灰岩喀斯特、白云岩喀斯特、石膏喀斯特、盐喀斯特。

（1）地表喀斯特

石芽：指可溶性岩石表面沟壑状溶蚀部分和沟间突起部分。石芽为蚀余产物，热带厚层纯石灰岩上发育形体高大的石芽常高达数十米，成为石林。

溶沟：地表水沿岩石裂隙溶蚀、侵蚀而成，宽0.2～2m，深0.02～3m，底部常填充泥土或碎屑。

喀斯特漏斗：由流水沿裂隙溶蚀而成，呈蝶形或倒锥形洼地，宽数十米，深数米至十余米，底部有垂直裂隙或落水洞。

落水洞：多分布在较陡的坡地两侧和盆地、洼地底部，为流水沿裂隙侵蚀的产物。宽度一般不会超过10m，深可达数十米至数百米。广西、重庆及四川南部地区称之为“天坑”，一般称“竖井”。

溶蚀洼地：通常由喀斯特漏斗扩大或合并而成，面积小于$10km^2$，具有封闭性。

喀斯特盆地：又称为坡立谷，是一种大型喀斯特洼地，面积一般为$10～100km^2$，边缘略陡并发育有峰林，底部平坦且覆盖残留红土，多分布在地壳相对稳定的区域，如云南砚山县、罗平县和贵州安顺市。

喀斯特平原：喀斯特盆地继续扩大即形成喀斯特平原，地表覆盖红土并发育孤峰残丘，如广西宾阳县黎塘镇和贵港市。

峰丛：是同一基座而峰顶分离的碳酸盐岩山峰，常与洼地组合成峰丛-洼地地貌。

峰林：为分散碳酸盐岩山峰，通常由峰丛发育形成，但因受到构造影响而形态多变，在水平岩层上多呈圆柱形或锥形，在大倾角岩层上多呈单斜式。气候条件对峰林形态有影响，云贵高原峰林因遭到破坏而较浑圆矮小，贵州和广西两地区交接带气候较为炎热，地下水垂直运动强烈，峰林高达300～400m。

孤峰：孤峰是峰林发育晚期残存的孤立山峰，多分布于喀斯特盆地底部或喀斯特平原上。

（2）地下喀斯特

溶洞：地下水沿岩石裂隙或落水洞向下运动时发生溶蚀，形成各种形态的管道和洞穴，并相互沟通或合并，形成统一的地下水位。地壳上升，地下水位将随河流下切而降低，洞穴转变为干溶洞。水平溶洞的发育大多与当地侵蚀基面相适应，因此此类溶洞与阶地及河面对比可反映构造上升量。垂直溶洞深度可达数百米至数千米，可视为地壳上升的标志。

地下河：亦称暗河，是以溶蚀作用为主形成的地下廊道、溶洞和溶蚀组成的喀斯特地下管道系统。

暗湖：是地下河相通的地下湖，和地表湖泊一样，暗湖也具有水源调蓄作用，其可储存和调节地下水。

石钟乳：石钟乳是干溶洞顶部裂隙渗出的地下水中所含碳酸钙因温度升高、压力减小与水分蒸发而沉淀，自洞顶向下增长形成。

石笋：是自石钟乳上滴落到洞底的水中含碳酸钙形成沉淀自下而上增长形成。

石柱：是石钟乳与石笋相接形成。

2. 地貌类型的分布

西南喀斯特地貌类型复杂多样，由高山、高原、盆地、丘陵、平原组成，地貌结构以山地、高原为主，二者面积占全区总面积的86.15%（赵汝植，1997；黄明华，1992）。地貌分喀斯特地貌和非喀斯特地貌两类，喀斯特地貌占35.88%。复杂多样的岩石组分、种类及热带亚热带季风气候使得西南喀斯特地区地貌形态复杂、种类繁多，具体地貌类型的分布见表1-1。云贵高原以溶丘洼地和溶丘谷地为主，在大流域的分水岭及次一级河流的谷坡地带，有较多规模宏大的洞穴系统发育。云贵高原至广西盆地过渡斜坡地带，主要发育了峰丛洼地、峰丛谷地，局部残存的高原面上仍保存着早期发育的峰林谷地，在大面积的斜坡地带，有很多大的暗河仍在强烈发育。云贵高原至四川盆地南缘，峰林、喀斯特盆地分布也很广，其间峰丛、溶洞分布较为密集（卢耀如，1986）。广西盆地以峰林-谷地、孤峰-平原为主。

表1-1　喀斯特地貌分布

喀斯特地貌类型	分布区
喀斯特中高山	四川西部和云南西北部
喀斯特断陷盆地	云南东部和四川西南部
喀斯特高原	贵州中部
喀斯特峡谷	云南西部与东北部和贵州西部
喀斯特峰丛洼地	广西西北部、贵州南部和云南东南部
喀斯特槽谷	湖北西部、重庆东部、贵州东北部和四川东南部
喀斯特峰林平原	广东北部、湖南南部、广西东北部与中部
喀斯特溶丘洼地	湖南中部和中南部

三、气候特征

西南喀斯特幅员辽阔、地貌复杂，加上高空空气环流的影响，形成了复杂多样的独特气候，主体部分的气候特征为温暖湿润的亚热带季风气候（饶懿等，2004）。其特殊的地理位置致使该地区同时受三大季风的影响，形成三大季风过渡区的气候特点。其中，四川盆地、贵州大部、云南东北部属东亚季风区，其界线北段是以青藏高原东部115～310km地形等高线为界，南段以昆明准静止峰为界，冬季多阴沉天气、相对湿度较高，夏季季风雨多发生在副高西北侧的辐合线上；云南大部，四川凉山、攀枝花地区及甘孜南部受印度季风区的影响，冬季晴朗干燥，夏季湿度高、水汽丰沛。西南喀斯特地区跨越多个气候区，包括北亚热带、中亚热带、南亚热带、热带边缘及青藏高原高寒气候区，根据地形地貌及水热条件的相似性，可将西南喀斯特地区划分为11个气候区（温琰茂等，1990）。

西南喀斯特不仅具有三大季风过渡区的特点，加之许多地区垂直高差大，垂直气候特征也很显著，除四川西部、四川西南部、云南东北部等高山高原外，西南喀斯特区域大部分地区年均温都在10℃以上。其中，贵州大部分地区年平均气温在15℃以上，向南逐渐升高到20～24℃（广西和云南南部）。年平均日照数一般为1200～1600h，往南高达1800～2000h，且年际变化不大。年日照率为25%～42%。

西南喀斯特区域绝大部分为季风气候区，年降水量丰沛，绝大部分年降水量为1000～1600mm，最高达1800～2000mm，年均相对湿度为75%～80%，具有水热同期的分布特点，但降水的时空分布极不均匀（王世杰等，2003）。冬季降水量最少，夏季最多，5～10月降水量约占全年总降水量的70%～80%，冬季降水量不足5%，多发生春旱。除四川西部和云南西北部少部分地区外，其他地区年均降水量都在800mm以上。其中，湖北西南部、重庆东南部、湖南、广东北部、广西、贵州南部和西南部、云南西南部和南部地区年均降水量在1200mm以上。暴雨集中地如四川西部山地、岷江中游、大巴山、广西北部山地、广西南部沿海等均为暴雨中心。降水总体趋势呈由东南向西北减少的分布趋势，其间受地形和山脉走向的影响，造成多雨区和少雨区交错分布（董谢琼和段旭，1998）。

四、水文特征

1. 河流水系

西南喀斯特地区河流众多，河网密度大，地形落差大，水资源和水能资源蕴藏量十分丰富，西藏、四川、云南、贵州四省（自治区）的水资源总量约占全国水资源总量的38.66%，可开发的水能资源（以年发电量计）约占全国的67.18%（陈家琦和王浩，1996）。

根据2006年国家测绘局出版的《中华人民共和国地图（河流水系版）》，在全国14个河流水系中，西南喀斯特地区属于长江水系、珠江水系及西南水系。西南喀斯特地区的主要河流有：

一级河流：长江、珠江、澜沧江。

二级河流：独龙江、怒江、雅砻江、岷江、元江、汉江。

三级河流：大渡河、黑水河、乌江、郁江、柳江、沅江、湘江、北江。

四级河流：理塘河、瑞丽江、漾濞江、安宁河、普渡河、牛栏江、横江、明江、锦江、革香河、六冲河、赤水河、左江、龙江、洛清江、桂江、贺江、潇水、资水、耒水、斜塔水、西水、沣水、清江、沮漳河、堵河等。

2. 地表水分布

西南喀斯特地区石灰土成土速度慢，地表土层薄，植被少，且以灌木为主，含、保水能力小，岩溶作用强烈，裂隙、溶斗、暗河、溶洞、管道十分发育，呈现出地表水向地下水转化较快、地表水系不是十分发育的特征（宋同清等，2015）。降水形成的地表产流汇集低洼处，由落水洞等渗水管道快速注入地下岩溶管道系统，以致在降水量充沛的条件下，仍然存在严重的农田用水和人畜饮水困难，旱灾频繁。但因地表水以渗漏为主，加上岩石裸露率和土壤石砾含量高，地表径流很少，柴宗新（1989）、韦启潘（1996）、袁道先（2000）分别测定的值为68t/(km^2 • a)、50t/(km^2 • a)和50 ～ 80t/(km^2 • a)。水利部颁布的土壤允许流失量阈值标准为50t/(km^2 • a)。

3. 地下水分布

由于碳酸盐岩的可溶性，形成地表地下双层结构，降雨通过竖井、漏斗迅速汇入地下，在喀斯特山区，水分的入渗系数为0.3 ～ 0.6，甚至高达0.8（刘燕华和李秀彬，2000）。地下水系十分发达，在中国西南连片分布的岩溶石山区，共查明地下河2836条，是西南岩溶水赋存与运动的重要场所，其总流量达1482m^3/s，总长度13919km，相当于一条黄河（袁道先，2001）。

4. 喀斯特干旱

西南喀斯特雨热资源丰富，年降水量大，一般在1200mm左右，但时空分布不均，蒸发量明显大于降水量，水汽总体上处于亏损状态，易形成干旱气候（彭晚霞等，2008）。长期强烈的岩溶作用形成了有别于其他地区的地表地下双层二元水文结构，众多的溶洞、溶沟、溶隙、漏斗、地下河和落水洞及喀斯特浅薄的土层、大量的岩石裸露致使大气降水迅速渗漏和蒸发，形成了温润气候条件下特殊的岩溶干旱现象（杨明德和梁虹，2000）。

5. 喀斯特内涝

在一些溶蚀丘陵、洼地、谷地和峰林平原，因连续降水或水库蓄水，地下喀斯特管道排泄受阻，经常发生内涝，这种内涝具有周期性、多发性、突发性和群发性的特点，且受复杂的地下管道系统制约，水流循环及补排关系错综复杂，有效治理的难度很大。特别是裸露型岩溶区，多以落水洞或地下河伏流泄洪排水，在雨季大暴雨期间，洪水量大，排泄不畅，常常造成低洼区积水成灾，尤其是水土流失严重的地区，排水通道多有淤塞，排水能力减弱，致使内涝灾害频繁，内涝类型多样（宋同清等，2015）。

五、土壤

西南喀斯特地区土壤主要包括铁铝土、淋溶土、初育土、水成土、半水成土、人为土6个土纲，红壤、黄壤、石灰土、黄棕壤、水稻土、紫色土、赤红壤、棕壤、暗棕壤、草甸土、黑毡土、粗骨土、棕色针叶林土、岩石、寒冻土、褐土、水体、燥红土、灰褐土、潮土、黄褐土、砖红壤、新积土、山地草甸土、石质土等25个土类（宋同清等，2015）。

西南喀斯特地区主要土壤类型及所占面积比例（图1-2）如下：

红壤：中亚热带生物地带性土壤，是在高温多雨、干湿季节明显、原生植被为亚热带常绿阔叶林条件下发育形成的。主要分布在湖南中南部，广东北部，广西东北部、西北部，云南东部，红壤总面积约25.52万平方米，占该区域面积比例最大，达23.3%。

黄壤：在亚热带生物气候条件下形成的地带性土壤类型，土壤呈酸性，黏性较强，肥力水平较低。主要分布在贵州高原区、重庆东南地区、云南东北地区、湖南、广西北部及广东北部的山地，总面积约15.13万平方千米，占该区域面积的13.8%。

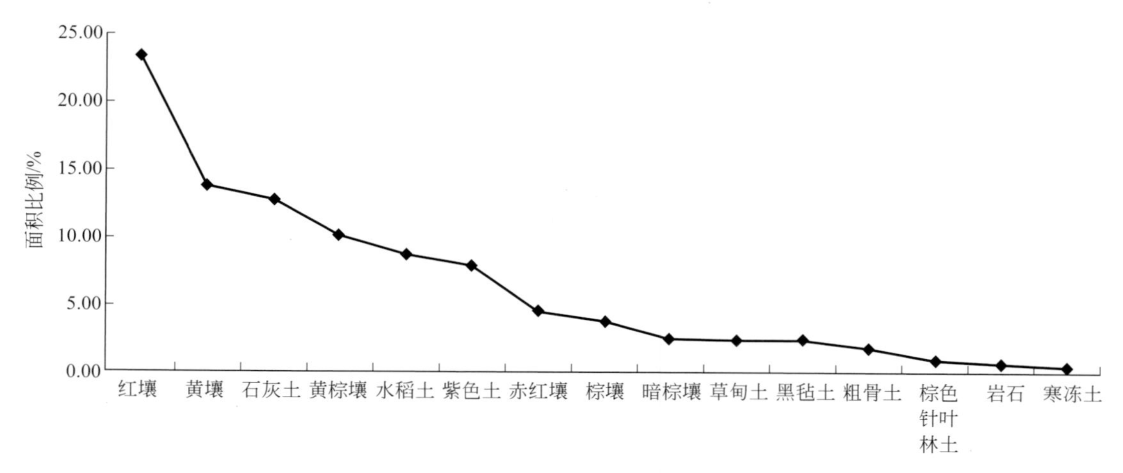

图1-2　西南喀斯特地区主要土壤类型面积比例

石灰土：在亚热带气候条件下由石灰岩风化发育而形成的非地带性土壤，酸碱性为中至微碱性。可分为红色石灰土、黑色石灰土、黄色石灰土和棕色石灰土。主要分布在云南东南部，广西中部、西南部，贵州中北部、南部，湖北西部、湖南西北部、广东北部及重庆东北部碳酸盐岩分布区，总面积为13.93万平方千米，约占该区域面积的12.7%。

黄棕壤：主要分布在湖北西部、重庆北部、云南西北部和东北部、四川西南部以及贵州西部地区。总面积为11.05万平方千米，占该区域面积的10.1%。

水稻土：起源于红壤、黄壤、潮土、紫色土等各种土类，属于非地带性土壤。其形态、发育程度因母土而异，随着土壤水分运行情况、发育阶段、附加过程及土体构型的不同，表现出高、中、低的肥力状况。大部分分布在海拔较低的平原、台地、丘陵、谷地地区，在湖南中部、南部及湖北中部有较大面积集中分布。总面积为9.60万平方千米，占该区域面积的8.8%。

紫色土：发育于亚热带地区石灰性紫色砂页岩母质的土壤，是一种非地带性土壤，按照脱钙程度又可以分为酸性紫色土、中性紫色土和石灰性紫色土3种亚类。主要分布在四川盆地周围，云南中北部、广西中南部及湖南部分地区也有分布，总面积为8.70万平方千米，占该区域面积的8.0%。

赤红壤：一种介于热带砖红壤和亚热带红壤之间的过渡性土壤类型，是南亚热带地区的代表性土壤，主要分布于广东、广西、云南南部的南亚热带地区，总面积为4.96万平方千米，占该区域面积的4.5%。

棕壤：在暖温带生物气候条件下，由各种岩石风化发育而成，分布于湖北西部、重庆北部、四川西南部、云南北部山地，总面积为4.18万平方千米，占该区域面积的3.8%。

暗棕壤：在温带生物气候条件下，由各类岩石风化发育而成，分布在四川西部、四川西南部和云南西北部山原，总面积为2.81万平方千米，占该区域面积的2.6%。

草甸土：分布于四川西部高山高原地区，总面积为2.63万平方千米，占该区域面积的2.4%。

黑毡土：分布于四川西部、四川西南部、云南西北部高山地区，总面积为2.62万平方千米，占该区域面的2.4%。

粗骨土：在贵州中部、南部及广西来宾、忻城、合山、柳江等地分布最为集中。总面积为2.02万平方千米，占该区域面积的1.8%。

棕色针叶林土：在湿润寒温带生物气候条件下形成，主要分布在云南东北山地，总面积1.20万平方千米，占该区域面积的1.1%。

六、石漠化

喀斯特石漠化是在喀斯特地区脆弱生态环境下，人类不合理的社会经济活动造成人地矛盾突出、植被破坏、水土流失、岩石逐渐裸露、土地生产力衰退甚至丧失，地表呈现石质荒漠景观的演变过程或结果（盛茂银等，2013）。喀斯特地区由于脆弱的生态环境和复杂的人地系统，加上历史上不合理的人为活动，喀斯特生态系统严重恶化，出现了一系列重大的生态环境问题和社会经济问题，其中最显著的是生态环境遭破坏后形成的石漠化。

石漠化的形成是水土流失的必然后果，石漠化土地面积的扩大则使水土流失进一步加重，影响石漠化形成的因素既有自然因素，也有人为因素（图1-3）。随着人类社会经济的发展，人为因

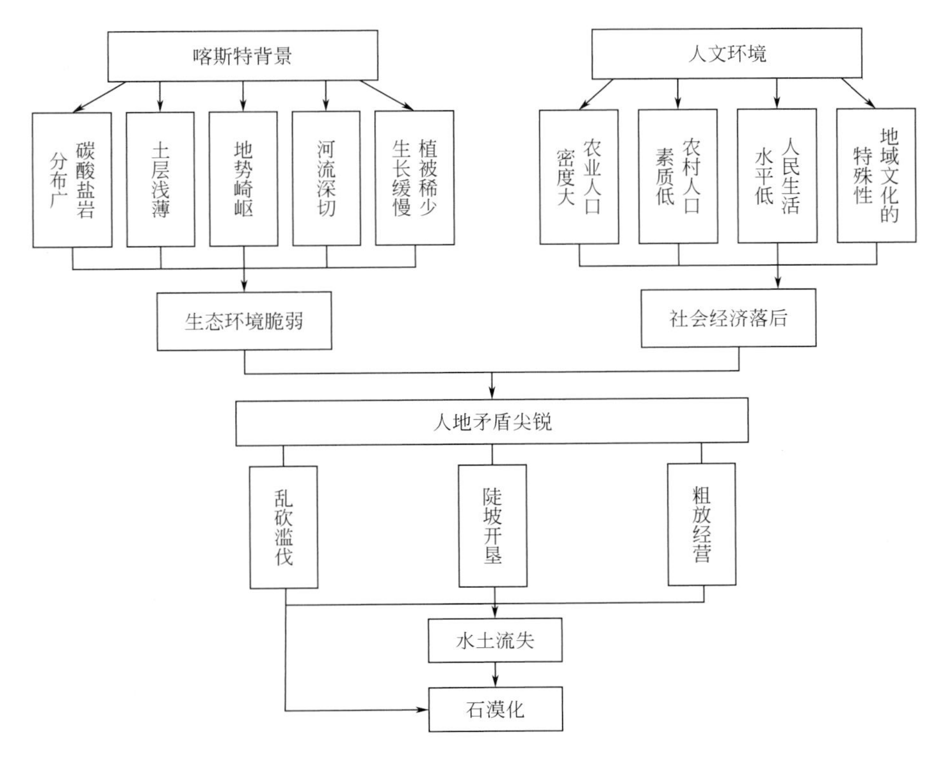

图1-3　西南喀斯特石漠化形成过程

素越来越成为石漠化发生的主导因子。熊康宁等（2002）将石漠化分为6个等级（表1-2），分别为无石漠化、潜在石漠化、轻度石漠化、中度石漠化、强度石漠化和极强度石漠化（图1-4）。

表1-2　喀斯特石漠化等级分级标准表（熊康宁等，2002）

石漠化等级	基岩裸露 /%	土被 /%	坡度 /（°）	植被 + 土被 /%	平均土厚 /cm
无	≤ 40	≥ 60	≤ 15	> 70	≥ 20
潜在	> 40 ～ 60	< 60	> 15 ～ 18	50 ～ 70	< 20 ～ 15
轻度	> 60 ～ 70	< 30 ～ 60	> 18 ～ 22	35 ～ < 50	< 15 ～ 20
中度	> 70 ～ 80	< 20 ～ 30	> 22 ～ 25	20 ～ < 35	< 10 ～ 15
强度	> 80 ～ 90	< 10 ～ 20	> 25 ～ 30	10 ～ < 20	< 5 ～ 10
极强度	> 90	< 5 ～ 10	> 30	< 10	< 3 ～ 5

(a) 潜在

(b) 轻度

(c) 强度

(d) 中度

(e) 极强度

图1-4　不同等级喀斯特石漠化景观

按《中国·岩溶地区石漠化状况公报》（国家林业和草原局，2018）发布，截至2016年底，岩溶地区石漠化土地总面积为1007万公顷，占岩溶面积的22.3%，占区域国土面积的9.4%，涉及湖北、湖南、广东、广西、重庆、四川、贵州和云南8个省（自治区、直辖市）457个县（市、区）。贵州省石漠化土地面积最大，为247万公顷，占石漠化土地总面积的24.5%。其他依次为：云南、广西、湖南、湖北、重庆、四川和广东，面积分别为235.2万公顷、153.3万公顷、125.1万公顷、96.2万公顷、77.3万公顷、67万公顷和5.9万公顷，分别占石漠化土地总面积的23.4%、15.2%、12.4%、9.5%、7.7%、6.7%和0.6%（图1-5）。

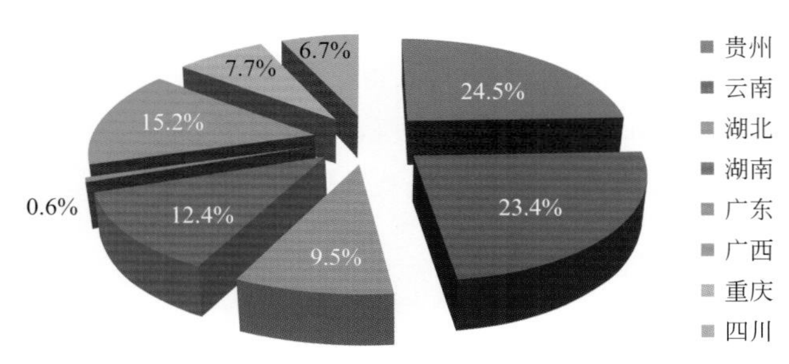

图1-5　西南喀斯特石漠化分布

喀斯特石漠化作为一种环境地质灾害，加速了生态环境的恶化，形成以石漠化为核心的灾害群与灾害链，主要表现为水土流失—石漠化—旱涝灾害—生态系统退化集聚性发生和因果循环，结果导致土地资源丧失和非地带性干旱、生命财产损失等。

1. 生态系统退化，生物多样性减少

石漠化不仅导致生态系统多样性减少或逐步消失，而且迫使喀斯特植被发生变异以适应环境，造成喀斯特山区森林退化，区域植物种属减少，群落结构趋于简单甚至发生变异。许多喀斯特石漠化山区，森林覆盖率不超过10%，生物群落结构简单，且多为旱生植物群落，如藤本刺灌木丛、旱生性禾本灌草丛和肉质多浆灌丛等，使石漠化山区生态系统处于恶性循环，生境脆弱。

2. 水资源供给减少，用水短缺

喀斯特地区植被稀少，土层变薄或基岩裸露，加之喀斯特的地表、地下双重地质结构，渗漏严重，入渗系数较高，一般为0.3～0.5，裸露峰丛洼地区可高达0.5～0.6，导致地表水源涵养能力极度降低，保水力差，使河溪径流减少，井泉干枯，土地干旱，人畜饮水困难。缺水和干旱一直是影响当地农业生产的严重问题，阻碍山区脱贫致富的步伐。

3. 旱涝灾害严重

石漠化会改变土壤物理化学性状、水文径流状况，导致旱涝灾害发生强度大、频率高、分布广，甚至还叠加发生，交替重复。随着喀斯特生态环境的不断恶化，各种自然灾害普遍呈现周期缩短、频率加快、损失加重的趋势，严重威胁着人民生命财产安全。随着水土流失的日趋加剧，水库库区、水渠，以及公路排水沟，因泥沙淤积，虽年年实施水库防渗堵漏、清淤工作，实行公路维修，但仍时常被毁，致使水利工程使用寿命缩短，病险库比重上升，

公路沟畦连绵，晴通雨阻。贵州兴义下五屯纳灰河，长19.5km，现在全河床80%的河段已抬高3～6m，到枯水期，局部河段已成伏流。兴西湖水库平均每年淤积83333m^3淤泥，相当于每10年消失一个100万立方米的水库。

4. 滑坡、泥石流灾害频繁

喀斯特境内山高坡陡，地形破碎，切割严重，土层浅薄，抗侵蚀能力弱。石漠化峡谷多，道路抗灾能力差，通达深度不够，许多农村道路雨季不通车现象十分突出，影响了本地区经济发展。由于水土流失严重，喀斯特区的漏斗被堵，形成喀斯特洼地，在雨季长期受水淹，导致夏季作物根本无法栽种。据贵州兴义市民政部门统计，2000年以来，全市因暴雨，良田被冲毁120hm^2、毁坏26.5km、桥梁倒塌5座、人员死亡64人、损失牲畜数千头、9589间房屋需重建、91处喀斯特洼地在夏季根本无法栽种作物。

5. 危及珠江长江中下游地区的生态安全

西南喀斯特地处珠江长江流域上游分水岭地区，石漠化严重，造成植被稀疏、岩石裸露、涵养水源功能衰减，水土流失加剧，调蓄洪涝能力明显降低。大部分泥沙进入珠江、长江，在下游淤积，导致河道淤浅变窄，水库面积及其容积逐年缩小，蓄水、泄洪能力下降，直接威胁珠江和长江中下游地区的生态安全。

第二节　植物资源概况

一、西南喀斯特植物资源总体特点

1. 植被类型复杂多样，物种多样性丰富

中国植物区系的11种植被型西南喀斯特均有记载，广西、贵州、云南石灰岩上的维管植物共计有195科1213属4287种。若把西南八省（自治区、直辖市）的石灰岩植物包括在内，其植物总数可达7000余种，科、属、种分别占中国植物区系的68%、38%和25%。

云南西双版纳共有4个植被类型、18个群系、维管束植物197科、1140属、3336种及变种。石灰岩植被拥有3个植被类型、9个群系、维管束植物153科、640属、1394种及变种。石灰岩面积仅占西双版纳土地面积的1/5，但植物区系分别占西双版纳地区植物区系植被类型的3/4、群系的1/2、总科数的77.7%、总属数的56.1%及总种数的37.9%（朱华等，2001；朱华，2007）。

广西弄岗国家级自然保护区位于广西龙州县和宁明县境内，1999年加入中国“人与生物圈”保护区网络，是全球最独特、面积较大、森林生态系统结构最完整的北热带喀斯特季节性雨林分布区域，被评为我国14个具有国际意义的陆地生物多样性关键地区之一。该区域是中国桂西南石灰岩植物荟萃中心，已知有维管植物183科799属1725种，其中珍稀濒危植物24科27属31种（陶旺兰等，2018）。

2. 植被区系特有种多

广西西南部至云南东南部正好位于西南喀斯特区域，因此中国特有属较多，是中国古老特有属中心，共52属，占区系总数的4.8%。云南高原亚热带喀斯特石林共有维管束植物147科533属889种、蕨类植物14科25属43种、裸子植物3科9属13种。889种植物按地理成分划分有中国特有种328种，占总种数的40%，其中云南特有种81种，占总种数的9.1%，国家级保护植物8种（宋同清等，2015）。

广西龙虎山自治区级自然保护区位于广西隆安县境内，地处北回归线附近，处于广西西南部喀斯特石灰岩山地的东北边缘，属于南亚热带季风性气候。该保护区保存有一定面积的南亚热带喀斯特常绿阔叶林，已知维管植物有178科690属1200种，其中珍稀濒危植物22科51属64种（陶旺兰等，2018）。

3. 珍稀濒危保护植物丰富

贵州茂兰喀斯特保护区共有维管束植物148科，408属，801种，37变种，约占贵州省维管束植物的六分之一。其中蕨类植物11科，19属，31种；裸子植物5科，12属，13种；被子植物132种，379属，757种。植物种类特别丰富，特有属种很多，有一系列较古老的科属。在国家重点保护的野生植物中，茂兰有一级保护植物2种，二级保护植物6种，属于茂兰的特有种目前已发现26个。这里有国家一级保护植物南方红豆杉、香果树，国家二级保护植物篦子三尖杉、福建柏、黄枝油杉、啄核桃、鹅掌楸、杜仲等（宋同清等，2015）。

广西木论保护区已知有维管束植物910种，隶属176科530属。其中蕨类植物67种，裸子植物13种，被子植物830种。910种维管束植物中，属国家一级保护植物的有南方红豆杉、单座苣苔、掌叶木、单性木兰4种，属国家二级保护植物的有黑桫椤、篦子三尖杉、翠柏、华南五针松（广东松）、短叶黄杉、樟树、润楠、任豆、香木莲、喜树、伞花木11种（宋同清等，2015）。

二、西南喀斯特植物区系

植物区系是指一定区域环境内所有野生植物（包括科属种及以下等级）的总称，这是植物类群长期受自然地理条件和历史条件综合作用演化的结果。一个地区的植物区系是组成各种植被类型的基础，同时植物区系的分布范围与自然环境特征紧密联系，能在一定程度上直接或间接反映出其发展进程与古地理或现代自然条件的关系。

喀斯特石灰岩可为植物提供类型众多的小生境，但因环境恶劣不能为多数植物提供适应的优越条件，特别是水分和土壤条件。石灰岩生境基质起到了隔离作用，在一定程度上抑制了属种的分化和繁殖，促进了种的特化，导致属种有一定的独立发展，分类特征比较明显。《中国南部石灰岩稀有濒危植物名录》记录自然分布于广西、贵州和云南的石灰岩上的维管植物195科1213属4287种（包括亚种、变种和变型）。按恩格勒系统处理，中国植物区系68%的科和38%的属已经记录于石灰岩上。中国西南岩石植物区系既古老又特化，平均每属仅含3.5种，显著低于全国每属平均数8.5种，也低于广西、贵州、云南全省（自治区）的种属比例（表1-3）。

表1-3 石灰岩植物区系与几个区系的比较（许兆然，1993）

植物区系	属	种	种属比
中国（全国）	3184	27150	8.5
广西	1698	7000	4.1
贵州	1543	5593	3.6
云南	2136	14000	6.6
南部和西南部石灰岩	1213	4287	3.5

陶旺兰等（2018）对西南喀斯特北热带的广西弄岗自然保护区、南亚热带的广西龙虎山自然保护区和中亚热带的贵州茂兰自然保护区的木本植物区系成分进行了研究。根据吴征镒等的分类标准，3个自然保护区的木本植物属可划分为14类（表1-4），包含我国种子植物（除中亚分布外）所有分布区类型。从属的地理成分看，世界分布属均较少，主要有铁线莲属（*Clematis*）、悬钩子属（*Rubus*）、卫矛属（*Euonymus*）、鼠李属（*Rhamnus*）、金丝桃属（*Hypericum*）、茄属（*Solanum*）、大戟属（*Euphorbia*）等。3个自然保护区木本植物均以热带亚热带分布属为主，且泛热带分布和热带亚洲分布类型占明显优势。各保护区木本植物热带分布属（T2 ～ T7）占其总属数比例由高到低为弄岗（87.32%）、龙虎山（83.83%）和茂兰（64.73%）。温带分布属（T8 ～ T13）占总属数比例从高到低为茂兰（32.09%）、龙虎山（15.33%）、弄岗（11.96%），主要以东亚分布类型、北温带分布类型和东亚-北美间断分布类型为主。热带分布属中，弄岗、龙虎山和茂兰自然保护区木本植物区系地理成分，均以热带分布属占主要地位。其中以热带亚洲分布属的比例最高，主要有藤春属（*Alphonsea*）、润楠属（*Machilus*）、大风子属（*Hydnocarpus*）、银柴属（*Aporusa*）、葛属（*Pueraria*）、青冈属（*Cyclobalanopsis*）等；其次为泛热带分布属，有罗汉松属（*Podocarpus*）、厚壳桂属（*Cryptocarya*）、山柑属（*Capparis*）、苹婆属（*Sterculia*）、叶下珠属（*Phyllanthus*）、紫金牛属（*Ardisia*）、鹅掌柴属（*Schefflera*）、素馨属（*Jasminum*）等。同样，温带分布属中，均以东亚-北美间断分布属的比例最高，有胡枝子属（*Lespedeza*）、络石属（*Trachelospermum*）、锥属（*Castanopsis*）、勾儿茶属（*Berchemia*）、木兰属（*Magnolia*）、楤木属（*Aralia*）等;其次为北温带分布属，有胡颓子属（*Elaeagnus*）、葡萄属（*Vitis*）、蔷薇属（*Rosa*）、荚蒾属（*Viburnum*）、忍冬属（*Lonicera*）、盐肤木属（*Rhus*）等。

表1-4 西南喀斯特典型区域（弄岗、龙虎山、茂兰）木本植物区系属的分布区类型与比例

分布区类型	弄岗		龙虎山		茂兰	
	属数	占总属比例 /%	属数	占总属比例 /%	属数	占总属比例 /%
T1 世界分布	7	—	4	—	6	—
T2 泛热带分布	98	23.44	87	24.23	69	19.94
T3 热带亚洲至热带美洲间断分布	26	6.22	21	5.85	17	4.91
T4 旧世界热带分布	45	10.76	35	9.75	25	7.22
T5 热带亚洲至大洋洲分布	50	11.97	38	10.58	22	6.36

续表

分布区类型	弄岗		龙虎山		茂兰	
	属数	占总属比例 /%	属数	占总属比例 /%	属数	占总属比例 /%
T6 热带亚洲至热带非洲分布	22	5.26	16	4.45	13	3.76
T7 热带亚洲分布	124	29.67	104	28.97	78	22.54
热带成分统计（T2 ～ T7）	365	87.32	301	83.83	224	64.73
T8 北温带分布	14	3.35	16	4.46	33	9.54
T9 东亚和北美间断分布	17	4.06	19	5.29	33	9.54
T10 旧世界温带分布	3	0.72	6	1.67	5	1.45
T11 温带亚洲分布	1	0.24	2	0.56	1	0.29
T12 地中海、西亚至中亚分布	2	0.48	3	0.84	3	0.87
T13 东亚分布	13	3.11	9	2.51	36	10.4
温带成分统计（T8 ～ T13）	50	11.96	55	15.33	111	32.09
T14 中国特有分布	3	0.72	3	0.84	11	3.18
总计（不含世界分布）	418	100	359	100	346	100

三、西南喀斯特植物主要类型与空间分布

1. 西南喀斯特植被类型

根据宋同清等（2015）描述，西南喀斯特植被的主要类型有：

（1）针叶林

在西南喀斯特分布的针叶林主要有青海云杉林、侧柏林、马尾松林、云南松林、细叶云南松林、思茅松林、台湾松林、华山松林、巴山松林、杉木林、柏木林、大果红杉林、云南铁杉林、高山松林、云杉林、紫果云杉林、麦吊杉林、丽江云杉林、川西云杉林、巴山冷杉林、川滇冷杉林、鳞皮冷杉林、长包冷杉林、急尖长包冷杉林、苍山冷杉林和大果园柏林等群系。其中柏木林是西南石灰岩低山丘陵的典型代表群落，分布在长江以南中亚热带中段各地，以湖北西南部、湖南西部、贵州北部和东部、四川东部、广西北部为分布中心，主要发育在海拔300 ～ 1200m之间的山腰和山麓，有天然林，也有大面积人工林，分布之广仅次于马尾松林，土壤为黑色、红色石灰土或钙质紫色土。群落结构简单，一般层次分明。郁闭度为0.5 ～ 0.8。乔木层中除柏木占优势外，还有青冈、小叶青冈、多穗石栎、黑壳楠、黄樟、女贞、棕榈、枫香、毛脉南酸枣、瓜木、光叶榉等常绿阔叶和落叶阔叶种类。灌木层种类复杂，主要有多种冬青、多种荚莲、火棘、概木、南天竹、多种花椒、光叶海桐、黄荆、多种鼠李、毛黄栌、胡枝子、马桑、黄檀、来江藤等。草地植被层多以白茅、芒或苔草为主，常有一些好钙质性的苏类植物和耐旱的禾草，如：蜈蚣草、凤

尾蕨、单芽狗脊、贯众、细柄草、扭黄茅、野古草、黄背草、五节芒、荩草、三脉紫菀等。藤本植物常见的有鸡血藤、铁线莲、金银忍冬、地瓜榕、多种菝葜、葛藤、薯蓣、刺葡萄等。

（2）阔叶林

① 青冈、落叶阔叶混交林。由青冈类组成的常绿、落叶阔叶混交林，在亚热带石灰岩山地分布较广。由于基质的特殊性，组成种类也有其特有性，其中一般的常绿树种有青冈属、栎属、石楠树、木樨属和山胡椒属等；落叶树种有朴属、榆属、青檀属和榉属等种类，并组成了多种类型，主要包括3个亚群系：青冈、圆叶乌桕、青檀林，青冈、云贵鹅耳枥、化香树林和青冈、仪花、青檀林。

青冈、圆叶乌桕、青檀林主要分布于湖南省南部的宜章、宁远、江华、江永、道县和灵武及广西北部的临桂、富川、融安、南丹和阳朔等地的石灰岩峰林地带，海拔一般300～1100m，具有红色和黄色石灰土，山坡下部土层比较深厚，pH6.0～7.0。群落外貌呈浅绿色不连续的块状分布，成层现象明显，乔木可分两层，灌木和草本植物各一层。乔木层的组成种类主要有：青冈栎、青檀、圆叶乌桕、黄连木、鸡子木、香槐、桂花、石楠、川桂、朴树、香叶树和皂荚等，株高5～9m，郁闭度60%～70%。灌木层组成种类常见的有：红背山麻杆、檵木、竹叶椒、六月雪、广西棕竹及乔木层树种的幼树等，覆盖度约20%～30%。草本层植物种类稀疏分布，以麦冬、石油菜、苔草、玉竹、牛耳朵、淡竹叶及蕨类植物的石岩姜、鞭毛铁线蕨、华中铁角蕨等最为常见，覆盖度20%～30%。藤本植物常见的有龙须藤、广东云实、崖豆藤、白叶藤、飞龙掌血等，有的常攀至树冠上。

青冈、云贵鹅耳枥、化香树林主要分布于亚热带西南部的石灰岩地区，其中在贵州省分布最普遍，尤以贵州中部安顺市、贵阳市、黔西市一带较偏远的村寨或庙宇附近保存较好，一般海拔1000～1300m。土壤属黑色或黄色石灰土，土层一般较深厚，呈中性至微酸性。群落季节分明，夏秋生长季节，林冠郁茂，一片翠绿色，冬春季落叶呈褐色的外貌。结构简单，通常分为乔木、灌木和草本植物3层。乔木层以常绿树种的青冈、细叶青冈和落叶的云贵鹅耳枥、化香树、圆果化香树等为优势，伴生的乔木种类有乌冈栎、天竹桂、云南樟、红果黄肉楠、石楠、柞木、香叶树、虎皮楠、珊瑚朴、徕木、榉树、榔榆、山桐子、灯台树、黄连木、女贞及槭树等，树高10～15m，郁闭度70%～80%。灌木层主要包括南天竺、湖北十大功劳、山胡椒、鼠刺、小叶鼠李、球核荚莲和中华绣线菊等，覆盖度约20%～30%。草本的种类主要有苔草、淡竹叶、麦门冬、荩草、沿阶草和镰叶狗脊、友水龙骨、槲蕨、蜈蚣草和光石韦等蕨类植物。此外还有三叶木通、披针叶素馨、毛蕊铁线莲和菝葜等藤本植物，常攀缘于乔灌木上。

青冈、仪花、青檀林主要分布于南亚热带海拔700m以下的石灰岩山地，如在广西中部都安、忻城一带石山地区最为常见。由于人为干扰，仅残存于村舍石山。种类组成与中亚热带地区有明显区别，上层乔木中，常绿阔叶以青冈、仪花为多，占50%以上。其他常见种有：紫荆木、华南朴、芒果、柄果木、黄葛树、金丝李、倒吊笔、海南栲等，其中许多都是南亚热带常见而中亚热带所没有的树种。落叶树种以青檀为多，其他常见种有华南皂荚、朴树、小叶栾树、南酸枣、圆果化香树、鸡子木等。中下层乔木不多，优势种不明显，常见种包括革叶铁榄、大叶野樱、绿背桂花、清香木、长叶柞木、思茅酒饼簕、山柚藤及构树等。灌木常见种有：小叶山柿、广西棕竹、华南苎麻、紫麻、小叶黑面神、红背山麻杆等。草本层常见种有：肾蕨、鞭叶铁线莲、小凤尾蕨、蜈蚣蕨、蔓生莠竹、类芦等。藤本植物种类不少，常见的有狮子尾、龙须藤、首冠藤、红毛羊蹄甲、蛇藤、光清香藤等。

② 青冈、圆果化香树林。主要分布于亚热带西段的云贵高原东南部，主要见于广西的隆林、西林一带海拔1400～2000m的石灰岩山地，地势高峻而凉湿。群落为常绿阔叶树占优势的常绿、落叶阔叶混交林，层次结构分明，乔木可分为两层，灌木和草本植物各一层。乔木层中上层优势明显，下层乔木种类较多，且以常绿的为主。组成乔木层的树种主要包括：滇青冈、小叶青冈、桃叶石楠、树参、黄樟、绿叶润楠、大花枇杷等；落叶树种为圆果化香树、化香树、广顺鹅耳枥、野漆树、朴树、紫弹树、粗叶树、榔榆、大果榉树等；其他的树种有南酸枣、显脉新木姜、厚叶冬青、假玉桂和疏花卫矛等。灌木层组成种类丰富，主要有：十大功劳、小叶黑面神、白饭树、毛枝绣线菊、绣球绣线菊、铁仔、长毛远志及丛状或片状分布的竹类如方竹。草本植物层的组成种类主要有苔草、土麦冬、广西紫麻、小叶冷水花、大理黄精、皱叶狗尾草及中华铁角蕨、江南星蕨等蕨类植物。藤本植物常见有小木通、雀梅藤、大菝葜、圆叶菝葜、毛葡萄、异叶爬山虎、茎花南蛇藤、风藤和花椒筋等。

③ 蚬木、金丝李、肥牛树林。主要分布于广西西南部的龙州、大新和靖西等地海拔700m以下的石灰岩地区，水湿条件良好，土壤为黑色石灰土，有机质含量丰富。群落外貌基本常绿，但有较明显的季节性换叶和落叶种类，树木生长繁茂，林冠郁闭。垂直结构复杂，乔木可分为3层，上层乔木的建群种类有蚬木、金丝李、肥牛树、硬叶樟，伴生种类还有越南鹊肾树、厚叶琼楠、胭脂木和菜豆树等，树高一般20m，胸径30～50cm，树冠连续。中、下层乔木种类较多，常见有海南大风子、割舌树、鱼尾葵、米仔兰、闭花木、广西野独活和越南巴豆等，一般树高5～15m，胸径5～20cm，中层乔木树冠连接，下层乔木树冠不连接，乔木层板眼现象明显。灌木和草本层植物种类丰富，其中灌木有广西紫麻和绿竹等；草本植物则有大型粗壮的海芋、山姜和狭基巢蕨等。林中藤本和附生植物有崖爬藤、买麻藤、麒麟尾叶等。

（3）灌丛

西南喀斯特灌丛植被是在亚热带特殊基质条件及石灰岩山地上的常绿、落叶混交林或落叶阔叶林被破坏后形成的。因为石灰岩裸露，易漏水，土壤瘠薄、保水能力差，尤以森林破坏后，土壤变得更加干燥，出现大量喜钙、耐旱的落叶灌木种类，荆棘丛生，藤灌繁衍，相互缠绕，成为一类外貌独特的植物群落，主要包括8个亚群系。

① 黄荆灌丛。以黄荆为优势的灌丛出现在我国亚热带石灰岩山地以及河岸坡地，分布广而零星出现。它是一种喜钙的、能忍受一定干旱但需一定水湿条件的群落。由于所在地区生境条件不同，群落中的伴生种也存在一定差异。

② 马桑灌丛。在我国亚热带地区分布范围很广，尤其在秦岭以南的陕西、四川、贵州、湖北等省为多，多分布在500～2000m的石灰岩山地，是一种适应干旱的植被类型，种类组成简单，马桑占绝对优势，高度可达2～3m，因经常受到采伐，而呈丛状。灌木层盖度可达50%～60%。其他常见的灌丛有黄荆、火棘、铁扫帚、刺莓、盐肤木、山胡椒、山合欢、木姜子、小果蔷薇等。草本层发育较差，盖度20%～40%，优势种不很明显，常见的主要种类有白茅、细柄草、金发草、扭黄茅、芸香草、野古草、黄背草、矛叶荩草等。

③ 竹叶椒灌丛。以竹叶椒为主的灌丛广泛分布于四川、云南、贵州、湖北、湖南和广西等地区，海拔400～2000m的石灰岩山地。主要因石灰岩地区常绿、落叶阔叶混交林遭受砍伐，一直保持在灌丛阶段，形成耐旱的次生灌丛，可分为以下两种类型：竹叶椒、荚蒾灌丛和竹叶椒、樟叶荚莲丛。

竹叶椒、荚蓬灌丛主要分布在湖南西部、贵州东南部石灰岩中低山地区。土壤母质为石灰岩风化物和钙质紫色土。群落总盖度为80%，分层不明显，组成以竹叶椒和荚蒾为主。荚蒾属主要为烟管荚蒾和球核荚蒾。其他灌木有假爹包叶、大叶紫珠、红背山麻杆、羊蹄甲、圆叶乌桕、铁仔、橙木、冬青、菝葜、地瓜榕、皱叶鼠李、广东绣线菊等。草类主要有芒、白茅、荩草、蜈蚣草等。该类型为石灰性土的重要水土保持植被，应予封禁培育。

竹叶椒、樟叶荚莲丛分布于四川南部与贵州接壤地区海拔1800m以下、贵州南部与广西北部海拔400～800m、云南文山州与红河州海拔1900～2000m的石灰岩山地，生境干旱。群落类型较复杂，多为一些灌木及具刺的藤本，草本植物较少。灌木层以竹叶椒、樟叶荚莲占优势。伴生种较多，但不同地区有较大差异。在四川、贵州、广西三省（自治区）伴生的有老鸦豆、石苹婆、齿叶黄皮、圆叶乌桕、石岩枫、化香树、大叶紫珠、酸藤子、灰毛浆果楝、龙须藤、大果鸡血藤、心叶微花藤、瘤枝微花藤等；在云南东南地区伴生的种类有牛筋条、小叶女贞、短萼海桐、毛叶柿等耐旱种类。草本植物稀少，主要有细柄草、小菅草、芒、芒萁、白茅、白羊草等。

④ 雀梅藤、小果蔷薇、火棘、龙须藤灌丛。主要分布于广东、广西、湖南、贵州和四川等地的石灰岩地区。岩石多裸露，土层浅薄。植物多生长在石隙和石缝之中，所以植物多具有喜钙、耐旱等生态特点。由于许多植物的藤状枝条相互交织，显得密密麻麻。盖度可达50%～70%，种类也多，且富藤状和有刺的灌木。但伴生种植物因地而异。在广东北部石灰岩地区伴生植物有红背山麻杆、粗糠柴、粗叶悬钩子、圆叶乌桕、绣线菊、金樱子、竹叶椒等。草本植物有鞭叶铁线蕨、兖州卷柏、淡竹叶、沿阶草等。在广西北部海拔1000m以下地区，伴生种为马桑、化香树、红背山麻杆、云南火棘、石山鼠刺、茶条木等；草本植物少，主要有西南荩草、细柄草、斑茅、扭黄茅等。在湖南西部和南部海拔500m以下的石灰岩地区，主要伴生种为圆叶鼠李、马甲子、老虎刺等。草本植物包括扭黄茅、刺芒野古草等。在贵州石灰岩地区伴生种主要为金樱子、野蔷薇、兴山绣球、烟管荚蒾、盐肤木、竹叶椒等；草本植物常见有白茅、芒、扭黄茅、沿阶草、孔颖草、贯众等。四川盆地的丘陵和边缘山地，海拔1500m以下的石灰岩地段，常见金樱子、黄连木、南天竹、盐肤木、竹叶椒、小马鞍叶羊蹄甲、木帚栒子等；草本植物主要有荩草、槲蕨、蜈蚣草、细柄草等。

⑤ 成风叶下珠、毛桐、马棘灌丛。主要分布于云南东北部盐津一带海拔550～900m的石灰岩山地。群落所在地以陡坡、人畜活动少、土壤肥沃为特点。群落具丰富藤本植物，十分杂乱，分层不明显，以成风叶下珠、毛桐和马棘为优势。其他常见的种有灰毛浆果楝、盐肤木、柔毛绣球、过山青、石岩枫等。草本植物以类芦、大叶竹叶草、白茅等为主。藤本常见有云南臭藤、戟叶悬莓、飞龙掌血、冲天子、何首乌、地瓜榕、细花羊蹄甲等。

⑥ 铁仔、金花小檗灌丛。分布于云南省中部和东部高原海拔1900～2400m的石灰岩山地。生境多有岩石裸露，土壤干燥瘠薄，多为黄色石灰土，有时也发育成黄棕壤。群落为稀

疏散生灌丛，高约50cm，有的可高达150cm。总盖度因地而异，一般为10%～20%。草本灌木混生，分层不明显。灌木多属喜阳耐旱种类，以铁仔、金花小檗为主，其他常见种有小叶栒子、平枝栒子、毛叶野丁香、金丝梅、硬叶木蓝、帚枝鼠李、岩椒、竹叶椒、多花杭子梢、灰白荛花、大花蔷薇、六月雪等20多种。草本以粗壮的禾草为主，其中又以芸香草为典型，还有旱茅、大菅、矛叶荩草、戟叶火绒草、细柄草、穗序野古草、亨氏拂子茅等。藤本和附生植物不多，也不显著。常见藤本有土茯苓、山乌龟等，光隙附生植物有线形草沙蚕、裸叶粉背蕨等。

⑦ 青檀、红背山麻杆、灰毛浆果楝灌丛。广泛分布于广西西北部的都安、马山、巴马、东兴、凤山等地海拔700～1000m的石灰岩山地。它是石灰岩常绿、落叶阔叶混交林的次生类型。在山麓土层较厚的地段，以红背山麻杆、灰毛浆果楝为主，其次为牡荆、大叶老鼠簕；在陡坡、山顶岩石裸露地段，以青檀、榕树、斜叶榕、黄葛榕为主。其他常见的有倒吊笔、越南榆、铜钱树等；藤本植物中西氏素馨、光叶鸡血藤很普遍，即使在陡壁上，它们也能茂密生长。草本多为黑莎草、广西紫麻等。在广西西南的靖西、天等、那坡和德保一带，海拔1200m以下的山地，也有这种类型分布，不同的是，热带种类比重增大，如蛇藤、清香木、圆叶云实等增多，而牡荆很少。

⑧ 酒饼叶、小花龙血树、番石榴灌丛。主要分布于广西南部热带北缘的石灰岩山地。由于这些优势种对生态环境要求不尽相同，它们的分布和种类组成也不完全一致。酒饼叶灌丛分布于海拔1000m以下的岩石裸露、土层浅薄的山坡，灌木沿岩隙生长，盖度可达80%。除酒饼叶外，灰毛浆果楝、红背山麻杆也不少，其他常见种有斜叶澄广花、斜叶榕、圆叶乌桕、翅子树、番石榴、海红豆等。草本层以荩草为主，其他还有渐尖毛蕨、广西紫麻等。小花龙血树灌丛分布于海拔700m以下的低山、丘陵，这里石灰岩大面积出露，土壤只在低洼地和石缝中有少量堆积。植物只生长在石隙中，呈灌丛状。除小花龙血树较多外，还有青檀、灰毛浆果楝、红背山麻杆、潺槁木姜子等灌木。草本植物比较稀疏，常见有荩草、毛蕨菜、蜈蚣草、五节芒、芒等。番石榴灌丛主要分布在500m以下石灰岩山地，大多出现在山麓坡度比较平缓、土层比较深厚的地段，群落高约1m，总盖度40%～80%，种类比较单一。除番石榴为主外，常见的有红背山麻杆、潺槁木姜子、灰毛浆果楝、黄荆、马缨丹、云实、假老虎筋等。草本植物以臭根子草为主，其他包括荩草、毛蕨菜、白茅、扭黄茅等。

（4）草丛

我国西南喀斯特草丛类型复杂，凡是森林和灌丛分布的地方均有草丛存在。草丛一般是在森林遭受破坏或农田荒废后经反复砍伐、烧垦、放牧、狩猎等人为干扰而形成的。西南喀斯特地域辽阔，自然条件差异较大，几乎包含有亚热带、热带的所有草丛类型。主要以亚热带和热带的区系成分为主，如金茅属、扭黄茅属、鸭嘴草属、香茅属、鹧鸪草属等，但也有一些热带-温带和世界广布的成分渗入，草丛类型主要有芒草草丛、五节芒草丛、刺芒野古草草丛、穗序野古草草丛、蜈蚣草+纤毛鸭嘴草草丛、扭黄茅草丛、龙须草草丛、白茅草丛、类芦+棕叶芦+斑茅草丛、蕨草丛。西南喀斯特较特有、分布面积较广的典型石灰岩草丛主要有3种。

① 龙须草草丛。龙须草草丛分布较广，分布在贵州省东部和南部的白云质石灰岩地区，发育在海拔600～1000m相对高差100～200m左右的山地。土壤主要是黄色石灰土、

黄壤，局部高海拔地段可为黄棕壤。此外，在广东省北部连州市东北部的紫色土上也分布有大片龙须草草丛。龙须草群落较为茂密，外貌呈青绿色。草本层覆盖度大小不一，一般为60% ～ 70%，有时仅20% ～ 30%，高为30 ～ 50cm。以龙须草为建群种，经常伴生的种类有扭黄茅、黄背草、小菅草、细柄草、硬秆子草、刺芒野古草、野古草、芸香草、兰香草等，在局部土层较深厚处，还出现以白茅为主的小群聚。由于草被层较为茂密，群落中散生的灌木种类较为稀少，其高度平均1m左右，覆盖度10% ～ 20%，常见的种类有山蚂蟥、大叶胡枝子、铁扫帚、棠梨、粗糠柴、马桑、火棘、湖北算盘子、铁仔、麻叶绣线菊等。

② 白茅草丛。白茅草丛在我国分布范围广，主要在热带和亚热带，向北可分布到华北地区。这是一类最常见的阳性禾草，常布满于撂荒地及火烧后的林地。白茅草丛可出现在河谷、河漫滩上的阶地、山地、丘陵及海滩地带。白茅的生活力很强，因而可以在不同的生境条件下出现。白茅对土壤的要求也不太严格，因此在石灰岩基质发育的石灰土或砂页岩等发育的酸性土上都有分布。在撂荒地上，首先出现的往往就是白茅草丛，有些地段白茅生长密集，地下茎很发达，相互交织成网，其他植物很难侵入，可以形成几乎是单纯的白茅草丛。

③ 蕨草丛。以蕨为主的草丛广泛分布在亚热带各地区，自西部的四川、贵州到东部各地的山地、丘陵上都很常见，在海拔400 ～ 2000m都能发现蕨草丛。土壤为黄棕壤、黄壤及石灰土等，呈酸性至中性，pH为5 ～ 7，土壤一般深厚疏松。这种群落多为森林经反复砍伐或农田废弃之后所形成的次生类型。群落外貌较整齐，生长均匀，覆盖度较大，但各地有一定的差异，一般为50%左右，最大可达90%。草丛一般可分为两层，第一层高为70 ～ 100cm，以蕨为主，常杂有白茅、野古草、黄背草、芒草等禾草；第二层高仅50cm左右，常见的植物有宽叶鼠曲草、牡蒿、风轮菜、委陵菜、草莓、铁扫帚等。在草丛中常散生的少量灌木或半灌木、灌木植物一般高1.2m左右，略高于草本，但很稀疏，常见种类有白栎、马桑、牡荆等。

2. 西南喀斯特石灰岩植被分区

中国西南广西、贵州、云南的石灰岩植被基本上属热带和亚热带植被。大致在云南的马关、河口、西双版纳一线以南发育的石灰岩植被及广西西南一带的石灰岩植被属于北热带石灰岩植被。以北的富宁、西畴、文山北至南盘江畔的石灰岩植被及红水河流域和南盘江畔附近地区的石灰岩植被属于南亚热带石灰岩植被。南盘江北岸的罗平及其以北的地区、广西东北部及与贵州南部接壤的广西北部一带都属于中亚热带石灰岩植被。许兆然（1993）将中国西南石灰岩植被划分为：桂西南区、南盘江区、黔南桂北区、滇南区和滇东南区。

（1）桂西南区

石灰岩峰丛密集，雨量丰富，主要植被多属热带性，森林的优势种以喜钙、喜湿热的植物为主，龙脑香科的擎天树，椴树科的蚬木，大戟科的肥牛树、闭花木、网脉核实，藤黄科的金丝李，桑科的米浓液，楝科的割舌树，无患子科的细子龙等占据了森林的上层优势，构成了群落的主体。特别是蚬木，不仅在重要值上而且在个体数量上也占了绝对优势，它是典型的喜钙植物，自然分布状态下从不见于邻近的酸性土上。桂西南区金花茶植物丰富，已发现的12种金花茶植物有9种记录于石灰岩生境，因此本区又可定名为桂西南蚬木-金花茶-擎天树石灰岩植被区。

（2）滇南区

属北热带石灰岩植被区，位于河口和西双版纳一线以南。植被与广西西南区一样，以热带植物为主，具体植物又与广西西南区完全不同，蚬木和金花茶不见分布，擎天树被小叶船板树取代。同区域酸性土壤上生长着擎天树和小叶船板树的近缘种——望天树，表明石灰岩植物与酸性土植物既有联系又有分化。此外，该区域的主体植物还有四数木科的四数木，龙舌兰科的龙血树，肉豆蔻科的风吹楠，海桑科的八宝树，山龙眼科的山龙眼，大戟科的闭花木，以及楝科、桑科、豆科、棕榈科、山榄科、木棉科、无患子科和使君子科等的热带性树种。

（3）南盘江区

大致是贵州西南部的南部沿江一带，包括南盘江畔的附近地区，南盘江以南的广西西北部地区，以及罗平一带的南盘江畔地区。主要植物有木棉科的木棉树，紫葳科的木蝴蝶，夹竹桃科的倒吊笔，楝科的毛麻楝，使君子科的风车子，无患子科的复羽叶栾树，金虎尾科的风车藤，大戟科的蝴蝶果及大量的萝藦科植物。南盘江区位于东西区系与南北区系的交汇处，基因流动频繁，地方特有类群较少，但具有十分丰富和复杂的区系构成。

（4）滇东南区

中国物种古特有属中心之一，构成植被的区系成分相对复杂。特有属包括富宁藤属、蒜头果属和朱红苣苔属等，云南省半数以上的特有属分布在本区，且近半数分布于石灰岩区。石灰岩特有种主要有屏边鹅掌柴、云南密花树、曾氏琼楠、细梗密花树、鹅耳枥等，其他植物还包括壳斗科的细叶青冈、栲、化香等。该区域内马关、文山、丘北和罗平一线是中国东部与西部植物区系成分分界线。

（5）黔南桂北区

峰丛地貌典型，石灰岩岩性较纯，森林原生性强，特有类群丰富。优势树种主要有化香、黄连木、小叶栾树、云贵鹅耳枥等。石灰岩特有植物且占有优势地位的物种有角叶槭、独山石楠、齿叶黄皮、石山木莲、狭叶含笑等，特别引人注目的是具有相当数量的短叶黄杉、广东五针松等多种针叶树山顶植被。

四、西南喀斯特植被的环境特点

1. 水热条件的优裕性

西南喀斯特气候温暖湿润，雨量丰沛，具有温度高，日照少，冬无严寒，夏无酷暑的特点。贵州大部分地区的年平均气温在15℃以上，南部罗甸及红水河一带，可高达19℃，≥10℃积温在6000℃以上，热量条件较好。年降水量多在1000～1200mm，雨日较多（常在140～200天），相对湿度大，常在80%以上，而且降水的88%都集中在每年的5～8月，形成雨热同期的分布特点。由于水热条件的优裕，喀斯特植被得到了充分的发育，在南部发育了热带性的喀斯特季雨林，其植物种类的丰富，群落结构的复杂，都充分反映了水、热条件优裕之特点（黄威廉和屠玉麟，1983a）。贵州南部以仙人掌、量天尺为主的肉质多浆灌丛的发育，也是热量条件良好的标志。在贵州中部、东部发育了亚热带喀斯特常绿阔叶林，其群落的组成及结构都明显带有亚热带地带性特征（温培才等，2018）。此外，尚有喀斯特半常绿阔叶林、针叶林、灌丛及禾本草草坡等多种类型。水热条件的优裕，是喀斯特植被类型复杂多样的重要原因。

2. 地貌形态的多样性和小生境高度异质性

喀斯特地貌形态十分多样、小生境高度异质，地表的石芽、漏斗、竖井、干谷、坟丘、孤峰、槽谷、峰林、峰丛、喀斯特悬谷、盆地、坡立谷、洼地等各种形态应有尽有（白义鑫等，2018）。但是，在地势比较平缓的夷平面和不同性质的阶地上，由于光照条件好、土层较厚、水源充足、引水方便，农业利用条件较为优越，多辟为农耕地。而地势较陡的峰林、峰丛、孤峰及坟丘等，则是各类喀斯特植被发育的环境。如贵州省常见的石灰岩孤峰上的风景林，就是喀斯特常绿或半常绿林；在贵州南部的喀斯特低丘，多发育为季雨林；干热河谷形成喀斯特肉质藤刺灌丛；草坡多发育在喀斯特山丘之上。喀斯特植被生境的地貌形态多是各种不同性质的正地形——山和丘，这种地貌形态本身具有地势较高、坡度较大、土壤侵蚀强烈，土壤物质易受到淋溶，地下水埋藏较深，地表径流较大，温度与光照的空间差异明显等特征（黄威廉和屠玉麟，1983b）。同时，喀斯特小生境高度异质，除了正地形外，还存在大量的负地形，因此整个喀斯特植被生境极其复杂（白义鑫等，2018）。

3. 土壤的富钙性

喀斯特这一自然现象是在漫长的地质历史时期，碳酸盐类岩石与侵蚀性水流相互作用的结果。喀斯特地区的土壤在发育过程中，也必然受碳酸盐类基岩及其风化母质的影响，从而形成含有大量碳酸钙的石灰土（黑色石灰土、黄色石灰土、棕色石灰土及红色石灰土等）（王霖娇和盛茂银，2017）。黑色石灰土及黄色石灰土主要在喀斯特高原面，海拔800～1400m的常绿林或半常绿林下；红色石灰土主要在南部河谷季雨林下；棕色石灰土主要分布在北部及西部海拔1400～1900m的大娄山及乌蒙山的常绿、落叶混交林或落叶阔叶林下。在黑色石灰土等土壤的表层，碳酸钙可占23.87%，底层占73.92%。由于土壤中含有大量游离的碳酸钙，代换性盐基组成中以钙离子为主，其含量可达10000～25000mg/kg，盐基饱和度常达60%以上，土壤溶液呈中性至微碱性反应。由于土壤富含钙离子，喀斯特植被的种类组成中以钙质土植物占明显优势。常见的钙质土植物有柏木、南天竹、马桑、鹅耳枥、化香、月月青以及蜈蚣草、贯众、石韦等蕨类植物（屠玉麟，1984；盛茂银等，2015）。

4. 喀斯特的干旱性

碳酸盐类岩石在亚热带温度较高、雨量较多的气候条件下，溶蚀作用非常强烈，在喀斯特过程形成各种喀斯特地貌的同时，还在碳酸盐类岩石表面，沿节理形成许多石缝、石隙和石沟，在碳酸盐岩石内，又形成许多溶洞。降雨时，地表水常很快地沿石缝、石隙、石沟形成地表径流并沿灰岩节理渗漏，或由大小不等的溶洞、落水洞汇入地下，形成伏流（白义鑫等，2018）。加之山岭、丘陵、石峰等正地形本身所具有的土层浅薄，地下水埋藏较深，基岩裸露面积大，水土流失比较严重等特点，从而形成喀斯特植被环境中特殊的“喀斯特干旱”现象（屠玉麟，1984）。此外，在喀斯特地貌和基质作用下，局部气候的昼夜温差加大，地表蒸发较强烈，这更加强化了植被生境的干旱（盛茂银等，2015）。

五、西南喀斯特适生植物典型特征

1. 石生性与耐瘠性

西南喀斯特生境中，由于基岩大面积裸露，土层浅薄，土被不连续，仅在石隙、石缝间有稍厚的土壤分布，加上常有基岩风化物或崩解碎片进入土体，喀斯特生境的土壤变得非常瘠薄。喀斯特森林植物对生境中这一特点的长期适应，从而表现出明显的石生性和耐瘠性：其根系之主根常不发达，侧根对基岩具较强的穿窜能力和附生能力。一些树种的根系常沿基岩裂隙、石缝发育，巨大的根系则以扁平或扭曲状附着于基岩上生长。林下植物则有不少是直接附着于基岩上生长的，均表现出强烈的石生性和耐瘠性（屠玉麟，1989）。

2. 旱生性

西南喀斯特生境中，由于基岩大面积裸露，土体浅薄，加上有独特的二元结构，地表不断有地表径流，而且渗漏严重，保水性很差，形成了湿润气候下特殊的岩溶干旱现象，喀斯特森林植物对干旱生境产生一系列适应性特征：在形态结构上表现为叶片革质、小形、角质层发达，有的种类叶片退化为刺，有的种类茎叶肉质肥厚，等等。在生活型上则出现以落叶或休眠状态来渡过短期干旱的种类。植被则多具有耐旱的适应特征，有的叶小而硬，角质层加厚，如铁仔、岩枣；有的茎叶具刺，如竹叶椒、悬钩子；有的茎或叶肉质肥厚，形成贮水组织，如仙人掌、岩豇豆；有的为硬叶具刺藤木，如小果蔷薇、雀梅藤等（黄威廉和屠玉麟，1983b）。

3. 喜钙性

西南喀斯特生境中，在碳酸盐岩幼年风化壳上发育的土壤多为钙质土，土体中钙质丰富，游离的碳酸钙在土表层占23.8%，土底层占73.96%，钙离子含量在土壤表层可达1000 ～ 25000mg/kg。与此同时，由于碳酸盐岩的可溶性，喀斯特水也是碳酸钙镁型水。土壤和水环境的富钙性使喀斯特森林的种类组成中，出现大量的适钙植物。尤其是根系较深、直接受母质化学性质影响的高大乔木，一般多具适钙特性，有的成为典型的钙质土指示植物，并发展为典型的钙质土森林群落。广西岩溶植被的植物区系由175科662属1500种植物组成，其中有6科171属834种为岩溶植被专有（苏宗明和李先琨，2003）。岩溶植被专有种占岩溶植被的植物区系总种数的55.6%，显示了非常高的岩溶专有性（欧祖兰等，2004）。喀斯特地区土壤富钙的特点，要求我们在选择绿化造林树种时，必须注意树种的生态特性，尤其应注意植物对土壤化学性质的适应能力，应该选择那些喜钙或适钙性较强的种类。

参考文献

白义鑫，王霖娇，盛茂银，2018. 我国西南岩溶地区自然植被群落与小生境耦合关系研究. 世界林业研究，31（5）: 58-63.

柴宗新，1989. 试论广西岩溶区的土壤侵蚀. 山地研究，7（4）: 255-259.

陈家琦，王浩，1996. 水资源概论. 北京：中国水利水电出版社.

董谢琼，段旭，1998. 西南地区降水量的气候特征及变化趋势. 气象科学，18（3）: 239-247.

黄明华，1992. 西南地区层状地貌之研究. 铁道师范学院（自然科学版），9（4）: 57-63.

黄威廉，屠玉麟，1983a. 贵州喀斯特植被及其环境保护. 贵州环保科技（Z1）: 112-120.

黄威廉，屠玉麟，1983b. 贵州植被区划. 贵州师范大学学报（自然科学版）（1）: 28-49.

刘燕华，李秀彬，2000. 脆弱生态环境与可持续发展. 北京：商务印书馆.

卢耀如，1986. 中国岩溶——景观 类型 规律. 北京：商务印书馆.

欧祖兰，苏宗明，李先琨，2004. 广西岩溶植被植物区系. 广西植物，24（4）: 302-310.

彭晚霞，王克林，宋同清，等，2008. 喀斯特脆弱生态系统复合退化控制与重建模式. 生态学报，28（2）: 811-820.

饶懿，王丽丽，赵珂，2004. 西南岩溶山地石漠化成因及其生态恢复对策. 西华师范大学学报（自然科学版），25（4）: 440-443.

盛茂银，刘洋，熊康宁，2013. 中国南方喀斯特石漠化演替过程中土壤理化性质的响应. 生态学报，33（19）: 6303-6313.

盛茂银，熊康宁，刘洋，等，2015. 贵州喀斯特石漠化地区植物多样性与土壤理化性质. 生态学报，35(2): 434-448.

宋同清，等，2015. 西南喀斯特植物与环境. 北京：科学出版社.

苏宗明，李先琨，2003. 广西岩溶植被类型及其分类系统. 广西植物，23（4）: 298-293.

陶旺兰，胡刚，张忠华，等，2018. 西南喀斯特木本植物区系成分的纬度变异格局. 植物科学学报，36(5): 667-675.

屠玉麟，1984. 论贵州植物区系的基本特征. 贵州师范大学学报（自然科学版）（1）: 46-64.

屠玉麟，1989. 贵州喀斯特森林的初步研究. 中国岩溶，8（4）: 282-290.

王霖娇，盛茂银，2017. 西南喀斯特石漠化生态系统土壤有机碳分布特征及其影响因素. 生态学报，37(4): 1358-1365.

王世杰，李阳兵，李瑞玲，2003. 喀斯特石漠化形成背景、演化与机理. 第四纪研究，23（6）: 657-666.

韦启潘，1996. 我国南方喀斯特区土壤侵蚀特点与防治途径. 水土保持研究，3（4）: 72-76.

温培才，盛茂银，王霖娇，等，2018. 西南喀斯特高原盆地石漠化环境植物群落结构与物种多样性时空动态. 广西植物，38（1）: 11-23.

温琰茂，周性和，文传甲，1990. 西南石灰岩山地区经济发展战略讨论//周性和，温琰茂. 中国西南部石灰岩山区资源开发研究. 成都：四川科学技术出版社.

熊康宁，黎平，周忠发，等，2002. 喀斯特石漠化的遥感——GIS 典型研究——以贵州省为例. 北京：地质出版社.

许兆然，1993. 中国南部和西南部石灰岩植物区系的研究. 广西植物（Z4）: 5-54.

杨明德，梁虹，2000. 峰丛洼地形成动力过程与水资源开发利用. 中国岩溶，19（1）: 44-51.

姚长宏，蒋忠诚，袁道先，2001. 西南岩溶地区植被喀斯特效应. 地球学报，22（2）: 159-164.

袁丙华，毛郁，2001. 西南岩溶石山地区地下水资源. 水文地质工程（5）: 46-55.
袁道先，1992. 中国西南部的岩溶及其与华北岩溶的对比. 第四纪研究（4）: 352-361.
袁道先，2000. IGCP379“岩溶作用于碳循环”在中国的研究进展. 水文地质工程地质，27（1）: 49-51.
袁道先，2001. 对南方岩溶石山地区地下水资源及生态环境地质调查的一些意见. 中国岩溶，19（2）: 103-108.
赵汝植，1997. 西南区自然区划探讨. 西南师范大学学报（自然科学版），22（2）: 193-198.
朱华，2007. 中国南方石灰岩（喀斯特）生态系统及生物多样性特征. 热带林业，35（Z1）: 44-47.
朱华，李延辉，王洪，等，2001. 西双版纳植物区系的特点与亲缘. 广西植物，21（2）: 127-136.

第二章

西南喀斯特乔木园林植物资源

第一节　总体概况

园林植物是绿地系统中的重要组成部分，乔木是绿地中的骨干树种和建群种，承担着城市绿地的空间营造、净化空气、吸尘降噪等重要功能。本章以西南喀斯特森林资源和园林景观应用现状为基础，归纳和总结了西南喀斯特姿态优美、观赏价值高的乡土园林乔木资源，挑选出适合西南喀斯特地区绿地建设的乔木园林植物物种，为喀斯特绿地建设、风景园林规划、生态保护建设等提供参考。

一、主要类群与分布特点

园林植物是广泛应用于各类绿地系统中的植物材料，除了适用于园林、绿地和风景名胜区的防护植物与经济植物，还应包含室内外观花、观叶等具有一定生态效益的木本、草本植物。乔木是园林植物中的重要组成成分，按观赏类型可分为观花类、观果类、观叶类、观枝干类。西南喀斯特岩溶发育强烈、气候温和、冬暖夏凉、雨水充沛、植物资源丰富，但较多植物属于野生状态，开发和引种驯化工作相对滞后，传统的园林植物品种和外来引入品种应用频率高，各个地方特色不明显（陶旺兰等，2018）。综合分析和阐述西南喀斯特乔木资源分布概况、分类、应用特点，提出适合喀斯特地区园林应用的乔木物种，包括珍稀濒危物种、乡土物种、特有树种等，具有重要的科学意义和实践价值。

1. 群系分类

按照喀斯特森林的群落学特征、生活型潜力、成层现象及演替等级等进行分析研究，并根据植物群落学、生态学，可以将贵州喀斯特森林划分为5个植被型，14个群系（屠玉麟，1989）。张华海等（2013）将贵阳市的观赏植物类群分为中亚热带石灰岩山地常绿阔叶混交林、中亚热带石灰岩山地落叶阔叶林、中亚热带石灰岩山地常绿落叶阔叶混交林、石灰岩山地常绿灌丛、石灰岩山地落叶灌丛及石灰岩山地常绿、落叶灌丛等6个群系组。

据相关资料记载，贵州省喀斯特地区有木本植物824种，类型齐全，囊括乔木类、灌木类、木质藤本类。木本植物中林木类有270种，观果类72种，观叶类102种，荫木类144种，藤本类166种（杨成华和方小平，2005）。从整体上来说，贵州观赏植物资源丰富，但应用到实际上的植物资源种类较少，整体资源浪费较为严重（龙翠玲等，2005）。在园林上应用的品种较少，成熟应用的木本资源仅有40余种，如银杏（*Ginkgo biloba*）、桂花（*Osmanthus fragrans*）、白玉兰（*Michelia alba*）、棕榈（*Trachycarpus fortunei*）、水杉（*Metasequoia glyptostroboides*）等。此外，栽培品种较少，栽培仅有75种，如榕树（*Ficus microcarpa*）、南方红豆杉（*Taxus wallichiana* var. *mairei*）、桂花（*Osmanthus fragrans*）、白蜡树（*Fraxinus chinensis*）、紫叶李（*Prunus cerasifera*）、广玉兰（*Magnolia grandiflora*）等。尚有712种观赏植物有待开发和应用，如乐东拟单性木兰（*Parakmeria lotungensis*）、青岩油杉（*Keteleeria davidiana* var. *chienpeii*）、厚朴（*Houpoëa officinalis*）等。

2. 园林用途分类

喀斯特地区植物种类丰富，观赏植物资源众多。除使用自然分类法和生活型进行分类外，园林植物中常用的分类方法还有按照观赏特性和用途等分类，可分为观花型、观果型、观叶型、观枝干型、观姿态型、观根型、复合观赏型。按用途可以分为行道树、庭荫树、孤植树、造林树（片植树）等。

（1）按观赏类型分类

① 观花型。可以按照植物的花形、花色、花香、花径等具有相似之处进行分类。例如，红色系植物主要为马缨杜鹃（*Rhododendron delavayi*）、大树杜鹃（*Rhododendron protistum* var. *giganteum*）、桃花（*Prunus persica*）、碧桃（*Amygdalus persica* var. *persica*）等。白色系植物主要有梨花（*Pyrus* spp.）、垂丝紫荆（*Cercis racemosa*）、夹竹桃（*Nerium indicum*）、白玉兰（*Yulania denudata*）、深山含笑（*Michelia maudiae*）、楸树（*Catalpa bungei*）等。紫色系植物主要香椿（*Toona sinensis*）、喜树（*Camptotheca acuminata*）、合欢（*Albizia julibrissin*）、紫薇（*Lagerstroemia indica*）等。黄色系植物主要有金合欢（*Acacia farnesiana*）等。

② 观叶型。根据植物的叶形、叶色等进行分类。按叶形分类：例如马褂木（*Liriodendron chinense*）、重阳木（*Bischofia polycarpa*）等。按叶色进行分类：春色叶植物有香椿、桂花等，常色叶植物有紫叶李、红背桂（*Excoecaria cochinchinensis*）等，秋色叶植物数量较多，季相变化较为丰富，有银杏、乌桕（*Sapium sebiferum*）、黄栌（*Cotinus coggygria*）、构树、二球悬铃木（*Platanus*×*acerifolia*）等。

③ 观姿态型。整株植物具有极高观赏价值的植物类型，如塔形的雪松（*Cedrus deodara*）、柱形的龙柏等。

④ 观果型。果实具有较高观赏价值的一类乔木。主要有枇杷、枸骨冬青（*Ilex cornuta*）、银杏、石榴（*Punica granatum*）、柿子（*Diospyros kaki*）等。

⑤ 观枝干型。在秋冬季节落叶后，枝干具有较高观赏价值的一类乔木，如朴树（*Celtis sinensis*）、悬铃木等。

（2）按用途分类

① 行道树。除了当前各地方使用频率高、效果较好的行道树外，喀斯特的很多乡土树种具有做行道树的优势，如乐昌含笑、杜英（*Elaeocarpus decipiens*）等。

② 庭荫树。庭荫树能满足日常绿地中的遮阴、观赏需要，在乡村绿湖之中，可结合生产种植。常见的有白兰、樱桃（*Cerasus pseudocerasus*）、红果冬青、棕榈（*Trachycarpus fortunei*）等。

③ 孤植树。指的是在具一定面积的绿地内孤立种植的树种，其营造的空间较为开敞，视野开阔。一般以乔木为主，其植株体量较大，除种植姿态外，兼有其他的观赏价值为佳，如雪松、马尾松（*Pinus massoniana*）、岩桂（*Cinnamomum petrophilum*）、桃树（*Amygdalus persica*）等。

④ 造林树种。一般来说，该类植物以成片种植为主，在视野内形成一道亮丽的风景线。此外，在石漠化严重的喀斯特地区，绿化造林可以结合生产和石漠化防治，开展旅游与农业活动等。常使用的有油桐（*Vernicia fordii*）、乌桕、梨树、李树（*Prunus salicina*）、樱桃、樱花等。

3. 分布概况

贵州地属中国西南部高原山地，境内地势西高东低，自中部向北、东、南三面倾斜，平均海拔在1100m左右（张凡等，2010），属亚热带湿润季风气候，气温变化小，冬暖夏凉，气候宜人。植物种类丰富，相关研究表明，贵州省有野生植物资源3800余种。同时，在贵州省内的88个市、区（县）区域内也分布有相同的植物，如杉木（*Cunninghamia lanceolata*）、马尾松、桃树（*Amygdalus persica*）、梨树等。杨成华等（2005）将贵州的野生木本观赏植物资源分为五个区域，分别是：①以雷公山、太阳山和月亮山为中心的黔东南州，②以梵净山为中心的铜仁市，③以荔波茂兰保护区为中心的黔南州，④以兴义和安龙为中心的黔西南州，⑤毕节地区、安顺地区和六盘水特区是植物种类较少的区域。不同分区区域形成了不同的地区特色，如贵阳青岩的青岩油杉、铜仁梵净山的梵净山铁杉、毕节的杜鹃等。

根据中国种子植物区系地理成分的划分，对贵州主要的喀斯特乔木植物资源进行分析。结果表明：除世界分布、亚热带分布、温带亚洲分布等地理成分缺失或者部分缺失外，乔木在其余13种地理成分均有不同程度的分布（吴征镒和王荷生，1983）。其中，中国特有种有近5%，温带性质种约占40%，热带性质种占50%以上，表明了贵州喀斯特乔木资源的分布特点为热带、亚热带性质。

4. 特有物种

贵州植物区系起源古老，特有和孑遗种类较多，珍稀濒危植物众多，很多品种具有较高的观赏价值、药用价值、生态价值。贵州特有种子植物有280余种，分属66科、144属，占全省种子植物科属种的比例分别为33.8%、10.3%和5.3%（邹天才，2001）。

据屠玉麟（1989）研究，按照生活型分类系统，贵州省共有特有植物274种（变种），其中常绿阔叶乔木约有40种，占比14.6%，如贵州石笔木（*Tutcheria kweichowensis*）、斑枝石笔木（*Tutcheria maculatoclada*）、雷山杜鹃、大树杜鹃等；落叶阔叶乔木约为22种，占比8%；常绿针叶乔木为2种，分别为青岩油杉和梵净山冷杉（代正福和雷朝云，2002）。这些特有物种，是喀斯特岩溶地区发展的见证，具有一定的物种优势才能保存至今，是贵州森林资源中不可替代的成分，进行合理的开发和保护，对喀斯特地区的生物多样性保护有重要作用。

二、园林应用现状

从整体上来说，贵州观赏植物资源丰富、种类较多、类型齐全，有广泛分布于世界各地的，也有贵州特有物种。但应用到实际上的植物资源种类较少，整体资源浪费较为严重（储蓉等，2012）。在园林上应用的品种较少，成熟应用的木本资源仅有40余种，在乔木上的应用更是少之又少，如银杏、桂花、白玉兰、棕榈、水杉等。此外，栽培品种较少，栽培仅有75种，如榕树、南方红豆杉、桂花、白蜡树、紫叶李、广玉兰等。尚有712种观赏植物有待开发和应用，如红药红山茶、贵州红山茶（*Camellia kweichouensis*）、梵净山冷杉（*Abies fanjingshanensis*）、青岩油杉（*Keteleeria davidiana* var. *chien~peii*）、道真润楠（*Machilus daozhenensis*）等。

三、园林应用前景

1. 园林应用功能与价值

（1）常绿阔叶乔木

常绿阔叶乔木是园林绿地中的重要组成成分，在秋冬季节，城市绿地中景色缺乏时承担城市绿化的功能。此外，众多常绿阔叶乔木具有较高的观赏价值（杨荣和等，2010）。猴樟（*Cinnamomum bodinieri*）、黑壳楠（*Lindera megaphylla*）、山矾（*Symplocos sumuntia*）、椤木石楠（*Photinia davidsoniaes*）、光叶石楠（*Photinia glabra*）、无刺枸骨（*Ilex cornuta*）等在贵阳内有较大资源，除猴樟已广泛用于城镇干道绿化，其余应用较少。如黑壳楠、椤木石楠等枝叶浓绿，生态适应能力强，既耐旱，也喜水湿，喜肥，也耐瘠薄，庭荫效果良好，在城市绿地中可广泛开发作为行道树、庭荫树、园景树。

（2）落叶乔木

落叶类乔木是绿地建设中展示季相变化的重要物种，在城市的植物修复、吸滞粉尘等中具有重要作用（杨成华和方小平，2005）。落叶乔木中，构树（*Broussonetia papyrifera*）、朴树、白玉兰、重阳木等在园林中已经开始广泛应用。构树在吸收有害气体、城市植物修复、吸滞粉尘方面效果明显。檫木（*Sassafras tzumu*）、榉树（*Zelkova serrata*）、桦木（*Betula platyphylla* var. *japonica*）等树木树姿高挺、树冠宽阔，在园林绿地中可开发作为行道树、庭园绿化、片植造林等。垂丝紫荆（*Cercis racemosa*）花大而浓密、叶形奇特、果狭长而优美，在园林绿地中可广泛使用。木瓜海棠（*Chaenomeles cathayensis*）、樱桃、梨花、碧桃等小乔木在绿地中应用效果极佳，在其他应用之中可以适当结合生产和旅游。

2. 园林应用开发建议

（1）保护生物多样性

贵州有众多的珍稀濒危植物，有一些属于单属单种，如苏铁科的贵州苏铁（*Cycas guizhouensis*）、珙桐科的珙桐（*Davidia involucrata*）、松科的梵净山冷杉和青岩油杉等，这些植物，都经历了时间长河的洗涤。其中银杏科的银杏等属于孑遗植物，是地球发展的见证。合理的育种开发，有助于保护这些植物的延续，减慢地球生物种类灭绝的速率，保护生物多样性。此外，贵州特有的园林乔木和一些乡土植物，具有较高的观赏价值，可以补足园林植物品种单一的情况（代正福和周正邦，1999）。

（2）开展引种驯化工作

植物的引种驯化是园林工程材料的重要来源。在有条件的地方，可建立喀斯特园林植物繁育工作站，进行植物的开发和繁育。对已调查和定名的植物，由企业或科研单位牵头，加大引种力度扩大栽培利用（刘海燕，2007），建立合理的种质资源库。对具有较高观赏价值、重要生物多样性保护意义、珍稀濒危的物种进行种质资源采集和储存。

（3）开展植物资源景观评价

对正在开发或待开发的野生观赏植物品种进行景观评价。综合讨论该种的生态价值、观赏价值、生产价值和药用价值，筛选出合适的品种进行扩大栽培（付业春，2004）。对适合于就地保护的植物种类，注意开发时不能破坏原有生境，可以使用植物组织培养等无性繁殖方法对植物进行开发和保护。

（4）适当结合生产

园林植物的生产功能是园林工作者在进行规划和城市建设时容易忽略的因素。在城郊人流相对较少的区域，园林植物的使用可以结合生产功能，在一定程度上给当地的经济做出贡献。此外，西南地区大部分典型的喀斯特地貌，在进行景观规划和建设时，要综合考虑各项因素，因地制宜地选择植物。在开发和应用时，选择一些耐瘠薄、抗旱、成活率高的植物，可以在一定程度上为喀斯特石漠化的治理做出贡献。

第二节　乔木园林植物资源主要物种

裸子植物

侧柏［*Platycladus orientalis*（L.）Franco］

【其他中文名】扁柏、柏刺、柏树、柏香、柏香树、柏油、柏枝树、柏子壳、柏子树、扁柏叶。

【系统分类】柏科侧柏属。

【形态特征】乔木，高达20m，幼树树冠卵状尖塔形，老则广圆形。树皮淡灰褐色。生鳞叶的小枝直展，扁平，排成一平面，两面同形。鳞叶二型，交互对生，背面有腺点。雌雄同株，球花单生枝顶；雄球花具6对雄蕊，花药2～4；雌球花具4对珠鳞，仅中部2对珠鳞各具1～2胚珠。球果当年成熟，卵状椭圆形，长1.5～2cm，成熟时褐色。种鳞木质，扁平，厚，背部顶端下方有一弯曲的钩状尖头，最下部1对很小，不发育，中部2对发育，各具1～2种子；种子椭圆形或卵圆形，长4～6mm，灰褐或紫褐色，无翅，或顶端有短膜，种脐大而明显；子叶2，发芽时出土。

【生物学习性】幼时稍耐阴，适应性强，对土壤要求不严，在酸性、中性、石灰性和轻盐碱土壤中均可生长。耐干旱瘠薄，萌芽能力强，耐寒力中等，抗盐碱，耐强太阳光照射，耐高温。在山东只分布于海拔900m以下，以海拔400m以下者生长良好。抗风能力较弱，喜生于湿润肥沃排水良好的钙质土壤，在平地或悬崖峭壁上都能生长。在干燥、贫瘠的山地上，生长缓慢，植株细弱。浅根性，但侧根发达，萌芽性强、耐修剪、寿命长，抗烟尘，抗二氧化硫、氯化氢等有害气体，分布广，为中国应用最普遍的观赏树木之一。

图2-1

图2-1　侧柏

【地理分布】分布于内蒙古南部、吉林、辽宁、河北、山西、山东、江苏、浙江、福建、安徽、江西、河南、陕西、甘肃、四川、云南、贵州、湖北、湖南、广东北部及广西北部等地。朝鲜也有分布。

【园林应用】侧柏在园林绿化中，有着不可或缺的地位。可用于行道、亭园、大门两侧、绿地周围、路边花坛及墙垣内外，均极美观。小苗可作绿篱，隔离带围墙点缀。侧柏对污浊空气具有很强的耐力，在市区街心、路旁种植，生长良好，不遮光线，不碍视线，吸附尘埃，净化空气。侧柏丛植于窗下、门旁，极具点缀效果。夏绿冬青，尤其在雪中更显生机。侧柏配植于草坪、花坛、山石、林下，可增加绿化层次，丰富观赏美感。它的耐污染性、耐寒性、耐干旱的特点在北方绿化中，得以很好的发挥。侧柏是绿化道路、绿化荒山的首选苗木之一。侧柏作为绿化苗木，优点是成本低廉，移栽成活率高，货源广泛。

圆柏（*Juniperus chinensis* L.）

【其他中文名】桧、柏木、柏树、刺柏、刺松、翠树、红柏、红心柏、桧柏、龙柏、圆心柏、紫柏、扁柏、栝、米柏、园柏、圆松。

【系统分类】柏科圆柏属。

【形态特征】乔木，常雌雄异株。树皮深灰色，纵裂，成条片开裂。幼树的枝条通常斜上伸展，形成尖塔形树冠，老则下部大枝平展，形成广圆形的树冠；小枝通常直或稍呈弧状弯曲，生鳞叶的小枝近圆柱形或近四棱形，径1～1.2mm。叶二型，刺叶生于幼树之上，老龄树则全为鳞叶，壮龄树兼有刺叶与鳞叶。球果近圆球形，径6～8mm，两年成熟，熟时暗褐色，被白粉或白粉脱落，有1～4粒种子。种子卵圆形，扁，顶端钝，有棱脊及少数树脂槽；子叶2枚，出土，条形，长1.3～1.5cm，宽约1mm，先端锐尖，下面有两条白色气孔带，上面则不明显。

【生物学习性】喜光树种，喜温凉、温暖气候及湿润土壤。在华北及长江下游海拔500m以下，中上游海拔1000m以下排水良好之山地可选用造林。宜中性土、钙质土及微酸性土。各地亦多栽培，西藏也有栽培。花期4月，翌年11月果熟。

【地理分布】分布于内蒙古乌拉山、河北、山西、山东、江苏、浙江、福建、安徽、江西、河南、陕西南部、甘肃南部、四川、湖北西部、湖南、贵州、广东、广西北部及云南等地。朝鲜、日本也有分布。

【园林应用】圆柏幼龄树树冠整齐、圆锥形，树形优美，大树干枝扭曲，姿态奇古，可以独树成景，是中国传统的园林树种。圆柏在庭院中用途极广。性耐修剪又有很强的耐阴性，故作绿篱比侧柏优良，下枝不易枯，冬季颜色不变褐色或黄色，且可植于建筑之北侧阴处。中国古来多配植于庙宇陵墓作墓道树或柏林。其树形优美，青年期呈整齐之圆锥形，老树则干枝扭曲，古庭院、古寺庙等风景名胜区多有千年古柏，“清”“奇”“古”“怪”各具幽趣。可以群植草坪边缘作背景，或丛植片林、镶嵌树丛的边缘、栽植建筑附近。在庭园中用途极广。可作行道树，还可以作桩景、盆景材料。

图2-2　圆柏

a

b

柳杉（*Cryptomeria japonica* var. *sinensis* Miq.）

【其他中文名】桉杉、宝树、长叶孔雀、长叶孔雀杉、长叶孔雀松、长叶柳杉、华杉树、孔雀杉、孔雀树、孔雀松、柳杉树、麦吊杉、密条杉、泡杉、沙罗树、榅杉、中国柳杉。

【系统分类】杉科柳杉属。

【形态特征】乔木，与日本柳杉（*Cryptomeria japonica*）近似，但后者叶直伸，先端通常不内曲；球果种鳞上部的裂齿较长（长6～7mm），每种鳞有2～5粒种子。高达40m，胸径可达2m多。树皮红棕色，纤维状，裂成长条片脱落。大枝近轮生，平展或斜展；小枝细长，常下垂，绿色。枝条中部的叶较长，常向两端逐渐变短；叶钻形略向内弯曲，先端内曲，四边有气孔线，长1～1.5cm；果枝的叶通常较短，有时长不及1cm，幼树及萌芽枝的叶长达2.4cm。雄球花单生叶腋，长椭圆形，长约7mm，集生于小枝上部，成短穗状花序；雌球花顶生于短枝上。球果圆球形或扁球形，径1～2cm，多为1.5～1.8cm。种鳞20左右，上部有4～5（很少6～7）短三角形裂齿，齿长2～4mm，基部宽1～2mm，鳞背中部或中下部有一个三角状分离的苞鳞尖头，尖头长3～5mm，基部宽3～14mm，能育的种鳞有2粒种子。种子褐色，近椭圆形，扁平，长4～6.5mm，宽2～3.5mm，边缘有窄翅。

【生物学习性】为我国特有树种，花期4月，球果10月成熟。柳杉幼龄稍耐阴，在温暖湿润的气候和土壤酸性、肥厚而排水良好的山地，生长较快；在寒凉较干、土层瘠薄的地方生长不良。

【地理分布】分布于浙江天目山、福建南屏三千八百坎及江西庐山等海拔1100m以下地带，上述地区有数百年树龄的老树。在江苏南部、浙江、安徽南部、河南、湖北、湖南、四川、贵州、云南、广西及广东等地均有栽培，生长良好。

【园林应用】常绿乔木，树姿秀丽，纤枝略垂，树形圆整高大，树姿雄伟，最适于列植、对植，或于风景区内大面积群植成林，是一个良好的绿化和环保树种。浙江天目山的大树华盖景观主要由柳杉形成，从山脚禅源寺到开山老殿，沿途柳杉保存完好，胸径在一米以上的就有近400株。在庭院和公园中，可于前庭、花坛中孤植或草地中丛植。柳杉枝叶密集，性又耐阴，也是适宜的高篱材料，可供隐蔽和防风之用。也可用于庭荫树、公园或作行道树。

a

b

图2-3 柳杉

C

杉木［*Cunninghamia lanceolata*（Lamb.）Hook.］

【其他中文名】沙木、沙树、刺杉、香杉。

【系统分类】杉科杉木属。

【形态特征】高大乔木，幼树尖塔形，大树圆锥形，树皮裂成长条片，内皮淡红色。高达30m，胸径可达2.5～3m。大枝平展；小枝对生或轮生，常成2列状，幼枝绿色，光滑无毛。冬芽近球形，具小形叶状芽鳞。叶披针形或窄，常呈镰状，革质、坚硬。雄球花圆锥状，通常多个簇生枝顶，雌球花单生或数个集生，绿色。球果卵圆形，熟时苞鳞革质，棕黄色，先端有坚硬的刺状尖头。种子扁平，具种鳞，长卵形或矩圆形，暗褐色，两侧边缘有窄翅。花期4月，球果10月下旬成熟。

【生物学习性】垂直分布的上限常随地形和气候条件的不同而有差异。分布在中国东部大别山区海拔700m以下，福建戴云山区1000m以下，四川峨眉山海拔1800m以下，云南大理海拔2500m以下。

【地理分布】我国长江流域、秦岭以南地区广泛栽培，越南也有分布。

【园林应用】杉木树姿端庄，适应性强，抗风力强，耐烟尘，可作行道树及营造防风林。

图2-4　杉木

水杉（*Metasequoia glyptostroboides* Hu & W. C. Cheng）

【其他中文名】梳子杉。

【系统分类】杉科水杉属。

【形态特征】乔木，高达35m，胸径达2.5m；树干基部常膨大；树皮灰色、灰褐色或暗灰色，幼树裂成薄片脱落，大树裂成长条状脱落，内皮淡紫褐色。幼树树冠尖塔形，老树树冠广圆形，枝叶稀疏。枝斜展，小枝下垂；一年生枝光滑无毛，幼时绿色，后渐变成淡褐色，二、三年生枝淡褐灰色或褐灰色；侧生小枝排成羽状，长4～15cm，冬季凋落。主枝上的冬芽卵圆形或椭圆形，顶端钝，长约4mm，径3mm；芽鳞宽卵形，先端圆或钝，长宽几相等，约2～2.5mm，边缘薄而色浅，背面有纵脊。叶条形，长0.8～3.5(常1.3～2)cm，宽1～2.5（常1.5～2）mm，上面淡绿色，下面色较淡，沿中脉有两条较边带稍宽的淡黄色气孔带，每带有4～8条气孔线；叶在侧生小枝上列成二列，羽状，冬季与枝一同脱落。

【生物学习性】喜气候温暖湿润，夏季凉爽，冬季有雪而不严寒，并且产地年平均温度在13℃，极端最低温−8℃，极端最高温24℃左右，无霜期230天；年降水量1500mm，年平均相对湿度82%。土壤为酸性山地黄壤、紫色土或冲积土，pH值4.5～5.5。多生于山谷或山麓附近地势平缓、土层深厚、湿润或稍有积水的地方。耐寒性强，耐水湿能力强，在轻盐碱地可以生长为喜光性树种。生长的快慢常受土壤水分的支配，在长期积水排水不良的地方生长缓慢。根系发达，树干基部通常膨大和有纵棱。喜光，不耐贫瘠和干旱，能够净化空气，

图2-5

a

生长快，移栽容易成活。

【地理分布】分布于湖北、重庆、湖南交界的利川、石柱、龙山三县的局部地区，垂直分布一般为海拔750～1500m。

【园林应用】水杉是“活化石”树种，是秋叶观赏树种。在园林中最适于列植，也可丛植、片植，可用于堤岸、湖滨、池畔、庭院等绿化，也可盆栽，也可成片栽植营造风景林，并适配常绿地被植物。还可栽于建筑物前或用作行道树。水杉对二氧化硫有一定的抵抗能力，是工矿区绿化的优良树种。

图2-5 水杉

南方红豆杉［*Taxus chinensis*（Pilger）Rehd. var. *mairei*（Lemee et Levl.）Cheng et L. K. Fu］

【其他中文名】红叶水杉、美丽红豆杉、杉公子、玻璃镜、赤椎、榧子木、公子、海罗松、血榧。

【系统分类】红豆杉科红豆杉属。

【形态特征】乔木，高达30m，胸径达60～100cm。树皮灰褐色、红褐色或暗褐色，裂成条片脱落。大枝开展，一年生枝绿色或淡黄绿色，秋季变成绿黄色或淡红褐色，二、三年生枝黄褐色、淡红褐色或灰褐色。冬芽黄褐色、淡褐色或红褐色，有光泽，芽鳞三角状卵形，背部无脊或有纵脊，脱落或少数宿存于小枝的基部。叶排列成两列，条形，微弯或较直，长1～3（多为1.5～2.2）cm，宽2～4（多为3）mm，上部微渐窄，先端常微急尖，稀急尖或渐尖；上面深绿色，有光泽，下面淡黄绿色，有两条气孔带，中脉带上有密生均匀而微小的圆形角质乳头状突起点，常与气孔带同色，稀色较浅。雄球花淡黄色，雄蕊8～14枚，花药4～8（多为5～6）。种子生于杯状红色肉质的假种皮中，间或生于近膜质盘状的种托（即未发育成肉质假种皮的珠托）之上，常呈卵圆形，上部渐窄，稀倒卵状，长5～7mm，径3.5～5mm，微扁或圆，上部常具二钝棱脊，稀上部三角状具三条钝脊，先端有突起的短钝尖头；种脐近圆形或宽椭圆形，稀三角状圆形。

【生物学习性】南方红豆杉是中国亚热带至暖温带特有成分之一，在阔叶林中常有分布。耐干旱瘠薄，不耐低洼积水。对气候适应力较强，年均温11～16℃，最低极值可达−11℃。具有较强的萌芽能力，树干上多见萌芽小枝，但生长比较缓慢，很少有病虫害，寿命长。

【地理分布】分布于中国长江流域以南，星散分布。在贵阳市主要分布在花溪区、乌当区、开阳县、息烽县。

【园林应用】南方红豆杉枝叶浓郁，树形优美，种子成熟时果实满枝逗人喜爱。适合在庭园一角孤植点缀，亦可在建筑背阴面的门庭或路口对植，山坡、草坪边缘、池边、片林边缘丛植。宜在风景区作中、下层树种与各种针阔叶树种配置。

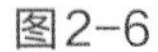

图2-6

a

b

图2-6　南方红豆杉

罗汉松［*Podocarpus macrophyllus*（Thunb.）Sweet］

【其他中文名】土杉、短叶罗汉松、罗汉杉、罗汉松树、麻糖果树、南罗汉、肉杨柳、松树、土松、小罗汉松、小叶罗汉松、短叶土杉。

【系统分类】罗汉松科罗汉松属。

【形态特征】常绿针叶乔木，高达20m，胸径达60cm。树皮灰色或灰褐色，浅纵裂，成薄片状脱落。枝开展或斜展，较密。叶螺旋状着生，条状披针形，微弯。雄球花穗状、腋生，基部有数枚三角状苞片；雌球花单生叶腋，有梗，基部有少数苞片。种子卵圆形，先端圆，熟时肉质假种皮紫黑色，有白粉，种托肉质圆柱形，红色或紫红色。花期4～5月，种子8～9月成熟。

【生物学习性】喜光性强的速生树种，对环境条件的适应性较强。在北达北纬60°的圣彼得堡及阿拉斯加等地，−34～−47℃的低温条件下能在野外越冬生长。

【地理分布】分布于我国多地区，栽培于庭园作观赏树，野生的树木极少。日本也有分布。

【园林应用】材质细致均匀，易加工，可做家具、器具、文具及农具等。在园林中常作盆栽、园景树。

图2-7　罗汉松

a

b

c

马尾松（*Pinus massoniana* Lamb.）

【其他中文名】青松、山松、枞松。

【系统分类】松科松属。

【形态特征】乔木，高达45m，胸径1.5m。树皮红褐色，下部灰褐色，裂成不规则的鳞状块片。树冠宽塔形或伞形。枝平展或斜展，枝条每年生长一轮，但在广东南部则通常生长两轮，淡黄褐色，稀有白粉，无毛。冬芽卵状圆柱形或圆柱形，褐色，顶端尖；芽鳞边缘丝状，先端尖或成渐尖的长尖头，微反曲。针叶2针一束，稀3针一束，长12～20cm（初生叶长2.5～3.6cm），细柔，微扭曲，两面有气孔线，边缘有细锯齿；横切面皮下层细胞单型，第一层连续排列，第二层由个别细胞断续排列而成；树脂道约4～8个，在背面边生，或腹面也有2个边生；叶鞘初呈褐色，后渐变成灰黑色，宿存。雄球花淡红褐色，圆柱形，弯垂，长1～1.5cm，聚生于新枝下部苞腋，聚生花序穗状，长6～15cm；雌球花单生或2～4个聚生于新枝近顶端，淡紫红色。一年生小球果圆球形或卵圆形，径约2cm，褐色或紫褐色，上部珠鳞的鳞脐具向上直立的短刺，下部珠鳞的鳞脐平钝无刺。一年生球果卵圆形或圆锥状卵圆形，长4～7cm，径2.5～4cm，有短梗，下垂，成熟前绿色，熟时栗

图2-8　马尾松

褐色，陆续脱落；中部种鳞近矩圆状倒卵形，或近长方形，长约3cm；鳞盾菱形，微隆起或平，横脊微明显，鳞脐微凹，无刺，生于干燥环境者常具极短的刺。种子长卵圆形，长4～6mm，连翅长2～2.7cm；子叶5～8枚，长1.2～2.4cm。花期4～5月，球果第二年10～12月成熟。

【生物学习性】阳性树种，不耐庇荫，喜光、喜温。适生于年均温13～22℃，年降水量800～1800mm的地区。根系发达，主根明显，有根菌。对土壤要求不严格，喜微酸性土壤，但怕水涝，不耐盐碱，在石砾土、沙质土、黏土、山脊和阳坡的冲刷薄地上，以及陡峭的石山岩缝里都能生长。

【地理分布】分布于江苏、安徽、河南西部、陕西汉水流域以南、长江中下游各地区，分布区南达福建泉城、广东、台湾北部低山及西海岸，西至四川中部大相岭东坡，西南至贵州贵阳、毕节及云南富宁。垂直分布于长江下游海拔700m以下、长江中游海拔1100～1200m，在西部分布于海拔1500m以下。越南北部有马尾松人工林。

【园林应用】马尾松高大雄伟，姿态古奇，适应性强，抗风力强，耐烟尘，木材纹理细、质坚、耐水。适宜山涧、谷中、岩际、池畔、道旁配置和山地造林，也适合在庭前、亭旁、假山之间孤植。

雪松［*Cedrus deodara*（Roxb.）G. Don］

【其他中文名】香柏、宝塔松、番柏、喜马拉雅山雪松、喜马拉雅杉、喜马拉雅松、刺松、塔松、喜马拉雅雪松、香松。

【系统分类】松科雪松属。

【形态特征】乔木，在原产地高达75m，胸径4.3m，枝下高很低。树皮深灰色，裂成不规则的鳞状块片。大枝平展，枝梢微下垂，树冠宽塔形。针叶长2.5～5cm，宽1～1.5mm，先端锐尖，常呈三棱状，上面两侧各有2～3条气孔线，下面有4～6条气孔线，幼叶气孔线被白粉。球果卵圆形、宽椭圆形或近球形，长7～12cm，熟前淡绿色，微被白粉，熟时褐或栗褐色；中部的种鳞长2.5～4cm，宽4～6cm，上部宽圆或平，边缘微内曲，背部密生短茸毛；种子近三角形，连翅长2.2～3.7cm。

【生物学习性】在气候温和凉润、土层深厚、排水良好的酸性土壤上生长旺盛；喜阳光充足，也稍耐阴，生长在酸性或微碱性土、海拔1300～3300m的地带。北部暖温带落叶阔叶林区，南部暖温带落叶阔叶林区，中亚热带常绿阔叶、落叶阔叶林区和常绿阔叶混交林区均有生长。喜年降水量600～1000mm的暖温带至中亚热带气候，在中国长江中下游一带生长最好。

【地理分布】北京、旅顺、大连、青岛、徐州、上海、南京、杭州、南平、庐山、武汉、长沙、昆明等地已广泛栽培作庭园树。阿富汗至印度也有分布。

【园林应用】雪松是世界著名的庭园观赏树种之一。它具有较强的防尘、减噪与杀菌能力，也适宜作工矿企业绿化树种。雪松树体高大，树形优美，最适宜孤植于草坪中央、建筑前庭之中心、广场中心或主要建筑物的两旁及园门的入口等处。其主干下部的大枝自近地面处平展，长年不枯，能形成繁茂雄伟的树冠。此外，列植于园路的两旁，形成甬道，亦极为壮观。

图2-9 雪松

a

b

银杉（*Cathaya argyrophylla* Chun & Kuang.）

【其他中文名】杉公子。

【系统分类】松科银杉属。

【形态特征】常绿乔木，高度超20m，胸径能达90cm。树皮暗灰色，裂成不规则鳞片。小枝上端生长缓慢，稍增粗，侧枝生长缓慢，少数侧生小枝因顶芽早期死亡而成距状。叶枕微隆起；叶在枝节间散生，在枝端排列较密，线形，上面中脉凹下，下面中脉两侧有粉白色气孔带，叶内具2边生树脂道；叶柄短。雌雄同株；雄球花常单生于2/3年生枝叶腋，雄蕊的花丝短或无，花药纵裂，药隔显著，花粉具气囊；雌球花单生于当年生枝下部至基部的叶腋，苞鳞卵状三角形，具尾状长尖，珠鳞基部具2倒生胚珠。球果翌年成熟，长卵圆形或卵圆形，长3～5cm，熟时栗色或暗褐色。种鳞木质，近圆形，背部横凸成蚌壳状，宿存；苞鳞三角状，具长尖，长约种鳞1/3。种子卵圆形，腹面无树脂囊，有不规则的斑纹，连同种翅较种鳞短，种翅下端边缘不包裹种子；子叶3～4，发芽时出土。

【生物学习性】生长需要一定光照，但林中银杉一般几株至20株，有的仅1株，容易被生长快的阔叶树所荫蔽，导致幼苗、幼树的死亡和影响林木的生长发育，若不采取保护措施，将会被生长较快的阔叶树种更替而陷入灭绝的危险。阳性树种，根系发达，多生于土壤浅薄，岩石裸露，宽通常仅2～3m、两侧为60～70°陡坡的狭窄山脊，或孤立的帽状石山的顶部或悬岩、绝壁隙缝间。具有喜光、喜雾、耐寒性较强、能忍受-15℃低温、耐旱、耐土壤瘠薄和抗风等特性，幼苗需庇荫。

【地理分布】为我国特产的稀有树种，适于海拔1400～1800m。分布于中国广西北部龙胜县花坪及东部金秀县大瑶山，湖南东南部资兴、桂东、雷县及西南部城步县沙角洞，重庆金佛山、柏枝山、箐竹山与武隆区白马山，贵州道真县大沙河与桐梓县白芷山。

【园林应用】属古老的残遗植物，其形态特殊，胚胎发育与松属植物相似，对研究松科植物的系统发育、古植物区系、古地理及第四纪冰期气候等，均有较重要的科研价值。同时，银杉也是一种优良的材用树种，它的材质坚硬，纹理细致，是制作家具的上等材料。园林上可作为庭园树、造林树。

图2-10 银杉

苏铁（*Cycas revoluta* Thunb.）

【其他中文名】铁树、避火蕉、辟火蕉、大凤尾草、番蕉、凤尾蕉、凤凰蛋、凤尾曹、凤尾草、凤尾蕉、凤尾松、凤尾棕。

【系统分类】苏铁科苏铁属。

【形态特征】茎干圆柱状，高达3～8m，径达45～95cm，常在基部或下部生不定芽，有时分枝，顶端密被很厚的茸毛。干皮灰黑色，具宿存叶痕。叶40～100片或更多，一回羽裂，长0.7～1.8m，宽20～28cm，羽片呈V形伸展；叶柄长10～20cm，具刺6～18对；羽片直或近镰刀状，革质，长10～20cm，宽4～7mm，基部微扭曲，外侧下延，先端渐窄，具刺状尖头，下面疏被柔毛，边缘强烈反卷，中央微凹，中脉两面绿色，上面微隆起或近平坦，下面显著隆起，横切面呈V形。小孢子叶球卵状圆柱形，长30～60cm，径8～15cm；小孢子叶窄楔形，长3.5～6cm，宽1.7～2.5cm，先端圆状截形，具短尖头；大孢子叶长15～24cm，密被灰黄色茸毛，不育顶片卵形或窄卵形，长6～12cm，宽4～7cm，边缘深裂，裂片每侧10～17，钻状，长1～3cm；胚珠4～6，密被淡褐色茸毛。种子2～5，橘

a

b

红色，倒卵状或长圆状，明显压扁，长4～5cm，疏被茸毛，中种皮光滑，两侧不具槽。

【生物学习性】喜暖热湿润的环境，不耐寒冷，生长甚慢，寿命约200年。在中国南方热带及亚热带南部树龄10年以上的树木几乎每年开花结实，而长江流域及北方各地栽培的苏铁常终生不开花，或偶尔开花结实。喜光，喜铁元素，稍耐半阴。上海地区露地栽植时，需在冬季采取稻草包扎等保暖措施。喜肥沃湿润和微酸性的土壤，但也耐干旱。

【地理分布】主要分布于我国福建、台湾、广东等地，其余各地也常有栽培。日本南部、菲律宾和印度尼西亚有分布。

【园林应用】苏铁树形古雅，主干粗壮，坚硬如铁；羽叶洁滑光亮，四季常青，为珍贵观赏树种。南方多植于庭前阶旁及草坪内；北方宜作大型盆栽，布置庭院屋廊及厅室，殊为美观。

c　图2-11　苏铁

八角枫［*Alangium chinense*（Lour.）Harms］

【其他中文名】华瓜木、白龙须、木八角、橙木。

【系统分类】八角枫科八角枫属。

【形态特征】落叶乔木或灌木，高3～15m。小枝微呈“之”字形，无毛或被疏柔毛。叶近圆形，先端渐尖或急尖，基部两侧常不对称；不定芽长出的叶常5裂，基部心形。聚伞花序腋生，具7～50花；花序梗及花序分枝均无毛；花萼具齿状萼片6～8；花瓣与萼齿同数，线形，长约1～1.5cm，白或黄色；雄蕊与瓣同数而近等长，花丝被短柔毛，微扁，长2～3mm，花药长6～8mm，药隔无毛。子房2室，花柱无毛或疏生短柔毛，柱头头状，常2～4裂；花盘近球形。核果卵圆形，顶端宿存萼齿及花盘。

【生物学习性】阳性树，稍耐阴，对土壤要求不严，喜肥沃、疏松、湿润的土壤，具一定耐寒性，萌芽力强，耐修剪，根系发达，适应性强。

【地理分布】分布于华中、华东至西南各地，东南亚及东非各国也有分布。

【园林应用】八角枫株丛宽阔，根部发达，适宜于山坡地段造林，对涵养水源、防止水土流失有良好的作用。八角枫的叶片形状较美，花期较长，栽植在建筑物的四周，作为绿化树种也很好。

图2-12　八角枫

合欢（*Albizia julibrissin* Durazz.）

【其他中文名】绒花树、马缨花、蓉花树、扁花树、芙绒花、芙蓉花、芙蓉花树、芙蓉树、关门柴、合欢花。

【系统分类】豆科合欢属。

【形态特征】落叶乔木，高可达16m，树冠开展。小枝有棱角，嫩枝、花序和叶轴被茸毛或短柔毛。托叶线状披针形，较小叶小，早落；二回羽状复叶，总叶柄近基部及最顶一对羽片着生处各有1枚腺。头状花序于枝顶排成圆锥花序；花粉红色，花萼管状，长3mm；花冠长8mm，裂片三角形，长1.5mm，花萼、花冠外均被短柔毛；花丝长2.5cm。荚果带状，长9～15cm，宽1.5～2.5cm，嫩荚有柔毛，老荚无毛。花期6～7月，果期8～10月。

【生物学习性】喜光、喜温暖湿润的气候，耐干旱。宜种植于向阳、背风和肥沃、湿润的微酸性壤土中。要求土壤疏松肥沃、腐殖质含量高，如温室栽培，冬季室温不宜低于4℃，且适当减少浇水。

【地理分布】原产澳大利亚，分布于中国浙江、台湾、福建、广东、广西、云南、四川、贵州等地。

【园林应用】合欢可用作园景树、行道树、风景区造景树、滨水绿化树、工厂绿化树和生态保护树等。

图2-13　合欢

a

槐树（*Sophora japonica* Linn.）

【其他中文名】国槐、槐蕊、豆槐、白槐、细叶槐、金药材、护房树、家槐。

【系统分类】豆科槐属。

【形态特征】乔木，高达25m。树皮灰褐色，具纵裂纹。当年生枝绿色，无毛。羽状复叶长达25cm；叶轴初被疏柔毛，旋即脱净；叶柄基部膨大，包裹着芽；托叶形状多变，有时呈卵形，叶状，有时线形或钻状，早落；小叶4～7对，对生或近互生，纸质，卵状披针形或卵状长圆形，长2.5～6cm，宽1.5～3cm，先端渐尖，具小尖头，基部宽楔形或近圆形，稍偏斜，下面灰白色，初被疏短柔毛，旋变无毛；小托叶2枚，钻状。圆锥花序顶生，常呈金字塔形，长达30cm；花梗比花萼短；小苞片2枚，形似小托叶；花萼浅钟状，长约4mm，萼齿5，近等大，圆形或钝三角形，被灰白色短柔毛，萼管近无毛；花冠白色或淡黄色，旗瓣近圆形，长和宽约11mm，具短柄，有紫色脉纹，先端微缺，基部浅心形，翼瓣卵状长圆形，长10mm，宽4mm，先端浑圆，基部斜戟形，无皱褶，龙骨瓣阔卵状长圆形，与翼瓣等长，宽达6mm；雄蕊近分离，宿存；子房近无毛。荚果串珠状，长2.5～5cm或稍长，径约10mm，具肉质果皮，成熟后不开裂。种子间缢缩不明显，种子排列较紧密，具1～6粒；种子卵球形，淡黄绿色，干后黑褐色。

【生物学习性】喜光而稍耐阴。花期6～7月，果期8～10月。

【地理分布】中国北部分布较集中，辽宁、广东、台湾、甘肃、四川、云南、贵州等地广泛种植。

【园林应用】国槐是庭院常用的特色树种，其枝叶茂密，绿荫如盖，适作庭荫树，在中国北方多用作行道树；配植于公园、建筑四周、街坊住宅区及草坪上，也极相宜。龙爪槐则宜门前对植或列植，或孤植于亭台山石旁，也可作工矿区绿化之用。夏秋可观花，并为优良的蜜源植物。花蕾可作染料，果肉能入药，种子可作饲料等。此外，槐树又是防风固沙，用材林及经济林兼用的树种，是城乡良好的遮阴树和行道树种，对二氧化硫、氯气等有毒气体有较强的抗性。

图2-14　槐树

皂荚（*Gleditsia sinensis* Lam.）

【其他中文名】皂角、猪牙皂、扁皂角、穿心刺、刺皂、刀皂、肥皂荚、肥皂树、鸡栖子、荚角刺、金钩刺、眉皂。

【系统分类】豆科皂荚属。

【形态特征】落叶乔木，高达30m。刺圆柱形，常分枝，长达16cm。叶为一回羽状复叶，长10～26cm；小叶3～9对，卵状披针形或长圆形，长2～12.5cm，先端急尖或渐尖，顶端圆钝，基部圆或楔形，中脉在基部稍歪斜，具细锯齿，上面网脉明显。花杂性，黄白色，组成5～14cm长的总状花序；雄花径0.9～1cm，萼片4，长3mm，两面被柔毛，花瓣4，长4～5mm，被微柔毛，雄蕊（6）8；退化雌蕊长2.5mm；两性花径1～1.2cm，萼片长4～5mm，花瓣长5～6mm，雄蕊8，子房缝线上及基部被柔毛。荚果带状，肥厚，长12～37cm，劲直，两面膨起；果颈长1～3.5cm；果瓣革质，褐棕或红褐色，常被白色粉霜，有多数种子；或荚果短小，稍弯呈新月形，俗称猪牙皂，内无种子。

【生物学习性】喜光，稍耐阴，生于山坡林中或谷地、路旁。常栽培于庭院或宅旁，海拔自平地至2500m。在微酸性、石灰质、轻盐碱土甚至黏土或沙土均能正常生长。属于深根性植物，具较强耐旱性，寿命可达六七百年。花期3～5月，果期5～12月。

【地理分布】分布于河北、山东、河南、山西、陕西、甘肃、江苏、安徽、浙江、江西、湖南、湖北、福建、广东、广西、四川、贵州、云南等地。

图2-15　皂荚

【园林应用】皂荚树为生态经济型树种，耐旱节水，根系发达，可用作防护林和水土保持林。皂荚树耐热、耐寒、抗污染，可用于城乡景观林、道路绿化。皂荚树具有固氮、适应性广、抗逆性强等综合价值，是退耕还林的首选树种。用皂荚营造草原防护林能有效防止牧畜破坏，是林牧结合的优选树种。

紫荆（*Cercis chinensis* Bunge）

【其他中文名】紫珠、裸枝树、箩筐树、光叶杨、红黄春、花苏方、苦木豆、罗筐桑、罗钱桑、罗钱树、罗圈桑、罗圈树、罗裙桑、罗线桑、罗椎树、萝筐桑、萝筐树。

【系统分类】豆科紫荆属。

【形态特征】落叶乔木或灌木，高2～5m。小枝灰白色，无毛。叶近圆形或三角状圆形，长5～10cm，先端急尖，基部浅或深心形，两面通常无毛，叶缘膜质透明；叶柄长2.5～4cm，无毛。花紫红或粉红色，2～10朵成束，簇生于老枝和主干上，尤以主干上花束较多，越到上部幼嫩枝条则花越少；常先叶开放，幼嫩枝上的花则与叶同时开放；花长1～1.3cm；花梗长3～9mm；龙骨瓣基部有深紫色斑纹；子房嫩绿色，花蕾时光亮无毛，后期则密被短柔毛，胚珠6～7。荚果扁，窄长圆形，绿色，长4～8cm，宽1～1.2cm，翅宽约1.5mm，顶端急尖或短渐尖，喙细而弯曲，基部长渐尖，两侧缝线对称或近对称；果颈长2～4mm。种子2～6，宽长圆形，长5～6mm，黑褐色，光亮。花期3～4月，果期8～10月。

【生物学习性】生长在凉爽、湿度大的气候环境里，能耐低温，抗旱力也强，在土层较浅薄的微酸性土上仍生长良好。喜光，在疏林中处于上层或林窗处，与云南樟和马尾松等树种混生。是常见的栽培植物，多植于庭园、屋旁、寺街边、少数密林或石灰岩地区。

【地理分布】在中国分布广泛，北至河北，南至广东、广西，西至云南、四川，西北至陕西，东至浙江、江苏和山东等地均有分布。

【园林应用】紫荆，是家庭和美、骨肉情深的象征。可作庭荫树、行道树。

图2-16　紫荆

毛竹［*Phyllostachys heterocycla*（Carr.）Mitford cv. *Pubescens*］

【其他中文名】毛竹。

【系统分类】禾本科刚竹属。

【形态特征】地下茎为单轴散生。竿高达20余米，粗者可达20余厘米，幼竿密被细柔毛及厚白粉，箨环有毛，老竿无毛，并由绿色渐变为绿黄色；基部节间甚短而向上则逐节变长，中部节间长达40cm或更长，壁厚约1cm；竿环不明显，低于箨环或在细竿中隆起。箨鞘背面黄褐色或紫褐色，具黑褐色斑点及密生棕色刺毛；箨耳微小，繸毛发达；箨舌宽短，强隆起乃至为尖拱形，边缘具粗长纤毛；箨片较短，长三角形至披针形，有波状弯曲，绿色，初时直立，以后外翻。末级小枝具2～4叶；叶耳不明显，鞘口繸毛存在而为脱落性；叶舌隆起；叶片较小较薄，披针形，长4～11cm，宽0.5～1.2cm，下表面沿中脉基部具柔毛，次脉3～6对，再次脉9条。花枝穗状，长5～7cm，基部托以4～6片渐大的微小鳞片状苞片，有时花枝下方尚有1～3片近于正常发达的叶，此时则花枝呈顶生状；佛焰苞通常在10片以上，常偏于一侧，呈整齐的复瓦状排列，下部数片不孕而早落，致使花枝下部露出而类似花枝之柄，上部的边缘生纤毛及微毛，无叶耳，具易落的鞘口繸毛，缩小叶小，披针形至锥状，每片孕性佛焰苞内具1～3枚假小穗。小穗仅有1朵小花；小穗轴延伸于最上方小花的内稃之背部，呈针状，节间具短柔毛；颖1片，长15～28mm，顶端常具锥状缩小叶有如佛焰苞，下部、上部以及边缘常生毛茸；外稃长22～24mm，上部及边缘被毛；内稃稍短于其外稃，中部以上生有毛茸；鳞被披针形，长约5mm，宽约1mm；花丝长4cm，花药长约12mm；柱头3，羽毛状。颖果长椭圆形，长4.5～6mm，直径1.5～1.8mm，顶端有宿存的花柱基部。笋期4月，花期5～8月。

图2-17

【**生物学习性**】根系集中稠密，竹竿生长快，生长量大。要求温暖湿润的气候条件，年平均温度15～20℃，年降水量为1200～1800mm。对土壤的要求也高于一般树种，既需要充裕的水湿条件，又不耐积水淹浸。在板岩、页岩、花岗岩、砂岩等母岩发育的中、厚层肥沃酸性的红壤、黄红壤、黄壤上分布多，生长良好。在土质黏重而干燥的网纹红壤及林地积水、地下水位过高的地方则生长不良。在造林地选择上应选择背风向南的山谷、山麓、山腰地带；土壤深度在50cm以上；肥沃、湿润、排水和透气性良好的酸性沙质土或沙质壤土的地方。

【**地理分布**】在中国分布自秦岭、汉水流域至长江流域以南和台湾等地，黄河流域也有多处栽培。1737年引入日本栽培，后又引至欧美各国。

【**园林应用**】毛竹是中国栽培悠久、面积最广、经济价值最高的竹种。其竿型粗大，宜供建筑用，如梁柱、棚架、脚手架等；篾性优良，供编织各种粗细的用具及工艺品，枝梢作扫帚，嫩竹及竿箨作造纸原料；笋味美，鲜食或加工制成玉兰片、笋干、笋衣等。毛竹叶翠，四季常青，秀丽挺拔，经霜不凋，雅俗共赏。自古以来常置于庭园曲径、池畔、溪涧、山坡、石迹、天井、景门，以及室内盆栽观赏。竹常与松、梅共植，被誉为“岁寒三友”。

图2-17　毛竹

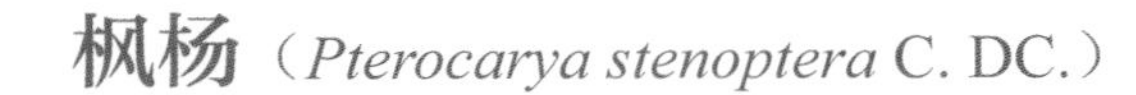

枫杨（*Pterocarya stenoptera* C. DC.）

【其他中文名】枰柳、麻柳、枰伦树、水麻柳、蜈蚣柳、白杨、大叶柳、大叶头杨树、枫柳、鬼柳、鬼柳树、鬼头杨、鬼杨柳、鬼叶柳、柜柳、河麻柳。

【系统分类】胡桃科枫杨属。

【形态特征】大乔木，高达30m，胸径达1m。幼树树皮平滑，浅灰色，老时则深纵裂。小枝灰色至暗褐色，具灰黄色皮孔。芽具柄，密被锈褐色盾状着生的腺体。叶多为偶数或稀奇数羽状复叶，长8～16cm（稀达25cm），叶柄长2～5cm，叶轴具翅至翅不甚发达，与叶柄一样被有疏或密的短毛；小叶10～16枚（稀6～25枚），无小叶柄，对生或稀近对生，长椭圆形至长椭圆状披针形，长约8～12cm，宽2～3cm，顶端常钝圆或稀急尖，基部歪斜，上方一侧楔形至阔楔形，下方一侧圆形，边缘有向内弯的细锯齿，上面被有细小的浅色疣状凸起，沿中脉及侧脉被有极短的星芒状毛，下面幼时被有散生的短柔毛，成长后脱落而仅留有极稀疏的腺体及侧脉腋内留有1丛星芒状毛。雄性葇荑花序长约6～10cm，单独生于去年生枝条上叶痕腋内，花序轴常有稀疏的星芒状毛；雄花常具1（稀2或3）枚发育的花被片，雄蕊5～12枚。雌性葇荑花序顶生，长约10～15cm，花序轴密被星芒状毛及单毛，下端不生花的部分长达3cm，具2枚长达5mm的不孕性苞片；雌花几乎无梗，苞片及小苞片基部常有细小的星芒状毛，并密被腺体。果序长20～45cm，果序轴常被有宿存的毛；果实长椭圆形，长约6～7mm，基部常有宿存的星芒状毛；果翅狭，条形或阔条形，长12～20mm，宽3～6mm，具近于平行的脉。花期4～5月，果熟期8～9月。

【生物学习性】深根性树种，主根明显，侧根发达；萌芽力很强，生长很快。对有害气体二氧化硫及氯气的抗性弱，受害后叶片迅速由绿色变为红褐色至紫褐色，易脱落。受到二氧化硫危害严重者，几小时内叶全部落光。枫杨初期生长较慢，后期生长速度加快。

【地理分布】分布于我国陕西、华东、华中、华南及西南东部，华北和东北仅有栽培。

【园林应用】枫杨广泛栽植作园庭树或行道树。枫杨树干高大，树体通直粗壮，树冠丰满开展，枝叶茂盛，绿荫浓密，叶色鲜亮艳丽，形态优美典雅。春季长叶，冬季落叶，4、5月开花、结果，其挂果期为5～11月，长达半年之久，果实颜色随生长期及季节变化而变化，浅绿、嫩绿直至发黄、发黑。杨鸿勋编著《江南园林志》一书的封面为苏州留园中带有枫杨一景的画面，并评述："20世纪30年代苏州留园犹见扁舟，斜探湖面的古枫杨与曲溪楼形成完美的统一构图。"可见作者对枫杨的观赏与美学价值也是较为称赞。

图2-18

图2-18　枫杨

c

桦木（*Betula alnoides* Buch.-Ham.ex D. Don）

【其他中文名】无。

【系统分类】桦木科桦木属。

【形态特征】落叶乔木或灌木，树皮白色、灰色、黄白色、红褐色、褐色或黑褐色，光滑、横裂、纵裂、薄层状剥裂或块状剥裂。芽无柄，具数枚覆瓦状排列之芽鳞。单叶，互生，叶下面通常具腺点，边缘具重锯齿，叶脉羽状，具叶柄；托叶分离，早落。花单性，雌雄同株；雄花序2～4枚簇生于上一年枝条上，有小苞片及3朵雄花；雄蕊通常2枚，花丝短，顶端叉分，花药具2个完全分离的药室，顶端有毛或无毛；花粉粒赤道面观为宽椭圆形，极面观具棱，大多数具3孔，呈三角形，外壁两层均加厚，不形成孔室，外层在孔处无明显的带状加厚；雌花序单1或2～5枚生于短枝的顶端，圆柱状、矩圆状或近球形，直立或下垂；苞鳞覆瓦状排列，每苞鳞内有3朵雌花；雌花无花被，子房扁平，2室，每室有1个倒生胚珠，花柱2枚，分离。果苞革质，鳞片状，脱落，由3枚苞片愈合而成，具3裂片，内有3枚小坚果；小坚果小，扁平，具或宽或窄的膜质翅，顶端具2枚宿存的柱头。种子单生，具膜质种皮。

【生物学习性】生长于北半球，桦木为冰川退却后最早形成的树木之一。耐寒、速生，对病虫害较有免疫力，用于重新造林、控制水土流失、防护覆盖或作保育树木。

【地理分布】该属约100种，主要分布于北温带，少数种类分布至北极区内。中国产29种6变种，全国均有分布。

【园林应用】控制水土流失造林的良好树种，良好的经济用才树种，具有明显的药用价值。杨叶桦、纸皮桦、黑桦、矮桦、红桦和白桦最著名；在英国白桦通常叫做银桦，但纸皮桦和红桦有时也称银桦。日本桦或王桦通常高30m，有剥落的灰色或橙灰色树皮，叶心形，是耐寒的观赏植物。

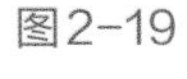

图2-19

a

b

图2-19　桦木

枫香（*Liquidambar formosana* Hance）

【其他中文名】白胶香、白香胶树、百日材、百日柴、边柴、大叶枫、鹅足板、枫木、枫树、枫树果、枫香果。

【系统分类】金缕梅科枫香树属。

【形态特征】落叶乔木，高达30m，胸径最大可达1m。树皮灰褐色，方块状剥落。小枝干后灰色，被柔毛，略有皮孔。芽体卵形，长约1cm，略被微毛，鳞状苞片敷有树脂，干后棕黑色，有光泽。叶薄革质，阔卵形，掌状3裂，中央裂片较长，先端尾状渐尖；两侧裂片平展；基部心形；上面绿色，干后灰绿色，不发亮；下面有短柔毛，或变秃净仅在脉腋间有毛；掌状脉3～5条，在上下两面均显著，网脉明显可见；边缘有锯齿，齿尖有腺状突；叶柄长达11cm，常有短柔毛；托叶线形，游离，或略与叶柄连生，长1～1.4cm，红褐色，被毛，早落。雄性短穗状花序常多个排成总状，雄蕊多数，花丝不等长，花药比花丝略短。雌性头状花序有花24～43朵，花序柄长3～6cm，偶有皮孔，无腺体；萼齿4～7个，针形，长4～8mm；子房下半部藏在头状花序轴内，上半部游离，有柔毛；花柱长6～10mm，先端常卷曲。头状果序圆球形，木质，直径3～4cm；蒴果下半部藏于花序轴内，有宿存花柱及针刺状萼齿。种子多数，褐色，多角形或有窄翅。

图2-20

图2-20　枫香

【生物学习性】喜温暖湿润气候，性喜光，幼树稍耐阴，耐干旱瘠薄土壤，不耐水涝。多生于平地、村落附近及低山的次生林。在湿润肥沃而深厚的红黄壤土上生长良好。深根性，主根粗长，抗风力强，不耐移植及修剪。种子有隔年发芽的习性，不耐寒，黄河以北不能露地越冬，不耐盐碱及干旱。在海南岛常组成次生林的优势种，耐火烧，萌生力极强。

【地理分布】分布于中国秦岭及淮河以南各地，北起河南、山东，东至台湾，西至四川、云南及西藏，南至广东。亦见于越南北部、老挝及朝鲜南部。

【园林应用】枫香树在环保方面有很大的意义，它可以改善生长地的土地质量，保证水土不会过度流失，净化当地的空气质量，保障生态环境的稳定。同时枫香树的耐火性和耐旱性极强，因此可以生长于干旱缺水的荒山野岭之地，大大改善当地的环境质量。枫香树具有很强的观赏性，在城市规划中可以起到美化环境的作用。

珙桐（*Davidia involucrata* Baill.）

【其他中文名】水梨子、鸽子树、空桐、毛叶珙桐、水冬瓜、水梨树、汤巴梨、土白果、中国鸽子树、鸽子花、珙、岩桑。

【系统分类】蓝果树科珙桐属。

【形态特征】落叶乔木，高15～20m，稀达25m。树皮深灰色或深褐色，常裂成不规则的薄片而脱落。叶纸质，互生，无托叶，常密集于幼枝顶端，阔卵形或近圆形，常长9～15cm，宽7～12cm，顶端急尖或短急尖，具微弯曲的尖头，基部心脏形或深心脏形，边缘有三角形而尖端锐尖的粗锯齿，上面亮绿色，中脉和8～9对侧脉均在上面显著，在下面凸起；叶柄圆柱形，长4～5cm，稀达7cm，幼时被稀疏的短柔毛。两性花与雄花同株，由多数的雄花与1个雌花或两性花构成近球形的头状花序，直径约2cm，着生于幼枝的顶端；雄花无花萼及花瓣，有雄蕊1～7，长6～8mm，花丝纤细，无毛，花药椭圆形，紫色；雌

图2-21

图2-21　珙桐

花或两性花具下位子房，6 ～ 10室，与花托合生，子房的顶端具退化的花被及短小的雄蕊，花柱粗壮，分成6 ～ 10枝，柱头向外平展，每室有1枚胚珠，常下垂。果实为长卵圆形核果，长3 ～ 4cm，直径15 ～ 20mm，紫绿色具黄色斑点，外果皮很薄，中果皮肉质，内果皮骨质具沟纹；种子3 ～ 5枚；果梗粗壮，圆柱形。花期4月，果期10月。

【生物学习性】喜欢生长在海拔1500 ～ 2200m的润湿的常绿阔叶和落叶阔叶混交林中。多生于空气阴湿处，喜中性或微酸性腐殖质深厚的土壤。在干燥多风、日光直射之处生长不良，不耐瘠薄，不耐干旱。幼苗生长缓慢，喜阴湿，成年树趋于喜光。

【地理分布】在中国，珙桐分布广泛。在贵州主要分布于东北部至西北部松桃、梵净山、道真、绥阳、毕节、纳雍。珙桐已被列为国家一级重点保护野生植物，为中国特有的单属植物，属孑遗植物，也是全世界著名的观赏植物。

【园林应用】珙桐为世界著名的珍贵观赏树，常植于池畔、溪旁及疗养所、宾馆、展览馆附近，并有和平的象征意义。

喜树（*Camptotheca acuminata* Decne.）

【其他中文名】旱莲木、千丈树、旱莲、滑杆子树、南京梧桐、千张树、水白杂、水冬瓜、水栗子、水沫子树、水漠子、水桐树、天梓树、秧青树、旱连木、南京树、水栗。

【系统分类】蓝果树科喜树属。

【形态特征】落叶乔木，高达20余米。树皮灰色或浅灰色，纵裂成浅沟状。小枝平展，当年生枝紫绿色，有灰色微柔毛；多年生枝淡褐色或浅灰色，无毛，有很稀疏的圆形或卵形皮孔。花杂性，同株；苞片3枚，三角状卵形，长2.5～3mm，内外两面均有短柔毛；花萼杯状，5浅裂，裂片齿状，边缘睫毛状；花瓣5枚，淡绿色，矩圆形或矩圆状卵形，顶端锐尖，长2mm，外面密被短柔毛，早落；花盘显著，微裂；翅果矩圆形，长2～2.5cm，顶端具宿存的花盘，两侧具窄翅，幼时绿色，干燥后黄褐色，着生近球形的头状果序。花期5～7月，果期9月。

【生物学习性】对土壤酸碱度要求不严，在酸性、中性、碱性土壤中均能生长，在石灰岩风化的钙质土壤和板页岩形成的微酸性土壤中生长良好，但在土壤肥力较差的粗沙土、石砾土、干燥瘠薄的薄层石质山地，都生长不良。萌芽能力强，较耐水湿，在湿润的河滩沙地、河湖堤岸以及地下水位较高的渠道埂边生长都较旺盛。

【地理分布】分布于江苏南部、浙江、福建、江西、湖北、湖南、四川、贵州、广东、广西、云南等地，在四川西部成都平原和江西东南部均较常见。

【园林应用】喜树的树干挺直，生长迅速，在20世纪60年代就已经是中国优良的行道树和庭荫树。

图2-22　喜树

北美鹅掌楸（*Liriodendron tulipifera* L.）

【其他中文名】百合木、美国鹅掌楸、北美马挂木、马褂木、郁金树。

【系统分类】木兰科鹅掌楸属。

【形态特征】大乔木，在原产地高达60m。小枝褐或紫褐色，常带白粉。叶长7～12cm，两侧中下部各具2～3个短而渐尖裂片，先端2浅裂，下面初被白色细毛，后脱落无毛；叶柄长5～10cm。花杯状，花被片9，外轮绿色、萼片状、向外弯垂，内两轮灰绿色、直立、花瓣状、卵形、长4～6cm，近基部具不规则橙黄色带。花药长1.5～2.5cm，花丝长1～1.5cm；雌蕊群黄绿色，花期不伸出花被片。聚合果长约7cm，具翅小坚果淡褐色，长约5mm，顶端尖，下部小坚果常宿存。花期5月，果期9～10月。

【地理分布】原产北美东南部。我国青岛、庐山、南京、广州、昆明等地有栽培。

【园林应用】欧洲人称之为“郁金香树”，是世界四大行道树之一。鹅掌楸是城市中极佳的行道树、庭荫树种，无论丛植、列植或片植于草坪、公园入口处，均有独特的景观效果。对有害气体的抗性较强，也是工矿区绿化的优良树种之一。作为古雅优美的庭园树种，与中国的鹅掌楸齐名。

图2-23　北美鹅掌楸

图2-24　广玉兰

广玉兰（*Magnolia grandiflora* L.）

【其他中文名】洋玉兰、荷花玉兰、百花果、大山朴、广玉、玉兰花、大花木兰、大花玉兰、荷兰木兰、泰山木、洋丘兰、玉兰、泽玉兰。

【系统分类】木兰科玉兰属。

【形态特征】常绿乔木，高达40m。树皮灰褐色，幼枝密生茸毛，后变灰褐色。叶厚，革质，长圆状披针形或倒卵状长椭圆形，长14～20cm，宽4～9cm，背面有锈色短茸毛；叶柄长约2cm，嫩时有淡黄色茸毛。花白色，荷花状，直径15～20cm，芳香；花柄密生淡黄色茸毛；花被片9～13，倒卵形，长7～8cm；花期6月。心皮密生长茸毛；聚合果圆柱形，长6～8cm，有锈色茸毛。蓇葖果卵圆形，紫褐色，顶端有外弯的喙。

【生物学习性】广玉兰生长喜光，而幼时稍耐阴；喜温湿气候，有一定抗寒能力；适生于干燥、肥沃、湿润与排水良好的微酸性或中性土壤。在碱性土种植易发生黄化，忌积水、排水不良。对烟尘及二氧化碳气体有较强抗性，病虫害少；根系深广，抗风力强。特别是播种苗树干挺拔，树势雄伟，适应性强。

【地理分布】原产北美东南部，我国长江流域以南各大城市均有栽培。

【园林应用】广玉兰可作园景、行道树、庭荫树。广玉兰树姿雄伟壮丽，叶大荫浓，花似荷花，芳香馥郁，为美丽的园林绿化观赏树种。宜孤植、丛植或成排种植。广玉兰还能耐烟抗风，对二氧化硫等有毒气体有较强的抗性，故又是净化空气、保护环境的好树种。

深山含笑（*Michelia maudiae* Dunn）

【其他中文名】光叶白兰、莫夫人玉兰。

【系统分类】木兰科含笑属。

【形态特征】常绿乔木，高达20m，各部均无毛；树皮薄、浅灰色或灰褐色平滑不裂；芽、嫩枝、叶下面、苞片均被白粉。叶互生，革质，深绿色，叶背淡绿色，长圆状椭圆形，很少卵状椭圆形，长7～18cm，宽3.5～8.5cm。花梗绿色具3环状苞片脱落痕，佛焰苞状苞片淡褐色，薄革质，长约3cm；花芳香，花被片9片，纯白色，基部稍呈淡红色。聚合果长7～15cm，蓇葖长圆形、倒卵圆形、卵圆形、顶端圆钝或具短突尖头。种子红色，斜卵圆形，长约1cm，宽约5mm，稍扁。

【生物学习性】喜温暖、湿润环境，有一定耐寒能力；喜光，幼时较耐阴。自然更新能力强，生长快，适应性广；抗干热，对二氧化硫的抗性较强；喜土层深厚、疏松、肥沃而湿润的酸性沙质土；根系发达，萌芽力强。

【地理分布】主要分布在浙江、福建、湖南、广东、广西、贵州等地。

【园林应用】叶鲜绿，花纯白艳丽，为庭园观赏树种和四旁绿化树种。木质好，适应性强，繁殖容易，病虫害少，也是一种速生常绿阔叶用材树种。

图2-25　深山含笑

玉兰 [*Yulania denudata*（Desr.）D. L. Fu]

【其他中文名】白玉兰、木兰、安春花、白木兰、白玉花、春花、姜朴、金毛狗、冷春花、木笔花、望春花、望春兰、望春树、辛夷、辛萁、玉兰花、应春花、玉兰春、玉堂春、白木莲、木莲花、山玉兰、辛夷花、夜合花。

【系统分类】木兰科木兰属。

【形态特征】落叶乔木，高达17m。枝广展，呈阔伞形树冠，胸径30cm，树皮灰色。揉枝叶有芳香，嫩枝及芽密被淡黄白色微柔毛，老时毛渐脱落。叶薄革质，长椭圆形或披针状椭圆形。花白色，极香，一年开花两次；花被片10片，披针形，长3～4cm，宽3～5mm。雄蕊的药隔伸出长尖头，雌蕊群被微柔毛，雌蕊群柄长约4mm。心皮多数，通常部分不发育，成熟时随着花托的延伸，形成蓇葖疏生的聚合果。花期2～3月和7～9月，果期8～9月。

【生物学习性】适宜生长于温暖湿润气候和肥沃疏松的土壤，喜光。不耐干旱，也不耐水涝，根部受水淹2～3天即枯死。对二氧化硫、氯气等有毒气体比较敏感，抗性强。

【地理分布】原产印度尼西亚爪哇，现广植于东南亚，世界各地庭园均常见有栽培。在中国庐山、黄山、峨眉山、巨石山等处尚有野生。

【园林应用】玉兰花如“玉雪霓裳”，形有“君子之姿”，香则清新、淡雅、宜人，园林应用之首选为庭院种植，不仅能给人以“点破银花玉雪香”的美感，还有“堆银积玉”的富贵，与其他春花植物组景，更是极具群木争艳、百花吐芳的喧闹画面。玉兰树姿挺拔不失优雅，叶片浓翠茂盛，自然分枝匀称，生长迅速，适应性强，病虫害少，非常适合种植于道路两侧作行道树。盛花时节漫步玉兰花道，可深深体会到“花中取道、香阵弥漫”的愉悦之感。玉兰对二氧化硫、氯等有毒气体抵抗力较强，可防治工业污染、优化生态环境，是厂矿地区极好的防污染绿化树种。

图2-26

图2-26　玉兰

桂花［*Osmanthus fragrans*（Thunb.）Lour.］

【其他中文名】木犀、木樨、丹桂、桂花树、桂花子、桂树根、汉桂、红糖茶、金桂、九里香、木犀花、四季桂、岩桂、银桂、桂花根、银桂花。

【系统分类】木樨科木樨属。

【形态特征】桂花是常绿乔木或灌木，高3～5m，最高可达18m，树皮灰褐色。小枝黄褐色，无毛。叶片革质，椭圆形、长椭圆形或椭圆状披针形。聚伞花序簇生于叶腋，或近于帚状，每叶内有花多朵；苞片宽卵形，质厚；花极芳香；花萼长约1mm，裂片稍不整齐；花冠黄白色、淡黄色、黄色或橘红色，长3～4mm。果歪斜，椭圆形，长1～1.5cm，呈紫黑色。花期9～10月上旬，果期翌年3月。代表品种有金桂、银桂、丹桂、四季桂等。

【生物学习性】桂花适应于亚热带气候地区。性喜温暖、湿润，抗逆性强，既耐高温，也较耐寒。种植地区平均气温14～28℃，7月平均气温24～28℃，1月平均气温0℃以上，能耐最低气温-13℃，最适生长气温是15～28℃。湿度对桂花生长发育极为重要，要求年平均湿度75%～85%，年降水量1000mm左右，特别是幼龄期和成年树开花时需要水分较多，若遇干旱会影响开花。强日照和荫蔽对其生长不利，一般要求每天6～8h光照。

【地理分布】园林桂花原产中国西南喜马拉雅山东段，印度、尼泊尔、柬埔寨也有分布。中国西南部、四川、陕南、云南、广西、广东、湖南、湖北、江西、安徽、河南等地，均有野生桂花生长，现全国范围内均有不同程度分布。

【园林应用】周《客座新闻》中记载："衡神词其径，绵亘四十余里，夹道皆合抱松桂相间，连云遮日，人行空翠中，而秋来香闻十里，其数竟达17000株，真神幻佳景。"可见当时已有松桂相配作行道树。在现代园林中，因循古例，充分利用桂花枝叶繁茂、四季常青等优点，用作绿化树种。其配置形式不拘一格，或对植，或散植，或群植、列植。传统配置中自古就有"两桂当庭""双桂留芳"的称谓，也常把玉兰、海棠、牡丹、桂花四种传统名花同植庭前，以取玉、堂、富、贵之谐音，喻吉祥之意。在中国古典园林中，桂花常与建筑物、山、石机配，以从生灌木型的植株植于亭、台、楼、阁附近。在住宅四旁或窗前栽植桂花树，能收到"金风送香"的效果。在校园取"蟾宫折桂"之意，也大量种植桂花。桂花对有害气体二氧化硫、氟化氢有一定的抗性，也是工矿区的一种绿化的好花木。

图2-27

a

b

图2-27　桂花

女贞（*Ligustrum lucidum* Ait.）

【其他中文名】白蜡树、冬青、蜡树、女桢、桢木、将军树。

【系统分类】木樨科女贞属。

【形态特征】叶片常绿，革质，卵形、长卵形或椭圆形至宽椭圆形，长6～17cm，宽3～8cm，先端锐尖至渐尖或钝，基部圆形或近圆形，有时宽楔形或渐狭，叶缘平坦，上面光亮，两面无毛；中脉在上面凹入，下面凸起，侧脉4～9对，两面稍凸起或有时不明显；叶柄长1～3cm，上面具沟，无毛。圆锥花序顶生，长8～20cm，宽8～25cm；花序梗长≤3cm；花序轴及分枝轴无毛，紫色或黄棕色，果实具棱；花序基部苞片常与叶同形，小苞片披针形或线形，长0.5～6cm，宽0.2～1.5cm，凋落；花无梗或近无梗，长不超过1mm；花萼无毛，长1.5～2mm，齿不明显或近截形；花冠长4～5mm，花冠管长1.5～3mm，裂片长2～2.5mm，反折；花丝长1.5～3mm，花药长圆形，长1～1.5mm；花柱长1.5～2mm，柱头棒状。果肾形或近肾形，长7～10mm，径4～6mm，深蓝黑色，成熟时呈红黑色，被白粉；果梗长0～5mm。花期5～7月，果期7月至翌年5月。

【生物学习性】耐寒性好，耐水湿，喜温暖湿润气候，喜光耐阴。为深根性树种，须根发达，生长快，萌芽力强，耐修剪，但不耐瘠薄。对大气污染的抗性较强，对二氧化硫、氯气、氟化氢及铅蒸气均有较强抗性，也能忍受较严重的粉尘、烟尘污染。对土壤要求不严，以沙质壤土或黏质壤土栽培为宜，在红、黄壤土中也能生长。生于海拔2900m以下疏、密林中。对气候要求不严，能耐−12℃的低温，但适宜在湿润、背风、向阳的地方栽种，尤以深厚、肥沃、腐殖质含量高的土壤中生长良好。

【地理分布】分布于长江以南至华南、西南各地区，向西北分布至陕西、甘肃。朝鲜也有分布，印度、尼泊尔有栽培。

【园林应用】女贞四季婆娑，枝干扶疏，枝叶茂密，树形整齐，是园林中常用的观赏树种，可于庭院孤植或丛植，亦可作为行道树。因其适应性强，生长快又耐修剪，也用作绿篱。一般经过3～4年即可成形，达到隔离效果。其播种繁殖育苗容易，还可作为砧木，嫁接繁殖桂花、丁香、色叶植物金叶女贞等。

图2-28

a

b

图2-28　女贞

黄连木（*Pistacia chinensis* Bunge）

【其他中文名】楷木、黄连茶、岩拐角、凉茶树、茶树、药树、药木、黄连树、鸡冠果、烂心木、鸡冠木、黄儿茶、田苗树、木蓼树、黄连芽、木黄连、药子树。

【系统分类】漆树科黄连木属。

【形态特征】落叶乔木；高达25m，胸径1m。偶数羽状复叶具10～14小叶，叶轴及叶柄被微柔毛；小叶近对生，纸质，披针形或窄披针形，长5～10cm，宽1.5～2.5cm，先端渐尖或长渐尖，基部窄楔形或近圆，侧脉两面突起；小叶柄长1～2mm。雌花花萼7～9裂，长0.7～1.5mm，外层2～4片，披针形或线状披针形，内层5片卵形或长圆形，无退化雄蕊。核果红色均为空粒，不能成苗，绿色果实含成熟种子，可育苗。

【生物学习性】喜光，对土壤的耐受力较强，在一般土壤质地中均可生长。微酸性、中性和微碱性的沙质、黏质土均能适应，而以在肥沃、湿润而排水良好的石灰岩山地生长最好。耐干旱瘠薄，深根性，主根发达，抗风力强，萌芽力强。生长较慢，寿命可长达300年以上。对二氧化硫、氯化氢和煤烟的抗性较强。

【地理分布】在中国分布广泛，在温带、亚热带和热带地区均能正常生长。黄连木的分布北界县市由西到东为：云南潞西、泸水—西藏察隅—四川甘孜—青海循化—甘肃天水—陕西富县—山西阳城—河北顺平县—北京。这一地理分布界限与中国境内1月均温-8℃等温线大体一致，广泛分布于此线以南的地区，以北、以西地区较为少见。

【园林应用】黄连木具有较高的观赏及生态价值。黄连木属温带落叶乔木树种，其外观会根据四季的变化呈现出不同的形态。在早春时期，黄连木的嫩叶和雄花盛开，外观呈现紫红色，入秋后则会转为枫叶状的深红色。黄连木的果实初期多为黄白色，随着季节的更替逐渐变为红色或蓝紫色，待果实成熟后呈现铜绿色或蓝绿色。此外，黄连木枝繁叶茂，外形挺拔，具有极高的观赏价值，因此被广泛应用于城市绿化或植树造林之中。

图2-29

图2-29　黄连木

黄栌（*Cotinus coggygria* Scop.）

【其他中文名】红叶、红叶黄栌、黄道栌、黄溜子、黄龙头、黄栌材、黄栌柴、黄栌会。

【系统分类】漆树科黄栌属。

【形态特征】落叶小乔木或灌木，株高3～5m。叶柄可达3.5cm；叶片宽椭圆形至倒卵形，长3～8cm，宽2.5～6cm，两面被灰色的短柔毛或背面被较明显的灰色短柔毛，基部圆形到宽楔形，边缘全缘，先端圆形到微凹，侧脉6～11对。圆锥花序；花杂性，花梗长7～10mm，花萼无毛，裂片卵状三角形；花瓣卵形或卵状披针形，无毛；雄蕊5，花药卵形，与花丝等长，花盘5裂，紫褐色；子房近球形，花柱3，分离，不等长。果肾形，无毛；长约4.5mm，宽约2.5mm。

【生物学习性】性喜光，也耐半阴；耐寒，耐干旱瘠薄和碱性土壤，不耐水湿，宜植于土层深厚、肥沃而排水良好的沙质壤土中。生长快，根系发达，萌蘖性强，对二氧化硫有较强抗性。秋季当昼夜温差大于10℃时，叶色变红。

【地理分布】分布于中国西南、华北和浙江。南欧、叙利亚、伊朗、巴基斯坦及印度北部亦有分布。

【园林应用】黄栌是中国重要的观赏树种，树姿优美，茎、叶、花都有较高的观赏价值，特别是深秋，叶片经霜变，色彩鲜艳，美丽壮观；其果形别致，成熟果实色鲜红、艳丽夺目。著名的北京香山红叶、济南红叶谷、山亭抱犊崮的红叶树就是该树种。黄栌花后久留不落的不孕花的花梗呈粉红色羽毛状，在枝头形成似云似雾的景观，远远望去，宛如万缕罗纱缭绕树间，历来被文人墨客比作“叠翠烟罗寻旧梦”和“雾中之花”，故黄栌又有“烟树”之称。夏赏“紫烟”，秋观红叶，加之其极其耐瘠薄的特性，更使其成为石灰岩营建水土保持林和生态景观林的首选树种。

黄栌在园林造景中最适合城市大型公园、天然公园、半山坡上、山地风景区内群植成林，可以单纯成林，也可与其他红叶或黄叶树种混交成林，在造景宜表现群体景观。黄栌同样还可以应用在城市街头绿地、单位专用绿地、居住区绿地以及庭园中，宜孤植或丛植于草坪一隅、山石之侧、常绿树树丛前或单株混植于其他树丛间以及常绿树群边缘，从而体现其个体美和色彩美。黄栌夏季可赏紫烟，秋季能观红叶，这些特点，完全符合现代人的审美情趣，可以极大地丰富园林景观的色彩，形成令人赏心悦目的图画。在北方由于气候等因素，园林树种相对单调，色彩比较缺乏，黄栌可谓是北方园林绿化或山区绿化的首选树种。

图2-30

图2-30　黄栌

盐肤木（*Rhus chinensis* Mill.）

【其他中文名】 五倍子树、倍树、倍子树、迟棓子树、迟倍子树、臭椿子、臭漆、川漆树、地蜈蚣、独角树、夫烟树、肤木、肤烟、肤烟叶、肤盐树。

【系统分类】 漆树科盐肤木属。

【形态特征】 小乔木或灌木状，小枝被锈色柔毛。复叶具7～13小叶，叶轴具叶状宽翅，小叶椭圆形或卵状椭圆形，具粗锯齿。圆锥花序被锈色柔毛，雄花序较雌花序长；花白色，苞片披针形，花萼被微柔毛，裂片长卵形，花瓣倒卵状长圆形，外卷；雌花退化雄蕊极短。核果红色，扁球形，径4～5mm，被柔毛及腺毛。

【生物学习性】 喜光、喜温暖湿润气候；适应性强，耐寒；对土壤要求不严，在酸性、中性及石灰性土壤乃至干旱瘠薄的土壤上均能生长。根系发达，根萌蘖性很强，生长快。

【地理分布】 除东北、内蒙古和新疆外，我国其余地区均有分布。印度、东南亚及东亚地区也有分布。

【园林应用】 由于盐肤木适应性强、生长快、耐干旱瘠薄、根蘖力强，是重要的造林及园林绿化树种，也是废弃地（如烧制石灰的煤渣堆放地）恢复的先锋植物。

图2-31　盐肤木

红花槭（*Acer rubrum* L.）

【其他中文名】红枫、北美红枫、美国红枫。

【系统分类】槭树科槭树属。

【形态特征】乔木，树高12～18m，最高可达30m，冠幅12m。树形呈椭圆形或圆形。叶片3～5裂，手掌状，叶长5～10cm；新生的叶子正面呈微红色，之后变成绿色，直至深绿色；叶背面是灰绿色；秋天叶子由黄绿色变成黄色，最后成为红色。果实为翅果，红色，长2.5～5cm。春天幼芽为浅红色，夏季碧绿，秋天为鲜红色，挂色期长、落叶晚。树干笔直，呈深褐色，材质坚硬、纹理好；茎干光滑无毛，有皮孔，随着植物的生长会由绿色变为红色至棕色。三月至四月，在未长出叶子之前，红花槭会开出满树芳香的小花，多红色，稀淡黄，颇具观赏性，每朵花长于淡红色的花柄上，花柄由短逐渐伸长；整个花朵最引人注目的是其柱头、花形及小花瓣，无论是雌性花、雄性花还是雌雄同株的品种，花朵都非常漂亮。年生长量0.6～1m，寿命在100年左右。

【生物学习性】喜温暖湿润的气候环境，耐旱怕涝，稍喜光，幼树喜阴。在强光高温下，易造成叶尖焦枯或卷叶，产生日灼现象。红花槭适宜种植于酸性土壤，偏酸性的土壤会使红花槭变得更红，pH值高的土壤易引起植株的枯黄病或生长不良，成株能耐−34℃的低温。

【地理分布】原产于北美洲，主要分布加拿大和美国。中国北京、河北、山东、辽宁、吉林、河南、陕西、安徽、江苏、上海、浙江、江西、湖南、湖北、云南、四川、新疆等地的气候均适宜生长。

【园林应用】红花槭全年颜色丰富，灰色树皮，春天花和果实非常漂亮，秋天叶子呈亮红和黄色。在空旷的地方生长茂盛。在公园或宽广的街道作为很吸引人的风景观赏树种而种植。红花槭是美国最受欢迎的绿化树种，曾多次荣获美国绿化品种金奖。因其秋季色彩夺目，树冠整洁，被广泛应用于公园、小区、街道等，既可以园林造景又可以作行道树，深受人们的喜爱。

a

b

图2-32　红花槭

图2-33　鸡爪槭

鸡爪槭（*Acer palmatum* Thunb.）

【其他中文名】红枫、鸡爪枫、七角枫、槭树、青枫、日本红枫、小叶五角鸦枫、鸦枫、青槭、枫树、五角枫、洋枫。

【系统分类】槭树科槭树属。

【形态特征】落叶小乔木，树皮深灰色。小枝细瘦；当年生枝紫色或淡紫绿色；多年生枝淡灰紫色或深紫色。叶纸质，直径6～10cm，基部心脏形或近于心脏形稀截形，5～9掌状分裂，通常7裂，裂片长圆卵形或披针形，先端锐尖或长锐尖，边缘具紧贴的尖锐锯齿；裂片间的凹缺钝尖或锐尖，深达叶片直径的（1/2）～（1/3）；上面深绿色，无毛；下面淡绿色，在叶脉的脉腋被有白色丛毛；主脉在上面微显著，在下面凸起；叶柄长4～6cm，细瘦，无毛。花紫色，杂性，雄花与两性花同株，生于无毛的伞房花序，总花梗长2～3cm，叶发出以后才开花；萼片5，卵状披针形，先端锐尖，长3mm；花瓣5，椭圆形或倒卵形，先端钝圆，长约2mm；雄蕊8，无毛，较花瓣略短而藏于其内；花盘位于雄蕊的外侧，微裂；子房无毛，花柱长，2裂，柱头扁平，花梗长约1cm，细瘦，无毛。翅果嫩时紫红色，成熟时淡棕黄色；小坚果球形，直径7mm，脉纹显著；翅与小坚果共长2～2.5cm，宽1cm，张开成钝角。花期5月，果期9月。

【生物学习性】弱阳性树种，稍耐阴，喜温暖、湿润环境及中性至酸性土壤。耐寒，较耐水湿，萌芽力强，耐修剪；树系发达，根蘖性强。适合于海拔200～1200m。

【地理分布】分布于华东、华中至西南等地区，朝鲜和日本也有分布。

【园林应用】鸡爪槭可作行道和观赏树栽植，是较好的“四季”绿化树种。鸡爪槭是园林中名贵的观赏乡土树种。在园林绿化中，常用不同品种配置于一起，形成色彩斑斓的槭树园；也可在常绿树丛中杂以槭类品种，营造“万绿丛中一点红”景观。植于山麓、池畔，以显其潇洒、婆娑的绰约风姿；配以山石，则具古雅之趣。另外，还可植于花坛中作主景树，植于园门两侧、建筑物角隅，装点风景；以盆栽用于室内美化，也极为雅致。

槭树（*Acer miyabei* Maxim.）

【其他中文名】枫树。

【系统分类】槭树科槭属。

【形态特征】乔木或灌木，落叶稀常绿。冬芽具多数覆瓦状排列的鳞片，稀仅具2或4枚对生的鳞片或裸露。叶对生，具叶柄，无托叶，单叶稀羽状或掌状复叶，不裂或掌状分裂。花序伞房状、穗状或聚伞状，由着叶枝的顶芽或侧芽生出；花序的下部常有叶，稀无叶，叶的生长在开花以前或同时，稀在开花以后；花小，绿色或黄绿色，稀紫色或红色，整齐，两性、杂性或单性，雄花与两性花同株或异株；萼片5或4，覆瓦状排列；花瓣5或4，稀不发育；花盘环状或褥状或现裂纹，稀不发育；生于雄蕊的内侧或外侧；雄蕊4～12，通常8；子房上位，2室，花柱2裂仅基部连合，稀大部分连合，柱头常反卷；子房每室具2胚珠，每室仅1枚发育，直立或倒生。果实系小坚果常有翅又称翅果。种子无胚乳，外种皮很薄，膜质，胚倒生，子叶扁平，折叠或卷折。在众多的红叶树种中，槭树树干高大，独树一帜。

【生物学习性】槭树种类和品种繁多，习性也不尽相同。在园林应用中应根据各地的特点选择适宜的环境或采取合理的栽培管理措施。如春季新叶红色或黄色的种类，一般应植于较为庇荫、湿润而肥沃的地方，以免日光直射，树叶萎缩；而秋季红叶者，则宜日照充分。槭树是槭树科槭属树种的泛称，其中一些种俗称为枫树。

【地理分布】广泛分布于北温带及热带山地，亚洲、欧洲、北美洲和非洲北缘均有分布。中国是世界上槭树种类最多的国家，已知有151种。全国各地均有分布，主产黄河中、下游各省，东北南部及江苏北部，安徽南部也有分布。多生于海拔800m以下的低山丘陵和平地，在山西南部生长海拔可高达1500m。

【园林应用】本科落叶种类在秋季落叶之前变为红色，果实具长形或圆形的翅，冬季尚宿存在树上，非常美观；且树冠冠幅较大，叶多而密，遮阴良好，为有经济价值的绿化树种之一，宜引种为行道树或绿化城市的庭园树种。

图2-34

a

b

c

图2-34　槭树

紫薇（*Lagerstroemia indica* L.）

【其他中文名】痒痒树、痒痒花、海棠树、百日红、剥皮树、红花、火把花、满堂红、怕痒花、怕痒树、千日红、搔痒树、蚊子花、无皮树。

【系统分类】千屈菜科紫薇属。

【形态特征】落叶灌木或小乔木，高可达7m；树皮平滑，灰色或灰褐色；枝干多扭曲，小枝纤细。叶互生或有时对生，纸质，椭圆形、阔矩圆形或倒卵形，幼时绿色至黄色，成熟时或干燥时呈紫黑色，室背开裂。种子有翅，长约8mm。花期6～9月，果期9～12月。

【地理分布】中国广东、广西、湖南、福建、江西、浙江、江苏、湖北、河南、河北、山东、安徽、陕西、四川、云南、贵州及吉林均有生长或栽培，原产亚洲，广植于热带地区。

【园林应用】紫薇花色鲜艳美丽，花期长，寿命长，树龄有达200年的，热带地区已广泛栽培为庭园观赏树，有时亦作盆景。紫薇作为优秀的观花乔木，在园林绿化中，被广泛用于公园绿化、庭院绿化、道路绿化、街区城市等，在实际应用中可栽植于建筑物前、院落内、池畔、河边、草坪旁及公园中小径两旁。

图2-35　紫薇

稠李（*Padus avium* Mill.）

【其他中文名】欧洲稠李。

【系统分类】蔷薇科稠李属。

【形态特征】乔木，高达15m；幼枝被茸毛，后脱落无毛；冬芽无毛或鳞片边缘有睫毛。叶椭圆形、长圆形或长圆状倒卵形，长4～10cm，先端尾尖，基部圆或宽楔形，有不规则锐锯齿，有时兼有重锯齿，两面无毛；叶柄长1～1.5cm，幼时被茸毛，后脱落无毛，顶端两侧各具1腺体。总状花序长7～10cm，基部有2～3叶；花序梗和花梗无毛；花梗长1.5～2.4cm，花径1～1.6cm；萼筒钟状；萼片三角状卵形，有带腺细锯齿；花瓣白色，长圆形；雄蕊多数。核果卵圆形，径0.8～1cm；果柄无毛，萼片脱落。

【地理分布】分布于黑龙江、吉林、辽宁、内蒙古、河北、山西、河南、山东等地。朝鲜、日本、俄罗斯也有分布。

【园林应用】稠李是一种蜜源及观赏树种，可作为园景树、庭荫树。稠李木材优良，呈黄褐色，材质坚重，边材白色，心材红棕色，纹理细，刨切面光洁，耐水湿，耐腐力强，可作建筑、优质家具及工艺美术雕刻用材。

图2-36　稠李

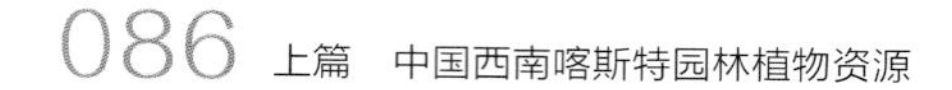

豆梨（*Pyrus calleryana* Dcne.）

【其他中文名】鹿梨、车头梨、钉泻柁梨子、杜梨、梨丁子、绵杜梨、明杜梨、山梨、山梨树、鼠梨、树梨、酸梨。

【系统分类】蔷薇科梨属。

【形态特征】乔木，高达8m；幼枝有茸毛，不久脱落。冬芽三角状卵圆形。叶宽卵形至卵形，稀长椭圆形，长4～8cm，先端渐尖，稀短尖，基部圆形至宽楔形，边缘有钝锯齿，两面无毛：叶柄长2～4cm，无毛，托叶叶质，线状披针形，早落。花6～12组成伞形总状花序，径4～6cm；花序梗无毛；苞片膜质，线状披针形，内面有茸毛；花梗长1.5～3cm；花径2～2.5cm；被丝托无毛；萼片披针形，全缘，内面有茸毛；花瓣白色，卵形，长约1.3cm，基部具短爪；雄蕊20，稍短于花瓣；花柱2～5，基部无毛。梨果球形，径约1cm，黑褐色，有斑点，萼片脱落，2/3室；果柄细长。

【生物学习性】一种喜欢光照的树种，在光照充足的环境下产量会增加，阴暗的环境下产量会减少，甚至会造成零产量的情况。梨树生长一年所需的光照时长为1600h，相对光强度达到35%时，梨树的生产速率加快；低于15%时，生产速率缓慢。花期4月，果期8～9月。

【地理分布】分布于山东、河南、江苏、浙江、江西、安徽、湖北、湖南、福建、广东、广西、云南等地。适生于温暖潮湿气候，生山坡、平原或山谷杂木林中，海拔80～1800m。越南北部也有分布。

【园林应用】可作为园景树、经济树种，药用。常野生于温暖潮湿的山坡、沼地、杂木林中，也可用作嫁接西洋梨等的砧木。

图2-37　豆梨

李（*Prunus salicina* Lindl.）

【其他中文名】黄蜡李、灰子、嘉庆李、嘉庆子、嘉应子、苦李、苦李子、李根皮、李核仁、李仁、李实、李树。

【系统分类】蔷薇科李属。

【形态特征】落叶乔木，高达12m；小枝无毛；冬芽无毛。叶矩圆状倒卵形或椭圆状倒卵形，边缘有细密、浅圆钝重锯齿，叶柄近顶端有2～3腺体。花梗长1～2cm，无毛；花径1.5～2.2cm；萼筒钟状，萼片长圆状卵形，长约5mm，萼片和萼筒外面均无毛；花瓣白色，长圆状倒卵形，先端啮蚀状。果供食用，核仁含油，与根、叶、花、树胶均可药用。

【生物学习性】对气候的适应性强，对土壤只要土层较深，有一定的肥力，不论何种土质都可以栽种。对空气和土壤湿度要求较高，极不耐积水，积水下生长不良或易发生各种病害。宜选择土质疏松、土壤透气和排水良好，土层深和地下水位较低的地方建园。山坡灌丛中、山谷疏林中或水边、沟底、路旁等处海拔400～2600m适宜种植。花期4月，果期7～8月。

【地理分布】除台湾、福建、新疆、西藏、内蒙古等地外，广泛分布我国其他地区。

【园林应用】树枝广展，红褐色而光滑，花小，白或粉红色，叶自春至秋呈红色，尤以春季最为鲜艳，是良好的观叶园林植物。

图2-38　李

枇杷［*Eriobotrya japonica*（Thunb.）Lindl.］

【其他中文名】卢桔、卢橘、芦橘、枇杷果、卖克神、土冬花、无忧扇。

【系统分类】蔷薇科枇杷属。

【形态特征】常绿小乔木，高可达10m。小枝粗壮，黄褐色，密生锈色或灰棕色茸毛。叶片革质，披针形、倒披针形、倒卵形或椭圆长圆形，长12～30cm，宽3～9cm，先端急尖或渐尖，基部楔形或渐狭成叶柄，上部边缘有疏锯齿，基部全缘，上面光亮、多皱，下面密生灰棕色茸毛，侧脉11～21对。圆锥花序顶生，总花梗和花梗密生锈色茸毛。果实球形或长圆形，直径2～5cm，黄色或橘黄色，外有锈色柔毛，不久脱落。种子1～5，球形或扁球形，直径1～1.5cm，褐色，光亮，种皮纸质。花期10～12月，果期5～6月。

【生物学习性】喜光，稍耐阴，喜温暖气候和肥沃湿润、排水良好的土壤。稍耐寒，不耐严寒，严寒下生长缓慢，适宜平均温度12～15℃以上，冬季不低于−5℃，花期、幼果期不低于0℃的地区，都能生长良好。

【地理分布】分布于我国甘肃、陕西、河南、江苏、安徽、浙江、江西、湖北、湖南、四川、云南、贵州、广西、广东、福建、台湾等地。全国各地广泛栽培，四川、湖北有野生。日本、印度、越南、缅甸、泰国、印度尼西亚也有栽培。

图2-39　枇杷

桃（*Amygdalus persica* L.）

【其他中文名】毛桃、白桃、狗屎桃、桃树、桃子、离核毛桃皮、普通桃、野桃。

【系统分类】蔷薇科桃属。

【形态特征】乔木，高达8m；小枝无毛，冬芽被柔毛。叶披针形，先端渐尖，基部宽楔形，具锯齿。花单生，先叶开放，径2.5～3.5cm；花梗极短或几无梗；萼筒钟形，被柔毛，稀无毛，萼片卵形或长圆形，被柔毛；花瓣长圆状椭圆形或宽倒卵形，粉红色，稀白；花药绯红色。核果卵圆形，成熟时向阳面具红晕；果肉多色，多汁，有香味，甜或酸甜。

【生物学习性】桃性喜光，要求通风良好，喜排水良好，耐旱。畏涝，如受涝3～5日，轻则落叶，重则死亡。耐寒，华东、华北一般可露地越冬。花期3～4月，果成熟期因品种而异，常8～9月。

【地理分布】原产我国，全国各地及世界各地均有栽植。

【园林应用】落叶小乔木，花可以观赏，果实多汁，可以生食或制桃脯、罐头等，核仁也可以食用。碧桃是观赏花用桃树，有多种形式的花瓣。可作庭院树、经济树、林植。

图2-40　桃

樱花［*Cerasus serrulate*（Lindl.）G. Don］

【其他中文名】山樱桃、黑樱桃、庐山山樱花、毛山樱桃、青肤樱、山野樱、山樱、野生福岛樱。

【系统分类】蔷薇科樱属。

【形态特征】乔木，高达3m；小枝无毛，冬芽无毛。叶卵状椭圆形或倒卵状椭圆形，长5～9cm，先端渐尖，基部圆，有渐尖单锯齿及重锯齿，齿尖有小腺体，上面无毛，下面淡绿色、无毛，侧脉6～8对；叶柄长1～1.5cm，无毛，先端有1～3圆形腺体，托叶线形，长5～8mm，有腺齿，早落。花序伞房总状或近伞形，有2～3花；总苞片褐红色，倒卵状长圆形，长约8mm，外面无毛，内面被长柔毛；花序梗长0.5～1cm，无毛；苞片长5～8mm，有腺齿；花梗长1.5～2.5cm，无毛或被极稀疏柔毛；萼筒管状，长5～6mm，萼片三角状披针形，长约5mm，全缘；花瓣白色，稀粉红色，倒卵形，先端下凹；花柱无毛。核果球形或卵圆形，熟后紫黑色，径0.8～1cm。花期4～5月，果期6～7月。

【生物学习性】大多生长在海拔500～1500m处，喜光，喜肥沃、深厚而排水良好的微酸性土壤，中性土也能适应。不耐盐碱，耐寒，喜空气湿度大的环境。根系较浅，忌积水与低湿，对烟尘和有害气体的抵抗力较差。土壤以土质疏松、土层深厚的沙壤土为佳。樱桃树对盐渍化的程度反应很敏感，适宜的土壤pH值为5.6～7，盐碱地区不宜种植樱桃。

【地理分布】生于山谷林中或栽培，海拔500～1500m。分布于中国黑龙江、河北、山东、江苏、浙江、安徽、江西、湖南、贵州等地。日本、朝鲜也有分布。

【园林应用】樱花色鲜艳亮丽，枝叶繁茂旺盛，是早春重要的观花树种，常用于园林观赏。宜群植，也可植于山坡、庭院、路边、建筑物前。盛开时节花繁艳丽，满树烂漫，如云似霞，极为壮观。可大片栽植形成“花海”景观，可三五成丛点缀于绿地形成锦团，也可孤植，形成“万绿丛中一点红”之画意。樱花还可作小路行道树、绿篱或制作盆景。

图2-41　樱花

紫叶李（*Prunus cerasifera* 'Pissardii'）

【其他中文名】红叶李。

【系统分类】蔷薇科李属。

【形态特征】灌木或小乔木，高可达8m。多分枝，枝条细长，开展，暗灰色，有时有棘刺；小枝暗红色，无毛。冬芽卵圆形，先端急尖，有数枚覆瓦状排列鳞片，紫红色，有时鳞片边缘有稀疏缘毛。叶片椭圆形、卵形或倒卵形，极稀椭圆状披针形，长3～6cm，宽2～6cm，先端急尖，基部楔形或近圆形，边缘有圆钝锯齿，紫色；托叶膜质，披针形，先端渐尖，边有带腺细锯齿，早落。花1朵，稀2朵；花梗长1～2.2cm；无毛或微被短柔毛；花直径2～2.5cm；萼筒钟状，萼片长卵形，先端圆钝，边有疏浅锯齿，与萼片近等长，萼筒和萼片外面无毛，萼筒内面疏生短柔毛；花瓣白色，长圆形或匙形，边缘波状，基部楔形，着生在萼筒边缘。核果近球形或椭圆形，长宽几相等，直径1～3cm，黄色、红色或黑色，微被蜡粉，具有浅侧沟，黏核；核椭圆形或卵球形，先端急尖，浅褐带白色，表面平滑或粗糙或有时呈蜂窝状，背缝具沟，腹缝有时扩大具2侧沟。

【生物学习性】喜好生长在阳光充足、温暖湿润的环境里，是一种耐水湿的植物。紫叶李生长的土壤宜肥沃、深厚、排水良好，而且土壤应是黏质中性、酸性的，比如沙砾土就是种植紫叶李的好土壤。

【地理分布】全国均有栽培。生山坡林中或多石砾的坡地以及峡谷水边等处，海拔800～2000m。中亚、伊朗、小亚细亚、巴尔干半岛均有分布。

【园林应用】紫叶李叶片整个生长季节都为紫红色，宜于建筑物前及园路旁或草坪角隅处栽植。可作为行道树、色叶植物、分车带绿化。

图2-42　紫叶李

栎（*Quercus*×*leana*）

【其他中文名】青冈树、白柴蒲树、白皮栎、白青冈、白屑树、白槠杜树、柄栎、黄栗柞。

【系统分类】壳斗科栎属。

【形态特征】常绿、落叶乔木，稀灌木。冬芽具数枚芽鳞，覆瓦状排列。叶螺旋状互生，托叶常早落。花单性，雌雄同株；雌花序为下垂柔黄花序，花单朵散生或数朵簇生于花序轴下；花被杯形，4～7裂或更多；雄蕊与花被裂片同数或较少，花丝细长，花药2室，纵裂，退化雌蕊细小；雌花单生、簇生或排成穗状，单生于总苞内，花被5～6深裂，有时具细小退化雄蕊；子房3室，稀2或4室，每室有2胚珠；花柱与子房室同数，柱头侧生带状或顶生头状。壳斗（总苞）包着坚果一部分，稀全包坚果；壳斗外壁的小苞片鳞形、线形、钻形，覆瓦状排列，紧贴或开展；每壳斗内有1个坚果；坚果当年或翌年成熟，坚果顶端有突起柱座，底部有圆形果脐，不育胚珠位于种皮的基部，种子萌发时子叶不出土。

【生物学习性】喜光，深根性，对土壤条件要求不严，耐干旱、瘠薄，亦耐寒、耐旱。宜酸性土壤，亦适石灰岩钙质土，是荒山瘠地造林的先锋树种。

【地理分布】广泛分布于亚、非、欧、北美4洲。中国引入栽培历史较长，分布全国各地区，多为组成森林的重要树种。

【园林应用】树干是珍贵的木材，堪称栋梁之材，其质地坚硬，比重大，耐腐蚀能力强，耐水浸，纹路美观，在家具制造、车辆造船以及建筑等多个领域广泛应用。可作庭院树、观花树、经济树种在园林应用。

图2-43　栎

a　b

构树［*Broussonetia papyrifera*（L.）L' Hér. ex Vent.］

【其他中文名】构桃树、构乳树、楮树、楮实子、沙纸树、谷木、谷浆树、假杨梅。

【系统分类】桑科构属。

【形态特征】高10～20m；小枝密生柔毛；树冠张开，卵形至广卵形；树皮平滑，浅灰色或灰褐色，不易裂，全株含乳汁。叶螺旋状排列，广卵形至长椭圆状卵形，长6～18cm，宽5～9cm，先端渐尖，基部心形，两侧常不相等，边缘具粗锯齿，不分裂或3～5裂，小树之叶常有明显分裂，表面粗糙，疏生糙毛，背面密被茸毛，基生叶脉三出，侧脉6～7对；叶柄长2.5～8cm，密被糙毛；托叶大，卵形，狭渐尖，长1.5～2cm，宽0.8～1cm。花雌雄异株；雄花花序为柔荑花序，粗壮，长3～8cm，苞片披针形，被毛，花被4裂，裂片三角状卵形，被毛，雄蕊4，花药近球形，退化雌蕊小；雌花花序球形头状，苞片棍棒状，顶端被毛，花被管状，顶端与花柱紧贴，子房卵圆形，柱头线形，被毛。聚花果直径1.5～3cm，成熟时橙红色，肉质；瘦果具与等长的柄，表面有小瘤，龙骨双层，外果皮壳质。花期4～5月，果期6～7月。

【生物学习性】喜光，适应性强，耐干旱瘠薄，也能生于水边，多生于石灰岩山地，也能在酸性土及中性土上生长。耐烟尘，抗大气污染力强。

【地理分布】分布于中国黄河、长江和珠江流域地区，也见于越南、日本。

【园林应用】构树外貌虽较粗野，但枝叶茂密且有生长快、繁殖容易等许多优点，果实酸甜，可食用。是城乡绿化的重要树种，尤其适合用作矿区及荒山坡地绿化，亦可选作庭荫树及防护林用。为抗有毒气体（二氧化硫和氯气）能力强的树种，可在大气污染严重地区栽植。

图2-44 构树

a b

木荷（*Schima superba* Gardn. et Champ.）

【其他中文名】何树、荷木、荷树、横柴、红果、回树、木艾树、木合油、木荷贴、纳槁、纳松。

【系统分类】山茶科木荷属。

【形态特征】乔木，高达30m，胸径1.2m，幼枝无毛。叶革质，椭圆形，长7～12cm，先端尖，或稍钝，基部楔形，两面无毛，侧脉7～9对，具钝齿；叶柄长1～2cm。花白色，径3cm，生于枝顶叶腋，常多花成总状花序；花梗长1～2.5cm，无毛；苞片2，贴近萼片，长4～6mm，早落；萼片半圆形，长2～3mm，无毛，内面被绢毛；花瓣长1～1.5cm，最外1片风帽状，边缘稍被毛；子房5室，被毛。蒴果扁球形，径1.5～2cm。花期6～8月。

【生物学习性】喜光，幼年稍耐庇荫。适应亚热带气候，分布区年降水量1200～2000mm，年平均气温15～22℃；对土壤适应性较强，酸性土如红壤、红黄壤、黄壤上均可生长，但以在肥厚、湿润、疏松的沙壤土生长良好。一年生苗高30～50cm即可出圃造林，造林地宜选土壤比较深厚的山坡中部以下地带。木荷易天然下种更新，萌芽力强，也可萌芽更新。

【地理分布】分布于中国浙江、福建、台湾、江西、湖南、广东、海南、广西、贵州等地。

【园林应用】木荷树形美观，树姿优雅，枝繁叶茂，四季常绿，花开白色，因花似荷花，故名木荷。木荷新叶初发及秋叶红艳可爱，是道路、公园、庭院等园林绿化的优良树种。木荷木质坚硬致密，纹理均匀，不开裂，易加工，是上等的用材树种。木荷着火温度高，含水量大，不易燃烧，是营造生物防火林带的理想树种。木荷属阴性，与其他常绿阔叶树混交成林，发育甚佳，木荷常组成上层林冠，适于在草坪中及水滨边隅土层深厚处栽植。

图2-45　木荷

乌柿（*Diospyros cathayensis* Steward）

【其他中文名】香柿子、山柿子、长柄柿、刺柿子、丁香柿、黑塔子、金担子、金弹子、石滚子、瓶兰。

【系统分类】柿科柿属。

【形态特征】常绿或半常绿小乔木，高约10m。有枝刺，小枝被柔毛。冬芽被微柔毛。叶薄革质，长圆状披针形，长4～9cm，上面亮绿色，下面淡绿色，嫩时被柔毛，中脉在上面稍凸起，有微柔毛，侧脉5～8对；叶柄长2～4mm，被微柔毛。雄花成聚伞花序，花序梗长0.7～1.2cm，密生粗毛，稀单生；花萼4深裂，裂片三角形，长2～3mm，两面密被柔毛；花冠壶状，长5～7mm，两面有柔毛，4裂，裂片宽卵形，反曲；雄蕊16，花丝有长粗毛，花药线形；退化子房有粗伏毛；雌花单朵腋外生，白色，芳香；花梗纤细，长2～4cm；花萼4深裂，裂片卵形，长约1cm，被短柔毛；花冠较花萼短，壶状，有柔毛，冠管长约5mm，4裂，裂片覆瓦排列，近三角形，反曲，退化雄蕊6，花丝有柔毛。子房球形，被长柔毛，6室，每室1胚珠，花柱无毛，柱头6浅裂。果球形，径1.5～3cm，成熟时黄色，无毛。宿存花萼4深裂，裂片卵形，长1.2～1.8cm，有纵脉9；果柄长3～6cm。种子褐色，长椭圆形，长约2cm，侧扁。

【生物学习性】喜湿润疏林中及光谷林缘，喜光，耐寒性不强，年平均温度15℃以上、年降雨量750mm以上地区都可生长。对土壤适应性较强，沿河两岸冲积土、平原水稻土、低山丘陵黏质红壤、山地红黄壤都能生长；以深厚湿润肥沃的冲积土生长最好。土壤水分条件好时生长旺盛，能耐短期积水，亦耐旱。花期4～5月，果期8～10月，生存海拔600～1500m。

【地理分布】分布于中国长江流域，中国四川西部、湖北西部、云南东北部、贵州、湖南、安徽南部等地均有分布。

【园林应用】果实含有丰富的蔗糖、葡萄糖、果糖、蛋白质、胡萝卜素、维生素C、瓜氨酸、碘、钙、磷、铁等。可作为良好的园景树、庭荫树、盆栽等园林植物材料。

a

图2-46　乌柿

枳椇（*Hovenia acerba* Lindl.）

【其他中文名】枸、拐枣、还阳藤、鸡爪、鸡爪树、鸡爪子、金果梨、南方枳椇、南拐枣、南枳椇、天藤。

【系统分类】鼠李科枳椇属。

【形态特征】高大乔木，高10～25m。小枝褐色或黑紫色，被棕褐色短柔毛或无毛，有明显的白色皮孔。叶互生，厚纸质至纸质，宽卵形、椭圆状卵形或心形，长8～17cm，宽6～12cm，顶端长渐尖或短渐尖，基部截形或心形，稀近圆形或宽楔形，边缘常具整齐浅而钝的细锯齿，上部或近顶端的叶有不明显的齿，稀近全缘，上面无毛，下面沿脉或脉腋常被短柔毛或无毛；叶柄长2～5cm，无毛。二歧式聚伞圆锥花序，顶生和腋生，被棕色短柔毛；花两性，直径5～6.5mm；萼片具网状脉或纵条纹，无毛，长1.9～2.2mm，宽1.3～2mm；花瓣椭圆状匙形，长2～2.2mm，宽1.6～2mm，具短爪；花盘被柔毛；花柱半裂，稀浅裂或深裂，长1.7～2.1mm，无毛。浆果状核果近球形，直径5～6.5mm，无毛，成熟时黄褐色或棕褐色；果序轴明显膨大。种子暗褐色或黑紫色，直径3.2～4.5mm。花期5～7月，果期8～10月。

【生物学习性】可在-15℃条件安全越冬，在-30℃条件下，只能使幼苗顶端和新梢略有冻伤，基本不影响次年的生长。春季，若叶子刚展开时遇到一般霜冻危害（在0℃左右），茎不会产生冻害。如果在秋季遇到早霜冻害，茎不受危害，叶片不会脱落。枳椇在积水低洼地或长期过分湿润的土壤上，生长势较弱。人工栽培枳椇，应选择排水良好、不易积水的地区，最好是有灌溉条件的地块。

【地理分布】分布于陕甘以南、华东、华中、华南及西南东部各地，南亚北部及缅甸北部也有分布。

【园林应用】枳椇生长快，材质优，树高可达20～25m。其木材紫红色，硬度适中，纹理美观，容易加工，既是优质建筑用材和室内装饰用材，又是制作精细家具、美术工艺品、车船、枪柄等的上好用材。该树种果材兼用，适生性强，也是退耕还林、西部开发、岗丘瘠薄地资源开发和现代绿化极好的新树种。

a

b

图2-47 枳椇

黄金串钱柳（*Callistemon hybridus* DC.）

【其他中文名】黄金香柳、千层金。

【系统分类】桃金娘科白千层属。

【形态特征】常绿灌木或小乔木，主干直立。小枝细柔至下垂，微红色，被柔毛。叶互生，革质，金黄色，披针形或狭长圆形，长1～2cm，宽2～3mm，两端尖，基出脉5，具油腺点，香气浓郁。穗状花序生于枝顶，花后花序轴能继续伸长；花白色；萼管卵形，先端5小圆齿裂；花瓣5片；雄蕊多数，分成5束；花柱略长与雄蕊。蒴果近球形，3裂。

【生物学习性】适应气候带范围广，耐短期-7℃低温。对土壤要求不严，酸性、石灰岩土质甚至盐碱地都能适应。深根性树种，枝条柔韧，抗风力强，耐修剪。

【地理分布】原产澳大利亚，我国南方广为栽培。

【园林应用】黄金串钱柳树适应性广，对土质要求不严，适宜我国南方大部分地区栽培。抗风力强，病虫害少，适宜水边生长，适于海滨及人工填海造地的绿化造林、造景、防风固土等。其树形优美，树冠呈金黄色，树叶能散发出特别的香味，色香宜人，是最流行、视觉效果最好的色叶乔木新树种之一。其耐修剪，可塑性强，适宜作行道树、景观树、灌木球、地被色块等，用途广，市场需求量大。

图2-48 黄金串钱柳

鹅掌柴［*Schefflera heptaphylla*（L.）Frodin］

【其他中文名】鹅掌木、七叶鹅掌柴、鸭脚木、鸭木树、大叶鹅掌藤、大叶伞、鸭母树、红花鹅掌柴。

【系统分类】五加科南鹅掌柴属。

【形态特征】乔木或灌木，高2～15m，胸径可达30cm以上。小枝粗壮，干时有皱纹，幼时密生星状短柔毛，不久毛渐脱稀。叶有小叶6～9，最多至11；叶柄长15～30cm，疏生星状短柔毛或无毛；小叶片纸质至革质，椭圆形、长圆状椭圆形或倒卵状椭圆形，稀椭圆状披针形，长9～17cm，宽3～5cm，幼时密生星状短柔毛，后毛渐脱落，除下面沿中脉和脉腋间外均无毛，或全部无毛，先端急尖或短渐尖，稀圆形，基部渐狭，楔形或钝形，边缘全缘，但在幼树时常有锯齿或羽状分裂，侧脉7～10对，下面微隆起，网脉不明显；小叶柄长1.5～5cm，中央的较长，两侧的较短，疏生星状短柔毛至无毛。圆锥花序顶生，长20～30cm，主轴和分枝幼时密生星状短柔毛，后毛渐脱稀；分枝斜生，有总状排列的伞形花序几个至十几个，间或有单生花1～2；伞形花序有花10～15朵；总花梗纤细，长1～2cm，有星状短柔毛；花梗长4～5mm，有星状短柔毛；小苞片小，宿存；花白色；萼长约2.5mm，幼时有星状短柔毛，后变无毛，边缘近全缘或有5～6小齿；花瓣5～6，开花时反曲，无毛；雄蕊5～6，比花瓣略长；子房5～7室，稀9～10室；花柱合生成粗短的柱状；花盘平坦。果实球形，黑色，直径约5mm，有不明显的棱；宿存花柱很粗短，长1mm或稍短；柱头头状。花期11～12月，果期12月。

【生物学习性】喜温暖、湿润、半阳环境。宜生于土质深厚肥沃的酸性土中，稍耐瘠薄；生长适温为16～27℃，在30℃以上高温条件下仍能正常生长，冬季温度不低于5℃。喜湿怕干，在空气湿度大、土壤水分充足的情况下，茎叶生长茂盛；但水分太多，造成渍水，会引起烂根。适应光照的范围广，在全日照、半日照或半阴环境下均能生长。土壤以肥沃、疏松和排水良好的沙质壤土为宜。

【地理分布】广泛分布于中国西藏（察隅）、云南、广西、广东、浙江、福建和台湾等地，为热带、亚热带地区常绿阔叶林常见的植物，有时也生于阳坡上，海拔100～2100m。日本、越南和印度也有分布。

a

图2-49

b

c

图2-49　鹅掌柴

【园林应用】鹅掌柴作大型盆栽植物，适于在宾馆大厅、图书馆的阅览室和博物馆展厅摆放，呈现自然和谐的绿色环境。春、夏、秋也可放在庭院蔽荫处和楼房阳台上观赏。可庭院孤植，是南方冬季的蜜源植物。盆栽布置客室、书房和卧室，具有浓厚的时代气息。叶片可以从烟雾弥漫的空气中吸收尼古丁和其他有害物质，并通过光合作用将之转换为无害的植物自有的物质，给吸烟家庭带来新鲜的空气。另外，它每小时能吸收甲醛大约9mg。

楤木［*Aralia elata*（Miq.）Seem.］

【其他中文名】刺龙牙、刺老鸦、辽东楤木、刺老泡、刺老牙、刺楞牙、籽刺龙芽、楤木子、虎阳刺、老虎刺。

【系统分类】五加科楤木属。

【形态特征】灌木或小乔木，高1.5～6m，树皮灰色。小枝灰棕色，疏生多数细刺；刺长1～3mm，基部膨大；嫩枝上常有长达1.5cm的细长直刺。二至三回羽状复叶，叶轴及羽片基部被短刺；羽片具7～11小叶，宽卵形或椭圆状卵形，长5～15cm，基部圆或心形，稀宽楔形，具细齿或疏生锯齿，两面无毛或沿脉疏被柔毛，下面灰绿色，侧脉6～8对；叶柄长20～40cm，无毛，小叶柄长3～5mm，顶生者长达3cm。伞房状圆锥花序，长达45cm，序轴长2～5cm，密被灰色柔毛，伞形花序径1～1.5cm，花序梗长0.4～4cm；花梗长6～7mm；苞片及小苞片披针形。果球形，径约4mm，黑色，具5棱。

【生物学习性】生于森林、灌丛或林缘路边，垂直分布从海滨至海拔2700m。主要生长于向阳和温暖湿润的环境。

【地理分布】中国特有种，分布广泛，北自甘肃南部、陕西南部、山西南部、河北中部起，南至云南西北部和中部、广西西北部和东北部、广东北部、福建西南部和东部，西起云南西北部，东至海滨的广大区域。

【园林应用】楤木是中国传统的食药两用山野菜，营养价值和保健功能极高，食用的嫩芽中含有多种维生素和矿物质，还具有除湿活血、安神祛风、滋阴补气、强壮筋骨、健胃利尿等功效。园林绿化上，可作为孤植树、庭荫树、园景树。

图2-50 楤木

栾树（*Koelreuteria paniculata* Laxm.）

【其他中文名】杈棵子、灯笼花、灯笼泡、灯笼树、黑叶树、黑叶子树、黄楝、铃铛子树、栾棒、木栏牙、木栏芽、木蓝叶、木栾花。

【系统分类】无患子科栾树属。

【形态特征】落叶乔木或灌木，树皮厚，灰褐至灰黑色。一回或不完全二回或偶为二回羽状复叶，小叶11～18，无柄或柄极短，对生或互生，卵形、宽卵形或卵状披针形，长5～10cm，先端短尖或短渐尖，基部钝或近平截，有不规则钝锯齿，齿端具小尖头，有时近基部有缺刻，或羽状深裂成二回羽状复叶，上面中脉散生皱曲柔毛，下面脉腋具髯毛，有时小叶下面被茸毛。聚伞圆锥花序长达40cm，密被微柔毛，分枝长而广展；花淡黄色，稍芳香；花瓣4，花时反折，线状长圆形，长5～9mm；瓣爪长1～2.5mm，被长柔毛；瓣片基部的鳞片初黄色，花时橙红色，被疣状皱曲毛；雄蕊8，雄花的长7～9mm，雌花的长4～5mm，花丝下部密被白色长柔毛；花盘偏斜，有圆钝小裂片。蒴果圆锥形，具3棱，长4～6cm，顶端渐尖，果瓣卵形，有网纹。种子近球形，径6～8mm。

【生物学习性】喜光，稍耐半阴的植物；耐寒，但是不耐水淹；耐干旱和瘠薄，对环境的适应性强，喜欢生长于石灰质土壤中，耐盐渍及短期水涝。栾树具有深根性，萌蘖力强，生长速度中等，幼树生长较慢，以后渐快，有较强抗烟尘能力。

【地理分布】分布于中国大部分地区，自东北辽宁起经中部至西南部的云南均有分布，世界各地有栽培。

【园林应用】栾树春季嫩叶多为红叶，夏季黄花满树，入秋叶色变黄，果实紫红，形似灯笼，十分美丽。栾树适应性强、季相明显，是理想的绿化观叶树种。宜做庭荫树、行道树及园景树。栾树也是工业污染区配植的好树种。

图2-51　栾树

a

b

梧桐［*Firmiana simplex*（L.）W. Wight］

【其他中文名】榇桐、翠果子、大梧桐、地坡皮、调羹树、耳桐、九层皮、麻桐、瓢儿树、瓢几树、青皮树、青桐、桐麻树、梧桐麻。

【系统分类】梧桐科梧桐属。

【形态特征】落叶乔木，高达16m。树皮青绿色，光滑。叶心形，掌状3～5裂，宽15～30cm，裂片三角形，先端渐尖，基部深心形，两面无毛或微被柔毛，基生脉7；叶柄与叶片等长。圆锥花序顶生，长20～50cm；花淡黄绿色；花萼5深裂近基部，萼片线形，外卷，长7～9mm，被淡黄色柔毛，内面基部被柔毛；花梗与花近等长；雄花的雌雄花柄与花萼等长，无毛，花药15枚不规则聚集在雌雄蕊柄的顶端，退化子房梨形且甚小；雌花子房球形，被毛。蓇葖果膜质，有柄，成熟前开裂成叶状，长6～11cm，宽1.5～2.5cm，外面被短茸毛或几无毛，每蓇葖果有种子2～4个。种子圆球形，表面有皱纹，直径约7mm。

【生物学习性】喜光，喜温暖湿润气候，耐寒性不强。喜肥沃、湿润、深厚而排水良好的土壤，在酸性、中性及钙质土上均能生长，但不宜在积水洼地或盐碱地栽种，又不耐草荒。通常在平原、丘陵及山沟生长较好。深根性，植根粗壮；萌芽力弱，一般不宜修剪。生长尚快，寿命较长，能活百年以上。发叶较晚，而秋天落叶早。对多种有毒气体都有较强抗性。怕病毒病，怕大袋蛾，怕强风，宜植于村边、宅旁、山坡、石灰岩山坡等处。

【地理分布】原产中国和日本。华北至华南、西南广泛栽培，尤以长江流域为多。

【园林应用】梧桐为普通的行道树及庭园绿化观赏树。中国梧桐也是一种优美的观赏植物，点缀于庭园、宅前，也可种植作行道树。叶掌状，裂缺如花。夏季开花，雌雄同株，花小，淡黄绿色，圆锥花序顶生，盛开时显得鲜艳而明亮。

图2-52　梧桐

悬铃木 [*Platanus*×*acerifolia*（Aiton）Willd.]

【其他中文名】法国梧桐、法桐、法梧、槭叶悬铃木、三球悬铃木、英国悬铃木。

【系统分类】悬铃木科悬铃木属。

【形态特征】落叶大乔木，高可达35m。枝条开展，树冠广阔，呈长椭圆形。树皮灰绿或灰白色，不规则片状剥落，剥落后呈粉绿色，光滑。柄下芽；单叶互生，叶大，叶片三角状，长9～15cm，宽9～17cm，3～5掌状分裂，边缘有不规则尖齿和波状齿，基部截形或近心脏形，嫩时有星状毛，后近于无毛。花期4～5月，头状花序球形，球形花序直径2.5～3.5cm，花长约4mm；萼片4，花瓣4，雄花有4～8个雄蕊，雌花有6个分离心皮。球果下垂，通常2球一串；9～10月果熟，坚果基部有长毛。

【生物学习性】喜光、喜湿润温暖气候，较耐寒；适生于微酸性或中性、排水良好的土壤，微碱性土壤虽能生长，但易发生黄化。根系分布较浅，大风时易受害而倒斜。抗空气污染能力较强，叶片具吸收有毒气体和滞积灰尘的作用。树干高大，枝叶茂盛，生长迅速，易成活，耐修剪，所以广泛栽植作行道绿化树种，也为速生材用树种。

【地理分布】悬铃木引入中国栽培已有一百多年历史，从北至南均有栽培。以上海、杭州、南京、徐州、青岛、九江、武汉、郑州、西安等城市栽培的数量较多，生长较好。

【园林应用】是世界著名的优良庭荫树和行道树。适应性强，又耐修剪整形，作为优良的行道树种，广泛应用于城市绿化。在园林中孤植于草坪或旷地，列植于甬道两旁，尤为雄伟壮观，又因其对多种有毒气体抗性较强，并能吸收有害气体，作为街坊、厂矿绿化颇为合适。果可入药。

图2-53　悬铃木

垂柳（*Salix babylonica* L.）

【其他中文名】垂绿柳、垂丝柳、垂杨柳、垂枝柳、倒垂柳、倒垂杨柳、倒挂柳、倒挂杨柳、倒掛杨柳、倒柳、倒栽柳。

【系统分类】杨柳科柳属。

【形态特征】乔木，高达18m。枝细长下垂，无毛。叶窄披针形或线状披针形，长9～16cm，基部楔形，两面无毛或微有毛，下面淡绿色，有锯齿；叶柄长0.5～1cm，有柔毛，萌枝托叶斜披针形或卵圆形，具齿。花序先叶开放，或与叶同放。雄花序长1.5～2cm，有短梗，轴有毛；雄蕊2，花丝与苞片近等长或较长，基部多少有长毛，花药红黄色；苞片披针形，外面有毛；腺体2；雌花序长2～5cm，有梗，基部有3～4小叶，轴有毛；子房无柄或近无柄，花柱短，柱头2～4深裂；苞片披针形，长1.8～2.5mm，外面有毛；腺体1。蒴果长3～4mm。

【生物学习性】喜光，喜温暖湿润气候及潮湿深厚之酸性及中性土壤。较耐寒，特耐水湿，但亦能生于土层深厚之高燥地区。萌芽力强，根系发达，生长迅速，15年生树高达13m，胸径24cm。但某些虫害比较严重，寿命较短，树干易老化，30年后渐趋衰老。根系发达，对有毒气体有一定的抗性，并能吸收二氧化硫。

【地理分布】分布于中国长江流域与黄河流域，其他各地均栽培。在亚洲、欧洲、美洲各国均有引种。

【园林应用】枝条细长，生长迅速，自古以来深受中国人民喜爱。最宜配植在水边，如桥头、池畔、河流，以及湖泊等水系沿岸处。与桃花间植可形成桃红柳绿之景，是江南园林春景的特色配植方式之一。也可作庭荫树、行道树、公路树，亦适用于工厂绿化，还是固堤护岸的重要树种。

图2-54 垂柳

杨梅［*Morella rubra*（Lour.）S. et Zucc.］

【其他中文名】圣生梅、白蒂梅、树梅。

【系统分类】杨梅科香杨梅属。

【形态特征】常绿乔木，株高达15m，小枝及芽无毛。叶革质，楔状倒卵形或长椭圆状倒卵形，长6～16cm，先端圆钝或短尖，基部楔形，全缘，稀中上部疏生锐齿，下面疏被金黄色腺鳞；叶柄长0.2～1cm。雄花序单生或数序簇生叶腋，圆柱状，长1～3cm；雄花具2～4卵形小苞片，雄蕊4～6，花药暗红色，无毛；雌花序单生叶腋，长0.5～1.5cm；雌花具4卵形小苞片。核果球形，具乳头状凸起，径1～1.5cm（栽培品种可达3cm），果皮肉质，多汁液及树脂，味酸甜，熟时深红或紫红色；核宽椭圆形或圆卵形，稍扁，长1～1.5cm，径1～1.2cm，内果皮硬木质。

【生物学习性】主要分布于≥10℃年积温6000～7600℃、年极端最低气温多年平均值-3℃、年降雨量1400～1700mm、年日照时数1500～2000h、春夏季雨热同期、夏无酷暑、冬无严寒或只有短暂寒流地区。在红壤、砖红壤性红壤土和砖红壤3种酸性红壤土上，杨梅均能正常生长结果。

【地理分布】主要分布在我国长江流域以南、海南岛以北，即北纬20°至31°之间的江苏、浙江、台湾、福建、江西、湖南、贵州、四川、云南、广西和广东等地。日本、朝鲜、菲律宾也有分布。

【园林应用】杨梅是一种较好的园林绿化树种。树冠高大，树姿优美，阔叶常绿，对病虫害抗性强，尤其是具有抗烟雾、亚硫酸气体等公害的特点，已被园林工程用作观赏性绿化树种，栽种在城市街道、工业区和公园中。杨梅适宜丛植或列植于路边、草坪上面，或者作为分隔空间、隐蔽遮挡的绿墙使用，还是厂矿绿化以及城市隔音的优良树种。

图2-55　杨梅

银杏（*Ginkgo biloba* L.）

【**其他中文名**】白果树、公孙树、白果、白果叶、飞蛾叶、佛指甲、公孙果、瓜子果、银杏树、鸭脚树、鸭掌树、子孙树、佛指甘、灵岩树。

【**系统分类**】银杏科银杏属。

【**形态特征**】乔木，高达40m，胸径可达4m。幼树树皮浅纵裂，大树之皮呈灰褐色，深纵裂，粗糙。幼年及壮年树冠圆锥形，老则广卵形。枝近轮生，斜上伸展（雌株的大枝常较雄株开展）；一年生的长枝淡褐黄色，二年生以上变为灰色，并有细纵裂纹；短枝密被叶痕，黑灰色，短枝上亦可长出长枝。冬芽黄褐色，常为卵圆形，先端钝尖。叶扇形，有长柄，淡绿色，无毛，有多数叉状并列细脉，顶端宽5～8cm，在短枝上常具波状缺刻，在长枝上常2裂，基部宽楔形，柄长3～10（多为5～8）cm，幼树及萌生枝上的叶常深裂（叶片长达13cm，宽15cm），有时裂片再分裂，叶在一年生长枝上螺旋状散生，在短枝上3～8叶呈簇生状，秋季落叶前变为黄色。球花雌雄异株，单性，生于短枝顶端的鳞片状叶的腋内，呈簇生状；雄球花葇荑花序状，下垂，雄蕊排列疏松，具短梗，花药常2个，长椭圆形，药室纵裂，药隔不发；雌球花具长梗，梗端常分两叉，稀3～5叉或不分叉，每叉顶生一盘状珠座，胚珠着生其上，通常仅一个叉端的胚珠发育成种子，风媒传粉。种子具长梗，下垂，常为椭圆形、长倒卵形、卵圆形或近圆球形，长2.5～3.5cm，径为2cm，外种皮肉质，熟时黄色或橙黄色，外被白粉，有臭味；中种皮白色，骨质，具2～3条纵脊；内种皮膜质，淡红褐色；胚乳肉质，味甘略苦。子叶2枚，稀3枚，发芽时不出土，初生叶2～5片，宽条形，长约5mm，宽约2mm，先端微凹，第4或第5片起之后生叶扇形，先端具一深裂及不规则的波状缺刻，叶柄长0.9～2.5cm；有主根。

【**生物学习性**】银杏寿命长，中国有3000年以上的古银杏树。适于生长在水热条件比较优越的亚热带季风区。土壤为黄壤或黄棕壤，pH5～6。初期生长较慢，萌蘖性强。雌株一般20年左右开始结实，500年生的大树仍能正常结实。一般3月下旬至4月上旬萌动展叶，4月上旬至中旬开花，9月下旬至10月上旬种子成熟，10月下旬至11月落叶。

【**地理分布**】银杏在中国、日本、朝鲜、韩国、加拿大、新西兰、澳大利亚、美国、法国、俄罗斯等国家和地区均有大量分布。

【**园林应用**】银杏树形优美，春夏季叶色嫩绿，秋季叶变成黄色，颇为美观，可作庭园树及行道树。

图2-56

图2-56 银杏

榉树 [*Zelkova serrata*（Thunb.）Makino]

【其他中文名】血榉、金丝榔、沙榔树、毛脉榉、大叶榉。

【系统分类】榆科榉属。

【形态特征】落叶乔木，高达30m，胸径达100cm。皮灰白色或褐灰色，呈不规则的片状剥落。当年生枝紫褐色或棕褐色，疏被短柔毛，后渐脱落。冬芽圆锥状卵形或椭圆状球形。叶薄纸质至厚纸质，大小形状变异很大，卵形、椭圆形或卵状披针形，长3～10cm，宽1.5～5cm，先端渐尖或尾状渐尖，基部有的稍偏斜，圆形或浅心形，稀宽楔形。核果几乎无梗，淡绿色，斜卵状圆锥形，上面偏斜，凹陷，直径2.5～3.5mm，具背腹脊，网肋明显，表面被柔毛，具宿存的花被。花期4月，果期9～11月。

【生物学习性】阳性树种，喜光，喜温暖环境；耐烟尘及有害气体；适生于深厚、肥沃、湿润的土壤。对土壤的适应性强，酸性、中性、碱性土及轻度盐碱土均可生长。深根性，侧根广展，抗风力强。忌积水，不耐干旱和贫瘠。生长慢，寿命长。

【地理分布】分布于中国、日本和朝鲜。在中国分布于辽宁、陕西、甘肃、山东、江苏、安徽、浙江、江西、福建、台湾、河南、湖北、湖南和广东等地。生于河谷、溪边疏林中，海拔500～1900m。在华东地区常有栽培，在湿润肥沃土壤长势良好。

【园林应用】榉树树姿端庄，高大雄伟，秋叶变成褐红色，是观赏秋叶的优良树种。可孤植、丛植在公园和广场的草坪、建筑旁作庭荫树，与常绿树种混植作风景林；列植人行道、公路旁作行道树，降噪防尘。榉树侧枝萌发能力强，在其主干截干后，可以形成大量的侧枝，是制作盆景的上佳植物材料，脱盆或连盆种植于园林中或与假山、景石搭配，均能提高其观赏价值。

图2-57　榉树

朴树（*Celtis sinensis* Pers.）

【其他中文名】黄果朴、白麻子、朴、朴榆、朴仔树、沙朴。

【系统分类】榆科朴属。

【形态特征】落叶大乔木，高达20m。树皮平滑，灰色。一年生枝被密毛。叶互生，革质，宽卵形至狭卵形，长3～10cm，宽1.5～4cm，先端急尖至渐尖，基部圆形或阔楔形，偏斜，中部以上边缘有浅锯齿，三出脉，上面无毛，下面沿脉及脉腋疏被毛。花杂性（两性花和单性花同株），1～3朵生于当年枝的叶腋；花被片4枚，被毛；雄蕊4枚，柱头2个。核果单生或2个并生，近球形，直径4～5mm，熟时红褐色；果核有穴和突肋。花期4～5月，果期9～11月。

【生物学习性】多生于平原荫蔽处，散生于平原及低山区，村落附近习见。喜光，适温暖湿润气候，适生于肥沃平坦之地。对土壤要求不严，有一定耐干旱能力，亦耐水湿及瘠薄土壤，适应力较强。

【地理分布】分布于我国淮河流域、秦岭以南至华南各地区，长江中下游和以南地区（山东、河南、江苏、安徽、浙江、福建、江西、湖南、湖北、四川、贵州、广西、广东、台湾等）。越南、老挝也有分布。

【园林应用】朴树树冠圆满宽广、树荫浓密繁茂，适合植于公园、庭院、街道、公路等制造树荫，是很好的绿化树种，也可以用来防风固堤。朴树具有极强的适应性，且寿命长，因整体形态古雅别致，是人们所喜爱和接受的盆景和行道树种。且在现代化的环境状态下，朴树对二氧化硫、氯气等有毒气体具有极强的吸附性，对粉尘也有极强的吸滞能力，具有明显的绿化效果，且造价低廉，所以在城市、工矿区、农村等得到了广泛的应用。

图2-58　朴树

檫木［*Sassafras tzumu*（Hemsl.）Hemsl.］

【其他中文名】檫树、南树、梓木、黄楸树、半风樟、半枫樟、擦木、擦树、长毛叶枝桐、鹅脚板、鹅脚掌、枫荷桂、功劳树、花楸树。

【系统分类】樟科檫木属。

【形态特征】落叶乔木，高可达35m，胸径达2.5m。树皮幼时黄绿色，平滑，老时变灰褐色，呈不规则纵裂。顶芽大，椭圆形，长达1.4cm，直径0.9cm，芽鳞近圆形，外面密被黄色绢毛。枝条粗壮，近圆柱形，无毛，初时带红色，干后变黑色。叶互生，聚集于枝顶，卵形或倒卵形，长9～18cm，宽6～10cm，先端渐尖，基部楔形，全缘或浅裂，裂片先端略钝，坚纸质，上面绿色，晦暗或略光亮，下面灰绿色，两面无毛或下面尤其是沿脉网疏被短硬毛，羽状脉或离基三出脉，中脉、侧脉及支脉两面稍明显，最下方一对侧脉对生，十分发达，向叶缘一方生出多数支脉，支脉向叶缘弧状网结；叶柄纤细，长（1）2～7cm，鲜时常带红色，腹平背凸，无毛或略被短硬毛。花序顶生，先叶开放，长4～5cm，多花，具梗，梗长不及1cm，与序轴密被棕褐色柔毛，基部承有迟落互生的总苞片；苞片线形至丝状，长1～8mm，位于花序最下部者最长；花黄色，长约4mm，雌雄异株；花梗纤细，长

图2-59

4.5 ～ 6mm，密被棕褐色柔毛。雄花：花被筒极短，花被裂片6，披针形，近相等，长约3.5mm，先端稍钝，外面疏被柔毛，内面近于无毛；能育雄蕊9，成三轮排列，近相等，长约3mm；花丝扁平，被柔毛，第一、二轮雄蕊花丝无腺体，第三轮雄蕊花丝近基部有一对具短柄的腺体；花药均为卵圆状长圆形，4室，上方2室较小，药室均内向；退化雄蕊3，长1.5mm，三角状钻形，具柄；退化雌蕊明显。雌花：退化雄蕊12，排成四轮，体态上类似雄花的能育雄蕊及退化雄蕊；子房卵珠形，长约1mm，无毛；花柱长约1.2m，等粗，柱头盘状。果近球形，直径达8mm，成熟时蓝黑色而带有白蜡粉，着生于浅杯状的果托上，果梗长1.5 ～ 2cm，上端渐增粗，无毛，与果托呈红色。花期3 ～ 4月，果期5 ～ 9月。

图2-59 檫木

【生物学习性】长于温暖湿润气候，喜光，不耐阴；深根性，萌芽性强，生长快。在土层深厚、排水良好的酸性红壤或黄壤上均能生长良好，陡坡土层浅薄处亦能生长，西坡树干易遭日灼。喜与其他树种混种，但水湿或低洼地不能生长，极端最低温度-16℃。

【地理分布】分布于中国浙江、江苏、安徽、江西、福建、广东、广西、湖南、湖北、四川、贵州及云南等地。常生于疏林或密林中，海拔150 ～ 1900m。

【园林应用】该种木材浅黄色，材质优良、细致、耐久，用于造船、水车及上等家具；根和树皮入药，果、叶和根尚含芳香油，也是良好的绿化树种。

楠木（*Phoebe zhennan* S. Lee et F. N. Wei）

【其他中文名】池柏、沼落羽松。

【系统分类】樟科楠属。

【形态特征】大乔木，高达30m，小枝被黄褐或灰褐色柔毛。叶革质，椭圆形，少为披针形或倒披针形，先端渐尖，尖头直或呈镰状，基部楔形，最末端钝或尖，上面光亮无毛或沿中脉下半部有柔毛，下面密被短柔毛，脉上被长柔毛，中脉在上面下陷成沟，下面明显突起，侧脉每边8～13条，斜伸；叶柄细，长1～2.2cm，被毛。聚伞状圆锥花序十分开展，被毛，长7.5～12cm，纤细，在中部以上分枝，最下部分枝通常长2.5～4cm，每伞形花序有花3～6朵，一般为5朵；花中等大，长3～4mm，花梗与花等长；花被片近等大，长3～3.5mm，宽2～2.5mm，外轮卵形，内轮卵状长圆形，先端钝，两面被灰黄色长或短柔毛，内面较密；第一、二轮花丝长约2mm，第三轮长2.3mm，均被毛，第三轮花丝基部的腺体无柄；退化雄蕊三角形，具柄，被毛；子房球形，无毛或上半部与花柱被疏柔毛，柱头盘状。果椭圆形，长1.1～1.4cm，直径6～7mm；果梗微增粗。宿存花被片卵形，革质、紧贴，两面被短柔毛或外面被微柔毛。花期4～5月，果期9～10月。

【生物学习性】喜湿耐阴，立地条件要求较高，造林地以选择土层深厚、肥润的山坡、山谷冲积地为宜。造林地条件差则不易成林，整地要求细致，一般林地用带状深翻，肥沃林地可穴量。野生的多见于海拔1500m以下的阔叶林中。

【地理分布】分布于湖北西部、贵州西北部及四川、湖南等地。湖北省竹溪县鄂坪乡东湾村慈孝沟和新洲乡烂泥湾村楠木是我国现存最大的金丝楠木群落。

【园林应用】楠木以其材质优良、用途广泛而著称于世，是楠木属中经济价值最高的一种。又是著名的庭园观赏和城市绿化树种。

图2-60　楠木

山胡椒 [*Lindera glauca*（Sieb.et Zucc.）Bl.]

【其他中文名】牛筋树、野胡椒、假死柴、白药钓樟、败毒消、车轮条、吃风柴、臭籽、臭子、川荽、刺牛精、冬不落叶。

【系统分类】樟科山胡椒属。

【形态特征】落叶灌木或小乔木，高可达8m。树皮平滑，灰色或灰白色。冬芽（混合芽）长角锥形，长约1.5cm，直径4mm，芽鳞裸露部分红色。幼枝白黄色，初有褐色毛，后脱落成无毛。叶互生，宽椭圆形、椭圆形、倒卵形到狭倒卵形，长4～9cm，宽2～4（6）cm，上面深绿色，下面淡绿色，被白色柔毛，纸质，羽状脉，侧脉每侧（4）5～6条；叶枯后不落，翌年新叶发出时落下。伞形花序腋生，总梗短或不明显，长一般不超过3mm，生于混合芽中的总苞片绿色膜质，每总苞有3～8朵花。雄花花被片黄色，椭圆形，长约2.2mm，内、外轮几相等，外面在背脊部被柔毛；雄蕊9，近等长，花丝无毛，第三轮的基部着生2具角突宽肾形腺体，柄基部与花丝基部合生，有时第二轮雄蕊花丝也着生一较小腺体；退化雌蕊细小，椭圆形，长约1mm，上有一小突尖；花梗长约1.2cm，密被白色柔毛。雌花花被片黄色，椭圆或倒卵形，内、外轮几相等，长约2mm，外面在背脊部被稀疏柔毛或仅基部有少数柔毛；退化雄蕊长约1mm，条形，第三轮的基部着生2个长约0.5mm具柄不规则肾形腺体，腺体柄与退化雄蕊中部以下合生；子房椭圆形，长约1.5mm，花柱长约0.3mm，柱头盘状；花梗长3～6mm，熟时黑褐色；果梗长1～1.5cm。花期3～4月，果期7～9月。

【生物学习性】可多穴状栽植，栽后浇透水，即可成活，无需特殊管理。适宜海拔900m。

【地理分布】分布于中国昆嵛山以南、河南嵩县以南，陕西郧阳区以南以及甘肃、山西、江苏、安徽、浙江、江西、福建、台湾、广东、广西、湖北、湖南、四川等地区。印度、朝鲜、日本也有分布。生于海拔900m左右以下山坡、林缘和路旁。

【园林应用】山胡椒木材可作家具，叶、果皮可提芳香油，种仁油含月桂酸，油可作肥皂和润滑油，根、枝、叶、果药用，也是良好的绿化树种。

图2-61　山胡椒

香樟［*Cinnamomum camphora*（L.）J. Presl］

【其他中文名】乌樟、芳樟、樟木子、臭樟、独脚樟、栲樟、樜樟、芒樟、脑樟、山乌樟、香通、香樟树。

【系统分类】樟科樟属。

【形态特征】常绿大乔木，高可达30m，直径可达3m，树冠广卵形。枝、叶及木材均有樟脑气味。幼时树皮绿色，平滑，老时渐变为黄褐色或灰褐色纵裂。顶芽广卵形或圆球形，鳞片宽卵形或近圆形，外面略被绢状毛。枝条圆柱形，淡褐色，无毛。叶互生，卵状椭圆形，长6～12cm，宽2.5～5.5cm，先端急尖，基部宽楔形至近圆形，边缘全缘，软骨质，有时呈微波状，上面绿色或黄绿色，有光泽，下面黄绿色或灰绿色，晦暗，两面无毛或下面幼时略被微柔毛；具离基三出脉，有时过渡到基部具不显的5脉，中脉两面明显，上部每边有侧脉（1～3）～5（7）条；基生侧脉向叶缘一侧有少数支脉，侧脉及支脉脉腋上面明显隆起，下面有明显腺窝，窝内常被柔毛；叶柄纤细，长2～3cm，腹凹背凸，无毛。圆锥花序腋生，长3.5～7cm，具梗，总梗长2.5～4.5cm，与各级序轴均无毛或被灰白至黄褐色微柔毛，被毛时往往在节上尤为明显。花绿白或带黄色，长约3mm；花梗长1～2mm，无毛；花被外面无毛或被微柔毛，内面密被短柔毛，花被筒倒锥形，长约1mm，花被裂片椭圆形，长约2mm；能育雄蕊9，长约2mm，花丝被短柔毛；退化雄蕊3，位于最内轮，箭头形，长约1mm，被短柔毛；子房球形，长约1mm，无毛；花柱长约1mm。果卵球形或近球形，直径6～8mm，紫黑色；果托杯状，长约5mm，顶端截平，宽达4mm，基部宽约1mm，具纵向沟纹。花期4～5月，果期8～11月。

【生物学习性】常生于山坡或沟谷中，一般适宜生长在海拔小于1800m的地区，中国的西南及长江以南地区的生长区域分布在平均海拔高度1000m的区域。在光照充足、气候温暖、湿润的环境下长势良好，对寒冷的耐性不强。对土壤没有严格的要求，以在呈微酸性的土壤中长势最好，对涝灾的环境具有一定的抗性，在干旱的环境中长势不佳。

【地理分布】分布于越南、日本、朝鲜和中国，其他各国有栽培。在中国分布于南方和西南各地区。

【园林应用】香樟树形雄伟壮观，四季常绿，树冠开展，枝叶繁茂，浓荫覆地，枝叶秀丽而有香气，是作为行道树、庭荫树、风景林、防风林和隔音林带的优良树种。香樟对氯气、二氧化碳、氟等有毒气体的抗性较强，也是工厂绿化的好材料。

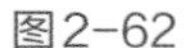
图2-62

a

b

图2-62　香樟

刺葵（*Phoenix loureirei* Kunth）

【其他中文名】台湾海枣。

【系统分类】棕榈科刺葵属。

【形态特征】刺葵茎丛生或单生，高2～5m，直径达30cm以上。叶长达2m；羽片线形，长15～35cm，宽10～15mm，单生或2～3片聚生，呈4列排列。佛焰苞长15～20cm，褐色，不开裂为2舟状瓣。花序梗长60cm以上；雌花序分枝短而粗壮，长7～15cm；雄花近白色；花萼长1～1.5mm，顶端具3齿；花瓣3，长4～5mm，宽1.5～2mm；雄蕊6；雌花花萼长约1mm，顶端不具三角状齿；花瓣圆形，直径约2mm；心皮3，卵形，长约15mm，宽8mm。果实长圆形，长1.5～2cm，成熟时紫黑色，基部具宿存的杯状花萼。花期4～5月，果期6～10月。

【生物学习性】生于海拔800～1500m的阔叶林或针阔混交林中，也会生于海拔500m以下的丘陵、台地、平原、海滩荒山中，为干热型植物。主要分布区年平均气温23～25℃，最冷月平均气温16～21℃，年平均降水量1000～1700mm。性喜土层深厚中性的沙壤土和冲积土，能耐干旱、贫瘠的微酸性和微碱性土；也常见于红树林内缘、潮水偶尔可淹及的沙滩或泥质滩涂、受强海风吹袭的海岸迎风面山坡及海岸沙丘。

【地理分布】分布于中国台湾、广东、海南、广西、云南等地区。

【园林应用】刺葵树形美丽，可作庭院绿化植物，可对植、丛植和群植；果可食，嫩芽可作蔬菜，叶可作扫帚。

图2-63 刺葵

蒲葵 [*Livistona chinensis*（Jacq.）R. Br. ex Mart.]

【其他中文名】扇叶葵、华南蒲葵、葵扇叶、葵树、扁叶葵、葵扇、葵竹。

【系统分类】棕榈科蒲葵属。

【形态特征】乔木状，高5～20m，直径20～30cm，基部常膨大。叶阔肾状扇形，直径达1m余，掌状深裂至中部，裂片线状披针形，基部宽4～4.5cm，顶部长渐尖，2深裂成长达50cm的丝状下垂的小裂片，两面绿色；叶柄长1～2m，下部两侧有黄绿色（新鲜时）或淡褐色（干后）下弯的短刺。花序呈圆锥状，粗壮，长约1m，总梗上有6～7个佛焰苞，约6个分枝花序，长达35cm，每分枝花序基部有1个佛焰苞，分枝花序具2次或3次分枝，小花枝长10～20cm；花小，两性，长约2mm；花萼裂至近基部成3个宽三角形近急尖的裂片，裂片有宽的干膜质的边缘；花冠约2倍长于花萼，裂至中部成3个半卵形急尖的裂片；雄蕊6枚，其基部合生成杯状并贴生于花冠基部，花丝稍粗，宽三角形，突变成短钻状的尖头，花药阔椭圆形；子房的心皮上面有深雕纹，花柱突变成钻状。果实椭圆形（如橄榄状），长1.8～2.2cm，直径1～1.2cm，黑褐色。种子椭圆形，长1.5cm，直径0.9cm，胚约位于种脊对面的中部稍偏下。花果期4月。

【生物学习性】蒲葵喜温暖湿润的气候条件，不耐旱，能耐短期水涝，惧怕北方烈日暴晒。在肥沃、湿润、有机质丰富的土壤里生长良好。

【地理分布】蒲葵产中国南部，多分布在广东省南部，尤以江门市新会区种植为多。中南半岛亦有分布。

【园林应用】蒲葵四季常青，树冠伞形，叶大如扇，是热带、亚热带地区重要绿化树种。常列植，夏日浓荫蔽日，一派热带风光。

图2-64　蒲葵

棕榈［*Trachycarpus fortunei*（Hook.）H. Wendl.］

【其他中文名】棕树、山棕、栟榈、陈棕、木棕、拼榈、棕板、棕骨、棕榈皮、棕皮、棕皮树、棕树果、棕衣树、并榈、布棕、垂叶棕榈、马尾棕、扇子树、唐棕、唐棕榈、者子、中国棕榈、棕。

【系统分类】棕榈科棕榈属。

【形态特征】属棕榈科常绿乔木，高3～10m或更高。树干圆柱形，被不易脱落的老叶柄基部和密集的网状纤维，除非人工剥除，否则不能自行脱落，裸露树干直径10～15cm甚至更粗。叶片呈3/4圆形或者近圆形，深裂成30～50片具褶皱的线状剑形，宽约2.5～4cm，长60～70cm的裂片，裂片先端具短2裂或2齿，硬挺甚至顶端下垂；叶柄长75～80cm甚至更长，两侧具细圆齿，顶端有明显的戟突。花序粗壮，多次分枝，从叶腋抽出，通常是雌雄异株；雄花序长约40cm，具有2～3个分枝花序，下部的分枝花序长15～17cm，一般只二回分枝；雄花无梗，每2～3朵密集着生于小穗轴上，也有单生的，黄绿色，卵球形，钝三棱；花萼3片，卵状急尖，几分离，花冠约2倍长于花萼，花瓣阔卵形，雄蕊6枚，花药卵状箭头形；雌花序长80～90cm，花序梗长约40cm，其上有3个佛焰苞包着，具4～5个圆锥状的分枝花序，下部的分枝花序长约35cm，2～3回分枝；雌花淡绿色，通常2～3朵聚生；花无梗，球形，着生于短瘤突上，萼片阔卵形。果实阔肾形，有脐，宽11～12mm，高7～9mm，成熟时由黄色变为淡蓝色，有白粉，柱头残留在侧面附近。种子胚乳均匀，角质，胚侧生。

【生物学习性】棕榈性喜温暖湿润的气候，极耐寒，较耐阴，极耐旱，唯不能抵受太大的日夜温差。棕榈是国内分布最广、分布纬度最高的棕榈科种类。喜温暖湿润气候、喜光、耐寒性极强、稍耐阴，适生于排水良好、湿润肥沃的中性、石灰性或微酸性土壤，耐轻盐碱，也耐一定的干旱与水湿；抗大气污染能力强，易风倒，生长慢。

【地理分布】棕榈原产中国，日本、印度、缅甸也有分布。棕榈是世界上最耐寒的棕榈科植物之一，除西藏外我国黄河以南地区（北起山东，南到广东、广西和云南，西达西藏边界，东至上海）均有分布。

【园林应用】棕榈挺拔秀丽，一派南国风光，适应性强，能抗多种有毒气体。棕皮用途广泛，供不应求，故系园林结合生产的理想树种，又是工厂绿化优良树种。可列植、丛植或成片栽植，也常用盆栽或桶栽作室内或建筑前装饰及布置会场之用。

图2-65

a

b

图2-65　棕榈

参考文献

储蓉，周艳，李峰，等，2012. 贵州园林观赏植物及其开发利用探讨. 天津农业科学，18（5）: 156-157.

代正福，雷朝云，2002. 贵州亚热带地区的野生香花类观赏植物资源. 贵州林业科技（2）: 1-5.

代正福，周正邦，1999. 贵州亚热带地区的野生珍稀观赏植物资源. 园艺学报（4）: 40-46.

付业春，2004. 喀斯特山区野生木本观赏植物资源及其开发利用. 安徽农业科学（2）: 331-333.

刘海燕，2007. 贵州重要野生观赏植物的引种繁殖和应用栽培技术研究. 贵阳：贵州师范大学.

龙翠玲，余世孝，熊志斌，等，2005. 茂兰喀斯特森林林隙的植物多样性与更新. 生物多样性（1）: 43-50.

陶旺兰，胡刚，张忠华，等，2018. 西南喀斯特木本植物区系成分的纬度变异格局. 植物科学学报，36(5): 667-675.

屠玉麟，1989. 贵州喀斯特森林的初步研究. 中国岩溶（4）: 33-41.

吴征镒，王荷生，1983. 中国自然地理——植物地理：上. 北京：科学出版社.

杨成华，方小平，2005. 贵州野生木本观赏植物研究. 西部林业科学（2）: 12-14.

杨荣和，范贤熙，胡巍，2010. 贵州喀斯特木本观赏植物资源研究. 种子，29（9）: 62-67.

张凡，赵卫权，张凤太，等，2010. 基于地形起伏度的贵州省土地利用/土地覆盖空间结构分析. 资源开发与市场，26（8）: 737-739.

张华海，姚佳华，2013. 贵阳喀斯特山地木本观赏植物资源研究. 种子，32（7）: 59-61.

邹天才，2001. 贵州特有种子植物种质资源与利用评价研究. 林业科学（3）: 46-57.

第三章

西南喀斯特灌木园林植物资源

第一节　总体概况

喀斯特地貌由于其严酷的生存环境，常孕育独特的植物类型（胡凌雪，2013；王发国等，2006）。中国西南喀斯特地貌是世界热带亚热带喀斯特地貌发育的典型代表（李高聪，2014）。由于喀斯特地貌的强烈与热带亚热带气候的复杂，西南喀斯特拥有了多样、独特的植被类型和丰富的植物资源（秦新生等，2011）。在初步调查并统计西南喀斯特地区灌木资源的基础上，对其系统分类、形态特征、观赏特性及园林应用方式进行分析，为扩大西南喀斯特灌木种质资源，丰富园林观赏植物种类等提供参考资料。岩生植物、附生植物、攀缘植物、彩叶植物等灌木植物类型为园林应用方式提供了多样的选择，具有较高的开发潜力和引种驯化价值，可以营造经济集约、有特色的园林景观，亦能为提高国内花卉品种质量、满足国内花卉市场需要、丰富园林花卉种类和园林景观提供宝贵资源（袁茜等，2016）。

一、主要类群与分布特点

类群是指具有某些共同特征的动植物群体，植物群落是指在特定空间和时间范围内，具有一定的植物外貌及结构，与环境形成一定相互关系并具有特定功能的植物集合体（文丽等，2015）。喀斯特灌丛类群主要有：

1. 北亚热带灌丛类群

位于我国北亚热带的贵州普定县的灌丛多为极度退化后的藤刺灌丛向灌乔丛演替的阶段，以小果蔷薇（*Rosa cymosa*），异叶鼠李（*Rhamnus heterophylla*），野拔子（*Elsholtzia rugulosa*）和竹叶花椒（*Zanthoxylum armatum*）为优势种（文丽等，2015）。常见的灌木树种还有六月雪（*Serissa japonica*），多叶勾儿茶（*Berchemia polyphylla*），马棘（*Indigofera pseudotinctoria*），珍珠荚蒾（*Viburnum foetidum* var. *ceanothoides*），铁仔（*Myrsine africana*），香薷（*Elsholtzia ciliata*），中华绣线菊（*Spiraea chinensis*），黄脉莓（*Rubus xanthoneurus*），金丝桃（*Hypericum monogynum*），马桑（*Coriaria nepalensis*），红叶木姜子（*Litsea rubescens*），来江藤（*Brandisia hancei*），软条七蔷薇（*Rosa henryi*），薄叶鼠李（*Rhamnus leptophylla*），杭子梢（*Campylotropis macrocarpa*），匍匐栒子（*Cotoneaster adpressus*），黑果菝葜（*Smilax glaucochina*），悬钩子蔷薇（*Rosa rubus*），等。北热带广西弄岗地区的自然环境，由于草本植物与恶劣的环境发生了能量与物质的交换而得到一定的改善，一些喜光的阳性灌木藤本植物出现（高倩，2013），例如：假鹰爪（*Desmos chinensis*）、山石榴（*Catunaregam spinosa*）和广西澄广花（*Orophea anceps*）等。

2. 中亚热带灌丛类群

我国中亚热带的广西环江县的灌丛主要有麻风树（*Jatropha curcas*），白竹（*Fargesia semicoriacea*），桂楠（*Phoebe kwangsiensis*），红背山麻杆（*Alchornea trewioides*），羊蹄甲（*Bauhinia purpurea*），香叶树（*Lindera communis*）、粗糠柴（*Mallotus philippensis*），算盘子（*Glochidion puberum*），粗叶悬钩子（*Rubus alceifolius*），野独活（*Miliusa balansae*），紫麻

(*Oreocnide frutescens*)，灰岩棒柄花(*Cleidion bracteosum*)，假苹婆(*Sterculia lanceolata*)，老虎刺(*Pterolobium punctatum*)，小芸木(*Micromelum integerrimum*)，等。

3. 南亚热带灌丛类群

我国南亚热带的广西马山县的灌木层物种也较为丰富，共20余种，以黄荆(*Vitex negundo*)、雀梅藤(*Sageretia thea*)、红背山麻杆、地桃花(*Urena*)和花椒(*Zanthoxylum bungeanum*)为主(文丽等，2015)。喀斯特地区特殊的地理环境对植物物种多样性和分布格局有很大的影响，大量研究表明，喀斯特灌木在山顶的多样性显著高于下坡和河谷，丰富度为山顶显著高于中、下坡和河谷，上坡显著高于下坡和河谷，河谷的优势显著高于山顶。

4. 喀斯特石漠化灌丛类群

近年来，对西南喀斯特山区石漠化生态系统植物功能群的研究愈来愈多，为石漠化生态系统的恢复和治理提供了理论依据。研究表明，石漠化生态系统中的灌木植物种类与数量均与石漠化程度呈负相关关系。统计结果表明，随着石漠化程度的加重，灌木层植物的种数和株数均呈逐渐“阶梯式”的减少(温培才等，2018)。

二、园林应用现状

1. 喀斯特灌木植物生物习性和生理特征

中国西南喀斯特地区有着十分丰富的植物资源，包括许多特有物种和珍稀物种(沈利娜等,2014)。喀斯特地区具有基岩大量裸露、风化壳物质更替迅速、残留土壤极少、土层浅薄、土被不连续、土壤缺少水分且持水量低等恶劣的自然条件，因此对植物的选择性很强。喀斯特适生植物必须具有相应的特性才能在喀斯特严峻的自然条件下生存。由于喀斯特适生植物主要是以其生理学特性和生态学特性而适应于喀斯特地区生长，很少以亲缘关系分类，而更多的是以生理学特性和生态学特性分类。在哈钦松分类系统中，喀斯特适生植物树种繁多，从植物界往下，各门、纲、目、科、属、种都有。

从植物物种的生理学和生态学方面出发，可以大致概括出西南喀斯特地区适生灌木植物的特征有以下几个方面：

(1)耐旱性较强

因为喀斯特地区的地表干旱、土层浅薄、持水量低、水土保持能力差，喀斯特地区的土壤多处于干旱状态，所以喀斯特地区的适生灌木植物普遍耐旱性较强。

(2)具有岩生性

喀斯特地区基岩大量裸露，风化壳物质更替迅速，残留土壤极少，地质构造复杂。因此生于喀斯特地区的灌木植物趋向于岩生性。

(3)耐瘠薄能力强

喀斯特地区基岩风化成土条件差，成土后水土保持能力差，土壤矿物质流失严重，土壤肥力差，因此适生于喀斯特地区的灌木植物多趋向于耐瘠薄性(马娟，2016)。

（4）明显受小生境影响

西南喀斯特地区地形复杂，地面起伏大，地质组成复杂，形成了许多局部小气候和局地小生境，而喀斯特地区的适生灌木植物受这种小生境的影响严重。例如厚土、阴湿的生境下，常生长皂荚（*Gleditsia sinensis*）、女贞（*Ligustrum lucidum*）、花椒等，而薄土干燥生境下长生长柏木（*Cupressus funebris*）、悬钩子（*Rubus loropetalus*）等。

（5）钙含量较高

喀斯特地区土壤的高钙含量是影响植物生理特征的重要因素之一，高钙影响植物的光合作用、生长速率及磷代谢（姬飞腾等，2009），从而限制了很多植物在喀斯特地区的分布。西南喀斯特适生灌木植物具有较高的钙含量平均值，土壤交换性钙含量对植物地下部分钙含量的影响显著（谭秋锦，2014）。

2. 园林应用现状

虽然西南喀斯特地区独特的自然条件限制了树种的选择，但西南喀斯特地区依然拥有较为丰富的资源，尤其是灌木植物资源。灌木属于无高大主茎的丛生木本植物，常位于乔木树种的下层、草本植物的上层，是点缀与美化不可缺少的树种。如观花的长尖连蕊茶（*Camellia acutissima*）、南天竹（*Nandina domestica*）、杜鹃（*Rhododendron simsii*）等，观果的算盘子、火棘、小果蔷薇等（申小东等，2013）。西南喀斯特地区常见的园林灌木植物资源及其园林应用见表3-1。

西南喀斯特地区存在着较为丰富的植物资源，但现阶段喀斯特地区的灌木植物园林应用仍存在着明显的问题。以贵州贵阳市为例，贵阳市主城区园林绿化植物有244种，但引自热带亚洲、非洲和美洲等地的外来植物较多，乡土园林植物应用较少（安静等，2014）。园林灌木植物的应用存在着季相变化不明显，对乡土树种的利用不完善等问题。

表3-1　西南喀斯特常见的园林灌木植物资源与园林应用

类群	园林功能类群	植物物种	生物习性与园林应用
常绿灌木	观叶常绿灌木	八角金盘	半阴，庭园道旁丛植
		海桐	中性，庭园丛缀，绿篱、盆栽
		红檵木	中性，庭园丛缀，色块地被
		六月雪	中性，庭园丛缀，绿篱、地被
		洒金珊瑚	阴性，庭园丛缀，色块、盆栽
		法国冬青	中性，庭园道旁丛植、列植
		金叶女贞	中性，庭园绿篱，色块地被
		红叶小檗	中性，庭园丛缀，色块地被
		龙舌兰	耐阴，怕霜冻，室内厅堂盆栽
		铺地柏	中性，庭园点缀绿篱、丛植
		毛叶丁香	中性，庭园绿篱，色块地被

续表

类群	园林功能类群	植物物种	生物习性与园林应用
常绿灌木	观花常绿灌木	茶花	半阴，庭园名贵点缀树
		茶梅	半阴，庭园名贵片植树
		夹竹桃	阳性，厂矿庭道片植
		杜鹃	半阴，庭园片植，盆栽
		木槿	阳性，庭园丛植，花篱
		大栀子花	半阴，庭园点缀树，绿篱
		米兰	阳性，庭园点缀树，列植
		西洋杜鹃	半阴，庭园片植，地被，盆栽
		云南含笑	半阴，庭园点缀树
落叶灌木	观花落叶灌木	大花香水月季	阳性，庭园丛植，盆栽
		丰花月季	阳性，庭园丛植，盆栽
		伞房决明	耐寒，草坡点缀，庭园丛植
		蜡梅	阳性，庭园香花点植树
		黄栌	中性，庭园丛缀，绿篱

三、园林应用前景

对西南喀斯特地区石漠化综合治理与推动其生态植被恢复的有效治理模式和技术途径，及该地区丰富的灌木植物资源，在西南喀斯特地区的灌木园林植物资源应用方面，有着许多新的发展模式等待试验和开启。

1. 发展城市中多角度的园林植物应用

喀斯特地区的城市多处于高差明显的地段中，大面积公园和绿地的建设用地有限。以贵州省为例，贵州省作为全国唯一一个无平原省份，境内山地覆盖面积广，地形复杂，地貌景观差异较大（张泽云，2017）。在喀斯特山地城市建设进程中，出现人口密集化、城市人均绿地过少等问题。因此，对喀斯特地区城市中的绿地建设应该放眼全局，从多角度出发，从城市的垂直绿化、屋顶花园等方面入手。一方面可以营造良好的人居环境，另一方面由于喀斯特城市的地形存在明显的高差，可以营造立体化、丰富活泼的园林植物造景，收获良好的景观效果。另外像居民屋顶绿化或小区、住所内种植的花园、果园和菜园之类的绿化，也可以大力推进，选择合适的灌木等植物，从细节处加大喀斯特灌木园林植物的应用。

2. 将景观设计和喀斯特植物园设计相融合

如上文所述，喀斯特地区存在着大量的植物资源，包括特有植物物种和珍稀物种，且这些植物资源分布集中的地方一般也都是人为破坏程度较轻、自然景观资源丰富的地段。因此，对于这些地区，可以将景观设计和喀斯特综合植物园建设设计相结合。喀斯特地区丰富的植物物种资源可形成观赏植物、药用植物、材用植物、食用植物、野生植物、有毒植物、纤维植物等资源植物类型（尹一帆和唐岱，2011）。植物园的建设可以对喀斯特地区的植物物种资源进行收集、保培、迁地保护和应用研究（尹一帆和唐岱，2011）。喀斯特植物园可以为人们提供对喀斯特地区植物资源的科普知识以及唤起人们对于植物的保护意识。同时植物园也可以联手科研人员，在植物园内设立科研点和建立喀斯特植物物种资源库，开展对喀斯特地区生态恢复应用植物的收集研究、保存驯化、开发育苗等工作（尹一帆和唐岱，2011），探索喀斯特地区植被恢复和生态防治的适应物种，推进喀斯特地区的石漠化治理。

3. 加强乡土树种和适生树种的园林应用

优先选择乡土树种一直都是生态景观设计的重要原则。贵州省仅已知的维管束植物种类就多达5593种（含变种），其中具有开发潜力的贵州乡土园林植物达400多种（李光荣，2010）。因此，西南喀斯特乡土树种的园林应用潜力巨大。另外，一些适宜在喀斯特地区生长的植物物种，也应加强研究和运用。例如珍稀濒危植物红豆杉，不仅树形优美，还发挥着净化空气、涵养水源、保持水土、防风固沙、有效过滤水土中污染物和重金属物质等作用，被誉为“生态国宝”。红豆杉有乔木和灌木两种类型，其中乔木树种树干高大挺拔、直入苍穹，枝繁叶茂，四季常青，色泽苍翠，是不可多得的绿化树种，用于城市绿化时，不但能够净化空气，其优雅的造型，更能为城市增添一道靓丽的风景。红豆杉是我国亚热带至暖温带特有植物物种之一，对气候适应性较强，从低海拔到高海拔山区都有生长。贵州地理和气候条件非常适合红豆杉的生长发育，适于在贵州大面积推广种植（金平等，2015）。因此，对于像红豆杉这类的喀斯特地区适生植物，需加强对它们的研究和园林应用。

4. 针对喀斯特具体生境开展有针对性的园林应用

喀斯特地区的气候特征和自然环境高度耦合，不同地区的喀斯特生境高度异质，即便是相近区域的植物生境都存在明显差异。需要针对具体生境开展有针对性的园林应用措施和技术。如黔南、赤水一带，该区包括黔南区域的兴义、兴仁、贞丰、安龙、册亨、望谟和罗甸7个县及赤水市。这一区域属亚热带季风气候，气候温热，可适当引进热带树种，形成树形高大、枝繁叶茂的植物群落，造景以观花、观叶为主（李茂等，2015）。对于喀斯特地区的植物资源掌握和植物应用，要做到统筹兼顾。

综上，喀斯特地区的园林应用仍存在许多新的发展模式等待探索，以及现存的问题等待解决。充分发挥植物资源对生态恢复的作用，对喀斯特地区石漠化综合治理等生态保护和景观建设有着至关重要的意义。

第二节 灌木园林植物资源主要物种

粗糠柴［*Mallotus philippensis*（Lam.）Muell. Arg.］

【其他中文名】 红果果、香桂树、鹅耳树、菲岛桐、菲律宾桐、郭埋改、锅麦解、火神树、加麻刺、将军树。

【系统分类】 大戟科野桐属。

【形态特征】 小乔木或灌木，高2～18m。小枝、嫩叶和花序均密被黄褐色短星状柔毛。叶互生或有时小枝顶部对生，近革质，卵形、长圆形或卵状披针形，长5～22cm，宽3～6cm，顶端渐尖，基部圆形或楔形，边近全缘，上面无毛，下面被灰黄色星状短茸毛，叶脉上具长柔毛，散生红色颗粒状腺体；基出脉3条，侧脉4～6对；近基部有褐色斑状腺体2～4个；叶柄长2～5cm，两端稍增粗，被星状毛。花雌雄异株，花序总状，顶生或腋生，单生或数个簇生。雄花花序长5～10cm，苞片卵形，长约1mm，雄花1～5朵簇生于苞腋，花梗长1～2mm；雄花花萼裂片3～4枚，长圆形，长约2mm，密被星状毛，具红色颗粒状腺体；雄蕊15～30枚，药隔稍宽。雌花花序长3～8cm，果序长达16cm，苞片卵形，长约1mm；雌花花梗长1～2mm；花萼裂片3～5枚，卵状披针形，外面密被星状毛，长约3mm；子房被毛，花柱2～3枚，长3～4mm，柱头密生羽毛状突起。蒴果扁球形，直径6～8mm，具2～3个分果爿，密被红色颗粒状腺体和粉末状毛。种子卵形或球形，黑色，具光泽。

【生物学习性】 生于海拔300～1600m山地林中、林缘和路旁灌丛中。花期4～5月，果期5～8月。

【地理分布】 分布于亚洲南部和东南部、大洋洲热带区。在中国分布于四川、云南、贵州、湖北、江西、安徽、江苏、浙江、福建、台湾、湖南、广东、广西和海南等地。

【园林应用】 果实的红色颗粒状腺体有时可作染粒，果实表面的粉状毛茸和根可入药。可作园林观赏、绿化植物。

图3-1 粗糠柴

红背山麻杆［*Alchornea trewioides*（Benth.）Muell. Arg.］

【其他中文名】红帽顶树、红背山麻秆、红背麻杆、红背娘、红背叶、红帽顶、新妇木、背山麻杆、大叶泡、桂圆树、红背三麻杆、红背叶山麻杆。

【系统分类】大戟科山麻杆属。

【形态特征】灌木，高1～2m。小枝被灰色微柔毛，后变无毛。叶薄纸质，阔卵形，长8～15cm，宽7～13cm，顶端急尖或渐尖，基部浅心形或近截平，边缘疏生具腺小齿，上面无毛，下面浅红色，仅沿脉被微柔毛，基部具斑状腺体4个；基出脉3条；小托叶披针形，长2～3.5mm；叶柄长7～12cm；托叶钻状，长3～5mm，具毛，凋落。雌雄异株，雄花序穗状，腋生或生于一年生小枝已落叶腋部，长7～15cm，具微柔毛，苞片三角形，长约1mm，雄花11～15朵簇生于苞腋，花梗长约2mm，无毛，中部具关节；雌花序总状，顶生，长5～6cm，具花5～12朵，各部均被微柔毛，苞片狭三角形，长约4mm，基部具腺体2个，小苞片披针形，长约3mm，花梗长1mm；雄花花萼花蕾时球形，无毛，直径1.5mm，萼片4枚，长圆形，雄蕊7～8枚；雌花萼片5～6枚，披针形，长3～4mm，被短柔毛，其中1枚的基部具1个腺体；子房球形，被短茸毛，花柱3枚，线状，长12～15mm，合生部分长不及1mm。蒴果球形，具3圆棱，直径8～10mm，果皮平坦，被微柔毛。种子扁卵状，长6mm，种皮浅褐色，具瘤体。

【生物学习性】生于海拔400～1000m沿海平原或内陆山地矮灌丛中、疏林下或石灰岩山灌丛中。花期3～5月，果期6～8月。

【地理分布】分布于中国福建南部和西部、江西南部、湖南南部、贵州、广东、广西、海南等地，泰国北部、越南北部、日本琉球群岛也有分布。

【园林应用】有药用价值，枝、叶煎水，外洗治风疹；可作园林观赏、绿化植物。

图3-2　红背山麻杆

麻风树（*Jatropha curcas* L.）

【其他中文名】芙蓉树、麻疯树、宾麻、臭梧桐、臭油桐、羔桐、膏桐、鬼疪子、鬼麻子、哈马洪、哈嘛烘、黄肿木、黄肿树、假白榄、假花生、假桐子。

【系统分类】大戟科麻风树属。

【形态特征】灌木或小乔木，高2～5m，具水状液汁，树皮平滑。枝条苍灰色，无毛，疏生突起皮孔，髓部大。叶纸质，近圆形至卵圆形，长7～18cm，宽6～16cm，顶端短尖，基部心形，全缘或3～5浅裂，上面亮绿色，无毛，下面灰绿色，初沿脉被微柔毛，后变无毛；掌状脉5～7；叶柄长6～18cm；托叶小。花序腋生，长6～10cm，苞片披针形，长4～8mm。雄花萼片5枚，长约4mm，基部合生；花瓣长圆形，黄绿色，长约6mm，合生至中部，内面被毛；腺体5枚，近圆柱状；雄蕊10枚，外轮5枚离生，内轮花丝下部合生。雌花花梗花后伸长；萼片离生，花后长约6mm；花瓣和腺体与雄花同；子房3室，无毛，花柱顶端2裂。蒴果椭圆状或球形，长2.5～3cm，黄色。种子椭圆状，长1.5～2cm，黑色。花期9～10月。

【生物学习性】多为栽培，生于平地、路旁和灌丛中。麻风树为喜光阳性植物，根系粗壮发达，具有很强的耐干旱耐瘠薄能力，对土壤条件要求不严，生长迅速，抗病虫害，适宜中国北纬31°以南（即秦岭淮河以南地区）种植。

【地理分布】原产美洲热带，现广布于全球热带地区。我国南方如福建、台湾、广东、海南、广西、贵州、四川、云南等地区有栽培或少量野生。

【园林应用】麻风树有较高经济价值，是世界公认的生物能源树。其种仁是传统的肥皂及润滑油原料，油枯可作农药及肥料。此外种仁具有一定药用价值，有泻下和催吐作用。麻风树也可作园林观赏、绿化植物。

a b

图3-3　麻风树

石岩枫［*Mallotus repandus*（Willd.）Müll. Arg.］

【其他中文名】黄豆树、万子藤、大力王、倒钩柴、倒钩藤、倒挂金钩、倒挂金钟、倒挂藤、倒金钩、毒鱼药、防痧药、干香藤。

【系统分类】大戟科野桐属。

【形态特征】攀缘状灌木。嫩枝、叶柄、花序和花梗均密生黄色星状柔毛；老枝无毛，常有皮孔。叶互生，纸质或膜质，卵形或椭圆状卵形，长3.5～8cm，宽2.5～5cm，顶端急尖或渐尖，基部楔形或圆形，边全缘或波状，嫩叶两面均被星状柔毛，成长叶仅下面叶脉腋部被毛和散生黄色颗粒状腺体；基出脉3条，有时稍离基，侧脉4～5对；叶柄长2～6cm。花雌雄异株，总状花序或下部有分枝；雄花序顶生，稀腋生，长5～15cm；苞片钻状，长约2mm，密生星状毛，苞腋有花2～5朵；花梗长约4mm；雄花花萼裂片3～4，卵状长圆形，长约3mm，外面被茸毛；雄蕊40～75枚，花丝长约2mm，花药长圆形，药隔狭；雌花序顶生，长5～8cm，苞片长三角形；雌花花梗长约3mm；花萼裂片5，卵状披针形，长约3.5mm，外面被茸毛，具颗粒状腺体；花柱2～3枚，柱头长约3mm，被星状毛，密生羽毛状突起。蒴果具2～3个分果爿，直径约1cm，密生黄色粉末状毛和具颗粒状腺体。种子卵形，直径约5mm，黑色，有光泽。

【生物学习性】生于海拔250～300m山地疏林中或林缘。花期3～5月，果期8～9月。

【地理分布】分布于中国陕西、甘肃、四川、贵州、湖北、湖南、江西、福建和广东等地。亚洲东南部和南部各国也有分布。

【园林应用】常用作经济作物，为药用植物，治毒蛇咬伤、风湿痹痛、慢性溃疡。也可作园林观赏、绿化植物。

图3-4　石岩枫

算盘子［*Glochidion puberum*（Linn.）Hutch.］

【其他中文名】金骨风、矮树树、矮志、矮子郎、八楞楂、百梗桔、百家桔、百家橘、臭山橘、膈栗树、鬼木楂子、果盒仔、红毛馒头果、红娘子果、红娘子棵、葫芦头。

【系统分类】大戟科算盘子属。

【形态特征】直立灌木，高1～5m，多分枝。小枝灰褐色；小枝、叶片下面、萼片外面、子房和果实均密被短柔毛。叶片纸质或近革质，长圆形、长卵形或倒卵状长圆形，稀披针形，长3～8cm，宽1～2.5cm，顶端钝、急尖、短渐尖或圆，基部楔形至钝，上面灰绿色，仅中脉被疏短柔毛或几无毛，下面粉绿色；侧脉每边5～7条，下面凸起，网脉明显；叶柄长1～3mm；托叶三角形，长约1mm。花小，雌雄同株或异株，2～5朵簇生于叶腋内，雄花束常着生于小枝下部，雌花束则在上部，或有时雌花和雄花同生于一叶腋内。雄花花梗长4～15mm；萼片6，狭长圆形或长圆状倒卵形，长2.5～3.5mm；雄蕊3，合生呈圆柱状。雌花花梗长约1mm；萼片6，与雄花的相似，但较短而厚；子房圆球状，5～10室，每室有2颗胚珠，花柱合生呈环状，长宽与子房几相等，与子房接连处缢缩。蒴果扁球状，直径8～15mm，边缘有8～10条纵沟，成熟时带红色，顶端具有环状而稍伸长的宿存花柱。种子近肾形，具三棱，长约4mm，朱红色。

【生物学习性】生于海拔300～2200m山坡、溪旁灌木丛中或林缘生山坡灌丛中。分布于长江流域以南各地。花期4～8月，果期7～11月。

【地理分布】主要分布于中国云南、四川、广西、贵州、西藏、广东、湖南、湖北、福建、甘肃、陕西、台湾、江西、浙江、海南、安徽、河南、江苏等地。

【园林应用】种子含油，根、茎、叶和果实均可药用，也可作农药，全株可提制栲胶，叶可作绿肥。也可作园林观赏、绿化植物。

图3-5

a b

图3-5　算盘子

杭子梢［*Campylotropis macrocarpa*（Bunge）Rehd.］

【其他中文名】豆角柴、杭梢子、杭子稍、杬子梢、落豆花。

【系统分类】豆科笐子梢属。

【形态特征】杭子梢灌木，高1～3m。小枝贴生或近贴生短或长柔毛，嫩枝毛密，少有具茸毛，老枝常无毛。羽状复叶具3小叶；托叶狭三角形、披针形或披针状钻形，长3～6mm；叶柄长1.5～3.5cm，稍密生短柔毛或长柔毛，少为毛少或无毛，枝上部（或中部）叶柄常较短，有时长不及1cm；小叶椭圆形或宽椭圆形，有时过渡为长圆形，长3～7cm，宽1.5～4cm，先端圆形、钝或微凹，具小凸尖，基部圆形，稀近楔形，上面通常无毛，脉明显，下面通常贴生或近贴生短柔毛或长柔毛，疏生至密生，中脉明显隆起，毛较密。总状花序单一（稀二）腋生并顶生，花序连总花梗长4～10cm或有时更长，总花梗长1～4cm，花序轴密生开展的短柔毛或微柔毛，总花梗常斜生或贴生短柔毛，稀为具茸毛；苞片卵状披针形，长1.5～3mm，早落或花后逐渐脱落，小苞片近线形或披针形，长1～1.5mm，早落；花梗长6～12mm，具开展的微柔毛或短柔毛，极稀贴生毛；花萼钟形，长3～5mm，稍浅裂或近中裂，稀稍深裂或深裂，通常贴生短柔毛，萼裂片狭三角形或三角形，渐尖，下方萼裂片较狭长，上方萼裂片几乎全部合生或少有分离；花冠紫红色或近粉红色，长10～13mm，稀为长不及10mm，旗瓣椭圆形、倒卵形或近长圆形等，近基部狭窄，瓣柄长0.9～1.6mm，翼瓣微短于旗瓣或等长，龙骨瓣呈直角或微钝角内弯，瓣片上部通常比瓣片下部（连瓣柄）短1～3mm。荚果长圆形、近长圆形或椭圆形，长10～14mm，宽4.5～6mm，先端具短喙尖，果颈长1.4～1.8mm，稀短于1mm，无毛，具网脉，边缘生纤毛。

【生物学习性】杭子梢喜生于山坡、山沟、林缘、灌木林中和杂木疏林下。花、果期6～10月。

【地理分布】分布于中国河北、山西、陕西、甘肃、山东、江苏、安徽、浙江、江西、福建、河南、湖北、湖南、广西、四川、贵州、云南、西藏等地，朝鲜也有分布。

【园林应用】作为药用植物，也可作园林观赏、绿化植物。

图3-6

图3-6 杭子梢

马棘（*Indigofera pseudotinctoria* Matsum.）

【其他中文名】狼牙草、野蓝枝子、长穗槐蓝、长穗木蓝、豆瓣木、假木兰、金雀花、蓝桔子、马胡梢、马棘槐蓝。

【系统分类】豆科木蓝属。

【形态特征】小灌木，高1～3m。多分枝，枝细长，幼枝灰褐色，明显有棱，被丁字毛。羽状复叶长3.5～6cm；叶柄长1～1.5cm，被平贴丁字毛，叶轴上面扁平；托叶小，狭三角形，长约1mm，早落；小叶3～5对，对生，椭圆形、倒卵形或倒卵状椭圆形，长1～2.5cm，宽0.5～1.5cm，先端圆或微凹，有小尖头，基部阔楔形或近圆形，两面有白色丁字毛，有时上面毛脱落；小叶柄长约1mm；小托叶微小，钻形或不明显。总状花序，花开后较复叶为长，长3～11cm，花密集；总花梗短于叶柄；花梗长约1mm；花萼钟状，外面有白色和棕色平贴丁字毛，萼筒长1～2mm，萼齿不等长，与萼筒近等长或略长；花冠淡红色或紫红色，旗瓣倒阔卵形，长4.5～6.5mm，先端螺壳状，基部有瓣柄，外面有丁字毛，翼瓣基部有耳状附属物，龙骨瓣近等长，距长约1mm，基部具耳；花药圆球形，子房有毛。荚果线状圆柱形，长2.5～5.5cm，径约3mm，顶端渐尖，幼时密生短丁字毛。种子间有横隔，仅在横隔上有紫红色斑点；果梗下弯；种子椭圆形。

【生物学习性】生长在海拔100～1300m的山坡林缘及灌木丛中。花期5～8月，果期9～10月。

【地理分布】分布于我国江苏、安徽、浙江、江西、福建、湖北、湖南、广西、四川、贵州、云南，日本也有分布。生长在海拔100～1300m的山坡林缘及灌木丛中。

【园林应用】马棘是牛、羊等食草性动物及鸡、鸭等杂食性动物补充蛋白质、维生素、矿物质及微量元素的优质青饲料。生长期长、生命力旺盛，花密集，花期5～8月，也可作园林观赏植物。

图3-7

a b

图3-7　马棘

木蓝（*Indigofera tinctoria* L.）

【其他中文名】蓝靛、槐蓝、野蓝枝子、小青、大青叶。

【系统分类】豆科木蓝属。

【形态特征】直立亚灌木，高0.5～1m。分枝少，幼枝有棱，扭曲，被白色丁字毛。羽状复叶长2.5～11cm；叶柄长1.3～2.5cm，叶轴上面扁平，有浅槽，被丁字毛，托叶钻形，长约2mm；小叶4～6对，对生，倒卵状长圆形或倒卵形，长1.5～3cm，宽0.5～1.5cm，先端圆钝或微凹，基部阔楔形或圆形，两面被丁字毛或上面近无毛，中脉上面凹入，侧脉不明显；小叶柄长约2mm；小托叶钻形。总状花序长2.5～9cm，花疏生，近无总花梗；苞片钻形，长1～1.5mm；花梗长4～5mm；花萼钟状，长约1.5mm，萼齿三角形，与萼筒近等长，外面有丁字毛；花冠伸出萼外，红色，旗瓣阔倒卵形，长4～5mm，外面被毛，瓣柄短，翼瓣长约4mm，龙骨瓣与旗瓣等长；花药心形，子房无毛。荚果线形，长2.5～3cm，种子间有缢缩，外形似串珠状，有毛或无毛，有种子5～10粒，内果皮具紫色斑点；果梗下弯，种子近方形，长约1.5mm。

【生物学习性】野生于山坡草丛中，南部各地区时有栽培。花期几乎全年，果期10月。

【地理分布】分布于华东及湖北、湖南、广东、广西、四川、贵州、云南等地。广泛分布亚洲、非洲热带地区，并被引进热带美洲。

【园林应用】花期几乎全年，果期10月，可作为景观观赏植物。

图3-8　木蓝

双荚决明［*Senna bicapsularis*（L.）Roxb.］

【其他中文名】金边黄槐、双荚黄槐、腊肠仔树。

【系统分类】豆科决明属。

【形态特征】直立灌木，多分枝，无毛。叶长7～12cm，有小叶3～4对；叶柄长2.5～4cm；小叶倒卵形或倒卵状长圆形，膜质，长2.5～3.5cm，宽约1.5cm，顶端圆钝，基部渐狭，偏斜，下面粉绿色，侧脉纤细，在近边缘处呈网结；在最下方的一对小叶间有黑褐色线形而钝头的腺体1枚。总状花序生于枝条顶端的叶腋间，常集成伞房花序状，长度约与叶相等，花鲜黄色，直径约2cm；雄蕊10枚，7枚能育，3枚退化而无花药，能育雄蕊中有3枚特大，高出于花瓣，4枚较小，短于花瓣。荚果圆柱状，膜质，直或微曲，长13～17cm，直径1.6cm，缝线狭窄。种子二列。花期10～11月，果期11月至翌年3月。

【生物学习性】喜光，耐寒，耐干旱瘠薄的土壤。有较强的抗风和防尘、防烟雾的能力，尤其适应在肥力中等的微酸性土壤或砖红壤中生长。

【地理分布】栽培于广东、广西等地区。原产美洲热带地区，现广布于全世界热带地区。

【园林应用】作为绿肥、绿篱及观赏植物，广为种植。

图3-9　双荚决明

羊蹄甲（*Bauhinia purpurea* DC. ex Walp.）

【其他中文名】紫羊蹄甲、白紫荆、红花羊蹄甲、玲甲花、洋紫荆、紫花蹄甲、白花羊蹄甲、印度樱花、紫花羊蹄甲、紫洋蹄甲。

【系统分类】豆科羊蹄甲属。

【形态特征】乔木或直立灌木，高7～10m。树皮厚，近光滑，灰色至暗褐色。枝初时略被毛，毛渐脱落。叶硬纸质，近圆形，长10～15cm，宽9～14cm，基部浅心形，先端分裂达叶长的（1/3）～（1/2），裂片先端圆钝或近急尖，两面无毛或下面薄被微柔毛；基出脉9～11条；叶柄长3～4cm。总状花序侧生或顶生，少花，长6～12cm，有时2～4个生于枝顶而成复总状花序，被褐色绢毛；花蕾纺锤形，具4～5棱或狭翅，顶钝；花梗长7～12mm；萼佛焰状，一侧开裂达基部成外反的2裂片，裂片长2～2.5cm，先端微裂，其中一片具2齿，另一片具3齿；花瓣桃红色，倒披针形，长4～5cm，具脉纹和长的瓣柄；能育雄蕊3，花丝与花瓣等长；退化雄蕊5～6，长6～10mm；子房具长柄，被黄褐色绢毛，柱头稍大，斜盾形。荚果带状，扁平，长12～25cm，宽2～2.5cm，略呈弯镰状，成熟时开裂，木质的果瓣扭曲将种子弹出。种子近圆形，扁平，直径12～15mm，种皮深褐色。花期9～11月，果期2～3月。

【生物学习性】喜阳光和温暖、潮湿环境，不耐寒。我国华南各地可露地栽培，其他地区均作盆栽，冬季移入室内。宜湿润、肥沃、排水良好的酸性土壤，栽植地应选阳光充足的地方。

【地理分布】主要分布于中国南部和西南部，中南半岛、印度、斯里兰卡也有分布，世界亚热带地区广泛栽培。

【园林应用】可植于庭院或作园林风景树，也可作行道树，为华南常见的花木之一，栽培管理同洋紫荆。

图3-10　羊蹄甲

紫穗槐（*Amorpha fruticosa* L.）

【其他中文名】椒条、穗花槐、紫翠槐、板条、槐树、绵槐、绵槐条、棉槐、棉槐条、棉条、苕条、油楸、油条、紫花槐、紫槐、紫穗条、日本苕条。

【系统分类】豆科紫穗槐属。

【形态特征】落叶灌木，丛生，高1～4m。小枝灰褐色，被疏毛，后变无毛，嫩枝密被短柔毛。叶互生，奇数羽状复叶，长10～15cm，有小叶11～25片，基部有线形托叶；叶柄长1～2cm；小叶卵形或椭圆形，长1～4cm，宽0.6～2.0cm，先端圆形，锐尖或微凹，有一短而弯曲的尖刺，基部宽楔形或圆形，上面无毛或被疏毛，下面有白色短柔毛，具黑色腺点。穗状花序常1至数个顶生和枝端腋生，长7～15cm，密被短柔毛；花有短梗；苞片长3～4mm；花萼长2～3mm，被疏毛或几无毛，萼齿三角形，较萼筒短；旗瓣心形，紫色，无翼瓣和龙骨瓣；雄蕊10，下部合生成鞘，上部分裂，包于旗瓣之中，伸出花冠外。荚果下垂，长6～10mm，宽2～3mm，微弯曲，顶端具小尖，棕褐色，表面有凸起的疣状腺点。

【生物学习性】蜜源植物，耐瘠，耐水湿和轻度盐碱土，能固氮。花、果期5～10月。

【地理分布】本种原产美国东北部和东南部，现我国东北、华北、西北及山东、安徽、江苏、河南、湖北、广西、四川等地均有栽培。

【园林应用】园林中孤植可赏其球形树冠，枝条可供编织用。

图3-11　紫穗槐

杜鹃（*Rhododendron simsii* Planch.）

【其他中文名】杜鹃花、山踯躅、山石榴、映山红、照山红、唐杜鹃。

【系统分类】杜鹃花科杜鹃属。

【形态特征】落叶灌木，高2（～5）m。分枝多而纤细，密被亮棕褐色扁平糙伏毛。叶革质，常集生枝端，卵形、椭圆状卵形或倒卵形或倒卵形至倒披针形，长1.5～5cm，宽0.5～3cm，先端短渐尖，基部楔形或宽楔形，边缘微反卷，具细齿，上面深绿色，疏被糙伏毛，下面淡白色，密被褐色糙伏毛，中脉在上面凹陷，下面凸出；叶柄长2～6mm，密被亮棕褐色扁平糙伏毛。花芽卵球形，鳞片外面中部以上被糙伏毛，边缘具睫毛。花2～3（～6）朵簇生枝顶；花梗长8mm，密被亮棕褐色糙伏毛；花萼5深裂，裂片三角状长卵形，长5mm，被糙伏毛，边缘具睫毛；花冠阔漏斗形，玫瑰色、鲜红色或暗红色，长3.5～4cm，宽1.5～2cm，裂片5，倒卵形，长2.5～3cm，上部裂片具深红色斑点；雄蕊10，长约与花冠相等，花丝线状，中部以下被微柔毛；子房卵球形，10室，密被亮棕褐色糙伏毛，花柱伸出花冠外，无毛。蒴果卵球形，长达1cm，密被糙伏毛；花萼宿存。花期4～5月，果期6～8月。

该种与皋月杜鹃［*R.indicum*（Linn.）Sweet］相似，但不同在于后者的雄蕊为5；叶较小而狭窄，边缘具细圆齿，易于区别。

【生物学习性】生于海拔500～1200（～2500）m的山地疏灌丛或松林下，喜欢酸性土壤，在钙质土中生长得不好，甚至不生长。土壤学家常常把杜鹃作为酸性土壤的指示作物。杜鹃性喜凉爽、湿润、通风的半阴环境，既怕酷热又怕严寒，生长适温为12～25℃，夏季气温超过35℃，则新梢、新叶生长缓慢，处于半休眠状态。夏季要防晒遮阴，冬季应注意保暖防寒。忌烈日暴晒，适宜在光照强度不大的散射光下生长，光照过强，嫩叶易被灼伤，新叶老叶焦边，严重时会导致植株死亡。冬季，露地栽培杜鹃要采取措施进行防寒，以保其安全越冬。观赏类的杜鹃中，西鹃抗寒力最弱，气温降至0℃以下容易发生冻害。

【地理分布】原产于东亚，分布于中国、日本、老挝、缅甸和泰国。中国江苏、安徽、浙江、江西、福建、台湾、湖北、湖南、广东、广西、四川、贵州和云南均有分布。

【园林应用】杜鹃枝繁叶茂，绮丽多姿，萌发力强，耐修剪，根桩奇特，是优良的盆景材料。园林中最宜在林缘、溪边、池畔及岩石旁成丛成片栽植，也可于疏林下散植。杜鹃也是花篱的良好材料，毛鹃还可经修剪培育成各种形态。杜鹃专类园极具特色。在花季中绽放时杜鹃总是给人热闹而喧腾的感觉，而不是花季时，深绿色的叶片也很适合栽种在庭园中作为矮墙或屏障。杜鹃经过人们多年的培育，已有大量的栽培品种出现，花的色彩更多，花的形状也多种多样，有单瓣及重瓣的品种。

图3-12

图3-12　杜鹃

野独活（*Miliusa balansae* Finet & Gagnep.）

【其他中文名】鸡爪风、密榴木、木掉灯、铁皮青、细梗密榴木、越南野独活。

【系统分类】番荔枝科野独活属。

【形态特征】灌木，高2～5m。小枝稍被伏贴短柔毛。叶膜质，椭圆形或椭圆状长圆形，长7～15cm，宽2.5～4.5cm，顶端渐尖或短渐尖，基部宽楔形或圆形，偏斜，无毛或中脉两面及叶背侧脉被疏微柔毛，后变无毛；侧脉每边10～12条，纤细，顶端弯拱而在叶缘前连接；叶柄长2～3mm，被疏微毛至无毛。花红色，单生于叶腋内，直径1.3～1.6cm；花梗细长，丝状，长4～6.5cm，无毛；萼片卵形，长约2mm，边缘及外面稍被短柔毛；外轮花瓣比萼片略长些，内轮花瓣卵圆形，长达1.8cm，宽8～12mm；雄蕊倒卵形，花丝短，无毛；心皮弯月形，稍被紧贴柔毛，柱头圆柱状，稍外弯，被微毛，顶端全缘，每心皮有胚珠2～3颗。果圆球状，直径7～8mm，内有种子1～3颗，在种子间有时缢缩；果柄纤细，长1～2cm；总果柄柔弱，基部细，向顶端增粗，长4～7.5cm，无毛，有小瘤体。花期4～7月，果期7月至翌年春季。

【生物学习性】在沿岸地区不常见，生于山地密林中或山谷灌木林中。

【地理分布】分布于中国广东、广西和云南等地，越南也有分布。

【园林应用】花期在4～7月，有明显的园林观赏价值，可作园林观赏、绿化植物。

图3-13　野独活

海桐 [*Pittosporum tobira*（Thunb.）Ait.]

【其他中文名】臭榕仔、垂青树、海桐花、金边海桐、七里香、山矾、水香花。

【系统分类】海桐科海桐属。

【形态特征】常绿灌木或小乔木，高达6m。嫩枝被褐色柔毛，有皮孔。叶聚生于枝顶，二年生，革质，嫩时上下两面有柔毛，以后变秃净，倒卵形或倒卵状披针形，长4～9cm，宽1.5～4cm，上面深绿色，发亮、干后暗晦无光，先端圆形或钝，常微凹入或为微心形，基部窄楔形，侧脉6～8对，在靠近边缘处相结合，有时因侧脉间的支脉较明显而呈多脉状，网脉稍明显，网眼细小，全缘，干后反卷，叶柄长达2cm。伞形花序或伞房状伞形花序顶生或近顶生，密被黄褐色柔毛，花梗长1～2cm；苞片披针形，长4～5mm；小苞片长2～3mm，均被褐毛。花白色，有芳香，后变黄色；萼片卵形，长3～4mm，被柔毛；花瓣倒披针形，长1～1.2cm，离生；雄蕊2型，退化雄蕊的花丝长2～3mm，花药近于不育；

图3-14　海桐

正常雄蕊的花丝长5～6mm，花药长圆形，长2mm，黄色；子房长卵形，密被柔毛，侧膜胎座3个，胚珠多数，2列着生于胎座中段。蒴果圆球形，有棱或呈三角形，直径12mm，多少有毛，子房柄长1～2mm，3片裂开，果片木质，厚1.5mm，内侧黄褐色，有光泽，具横格。种子多数，长4mm，多角形，红色，种柄长约2mm。

【生物学习性】中性树种，在阳光下及半阴处均能良好生长。适应性强，有一定的抗旱、抗寒力，喜温暖、湿润环境。耐盐碱，对土壤的要求不严，喜肥沃、排水良好的土壤。耐修剪，萌芽力强。

【地理分布】分布于我国江苏南部、浙江、福建、台湾、广东等地。朝鲜、日本亦有分布。

【园林应用】枝叶茂密，下枝覆地；四季碧绿，叶色光亮，自然生长呈圆球形，叶色浓绿而有光泽，经冬不凋；初夏花朵清丽芳香，入秋果熟开裂时露出红色种子，也颇美观，是南方城市及庭园习见之绿化观赏树种。通常用作房屋基础种植及绿篱材料，可孤植或丛植于草坪边缘或路旁、河边，也可群植组成色块。

小琴丝竹（*Bambusa multiplex* 'Alphonso-Karrii' R. A. Young）

【其他中文名】花孝顺竹。

【系统分类】禾本科簕竹属。

【形态特征】灌木或乔木状竹类，地下茎合轴型。竿丛生，竿高4～7m，直径1.5～2.5cm，尾梢近直或略弯，下部挺直，绿色；竿和分枝的节间黄色，具不同宽度的绿色纵条纹，竿箨新鲜时绿色，具黄白色纵条纹。节间长30～50cm，竿壁稍薄；节处稍隆起，无毛；分枝自竿基部第二或第三节即开始，数枝乃至多枝簇生，主枝稍较粗长。箨鞘呈梯形，背面无毛，先端稍向外缘一侧倾斜，呈不对称的拱形；箨耳极微小以至不明显，边缘有少许繸毛；箨舌高1～1.5mm，边缘呈不规则的短齿裂；箨片直立，易脱落，狭三角形，背面散生暗棕色脱落性小刺毛，腹面粗糙，先端渐尖，基部宽度约与箨鞘先端近相等。末级小枝具5～12叶；叶鞘无毛，纵肋稍隆起，背部具脊；叶耳肾形，边缘具波曲状细长繸毛；叶舌圆拱形，高0.5mm，边缘微齿裂；叶片线形，长5～16cm，宽7～16mm，上表面无毛，下表面粉绿而密被短柔毛，先端渐尖具粗糙细尖头，基部近圆形或宽楔形。假小穗单生或以数枝簇生于花枝各节，并在基部托有鞘状苞片，线形至线状披针形，长3～6cm；先出叶长3.5mm，具2脊，脊上被短纤毛；具芽苞片通常1或2片，卵形至狭卵形，长4～7.5mm，无毛，具9～13脉，先端钝或急尖；小穗含小花5～13朵，中间小花为两性。小穗轴节间形

图3-15　小琴丝竹

扁，长4 ～ 4.5mm，无毛；颖不存在；外稃两侧稍不对称，长圆状披针形，长18mm，无毛，具19 ～ 21脉，先端急尖；内稃线形，长14 ～ 16mm，具2脊，脊上被短纤毛，脊间6脉，脊外有一边具4脉，另一边具3脉，先端两侧各伸出1被毛的细长尖头，顶端近截平而边缘被短纤毛；鳞被中两侧的2片呈半卵形，长2.5 ～ 3mm，后方的1片细长披针形，长3 ～ 5mm，边缘无毛。花丝长8 ～ 10mm，花药紫色，长6mm，先端具一簇白色画笔状毛；子房卵球形，长约1mm，顶端增粗而被短硬毛，基部具一长约1mm的子房柄，柱头3或其数目有变化，直接从子房顶端伸出，长5mm，羽毛状。成熟颖果未见。

【生物学习性】小琴丝竹喜温暖湿润气候。小琴丝竹具有较强的抗旱能力和耐寒性，在冬季−6℃左右的低温条件下能安全越冬。

【地理分布】中国四川、广东和台湾等地于庭园中栽培。

【园林应用】在园林配置中，可以竹丛为主要配置方式，以片植或是群植的形式营造独立的竹林景观，集中体现竹子的品和味。小琴丝竹纤秀的形象也可以与亭、台、楼、阁及其他具有坚硬性线条的建筑配植，衬托出建筑物的刚健之美，也展现了小琴丝竹的柔美之处。利用小琴丝竹的形体特征可以实现造景、障景、填景等园林效果，用以拓宽庭园的视觉空间，创造典雅大气的环境，也可以与山石、水体及其他的造景材料搭配组合。如与观花、观叶、观果等植物混栽、列植，形成清新唯美的园林景致。此外，经过特殊的矮化处理的小琴丝竹，还可以作地被植物观赏。

野扇花（*Sarcococca ruscifolia* Stapf）

【其他中文名】野樱桃、矮陀、大风消、滇香桂、豆根。

【系统分类】黄杨科野扇花属。

【形态特征】灌木，高1～4m。分枝较密，有一主轴及发达的纤维状根系；小枝被密或疏的短柔毛。叶阔椭圆状卵形、卵形、椭圆状披针形、披针形或狭披针形，较小的长2～3cm、宽7～12mm，较狭的长4～7cm、宽7～14mm，较大的长6～7cm、宽2.5～3cm，变化很大，但常见的为卵形或椭圆状披针形，长3.5～5.5cm，宽1～2.5cm。先端急尖或渐尖，基部急尖或渐狭或圆，一般中部或中部以下较宽，叶面亮绿，叶背淡绿，叶面中脉凸出，无毛，稀被微细毛，大多数中脉近基部有一对互生或对生的侧脉，多少成离基三出脉，叶背中脉稍平或凸出，无毛，全面平滑，侧脉不显；叶柄长3～6mm。花序短总状，长1～2cm，花序轴被微细毛；苞片披针形或卵状披针形；花白色，芳香；雄花2～7，占花序轴上方的大部，雌花2～5，生花序轴下部，通常下方雄花有长约2mm的花梗，具2小苞片，小苞片卵形，长为萼片的（1/3）～（2/3），上方雄花近无梗，有的无小苞片。雄花萼片通常4，亦有3或5，内方的阔椭圆形或阔卵形，先端圆，有小尖凸头；外方的卵形，渐尖头，长各3mm，雄蕊连花药长约7mm。雌花连柄长6～8mm，柄上小苞多片，狭卵形，覆瓦状排列，萼片长1.5～2mm。果实球形，直径7～8mm，熟时猩红至暗红色，宿存花柱3或2，长2mm。

【生物学习性】生于山坡、林下或沟谷中，耐阴性强，海拔200～2600m。花、果期10月至翌年2月。

【地理分布】分布于中国云南、四川、贵州、广西、湖南、湖北、陕西、甘肃等地。

【园林应用】叶光亮，花香，果红，适应性强，宜盆栽观赏或作林下植被，也可作绿篱。

图3-16 野扇花

夹竹桃（*Nerium oleander* L.）

【其他中文名】柳叶桃、半年红、甲子桃。

【系统分类】夹竹桃科夹竹桃属。

【形态特征】大灌木，高达6m，具水状液汁。叶3片轮生，稀对生，革质，窄椭圆状披针形，长5～21cm，宽1～3.5cm，先端渐尖或尖，基部楔形或下延，侧脉达120对，平行；叶柄长5～8mm。聚伞花序伞房状顶生；花芳香，花萼裂片窄三角形或窄卵形，长0.3～1cm；花冠漏斗状，裂片向右覆盖，紫红、粉红、橙红、黄或白色，单瓣或重瓣，花冠筒长1.2～2.2cm，喉部宽大；副花冠裂片5，花瓣状，流苏状撕裂；雄蕊着生花冠筒顶部，花药箭头状，附着柱头，基部耳状，药隔丝状，被长柔毛；无花盘；心皮2，离生；荚果2，离生，圆柱形，长12～23cm，径0.6～1cm；种子多数，长圆形，毛长0.9～1.2cm。

【生物学习性】喜温暖湿润的气候，耐寒力不强，在中国长江流域以南地区可以露地栽植，但在南京有时枝叶冻枯，小苗甚至冻死。在北方只能盆栽观赏，室内越冬，白花品种比红花品种耐寒力稍强。夹竹桃不耐水湿，要求选择高燥和排水良好的地方栽植，喜光好肥，也能适应较阴的环境，但庇荫处栽植花少色淡。萌蘖力强，树体受害后容易恢复。

【地理分布】夹竹桃原产于印度、伊朗和尼泊尔，现广植于世界热带地区。中国各地区有栽培，尤以中国南方为多，常在公园、风景区、道路旁或河旁、湖旁周围栽培。长江以北栽培者须在温室越冬。

【园林应用】夹竹桃花朵娇艳似桃，既有如竹俊逸俏雅之神韵，又有桃花热烈非凡之气势。而且花期长，从4月中旬到9月中旬一直都有美丽的“桃花”相伴，繁花似锦，枝叶浓绿，红花绿叶相得益彰，观赏价值极高。配置方式：孤植、丛植、盆栽。

图3-17　夹竹桃

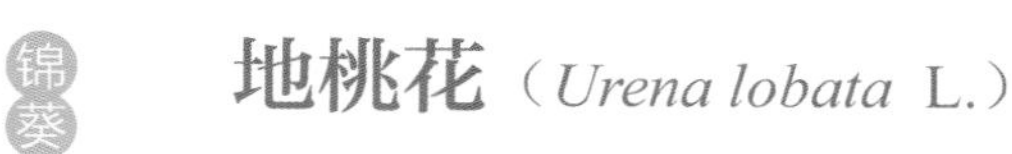

地桃花（*Urena lobata* L.）

【**其他中文名**】肖梵天花、野棉花、刺头婆、八卦拦路虎、痴头婆、大膏药麻、大梅花树、地马椿、樊天花、梵天花、膏药麻、狗脚迹、喊曼挪锁、红花地桃花、厚皮草、毛桐子。

【**系统分类**】锦葵科梵天花属。

【**形态特征**】直立亚灌木状草本，高达1m。小枝被星状茸毛。叶互生；叶柄长1～4cm，被灰白色星状毛；托叶线形，长约2mm，早落；茎下部的叶近圆形，长4～5cm，宽5～6cm，先端浅3裂，基部圆形或近心形，边缘具锯齿；中部的叶卵形，长5～7cm，宽3～6.5cm；上部的叶长圆形至披针形，长4～7cm，宽1.5～3cm；叶上面被柔毛，下面被灰白色星状茸毛。花腋生，单生或稍丛生，淡红色，直径约15mm；花梗长约3mm，被绵毛；小苞片5，长约6mm，基部合生；花萼杯状，裂片5，较小苞片略短，两者均被星状柔毛；花瓣5，倒卵形，长约15mm，外面被星状柔毛；雄蕊柱长约15mm，无毛；花柱枝10，微被长硬毛。果扁球形，直径约1cm，分果爿被星状短柔毛和锚状刺。花期7～10月。

【**生物学习性**】生于干热的空旷地、草坡或疏林下，我国长江以南地区均有分布。

【**地理分布**】分布于中国长江以南各地，越南、柬埔寨、老挝、泰国、缅甸、印度和日本等地区也有分布。

【**园林应用**】地桃花是我国长江以南地区常见的野生植物，生命力较强。地桃花具有优良的景观观赏性：花瓣粉红色，非常的淡雅清新。

图3-18　地桃花

金铃花（*Abutilon striatum* Dickson）

【其他中文名】灯笼花、网花苘麻、红脉商麻。

【系统分类】锦葵科苘麻属。

【形态特征】常绿灌木，高达1m。叶掌状3～5深裂，直径5～8cm，裂片卵状渐尖形，尖端长渐尖，边缘具锯齿或粗齿，两面均无毛或仅下面疏被星状柔毛；叶柄长3～6cm，无毛；托叶钻形，长约8mm，常早落。花单生于叶腋，花梗下垂，长7～10cm，无毛；花萼钟形，长约2cm，裂片5，卵状披针形，深裂达萼长的3/4，密被褐色星状短柔毛；花钟形，橘黄色，具紫色条纹，长3～5cm，直径约3cm，花瓣5，倒卵形，外面疏被柔毛；雄蕊柱长约3.5cm，花药褐黄色，多数，集生于柱端；子房钝头，被毛，花柱分枝10，紫色，柱头状，突出于雄蕊柱顶端。果未见。花期5～10月。

【生物学习性】喜温暖湿润气候，不耐寒，北方地区盆栽，越冬最低为3～5℃；耐瘠薄，但以肥沃湿润、排水良好的微酸性土壤较好。

【地理分布】原产南美洲的巴西、乌拉圭等地。中国福建、浙江、江苏、湖北、北京、辽宁等地栽培，供园林观赏用。金铃花在北方常为温室栽培植物。

【园林应用】金铃花由于叶片常绿、花形独特、花期较长、易于栽植，颇受喜爱。所以其观赏价值高、生态效益好，且具有市场实用性等优势。国内多地将其充分利用，可以使园林植物景观更有层次感、多样化，丰富植物群落配置，促进园林植物景观效果的提升。配置方式：列植、群植、花镜、绿篱、盆栽。

图3-19　金铃花

木芙蓉（*Hibiscus mutabilis* L.）

【其他中文名】山芙蓉、白芙蓉、地芙蓉、芙蓉、芙蓉花、芙蓉麻、各麻、胡李花、九头花、酒醉芙蓉、拒霜花。

【系统分类】锦葵科木槿属。

【形态特征】落叶灌木或小乔木，高2～5m。小枝、叶柄、花梗和花萼均密被星状毛与直毛相混的细绵毛。叶宽卵形至圆卵形或心形，直径10～15cm，常5～7裂，裂片三角形，先端渐尖，具钝圆锯齿，上面疏被星状细毛和点，下面密被星状细茸毛；主脉7～11条；叶柄长5～20cm；托叶披针形，长5～8mm，常早落。花单生于枝端叶腋间，花梗长约5～8cm，近端具节；小苞片8，线形，长10～16mm，宽约2mm，密被星状绵毛，基部合生；萼钟形，长2.5～3cm，裂片5，卵形，渐尖头；花初开时白色或淡红色，后变深红色，直径约8cm，花瓣近圆形，直径4～5cm，外面被毛，基部具髯毛；雄蕊柱长2.5～3cm，无毛；花柱枝5，疏被毛。蒴果扁球形，直径约2.5cm，被淡黄色刚毛和绵毛，果爿5。种子肾形，背面被长柔毛。花期8～10月。

【生物学习性】喜阳，略耐阴；喜温暖、湿润环境，不耐寒；忌干旱，耐水湿。对土壤要求不高，瘠薄土地亦可生长。在上海地区冬季地上部枯萎，呈宿根状，翌春从根部萌生新枝。

【地理分布】我国辽宁、河北、山东、陕西、安徽、江苏、浙江、江西、福建、台湾、广东、广西、湖南、湖北、四川、贵州和云南等地有栽培，系我国湖南原产。日本和东南亚各国也有栽培。

【园林应用】木芙蓉晚秋开花，因而有诗说其是“千林扫作一番黄，只有芙蓉独自芳。”由于花大而色丽，我国自古以来多在庭园栽植，可孤植、丛植于墙边、路旁、厅前等处。特别宜配植于水滨，开花时波光花影，相映益妍，分外妖娆，所以《长物志》云：“芙蓉宜植池岸，临水为佳。”

图3-20 木芙蓉

木槿（*Hibiscus syriacus* L.）

【其他中文名】木锦、荆条、笆壁花、笆壁树、白饭花、白槿花、扁状花、插插活、插荆条、插篱条、茶花树。

【系统分类】锦葵科木槿属。

【形态特征】落叶灌木，高3～4m，小枝密被黄色星状茸毛。叶菱形至三角状卵形，长3～10cm，宽2～4cm，具深浅不同的3裂或不裂，先端钝，基部楔形，边缘具不整齐齿缺，下面沿叶脉微被毛或近无毛；叶柄长5～25mm，上面被星状柔毛；托叶线形，长约6mm，疏被柔毛。花单生于枝端叶腋间，花梗长4～14mm，被星状短茸毛；小苞片6～8，线形，长6～15mm，宽1～2mm，密被星状疏茸毛；花萼钟形，长14～20mm，密被星状短茸毛，裂片5，三角形；花钟形，淡紫色，直径5～6cm，花瓣倒卵形，长3.5～4.5cm，外面疏被纤毛和星状长柔毛；雄蕊柱长约3cm；花柱枝无毛。蒴果卵圆形，直径约12mm，密被黄色星状茸毛。种子肾形，背部被黄白色长柔毛。花期7～10月。

【生物学习性】对环境的适应性很强，较耐干燥和贫瘠，对土壤要求不严格，尤喜光和温暖潮润的气候。稍耐阴，喜温暖、湿润气候，耐修剪、耐热又耐寒，但在北方地区栽培需保护越冬。好水湿而又耐旱，对土壤要求不严，在重黏土中也能生长，萌蘖性强。

【地理分布】主要分布在热带和亚热带地区。木槿属物种起源于非洲大陆，非洲木槿属物种种类繁多，呈现出丰富的遗传多样性。中国福建、广东、广西、云南、贵州、四川、湖南、湖北、安徽、江西、浙江、江苏、山东、河北、河南、陕西、台湾等地均有栽培。

【园林应用】是一种在庭园很常见的灌木花种，在园林中可作花篱式绿篱，孤植和丛植均可。木槿种子入药，称“朝天子”。木槿是韩国和马来西亚的国花。

图3-21　木槿

红花檵木（*Loropetalum chinense* var. *rubrum* P. C. Yieh）

【其他中文名】红继木、红梽木。

【系统分类】金缕梅科檵木属。

【形态特征】灌木，有时为小乔木。多分枝，小枝有星毛。叶革质，卵形，长2～5cm，宽1.5～2.5cm，先端尖锐，基部钝，不等侧，上面略有粗毛或秃净，干后暗绿色，无光泽，下面被星毛，稍带灰白色，侧脉约5对，在上面明显，在下面突起，全缘；叶柄长2～5mm，有星毛；托叶膜质，三角状披针形，长3～4mm，宽1.5～2mm，早落。花3～8朵簇生，有短花梗，紫红色，比新叶先开放，或与嫩叶同时开放，花序柄长约1cm，被毛；苞片线形，长3mm；萼筒杯状，被星毛，萼齿卵形，长约2mm，花后脱落；花瓣4片，带状，长1～2cm，先端圆或钝；雄蕊4个，花丝极短，药隔突出成角状；退化雄蕊4个，鳞片状，与雄蕊互生；子房完全下位，被星毛；花柱极短，长约1mm；胚珠1个，垂生于心皮内上角。

【生物学习性】喜光，稍耐阴，但阴时叶色容易变绿。适应性强，耐旱，喜温暖，耐寒冷。萌芽力和发枝力强，耐修剪。耐瘠薄，但适宜在肥沃、湿润的微酸性土壤中生长。

【地理分布】主要分布于长江中下游及以南地区，印度北部也有分布。

【园林应用】枝繁叶茂，姿态优美，耐修剪，耐蟠扎，可用于绿篱，也可用于制作树桩盆景。花开时节，满树红花，极为壮观。红花檵木为常绿植物，新叶鲜红色，不同株系成熟时叶色、花色各不相同，叶片大小也有不同，在园林应用中主要考虑叶色及叶的大小两方面因素带来的不同效果。

图3-22　红花檵木

蚊母树（*Distylium racemosum* Sieb. et Zucc.）

【其他中文名】母心树、蚊母、蚊子树、总状蚊母树。

【系统分类】金缕梅科蚊母树属。

【形态特征】乔木或灌木状，高达16m。裸芽，幼枝被鳞片。叶椭圆形，长3～7cm，先端钝尖或稍尖，基部宽楔形，下面被鳞片，后脱落，侧脉5～6对，网脉不明显，叶柄长0.5～1cm，细小，早落。总状花序长2cm，无毛，总苞片2～3，卵形，被鳞片，苞片披针形，长3mm；雌花与雄花同序，雌花生于花序顶端，萼筒短，萼齿大小不等，被鳞片，子房被星状毛，花柱长6～7mm；雄花具5～6雄蕊，花丝长2mm，花药长3.5mm，红色。蒴果卵圆形，长1～1.3cm，顶端尖，褐色星状茸毛；果柄长约2mm。种子长4～6mm。

【生物学习性】喜光，稍耐阴，喜温暖湿润气候。对土壤要求不严，酸性、中性土壤均能适应，而以喜排水良好而肥沃、湿润土壤最好。萌芽、发枝力强，耐修剪。对烟尘及多种有毒气体抗性很强，能适应城市环境。

【地理分布】分布于我国广东、福建、浙江、台湾等地，多生于海拔100～300m之丘陵地带。日本亦有分布。长江流域城市园林中常有栽培。

【园林应用】适应性强，树冠开展，叶色浓绿、枝叶密集，经冬不凋。春日开细小红花也颇美丽，加之抗性强、防尘及隔音效果好，是理想的城市及工矿区绿化及观赏树种。植于路旁、庭前草坪上及大树下都很合适，成丛、成片栽植用作分隔空间或作为其他花木之背景效果亦佳。若修剪成球形，宜于门旁对植或作基础种植材料，亦可栽作绿篱和防护林带。

图3-23 蚊母树

来江藤（*Brandisia hancei* Hook. f.）

【其他中文名】大王来江藤、蜂糖罐、蜂糖花、茎花来江藤、猫花、猫咪花、猫奶奶、密通花、密札札、蜜糖罐、蜜桶花。

【系统分类】列当科来江藤属。

【形态特征】灌木高2～3m，全体密被锈黄色星状茸毛，枝及叶上面逐渐变无毛。叶片卵状披针形，长3～10cm，宽达3.5cm，顶端锐尖头，基部近心脏形，稀圆形，全缘，很少具锯齿；叶柄短，长者达5mm，有锈色茸毛。花单生于叶腋，花梗长达1cm，中上部有1对披针形小苞片，均有毛；萼宽钟形，长宽均约1cm，外面密生锈黄色星状茸毛，内面密生绢毛，具脉10条，5裂至1/3处；萼齿宽短，宽大于长或几相等，宽卵形至三角状卵形，顶端凸突或短锐头，齿间的缺刻底部尖锐；花冠橙红色，长约2cm，外面有星状茸毛，上唇宽大，2裂，裂片三角形，下唇较上唇低4～5mm，3裂，裂片舌状；雄蕊约与上唇等长；子房卵圆形，与花柱均被星毛。蒴果卵圆形，略扁平，有短喙，具星状毛。花期11月至翌年2月，果期3～4月。

【生物学习性】生海拔500～2600m的林中及林缘。

【地理分布】分布于我国华中、西南、华南，陕西、江苏、江西、福建、湖北、湖南、广东、广西、四川、贵州、云南等地均有分布。

【园林应用】药用植物，全株入药，也可作园林观赏、绿化植物。

图3-24　来江藤

马桑（*Coriaria nepalensis* Wall.）

【其他中文名】千年红、马鞍子、扶桑、黑果果、黑虎大王、黑龙须、马桑柴、闹鱼儿、尼泊尔马桑、胖婆娘腿、忍怀、上天梯、水马桑。

【系统分类】马桑科马桑属。

【形态特征】灌木，高1.5～2.5m。分枝水平开展；小枝四棱形或成四狭翅，幼枝疏被微柔毛，后变无毛，常带紫色，老枝紫褐色，具显著圆形突起的皮孔。芽鳞膜质，卵形或卵状三角形，长1～2mm，紫红色，无毛。叶对生，纸质至薄革质，椭圆形或阔椭圆形，长2.5～8cm，宽1.5～4cm，先端急尖，基部圆形，全缘，两面无毛或沿脉上疏被毛，基出3脉，弧形伸至顶端，在叶面微凹，叶背突起；叶柄短，长2～3mm，疏被毛，紫色，基部具垫状突起物。总状花序生于二年生的枝条上，雄花序先叶开放，长1.5～2.5cm，多花密集，序轴被腺状微柔毛；苞片和小苞片卵圆形，长约2.5mm，宽约2mm，膜质，半透明，内凹，上部边缘具流苏状细齿；花梗长约1mm，无毛；萼片卵形，长1.5～2mm，宽1～1.5mm，边缘半透明，上部具流苏状细齿；花瓣极小，卵形，长约0.3mm，里面龙骨状；雄蕊10，花丝线形，长约1mm，开花时伸长，长3～3.5mm，花药长圆形，长约2mm，具细小疣状体，药隔伸出，花药基部短尾状；不育雌蕊存在。雌花序与叶同出，长4～6cm，序轴被腺状微柔毛；苞片稍大，长约4mm，带紫色；花梗长1.5～2.5mm；萼片与雄花同；花瓣肉质，较小，龙骨状；雄蕊较短，花丝长约0.5mm，花药长约0.8mm，心皮5，耳形，长约0.7mm，宽约0.5mm，侧向压扁，花柱长约1mm，具小疣体，柱头上部外弯，紫红色，具多数小疣体。果球形，果期花瓣肉质增大包于果外，成熟时由红色变紫黑色，径4～6mm；种子卵状长圆形。

【生物学习性】生于海拔400～3200m的灌丛中。马桑适应性很强，能耐干旱、瘠薄的环境，在中性偏碱的土壤生长良好。

【地理分布】分布于中国云南、贵州、四川、湖北、陕西、甘肃、西藏等地。印度、尼泊尔也有分布。

【园林应用】马桑可用于荒山绿化、紫色岩山地植被建植。果可提酒精，种子含油，茎叶含栲胶，全株有毒，可作土农药。

图3-25

a

b

图3-25　马桑

金叶女贞（*Ligustrum* × *vicaryi* Rehder）

【其他中文名】英国女贞、金边女贞、黄叶女。

【系统分类】木樨科女贞属。

【形态特征】金边卵叶女贞和欧洲女贞的杂交种，常绿或半常绿落叶灌木；株高1～2m，冠幅1.5～2m；枝灰褐色。叶片较大叶女贞稍小，单叶对生，革质，长椭圆形，长3.5～6.0cm，宽2.0～2.5cm，端渐尖，有短芒尖，基部圆形或阔楔形，4～11月叶片呈金黄色，冬季呈黄褐色至红褐色。5～6月开花，总状花序，小花白色。10月下旬果熟，紫黑色，核果阔椭圆形，紫黑色。金叶女贞叶色金黄，尤其在春秋两季色泽更加璀璨亮丽。

【生物学习性】喜光，耐阴性较差，耐寒力中等，适应性较强，以疏松肥沃、通透性良好的沙壤土地块栽培为佳。

【地理分布】原产于美国加州，中国于20世纪80年代引种栽培。分布于中国华北南部、华东、华南等地区。

【园林应用】在生长季节叶色呈鲜丽的金黄色，可与红叶的紫叶小檗、红花檵木、绿叶的龙柏、黄杨等组成灌木状色块，形成强烈的色彩对比，具极佳的观赏效果，也可修剪成球形。由于其叶色为金黄色，大量应用在园林绿化中，主要用来组成图案和建造绿篱，是常见十大绿篱植物之一。

图3-26　金叶女贞

四季桂（*Osmanthus fragrans* var. *semperflorens*）

【其他中文名】月月桂。

【系统分类】木樨科木樨属。

【形态特征】常绿小乔木或灌木状，高可达12m，树皮黑褐色。小枝圆柱形，具纵向细条纹，幼嫩部分略被微柔毛或近无毛。叶子对生，多呈椭圆或长椭圆形，长5.5～12cm，宽

图3-27 四季桂

1.8 ～ 3.2cm，先端锐尖或渐尖，基部楔形，边缘细波状，革质，上面暗绿色，下面稍淡，两面无毛，羽状脉，中脉及侧脉两面凸起，侧脉每边10 ～ 12条，末端近叶缘处弧形连接，细脉网结，两面多少明显，呈蜂巢状；叶柄长0.7 ～ 1cm，鲜时紫红色，略被微柔毛或近无毛，腹面具槽。花为雌雄异株；伞形花序腋生，1 ～ 3个成簇状或短总状排列，开花前由4枚交互对生的总苞片所包裹，呈球形；总苞片近圆形，外面无毛，内面被绢毛，总梗长达7mm，略被微柔毛或近无毛。雄花：每一伞形花序有花5朵，花小，黄绿色，花梗长约2mm，被疏柔毛，花被筒短，外面密被疏柔毛，花被裂片4，宽倒卵圆形或近圆形，两面被贴生柔毛；能育雄蕊通常12，排成三轮，第一轮花丝无腺体，第二、三轮花丝中部有一对无柄的肾形腺体，花药椭圆形，2室，室内向；子房不育。雌花：通常有退化雄蕊4，与花被片互生，花丝顶端有成对无柄的腺体，其间延伸有一披针形舌状体；子房1室，花柱短，柱头稍增大，钝三棱形。果卵珠形，熟时暗紫色。花期3 ～ 5月，果期6 ～ 9月。

【生物学习性】四季桂适宜在温暖湿润、阳光充足的地方生长。要求土壤肥沃疏松、略带酸性和排灌良好。四季桂较为耐旱耐寒，其生长适温为20 ～ 30℃，冬季如无特大寒潮，一般都可露地越冬。

【地理分布】原产地中海一带，中国浙江、江苏、福建、台湾、四川及云南等省有引种栽培。

【园林应用】四季桂四季开花，四季飘香。四季栽培，既可美化环境，又可入药。无论是阳台、庭院均可栽培。常植于园林内、道路两侧、草坪和院落等地，是机关、学校、军队、企事业单位、街道和家庭的最佳绿化树种。由于它对二氧化硫、氟化氢等有害气体有一定的抗性，也是工矿区绿化的优良花木。它与山、石、亭、台、楼、阁相配，更显端庄高雅、悦目怡情。它同时还是盆栽的上好材料，做成盆景后能观形、赏花、闻香，真是“一举三得”。除此之外，桂花材质硬、有光泽、纹理美丽，是雕刻的良材。

迎春花（*Jasminum nudiflorum* Lindl.）

【其他中文名】金腰带、小黄花、金梅花、清明花、四方消、迎春、迎春叶、金美莲、阳春柳、迎春柳、迎春藤。

【系统分类】木樨科素馨属。

【形态特征】落叶灌木，直立或匍匐，高0.3～5m。枝条下垂，枝稍扭曲，光滑无毛，小枝四棱形，棱上多少具狭翼。叶对生，三出复叶，小枝基部常具单叶；叶轴具狭翼，叶柄长3～10mm，无毛；叶片和小叶片幼时两面稍被毛，老时仅叶缘具睫毛；小叶片卵形、长卵形或椭圆形，狭椭圆形，稀倒卵形，先端锐尖或钝，具短尖头，基部楔形，叶缘反卷，中脉在上面微凹入，下面凸起，侧脉不明显；顶生小叶片较大，长1～3cm，宽0.3～1.1cm，无柄或基部延伸成短柄，侧生小叶片长0.6～2.3cm，宽0.2～11cm，无柄；单叶为卵形或椭圆形，有时近圆形，长0.7～2.2cm，宽0.4～1.3cm。花单生于去年生小枝的叶腋，稀生于小枝顶端；苞片小叶状，披针形、卵形或椭圆形，长3～8mm，宽1.5～4mm；花梗长

图3-28　迎春花

2 ～ 3mm；花萼绿色，裂片5 ～ 6枚，窄披针形，长4 ～ 6mm，宽1.5 ～ 2.5mm，先端锐尖；花冠黄色，径2 ～ 2.5cm，花冠管长0.8 ～ 2cm，基部直径1.5 ～ 2mm，向上渐扩大，裂片5 ～ 6枚，长圆形或椭圆形，长0.8 ～ 1.3cm，宽3 ～ 6mm，先端锐尖或圆钝。花期6月。

【生物学习性】喜光，略耐阴。适应性强，为温带树种，喜温暖、湿润环境，耐寒，耐旱，但怕涝。对土壤的要求不高，较耐碱。萌芽、萌蘖力强。

【地理分布】分布于中国辽宁、河北、陕西、山东、山西、甘肃、江苏、湖北、福建、四川、贵州、云南等地。

【园林应用】"带雪冲寒折嫩黄"，迎春早春先叶开花，长枝披垂，开花极早，南方可与蜡梅、山茶、水仙同植一处，构成新春佳景；与银芽柳、山桃同植，早报春光。种植于碧水萦回的柳树池畔，增添波光倒影，为山水生色；或栽植于路旁、山坡及窗下墙边；或作花篱密植；或作开花地被；或植于岩石园内，观赏效果极好。将山野多年生老树桩移入盆中，做成盆景；或编枝条成各种形状，盆栽于室内观赏。

六月雪［*Serissa japonica*（Thunb.）Thunb.］

【其他中文名】白马骨、满天星、白丁花、白雪丹、路边金、喷雪、喷雪花、日日有、野丁香、野千年矮。

【系统分类】茜草科白马骨属。

【形态特征】小灌木，高60～90cm，有臭气。叶革质，卵形至倒披针形，长6～22mm，宽3～6mm，顶端短尖至长尖，边全缘，无毛；叶柄短。花单生或数朵丛生于小枝顶部或腋生，有被毛、边缘浅波状的苞片；萼檐裂片细小，锥形，被毛；花冠淡红色或白色，长6～12mm，裂片扩展，顶端3裂；雄蕊突出冠管喉部外；花柱长突出，柱头2，直，略分开。花期5～7月。

【生物学习性】常分布于河溪边或丘陵的杂木林内，喜阴，也耐半阴。喜温暖、湿润环境，不甚耐寒，耐干旱，耐贫瘠，喜排水良好、肥沃湿润的土壤。适应性强，萌芽、萌蘖力均强，耐修剪。

【地理分布】分布于中国江苏、安徽、江西、浙江、福建、广东、香港、广西、四川、云南等地，生于河溪边或丘陵的杂木林内。日本、越南也有分布。

【园林应用】初夏开花繁花点点，一片白色，并至深秋开花不断，适应能力强，可群植或丛植于林下、河边或墙旁。也可作花境配植，亦是盆栽观赏的好材料。

图3-29　六月雪

苎麻［*Boehmeria nivea*（L.）Hook. f. & Arn.］

【其他中文名】白麻、白叶苎麻、半藤、大麻、箍骨散、果伴、家麻、家苎麻、苦麻、麻仔、青麻、山麻叶、山苎。

【系统分类】荨麻科苎麻属。

【形态特征】亚灌木或灌木，高0.5～1.5m。茎上部与叶柄均密被开展的长硬毛和近开展和贴伏的短糙毛。叶互生；叶片草质，通常圆卵形或宽卵形，少数卵形，长6～15cm，宽4～11cm，顶端骤尖，基部近截形或宽楔形，边缘在基部之上有牙齿，上面稍粗糙，疏被短伏毛，下面密被雪白色毡毛，侧脉约3对；叶柄长2.5～9.5cm；托叶分生，钻状披针形，长7～11mm，背面被毛。圆锥花序腋生，或植株上部的为雌性，下部的为雄性，或同一植株的全为雌性，长2～9cm；雄花序直径1～3mm，有少数雄花；雌花序直径0.5～2mm，有多数密集的雌花。雄花花被片4，狭椭圆形，长约1.5mm，合生至中部，顶端急尖，外面有疏柔毛；雄蕊4，长约2mm，花药长约0.6mm；退化雌蕊狭倒卵球形，长约0.7mm，顶端有短柱头。雌花花被椭圆形，长0.6～1mm，顶端有2～3小齿，外面有短柔毛，果期菱状倒披针形，长0.8～1.2mm；柱头丝形，长0.5～0.6mm。瘦果近球形，长约0.6mm，光滑，基部突缩成细柄。花期8～10月。

【生物学习性】生于山谷林边或草坡，海拔200～1700m。在中国，苎麻一般都种在山区平地、缓坡地、丘陵地或平原冲击土上，土质最好是沙壤到黏壤。地下水位在1m以内或易淹水的土地不宜种植。苎麻原产热带、亚热带，为喜温短日照植物。

【地理分布】中国云南、贵州、广西、广东、福建、江西、台湾、浙江、湖北、四川，以及甘肃、陕西、河南的南部广泛栽培，越南、老挝等地有分布。

【园林应用】有药用价值，嫩叶可养蚕，作饲料。种子可榨油，供制肥皂和食用。花期8～10月，有较好的观赏价值，可作园林观赏、绿化植物。

图3-30　苎麻

紫麻［*Oreocnide frutescens*（Thunb.）Miq.］

【其他中文名】山麻、紫苎麻、白水苎麻、野麻、大麻条。

【系统分类】荨麻科紫麻属。

【形态特征】灌木稀小乔木，高1～3m。小枝褐紫色或淡褐色，上部常有粗毛或近贴生的柔毛，稀被灰白色毡毛，以后渐脱落。叶常生于枝的上部，草质，以后有时变纸质，卵形、狭卵形、稀倒卵形，长3～15cm，宽1.5～6cm，先端渐尖或尾状渐尖，基部圆形，稀宽楔形，边缘自下部以上有锯齿或粗牙齿，上面常疏生糙伏毛，有时近平滑，下面常被灰白色毡毛，以后渐脱落，或只生柔毛或多少短伏毛，基出脉3，其侧出的一对，稍弧曲，与最下一对侧脉环结，侧脉2～3对，在近边缘处彼此环结；叶柄长1～7cm，被粗毛；托叶条状披针形，长约10mm，先端尾状渐尖，背面中肋疏生粗毛。花序生于上年生枝和老枝上，几无梗，呈簇生状，团伞花簇径3～5mm。雄花在芽时径约1.5mm；花被片3，在下部合生，长圆状卵形，内弯，外面上部有毛；雄蕊3；退化雌蕊棒状，长约0.6mm，被白色绵毛。雌花无梗，长1mm。瘦果卵球状，两侧稍压扁，长约1.2mm；宿存花被变深褐色，外面疏生微毛，内果皮稍骨质，表面有多数细洼点；肉质花托浅盘状，围以果的基部，熟时则常增大呈壳斗状，包围着果的大部分。花期3～5月，果期6～10月。

【生物学习性】生长于海拔300～1500m的山谷和林缘半阴湿处或石缝。

【地理分布】分布于浙江、安徽南部、江西、福建、广东、广西、湖南、湖北、陕西南部、甘肃东南部、四川和云南等地。中南半岛和日本也有分布。

【园林应用】茎皮纤维细长坚韧，可供制绳索、麻袋和人造棉；茎皮经提取纤维后，还可提取单宁；根、茎、叶入药行气活血。花期在3～5月也可作园林观赏、绿化植物。

图3-31　紫麻

插田泡（*Rubus coreanus* Miq.）

【其他中文名】插田藨、白灰刺、白龙须、白泡倒触伞、白疫子、菜子泡、朝鲜悬钩子、刺泡、刺桑椹、刺苔大乌泡、大样酸鸡藨、倒生根、复盆子、覆盆子、高丽县钩子。

【系统分类】蔷薇科悬钩子属。

【形态特征】灌木，高1～3m。枝粗壮，红褐色，被白粉，具近直立或钩状扁平皮刺。小叶通常5枚，稀3枚，卵形、菱状卵形或宽卵形，长3～8cm，宽2～5cm，顶端急尖，基部楔形至近圆形，上面无毛或仅沿叶脉有短柔毛，下面被稀疏柔毛或仅沿叶脉被短柔毛，边缘有不整齐粗锯齿或缺刻状粗锯齿，顶生小叶顶端有时3浅裂；叶柄长2～5cm，顶生小叶柄长1～2cm，侧生小叶近无柄，与叶轴均被短柔毛和疏生钩状小皮刺；托叶线状披针形，有柔毛。伞房花序生于侧枝顶端，具花数朵至30余朵；总花梗和花梗均被灰白色短柔毛，花梗长5～10mm；苞片线形，有短柔毛；花直径7～10mm；花萼外面被灰白色短柔毛；萼片长卵形至卵状披针形，长4～6mm，顶端渐尖，边缘具茸毛，花时开展，果时反折；花瓣倒卵形，淡红色至深红色，与萼片近等长或稍短；雄蕊比花瓣短或近等长，花丝带粉红色；雌蕊多数；花柱无毛，子房被稀疏短柔毛。果实近球形，直径5～8mm，深红色至紫黑色，无毛或近无毛；核具皱纹。花期4～6月，果期6～8月。

图3-32

【生物学习性】生长于海拔100～1700m的山坡灌丛或山谷、河边、路旁。喜生长在湿润而不积水的土壤中，其野生状态下多分布在土壤较湿润的地方。自然生长环境虽然多数土层较浅，但土质疏松，且富含腐殖质。喜阳光而不耐烈日暴晒，喜冷凉而忌炎热。

【地理分布】分布于中国陕西、甘肃、河南、江西、湖北、湖南、江苏、浙江、福建、安徽、四川、贵州、新疆等地，朝鲜和日本也有分布。

【园林应用】有药用价值，根有止血、止痛之效，叶能明目。花期在4～6月，有较好的观赏价值，可作园林观赏、绿化植物。

图3-32　插田泡

粗叶悬钩子（*Rubus alceifolius* Poir.）

【其他中文名】流苏梅、流苏莓、羽萼悬钩子、大乌泡、钻地风、九月泡、大叶泡、牛毛泡、大叶蛇泡竻、大破布刺、老虎泡、虎掌竻、八月泡、牛尾泡、流苏梅。

【系统分类】蔷薇科悬钩子属。

【形态特征】攀缘灌木，高达5m。枝被黄灰色至锈色茸毛状长柔毛，有稀疏皮刺。单叶，近圆形或宽卵形，长6～16cm，宽5～14cm，顶端圆钝，稀急尖，基部心形，上面疏生长柔毛，并有囊泡状小突起，下面密被黄灰色至锈色茸毛，沿叶脉具长柔毛，边缘不规则3～7浅裂，裂片圆钝或急尖，有不整齐粗锯齿，基部有5出脉；叶柄长3～4.5cm，被黄灰色至锈色茸毛状长柔毛，疏生小皮刺；托叶大，长约1～1.5cm，羽状深裂或不规则的撕裂，裂片线形或线状披针形。花成顶生狭圆锥花序或近总状，也成腋生头状花束，稀为单生；总花梗、花梗和花萼被浅黄色至锈色茸毛状长柔毛；花梗短，最长者不到1cm；苞片大，羽状至掌状或梳齿状深裂，裂片线形至披针形，或裂片再次分裂；花直径1～1.6cm；萼片宽卵形，有浅黄色至锈色茸毛和长柔毛，外萼片顶端及边缘掌状至羽状条裂，稀不分裂，内萼片常全缘而具短尖头；花瓣宽倒卵形或近圆形，白色，与萼片近等长；雄蕊多数，花丝宽扁，花药稍有长柔毛；雌蕊多数，子房无毛。果实近球形，直径达1.8cm，肉质，红色；核有皱纹。花期7～9月，果期10～11月。

【生物学习性】生于山坡、丘陵、路旁、旷野灌木丛中。生海拔500～2000m的向阳山坡、山谷杂木林内或沼泽灌丛中以及路旁岩石间。

【地理分布】分布于中国江西、湖南、江苏、福建、台湾、广东、广西、贵州、云南等地，缅甸、东南亚、印度尼西亚、菲律宾、日本也有分布。

【园林应用】属攀缘灌木，花期在夏季，有明显的园林观赏价值。同时该品种药用价值较高，根和叶皆可入药。

图3-33　粗叶悬钩子

红叶石楠（*Photinia* × *fraseri* Dress）

【其他中文名】火焰红、千年红、红罗宾、红唇、酸叶石楠、酸叶树。

【系统分类】蔷薇科石楠属。

【形态特征】常绿小乔木或灌木，乔木高6 ～ 15m，灌木高1.5 ～ 2m。叶片为革质，且叶片表面的角质层非常厚，这也是叶片看起来非常光亮的原因。红叶石楠幼枝呈棕色，贴生短毛，后呈紫褐色，最后呈灰色无毛。树干及枝条上有刺。叶片长圆形至例卵状，披针形，长5 ～ 15cm，宽2 ～ 5cm，叶端渐尖而有短尖头，叶基楔形，叶缘有带腺的锯齿，叶柄长0.8 ～ 1.5cm。花多而密，顶生复伞房花序；花序梗、花柄均贴生短柔毛；花白色，径1 ～ 1.2cm。梨果黄红色，径7 ～ 10mm。花期5 ～ 7月，果9 ～ 10月成熟。

【生物学习性】红叶石楠在温暖潮湿的环境生长良好，在直射光照下，色彩更为鲜艳。同时，它也有极强的抗阴能力和抗干旱能力，但是不抗水湿。红叶石楠抗盐碱性较好，耐修剪，对土壤要求不严格，适宜生长于各种土壤中，很容易移植成株。红叶石楠耐瘠薄，适合在微酸性的土质中生长，尤喜沙质土壤，但是在红壤或黄壤中也可以正常生长。红叶石楠对气候以及气温的要求比较宽松，能够抵抗低温的环境。

【地理分布】主要分布在亚洲东南部与东部和北美洲的亚热带与温带地区，在中国许多省份也已广泛栽培。

【园林应用】红叶石楠作行道树，其干立如火把；作绿篱，其状卧如火龙；修剪造景，形状可千姿百态，景观效果美丽。红叶石楠因其新梢和嫩叶鲜红而得名。常见的有红罗宾和红唇两个品种，其中红罗宾的叶色鲜艳夺目，观赏性更佳。春秋两季，红叶石楠的新梢和嫩叶火红，色彩艳丽持久，极具生机。在夏季高温时节，叶片转为亮绿色，给人清新凉爽之感。

a

b

图3-34 红叶石楠

火棘［*Pyracantha fortuneana*（Maxim.）Li］

【其他中文名】火把果、救兵粮、救军粮、饱饭花、赤阳子、豆金娘、红果、红果子、红子、红子刺、红子根、火焰树、吉祥果、救荒粮、红军果。

【系统分类】蔷薇科火棘属。

【形态特征】常绿灌木，高达3m。侧枝短，先端成刺状，嫩枝外被锈色，短柔毛，老枝暗褐色，无毛。芽小，外被短柔毛。叶片倒卵形或倒卵状长圆形，长1.5～6cm，宽0.5～2cm，先端圆钝或微凹，有时具短尖头，基部楔形，下延连于叶柄，边缘有钝锯齿，齿尖向内弯，近基部全缘，两面皆无毛；叶柄短，无毛或嫩时有柔毛。花集成复伞房花序，直径3～4cm，花梗和总花梗近于无毛，花梗长约1cm；花直径约1cm；萼筒钟状，无毛；萼片三角卵形，先端钝；花瓣白色，近圆形，长约4mm，宽约3mm；雄蕊20，花丝长3～4mm，药黄色；花柱5，离生，与雄蕊等长，子房上部密生白色柔毛。果实近球形，直径约5mm，橘红色或深红色。花期3～5月，果期8～11月。

【生物学习性】喜阳光，稍耐阴，但偏阴时会引起严重的落花落果。耐旱，生命力强，对土壤要求不严，适生于湿润、疏松、肥沃的壤土。萌芽力强，耐修剪，较耐寒。为保证结果丰满，应栽培在阳光充足、土壤肥沃之地。

【地理分布】分布于我国黄河以南及广大西南地区（陕西、江苏、浙江、福建、湖北、湖南、广西、四川、云南、贵州等地）。全属10种，中国产7种。国外已培育出许多优良栽培品种。

【园林应用】火棘入夏时白花点点，入秋后红果累累，是观花观果的优良树种。在园林中可丛植、孤植配置，也可修成球形或绿篱。果枝还是瓶插的好材料，红果可经久不落。

图3-35　火棘

匍匐栒子（*Cotoneaster adpressus* Bois）

【其他中文名】匍匐灰栒子。

【系统分类】蔷薇科栒子属。

【形态特征】落叶匍匐灌木，茎不规则分枝，平铺地上。小枝细瘦，圆柱形，幼嫩时具糙伏毛，逐渐脱落，红褐色至暗灰色。叶片宽卵形或倒卵形，稀椭圆形，长5～15mm，宽4～10mm，先端圆钝或稍急尖，基部楔形，边缘全缘而呈波状，上面无毛，下面具稀疏短柔毛或无毛；叶柄长1～2mm，无毛；托叶钻形，成长时脱落。花1～2朵，几无梗，直径7～8mm；萼筒钟状，外具稀疏短柔毛，内面无毛；萼片卵状三角形，先端急尖，外面有稀疏短柔毛，内面常无毛；花瓣直立，倒卵形，长约4.5mm，宽几与长相等，先端微凹或圆钝，粉红色；雄蕊约10～15，短于花瓣；花柱2，离生，比雄蕊短；子房顶部有短柔毛。果实近球形，直径6～7mm，鲜红色，无毛，通常有2小核，稀3小核。

【生物学习性】喜光，稍耐阴，耐寒，耐干旱瘠薄，不耐水湿。生于山坡杂木林边及岩石山坡，海拔1900～4000m。花期5～6月，果期8～9月。

【地理分布】分布于中国陕西、甘肃、青海、湖北、四川、贵州、云南、西藏等地，印度、缅甸、尼泊尔均有分布。

【园林应用】匍匐栒子因其植株生长呈匍匐状，枝叶茂盛、果实鲜艳，加以修剪造型可作为良好的盆景材料。

图3-36 匍匐栒子

七姊妹（*Rosa multiflora* Thunb. var. *carnea* Thory）

【其他中文名】野蔷薇、七姐妹、十姊妹。

【系统分类】蔷薇科蔷薇属。

【形态特征】攀缘灌木，小枝圆柱形，通常无毛，有短、粗稍弯曲皮刺。小叶5～9，近花序的小叶有时3，连叶柄长5～10cm；小叶片倒卵形、长圆形或卵形，长1.5～5cm，宽8～28mm，先端急尖或圆钝，基部近圆形或楔形，边缘有尖锐单锯齿，稀混有重锯齿，上面无毛，下面有柔毛；小叶柄和叶轴有柔毛或无毛，有散生腺毛；托叶篦齿状，大部贴生于叶柄，边缘有或无腺毛。花多朵，排成圆锥状花序，花梗长1.5～2.5cm，无毛或有腺毛，有时基部有篦齿状小苞片；花直径1.5～2cm，萼片披针形，有时中部具2个线形裂片，外面无毛，内面有柔毛；花瓣白色，宽倒卵形，先端微凹，基部楔形；花柱结合成束，无毛，比雄蕊稍长。果近球形，直径6～8mm，红褐色或紫褐色，有光泽，无毛，萼片脱落。该变种为重瓣，粉红色。

【生物学习性】具有匍伏和攀缘能力的花木，喜阳光，耐寒、耐旱、耐水湿，适应性强，对土壤要求不严，在黏重土壤上也能生长良好。用播种、扦插、分根繁殖均易成活。多花蔷薇“七姊妹”适生于长江以北黄河流域，多采用硬枝或嫩枝扦插育苗。

【地理分布】原产中国，在北京、天津、辽宁、上海、江苏、浙江、江西、山东、湖北、广东、广西、重庆、四川、贵州等地都有分布。

【园林应用】在庭院造景时可布置成花柱、花架、花廊、墙垣等造型。开花时，远看锦绣一片，红花遍地；近看花团锦簇，鲜红艳丽，非常美丽。也是优良的垂直绿化材料，还能植于山坡、堤岸做水土保持用。

图3-37　七姊妹

软条七蔷薇（*Rosa henryi* Bouleng.）

【其他中文名】钓鱼钩刺、湖北蔷薇、华中蔷薇、青刺、软条七、软条七姐妹、山刺玫、歪耳根、秀蔷薇、野刺。

【系统分类】蔷薇科蔷薇属。

【形态特征】灌木，高3～5m。有长匍枝；小枝有短扁、弯曲皮刺或无刺。小叶通常5，近花序小叶片常为3，连叶柄长9～14cm；小叶片长圆形、卵形、椭圆形或椭圆状卵形，长3.5～9cm，宽1.5～5cm，先端长渐尖或尾尖，基部近圆形或宽楔形，边缘有锐锯齿，两面均无毛，下面中脉突起；小叶柄和叶轴无毛，有散生小皮刺；托叶大部贴生于叶柄，离生部分披针形，先端渐尖，全缘，无毛，或有稀疏腺毛。花5～15朵，成伞形伞房状花序；花直径3～4cm；花梗和萼筒无毛，有时具腺毛；萼片披针形，先端渐尖，全缘，有少数裂片，外面近无毛而有稀疏腺点，内面有长柔毛；花瓣白色，宽倒卵形，先端微凹，基部宽楔形；花柱结合成柱，被柔毛，比雄蕊稍长。果近球形，直径8～10mm，成熟后褐红色，有光泽，果梗有稀疏腺点；萼片脱落。

【生物学习性】生山谷、林边、田边或灌丛中，海拔1700～2000m。软条七蔷薇喜阳光，亦耐半阴，较耐寒，适生于排水良好的肥沃润湿地。在中国北方大部分地区都能露地越冬。对土壤要求不严，耐干旱，耐瘠薄，但栽植在土层深厚、疏松、肥沃、湿润而又排水通畅的土壤中则生长更好，也可在黏重土壤上正常生长。不耐水湿，忌积水。

【地理分布】分布于中国陕西、河南、安徽、江苏、浙江、江西、福建、广东、广西、湖北、湖南、四川、云南、贵州等地。

【园林应用】可以吸收废气，阻挡灰尘，净化空气。花密，色艳，香浓，秋果红艳，是极好的垂直绿化材料，适用于布置花柱、花架、花廊和墙垣。也是作绿篱的良好材料，非常适合家庭种植。

图3-38　软条七蔷薇

缫丝花（*Rosa roxburghii* Tratt.）

【其他中文名】刺梨、木梨子、茨梨、刺、刺槟榔根、刺梨子、单瓣缫丝花、山刺梨、水梨子、文光果、文先果、野毛梨、白花刺梨、刺梨蔷薇、刺蘑、刺石榴。

【系统分类】蔷薇科蔷薇属。

【形态特征】灌木，高1～2.5m。树皮灰褐色，成片状剥落。小枝圆柱形，斜向上升，有基部稍扁而成对皮刺。小叶9～15，连叶柄长5～11cm，小叶片椭圆形或长圆形，稀倒卵形，长1～2cm，宽6～12mm，先端急尖或圆钝，基部宽楔形，边缘有细锐锯齿，两面无毛，下面叶脉突起，网脉明显，叶轴和叶柄有散生小皮刺；托叶大部贴生于叶柄，离生部分呈钻形，边缘有腺毛。花单生或2～3朵生于短枝顶端；花直径5～6cm；花梗短；小苞片2～3枚，卵形，边缘有腺毛；萼片通常宽卵形，先端渐尖，有羽状裂片，内面密被茸毛，外面密被针刺；花瓣重瓣至半重瓣，淡红色或粉红色，微香，倒卵形，外轮花瓣大，内轮较小；雄蕊多数着生在杯状萼筒边缘；心皮多数，着生在花托底部；花柱离生，被毛，不外伸，短于雄蕊。果扁球形，直径3～4cm，绿红色，外面密生针刺；萼片宿存，直立。花期5～7月，果期8～10月。

【生物学习性】喜温暖湿润和阳光充足环境，适应性强，较耐寒，稍耐阴，对土壤要求不严，但以肥沃的沙壤土为好。

【地理分布】中国陕西、甘肃、江西、安徽、浙江、福建、湖南、湖北、四川、云南、贵州、西藏等地均有野生或栽培，也见于日本。

【园林应用】缫丝花枝条密集，叶片纤小，花大色艳，结实累累，树体多刺，宜群植于林下或作花篱布置，还可作盆景，具有较高的园艺价值。

图3-39　缫丝花

小果蔷薇（*Rosa cymosa* Tratt.）

【其他中文名】八百棒、白花刺、白花七叶树、刺叶、倒钩、狗屎刺、红茨藤、红刺藤、红根、结茧、绵刺紫、明目茶。

【系统分类】蔷薇科蔷薇属。

【形态特征】攀缘灌木，高2～5m。小枝圆柱形，无毛或稍有柔毛，有钩状皮刺。小叶3～5，稀7；连叶柄长5～10cm；小叶片卵状披针形或椭圆形，稀长圆披针形，长2.5～6cm，宽8～25mm，先端渐尖，基部近圆形，边缘有紧贴或尖锐细锯齿，两面均无毛，上面亮绿色，下面颜色较淡，中脉突起，沿脉有稀疏长柔毛；小叶柄和叶轴无毛或有柔毛，有稀疏皮刺和腺毛；托叶膜质，离生，线形，早落。花多朵成复伞房花序；花直径2～2.5cm，花梗长约1.5cm，幼时密被长柔毛，老时逐渐脱落近于无毛；萼片卵形，先端渐尖，常有羽状裂片，外面近无毛，稀有刺毛，内面被稀疏白色茸毛，沿边缘较密；花瓣白色，倒卵形，先端凹，基部楔形；花柱离生，稍伸出花托口外，与雄蕊近等长，密被白色柔毛。果球形，直径4～7mm，红色至黑褐色，萼片脱落。

【生物学习性】暖温带至亚热带落叶或半常绿灌木。耐低温，在冬季−10℃以上呈常绿状灌木。每年2～3月发芽，4月中下旬孕蕾，5月上中旬开花，7～9月结果，8～11月果熟，生育期250天左右。多生于向阳山坡、路旁、溪边或丘陵地，海拔250～1300m。

【地理分布】分布中国江西、江苏、浙江、安徽、湖南、四川、云南、贵州、福建、广东、广西、台湾等地。

【园林应用】具有较高的经济价值，蔷薇花是蜜源之一，除了具有采摘入药、固土保水、绿化美化等基本用途外，还可提取芳香油。

图3-40　小果蔷薇

珊瑚樱（*Solanum pseudocapsicum* L.）

【其他中文名】冬珊瑚、红珊瑚、吉庆果、珊瑚豆、珊瑚茄。

【系统分类】茄科茄属。

【形态特征】直立分枝小灌木，高达2m，全株光滑无毛。叶互生，狭长圆形至披针形，长1～6cm，宽0.5～1.5cm，先端尖或钝，基部狭楔形下延成叶柄，边全缘或波状，两面均光滑无毛，中脉在下面凸出，侧脉6～7对，在下面更明显；叶柄长约2～5mm，与叶片不能截然分开。花多单生，很少成蝎尾状花序，无总花梗或近于无总花梗，腋外生或近对叶生；花梗长约3～4mm；花小，白色，直径约0.8～1cm；萼绿色，直径约4mm，5裂，裂片长约1.5mm；花冠筒隐于萼内，长不及1mm，冠檐长约5mm，裂片5，卵形，长约3.5mm，宽约2mm；花丝长不及1mm，花药黄色，矩圆形，长约2mm；子房近圆形，直径约1mm，花柱短，长约2mm，柱头截形。浆果橙红色，直径1～1.5cm，萼宿存，果柄长约1cm，顶端膨大。种子盘状，扁平，直径约2～3mm。花期初夏，果期秋末。

【生物学习性】有的逸生于路边、沟边和旷地。喜温暖，耐高温，耐寒力差。

【地理分布】原产于南美，中国安徽、江西、广东、广西和华北地区均有栽培。

【园林应用】是传统的室内盆栽观果良品。春季播种的植株在夏秋开花，初秋至春季结果，是元旦和春节花卉淡季难得的观果花卉佳品。每一果实从结果到成熟再到落果，时间可长达3个月以上，是盆栽观果花卉中观果期最长的品种之一。

图3-41　珊瑚樱

大花六道木［*Abelia grandiflora*（André）Rehd.］

【其他中文名】大花糯米条。

【系统分类】忍冬科六道木属。

【形态特征】六道木糯米条和蓮梗花的一个杂交种。常绿矮生灌木，自然生长可达1.8m。幼枝红褐色，有短柔毛。叶片倒卵形，墨绿有光泽；叶对生或3～4枚轮生，卵形至卵状披针形，长2～4cm，叶缘有疏锯齿或近全缘；叶片绿色，有光泽，入冬转为红色或橙色。花粉白色，钟形，长约2cm，有香味，花小，花型优美，似漏斗，5裂；数朵着生于叶腋或花枝顶端，呈圆锥花序或聚伞花序单生；花冠钟状，花萼4～5枚，大而宿存至冬季，粉红色；圆锥花序，开花繁茂，花期特长，5～11月持续开花。瘦果黄褐色。

【生物学习性】属阳性植物，性喜温暖、湿润气候。在中性偏酸、肥沃、疏松的土壤中生长快速，同时其抗性优良，能耐阴、耐寒（−10℃）、耐干旱瘠薄、抗短期洪涝、耐强盐碱。

【地理分布】分布于中国华东、西南及华北地区。广泛栽培于北半球，我国长江流域常见栽培。

【园林应用】大花六道木在园林方面，适宜丛植、片植于空旷地块、水边或建筑物旁。由于萌发力强、耐修剪，可修成规则球状列植于道路两旁，或作花篱，也可自然栽种于岩石缝中、林中树下。大花六道木开花量大、花期长、清香宜人，并具有杀菌、“招蜂引蝶”的独特功用，是典型的优良花灌木树种之一。

图3-42　大花六道木

山茶（*Camellia japonica* L.）

【其他中文名】山茶花、茶花、白秧茶、白洋茶、包珠花、宝珠山茶、宫粉茶、宫粉花、海棠花、红山茶、曼陀罗树、耐冬、日本红山茶、日本山茶、晚山茶、千叶红、山秧茶、石榴茶、一捻红。

【系统分类】山茶科山茶属。

【形态特征】灌木或小乔木，高9m，嫩枝无毛。叶革质，椭圆形，长5～10cm，宽2.5～5cm，先端略尖，或急短尖而有钝尖头，基部阔楔形，上面深绿色，干后发亮，无毛，下面浅绿色，无毛，侧脉7～8对，在上下两面均能见，边缘有相隔2～3.5cm的细锯齿。叶柄长8～15mm，无毛。花顶生，红色，无柄；苞片及萼片约10片，组成长约2.5～3cm的杯状苞被，半圆形至圆形，长4～20mm，外面有绢毛，脱落；花瓣6～7片，外侧2片近圆形，几离生，长2cm，外面有毛，内侧5片基部连生约8mm，倒卵圆形，长3～4.5cm，无毛；雄蕊3轮，长约2.5～3cm，外轮花丝基部连生，花丝管长1.5cm，无毛；内轮雄蕊离生，稍短，子房无毛，花柱长2.5cm，先端3裂。蒴果圆球形，直径2.5～3cm，2～3室，每室有种子1～2个，3爿裂开，果爿厚木质。

【生物学习性】惧风喜阳，喜地势高爽、空气流通、温暖湿润、排水良好、疏松肥沃的沙质壤土，黄土或腐殖土，pH5.5～6.5最佳。适温在20～32℃之间，29℃以上时停止生长，35℃时叶子会有焦灼现象，要求有一定温差。环境湿度70%以上，大部分品种可耐−8℃低温（自然越冬，云茶稍不耐寒），在淮河以南地区一般可自然越冬。喜酸性土壤，并要求较好的透气性。花期1～4月。

【地理分布】主要分布于中国和日本。中国中部及南方各省露地多有栽培，北部则行温室盆栽。我国四川、台湾、山东、江西等地有野生种。

【园林应用】树姿优美，四季常青，花大色艳，花期长，是冬末春初装饰园林的名贵花木。

图3-43　山茶

油茶（*Camellia oleifera* Abel.）

【其他中文名】茶子树、茶油树、白花茶。

【系统分类】山茶科山茶属。

【形态特征】灌木或中乔木。嫩枝有粗毛。叶革质，椭圆形、长圆形或倒卵形，先端尖而有钝头，有时渐尖或钝，基部楔形，长5～7cm，宽2～4cm，有时较长，上面深绿色，发亮，中脉有粗毛或柔毛，下面浅绿色，无毛或中脉有长毛，侧脉在上面能见，在下面不很明显，边缘有细锯齿，有时具钝齿；叶柄长4～8mm，有粗毛。花顶生，近于无柄，苞片与萼片约10片，由外向内逐渐增大，阔卵形，长3～12mm，背面紧贴有柔毛或绢毛，花后脱落；花瓣白色，5～7片，倒卵形，长2.5～3cm，宽1～2cm，有时较短或更长，先端凹入或2裂，基部狭窄，近于离生，背面有丝毛，至少在最外侧的有丝毛；雄蕊长1～1.5cm，外侧雄蕊仅基部略连生，偶有花丝管长达7mm，无毛，花药黄色，背部着生；子房有黄长毛，3～5室，花柱长约1cm，无毛，先端不同程度3裂。蒴果球形或卵圆形，直径2～4cm，3室或1室，3爿或2爿裂开，每室有种子1粒或2粒，果爿厚3～5mm，木质，中轴粗厚；苞片及萼片脱落后留下的果柄长3～5mm，粗大，有环状短节。花期冬春间。

【生物学习性】油茶喜温暖，怕寒冷，要求年平均气温16～18℃，花期平均气温为12～13℃。突然的低温或晚霜会造成落花、落果。要求有较充足的阳光，否则只长枝叶，结果少，含油率低。要求水分充足，年降水量一般在1000mm以上，但花期连续降雨，影响授粉。要求在坡度和缓、侵蚀作用弱的地方栽植，对土壤要求不甚严格，一般适宜土层深厚的酸性土，而不适于石块多和土质坚硬的地方。

【地理分布】油茶树是世界四大木本油料树种之一。它生长在中国南方亚热带地区的高山及丘陵地带，是中国特有的一种纯天然高级油料来源。主要集中分布在浙江、江西、河南、湖南、广西等地。

图3-44

【园林应用】油茶是优良的冬季蜜粉源植物，花期（10月上旬至12月）正值少花季节，蜜粉极其丰富。在生物质能源中油茶也有很高的应用价值。同时，油茶又是一个抗污染能力极强的树种，对二氧化硫抗性强，抗氟和吸氯能力也很强。油茶林具有保持水土、涵养水源、调节气候的明显的生态效益。

图3-44　油茶

山茱萸科

花叶青木（*Ancuba japonica* Thunb. var. *variegata* D'ombr.）

【其他中文名】洒金桃叶珊瑚、洒金珊瑚。

【系统分类】山茱萸科桃叶珊瑚属。

【形态特征】常绿灌木，植株常高1～1.5m。枝、叶对生。叶革质，长椭圆形，卵状长椭圆形，稀阔披针形，长8～20cm，宽5～12cm，先端渐尖，基部近于圆形或阔楔形，上面亮绿色，下面淡绿色，叶片有大小不等的黄色或淡黄色斑点，边缘上段具2～4（～6）对疏锯齿或近于全缘。圆锥花序顶生，雄花序长约7～10cm，总梗被毛，小花梗长3～5mm，被毛；花瓣近于卵形或卵状披针形，长3.5～4.5mm，宽2～2.5mm，暗紫色，先端具0.5mm的短尖头，雄蕊长1.25mm；雌花序长（1～）2～3cm，小花梗长2～3mm，被毛，具2枚小苞片，子房被疏柔毛，花柱粗壮，柱头偏斜。果卵圆形，暗紫色或黑色，长2cm，直径5～7mm，具种子1枚。花期3～4月，果期至翌年4月。

【生物学习性】花叶青木最适宜的生长温度为15～25℃，耐高温，三伏天房顶上温度最高达到40℃，但对植株没有影响；同时也耐低温，最低温度−3～5℃。极耐阴，夏季怕日晒，喜湿润、排水良好、肥沃的土壤。较耐寒，对烟尘和大气污染抗性强。

【地理分布】中国各大、中城市公园及庭园中均引种栽培。分布于日本、朝鲜南部。

【园林应用】花叶青木是珍贵的耐阴灌木，繁殖容易，栽培管理粗放，是良好的园林绿化树种。宜在庭园中栽于隐蔽之处或树荫下、建筑物前、园林小品中等处用于绿化美化。常见有单植、对植、列植或与其他植物搭配种植，相互点缀、陪衬，能构成多样化的园林观赏空间，达到“体现无穷之态，招摇不尽之春”。

图3-45 花叶青木

小梾木（*Cornus quinquenervis* Franch.）

【其他中文名】乌金草、酸皮条、火烫药。

【系统分类】山茱萸科梾木属。

【形态特征】落叶灌木，高1～3m，稀达4m。树皮灰黑色，光滑。幼枝对生，绿色或带紫红色，略具4棱，被灰色短柔毛；老枝褐色，无毛。冬芽顶生及腋生，圆锥形至狭长形，长2.5～8mm，被疏生短柔毛。叶对生，纸质，椭圆状披针形、披针形，稀长圆卵形，长4～9cm，稀达10cm，宽1～3.8cm，先端钝尖或渐尖，基部楔形，全缘，上面深绿色，散生平贴短柔毛，下面淡绿色，被较少灰白色的平贴短柔毛或近于无毛，中脉在上面稍凹陷，下面凸出，被平贴短柔毛，侧脉通常3对，稀2或4对，平行斜伸或在近边缘处弓形内弯，在上面明显，下面稍凸起；叶柄长5～15mm，黄绿色，被贴生灰色短柔毛，上面有浅沟，下面圆形。伞房状聚伞花序顶生，被灰白色贴生短柔毛，宽3.5～8cm；总花梗圆柱形，长1.5～4cm，略有棱角，密被贴生灰白色短柔毛；花小，白色至淡黄白色，直径9～10mm；花萼裂片4，披针状三角形至尖三角形，长1mm，长于花盘，淡绿色，外侧被紧贴的短柔毛；花瓣4，狭卵形至披针形，长6mm，宽1.8mm，先端急尖，质地稍厚，上面无毛，下面有贴生短柔毛；雄蕊4，长5mm，花丝淡白色，长4mm，无毛，花药长圆卵形，2室，淡黄白色，长2.4mm，丁字形着生；花盘垫状，略有浅裂，厚约0.2mm；子房下位，花托倒卵形，长2mm，直径1.6mm，密被灰白色平贴短柔毛，花柱棍棒形，长3.5mm，淡黄白色，近于无毛，柱头小，截形，略有3～4个小突起；花梗细，圆柱形，长2～9mm，被灰色及少数褐色贴生短柔毛。核果圆球形，直径5mm，成熟时黑色；核近于球形，骨质，直径约4mm，有6条不明显的肋纹。花期6～7月，果期10～11月。

【生物学习性】生于海拔50～2500m河岸或溪边灌木丛中。耐瘠薄，常在河岸边块石生境中与卡开芦（*Phragmites karka*）形成复合群落。

【地理分布】分布于陕西和甘肃南部以及江苏、福建、湖北、湖南、广东、广西、四川、贵州、云南等地。

【园林应用】枝繁叶茂，叶片翠绿，白色小花呈伞房状聚生枝顶，有独特的观赏韵味。其根系发达，枝条具超强的生根能力，可片植于溪边、河岸带固土；可丛植于草坪、建筑物前和常绿树间作花灌木，亦可栽植作绿篱。

a

b

图3-46 小梾木

石榴花（*Punica granatum* L.）

【其他中文名】安石榴、金罂、金庞、涂林、天浆、若榴、丹若、山力叶、珠实等。

【系统分类】石榴科石榴属。

【形态特征】落叶灌木或小乔木；株高2～5m，最高可达7m。树干灰褐色，有片状剥落。嫩枝黄绿光滑，常呈四棱形，枝端多为刺状，无顶芽。单叶对生或簇生，矩圆形或倒卵形，长2～8cm不等，全缘，叶面光滑，短柄，新叶嫩绿或古铜色。花朵一至数朵生于枝顶或叶腋，花萼钟形，肉质，先端6裂，表面光滑具蜡质，橙红色，宿存；花瓣5～7枚，红色或白色，单瓣或重瓣。浆果球形，黄红色。种子多数具肉质外种皮，9～10月果熟。石榴栽培种分果石榴和花石榴两大类。

【生物学习性】喜阳光充足和干燥环境，耐寒，耐干旱，不耐水涝，不耐阴，对土壤要求不严，以肥沃、疏松有营养的沙壤土最好。

【地理分布】原产中亚的伊朗、阿富汗。石榴花是北非国家利比亚的国花，同样是我国山东省枣庄市，湖北省十堰市、黄石市、荆门市，河南省新乡市，陕西省西安市及安徽省合肥市的市花。

【园林应用】石榴花既可观花又可观果，小盆盆栽供窗台、阳台和居室摆设，大盆盆栽可布置公共场所和会场，地栽石榴适于风景区的绿化配置。

图3-47　石榴花

薄叶鼠李（*Rhamnus leptophylla* Schneid.）

【其他中文名】郊李子、白色木、白赤木、冻绿刺、冻绿树、黑旦子、绛梨木、叫梨子、蜡子树、山绿柴、细叶鼠李。

【系统分类】鼠李科鼠李属。

【形态特征】灌木或稀小乔木，高达5m。小枝对生或近对生，褐色或黄褐色，稀紫红色，平滑无毛，有光泽，芽小，鳞片数个，无毛。叶纸质，对生或近对生，或在短枝上簇生，倒卵形至倒卵状椭圆形，稀椭圆形或矩圆形，长3～8cm，宽2～5cm，顶端短突尖或锐尖，稀近圆形，基部楔形，边缘具圆齿或钝锯齿，上面深绿色，无毛或沿中脉被疏毛，下面浅绿色，仅脉腋有簇毛，侧脉每边3～5条，具不明显的网脉，上面下陷，下面凸起；叶柄长0.8～2cm，上面有小沟，无毛或被疏短毛；托叶线形，早落。花单性，雌雄异株，4基数，有花瓣，花梗长4～5mm，无毛；雄花10～20个簇生于短枝端；雌花数个至10余个簇生于短枝端或长枝下部叶腋，退化雄蕊极小，花柱2半裂。核果球形，直径4～6mm，长5～6mm，基部有宿存的萼筒，有2～3个分核，成熟时黑色；果梗长6～7mm。种子宽倒卵圆形，背面具长为种子2/3～3/4的纵沟。花期3～5月，果期5～10月。

【生物学习性】生于山坡、山谷、路旁灌丛中或林缘，海拔1700～2600m。

【地理分布】广布于中国陕西、河南、山东、安徽、浙江、江西、福建、广东、广西、湖南、湖北、四川、云南、贵州等地。

【园林应用】药用植物，全草可药用，也可作园林观赏、绿化植物。

图3-48　薄叶鼠李

马甲子［*Paliurus ramosissimus*（Lour.）Poir.］

【其他中文名】雄虎刺、铁篱笆、白棘、刺针、棘刺、棘盘子、簕子、马鞍山、马鞍树。

【系统分类】鼠李科马甲子属。

【形态特征】灌木，高达6m。小枝褐色或深褐色，被短柔毛，稀近无毛。叶互生，纸质，宽卵形少，多卵状椭圆形或近圆形，长3～7cm，宽2.2～5cm，顶端钝或圆形，基部宽楔形、楔形或近圆形，稍偏斜，边缘具钝细锯齿或细锯齿，稀上部近全缘，上面沿脉被棕褐色短柔毛，幼叶下面密生棕褐色细柔毛，后渐脱落，仅沿脉被短柔毛或无毛，基生三出脉；叶柄长5～9mm，被毛，基部有2个紫红色斜向直立的针刺，长0.4～1.7cm。腋生聚伞花序，被黄色茸毛；萼片宽卵形，长2mm，宽1.6～1.8mm；花瓣匙形，短于萼片，长1.5～1.6mm，宽1mm；雄蕊与花瓣等长或略长于花瓣；花盘圆形，边缘5或10齿裂；子房3室，每室具1胚珠，花柱3深裂。核果杯状，被黄褐色或棕褐色茸毛，周围具木栓质3浅裂的窄翅，直径1～1.7cm，长7～8mm；果梗被棕褐色茸毛。种子紫红色或红褐色，扁圆形。花期5～8月，

a

b

果期9～10月。

【生物学习性】喜光，喜温暖湿润气候，不耐寒。生长于海拔2000m以下的山地和平原，野生或栽培。

【地理分布】分布于中国、朝鲜、日本和越南。在中国分布于江苏、浙江、安徽、江西、湖南、湖北、福建、台湾、广东、广西、云南、贵州和四川等地。

【园林应用】用马甲子作绿篱围护果园等场地，综合效果比砖土竹等作围篱优越：其一，马甲子适应性强、易种且速生，从育苗定植到篱笆成型仅需2～3年，一般株高可达2m，且病虫害少、耐旱、耐瘠、管理容易；其二，马甲子为多年生灌木，木质坚硬，针刺密布，围篱效果好，如不加修剪，树高可达4～6m，作防护林可防风、防旱、防寒、防禽畜进园；其三，马甲子抗寒性强，能耐−15℃的低温，不会因冻害而枯死，最适于我国北方广泛种植；其四，马甲子与苹果、梨等果树不同科，故而一般没有共生性的病害，如天牛、潜叶蛾等互不传播；其五，马甲子作围篱成本低，植造一米篱笆只需要4～5株苗耗资在0.2元以下，成本只有竹篱的四分之一，砖墙的百分之一。

图3-49　马甲子

雀梅藤［*Sageretia thea*（Osbeck）Johnst.］

【其他中文名】对节刺、碎米子、刺藤子、对角刺、马沙刺、雀梅、酸刺、酸梅子、酸味、酸味子、刺美、酱梅、牛鬃刺、鹊梅藤、台湾雀梅藤、爪要灵。

【系统分类】鼠李科雀梅藤属。

【形态特征】藤状或直立灌木。小枝具刺，互生或近对生，褐色，被短柔毛。叶纸质，近对生或互生，通常椭圆形、矩圆形或卵状椭圆形，稀卵形或近圆形，长1～4.5cm，宽0.7～2.5cm，顶端锐尖、钝或圆形，基部圆形或近心形，边缘具细锯齿，上面绿色，无毛，下面浅绿色，无毛或沿脉被柔毛，侧脉每边3～5条，上面不明显，下面明显凸起；叶柄长2～7mm，被短柔毛。花无梗，黄色，有芳香，通常2至数个簇生排成顶生或腋生疏散穗状或圆锥状穗状花序；花序轴长2～5cm，被茸毛或密短柔毛；花萼外面被疏柔毛；萼片三角形或三角状卵形，长约1mm；花瓣匙形，顶端2浅裂，常内卷，短于萼片；花柱极短，柱头3浅裂，子房3室，每室具1胚珠。核果近圆球形，直径约5mm，成熟时黑色或紫黑色，具1～3分核，味酸。种子扁平，两端微凹。花期7～11月，果期翌年3～5月。

【生物学习性】常生于海拔2100m以下的丘陵、山地林下或灌丛中。性喜温暖湿润的空气环境，在半阴半湿的地方最好。适应性好，耐贫瘠干燥，对土壤要求不严，在疏松肥沃的酸性、中性土壤中都能适应。

【地理分布】分布于中国安徽、江苏、浙江、江西、福建、台湾、广东、广西、湖南、湖北、四川、云南等地，印度、越南、朝鲜、日本也有分布。

【园林应用】可作绿化盆地景。

图3-50　雀梅藤

金丝桃（*Hypericum monogynum* L.）

【其他中文名】金丝海棠、土连翘、大过路黄、狗胡花、过路黄、金丝莲、金线蝴蝶、金腺海棠、老虎花、芒种花、木本黄开口、水面油、坦上黄、土莲翘、照月莲。

【系统分类】藤黄科金丝桃属。

【形态特征】灌木，高0.5～1.3m，丛状或通常有疏生的开张枝条。茎红色，幼时具2/4纵线棱及两侧压扁，很快为圆柱形；皮层橙褐色。叶对生，无柄或具短柄，柄长达1.5mm；叶片倒披针形或椭圆形至长圆形，或较稀为披针形至卵状三角形或卵形，长2～11.2cm，宽1～4.1cm，先端锐尖至圆形，通常具细小尖突，基部楔形至圆形或上部有时截形至心形，边缘平坦，坚纸质，上面绿色，下面淡绿但不呈灰白色，主侧脉4～6对，分枝，常与中脉分枝不分明，第三级脉网密集，不明显，腹腺体无，叶片腺体小而呈点状。花序具1～15花，自茎端第1节生出，疏松的近伞房状，有时亦自茎端1～3节生出，稀有1～2对次生分枝；花梗长0.8～5cm；苞片小，线状披针形，早落；花直径3～6.5cm，星状；花蕾卵珠形，先端近锐尖至钝形；萼片宽或狭椭圆形或长圆形至披针形或倒披针形，先端锐尖至圆形，边缘全缘，中脉分明，细脉不明显，有或多或少的腺体，在基部的线形至条纹状，向顶端的点状；花瓣金黄色至柠檬黄色，无红晕，开张，三角状倒卵形，长2～3.4cm，宽1～2cm，长约为萼片的2.5～4.5倍，边缘全缘，无腺体，有侧生的小尖突，小尖突先端锐尖至圆形或消失；雄蕊5束，每束有雄蕊25～35枚，最长者长1.8～3.2cm，与花瓣几等长，花药黄至暗橙色；子房卵珠形或卵珠状圆锥形至近球形，长2.5～5mm，宽2.5～3mm；花柱长1.2～2cm，长约为子房的3.5～5倍，合生几达顶端然后向外弯或极偶有合生至全长之半；柱头小。蒴果宽卵珠形或稀为卵珠状圆锥形至近球形，长6～10mm，宽4～7mm。种子深红褐色，圆柱形，长约2mm，有狭的龙骨状突起，有浅的线状网纹至线状蜂窝纹。花期5～8月，果期8～9月。

【生物学习性】生于山坡、路旁或灌丛中，沿海地区海拔0～150m，但在山地能上升至1500m。

图3-51

【地理分布】分布于中国河北、陕西、山东、江苏、安徽、江西、福建、台湾、河南、湖北、湖南、广东、广西、四川、贵州等地，日本也有引种。

【园林应用】金丝桃枝叶丰满，开花色彩鲜艳，绚丽可爱，可丛植或群植于草坪、树坛的边缘和墙角、路旁等处。华北多行盆栽观赏，也可作为切花材料。

图3-51　金丝桃

五加科

八角金盘［*Fatsia japonica*（Thunb.）Decne. et Planch.］

【其他中文名】金刚纂、八金盘、八手、手树、日本八角金盘、金盘八角。

【系统分类】五加科八角金盘属。

【形态特征】常绿灌木或小乔木，高可达5m，茎光滑无刺。叶柄长10～30cm；叶片大，革质，近圆形，直径12～30cm，掌状7～9深裂，裂片长椭圆状卵形，先端短渐尖，基部心形，边缘有疏离粗锯齿，上表面暗亮绿色，下面色较浅，有粒状突起，边缘有时呈金黄色；侧脉在两面隆起，网脉在下面稍明显。圆锥花序顶生，长20～40cm；伞形花序直径3～5cm，花序轴被褐色茸毛；花萼近全缘，无毛；花瓣5，卵状三角形，长2.5～3mm，黄白色，无毛；雄蕊5，花丝与花瓣等长；子房下位，5室，每室有1胚球；花柱5，分离；花盘凸起半圆形。果实近球形，直径5mm，熟时黑色。花期10～11月，果熟期翌年4月。

【生物学习性】喜温暖、湿润环境，不甚耐寒，极耐阴，较耐湿，怕干旱，畏酷热和强光暴晒。在荫蔽的环境和湿润、疏松、肥沃的土壤中生长良好，萌蘖性强。

【地理分布】分布于日本南部，中国华北、华东及云南昆明均有栽培。

【园林应用】八角金盘叶形大而奇特，是优良的观叶树种，适宜配置于庭前、门旁、窗边、栏下、墙隅或群植作疏林的下层植被。北方常盆栽，供室内绿化观赏。

图3-52　八角金盘

头序楤木（*Aralia dasyphylla* Miq.）

【其他中文名】毛叶楤木、雷公种、鸡姆盼、厚叶楤木、鸡乸盼、毛叶葱木、牛尾木、铁扇伞、鸡母盼、鸟不踏、头序、头序木楤、雪公种。

【系统分类】五加科楤木属。

【形态特征】灌木或小乔木，高2～10m。小枝有刺，刺短而直，基部粗壮，长在6mm以下；新枝密生淡黄棕色茸毛。叶为二回羽状复叶；叶柄长30cm以上，有刺或无刺；托叶和叶柄基部合生，先端离生部分三角形，长5～8mm，有刺尖；叶轴和羽片轴密生黄棕色茸毛，有刺或无刺；羽片有小叶7～9；小叶片薄革质，卵形至长圆状卵形，长5.5～11cm，先端渐尖，基部圆形至心形，侧生小叶片基部歪斜，上面粗糙，下面密生棕色茸毛，边缘有细锯齿，齿有小尖头，侧脉7～9对，上面不及下面明显，网脉明显；小叶无柄或有长达5mm的柄，顶生小叶柄长达4cm，密生黄棕色茸毛。圆锥花序大，长达50cm；一级分枝长达20cm，密生黄棕色茸毛；三级分枝长2～3cm，有数个宿存苞片；苞片长圆形，先端钝圆，长约3mm，密生短柔毛；小苞片长圆形，长1～2mm；花无梗，聚生为直径约5mm的头状花序；总花梗长0.5～1.5cm，密生黄棕色茸毛；萼无毛，长约2mm，边缘有5个三角形小齿；花瓣5，长圆状卵形，长约3mm，开花时反曲；雄蕊5，花丝长约2mm；子房5室；花柱5，离生。果实球形，紫黑色，直径约3.5mm，有5棱。花期8～10月，果期10～12月。

【生物学习性】生于林中、林缘和向阳山坡，海拔数十米至1000m。

【地理分布】广布于中国南部（西起四川东部，东至福建、浙江，北起湖北西南部、安徽南部，南至广西中部、广东中部的广大地区）。越南、印度尼西亚和马来西亚也有分布。

【园林应用】开白色花，具有园林观赏性。

图3-53　头序楤木

南天竹（*Nandina domestica* Thunb.）

【其他中文名】白天竹、斑鸠窝、关秧、观音竹、红狗子、红杷子、鸡爪黄连、阑天竹、蓝田竹、满天星、猫儿伞、南天独、南天筷、南天竹子。

【系统分类】小檗科南天竹属。

【形态特征】常绿小灌木。茎常丛生而少分枝，高1～3m，光滑无毛，幼枝常为红色，老后呈灰色。叶互生，集生于茎的上部，三回羽状复叶，长30～50cm；二至三回羽片对生；小叶薄革质，椭圆形或椭圆状披针形，长2～10cm，宽0.5～2cm，顶端渐尖，基部楔形，全缘，上面深绿色，冬季变红色，背面叶脉隆起，两面无毛；近无柄。圆锥花序直立，长20～35cm；花小，白色，具芳香，直径6～7mm；萼片多轮，外轮萼片卵状三角形，长1～2mm，向内各轮渐大，最内轮萼片卵状长圆形，长2～4mm；花瓣长圆形，长约4.2mm，宽约2.5mm，先端圆钝；雄蕊6，长约3.5mm，花丝短，花药纵裂，药隔延伸；子房1室，具1～3枚胚珠。果柄长4～8mm；浆果球形，直径5～8mm，熟时鲜红色，稀橙红色。种子扁圆形。花期3～6月，果期5～11月。

【生物学习性】喜半阴，见强光后叶色变红，且不易结果。喜温暖、湿润环境，但能耐低温。喜排水良好的肥沃土壤，在阳光强烈、土壤贫瘠干燥处生长不良。

【地理分布】原产中国及日本。江苏、浙江、安徽、江西、湖北、四川、陕西、河北、山东、贵州等省均有分布。现国内外庭园广泛栽培。

【园林应用】树干丛生，枝叶扶疏，清秀挺拔，秋冬时叶色变红，且红果累累，经久不落，为赏叶观果的优良树种。可植于山石旁、庭屋前或墙角阴处，也可丛植于林缘阴处与树下。

图3-54　南天竹

十大功劳［*Mahonia fortunei*（Lindl.）Fedde］

【其他中文名】刺黄柏、刺黄连、刺黄莲、刺黄芩、大黄连、独叶十大功劳。

【系统分类】小檗科十大功劳属。

【形态特征】灌木，高0.5～4m。叶倒卵形至倒卵状披针形，长10～28cm，宽8～18cm，具2～5对小叶，最下一对小叶外形与往上小叶相似，距叶柄基部2～9cm，上面暗绿至深绿色，叶脉不显，背面淡黄色，偶稍苍白色，叶脉隆起，叶轴粗1～2mm，节间1.5～4cm，往上渐短；小叶无柄或近无柄，狭披针形至狭椭圆形，长4.5～14cm，宽0.9～2.5cm，基部楔形，边缘每边具5～10刺齿，先端急尖或渐尖。总状花序4～10个簇生，长3～7cm；芽鳞披针形至三角状卵形，长5～10mm，宽3～5mm；花梗长2～2.5mm；苞片卵形，急尖，长1.5～2.5mm，宽1～1.2mm；花黄色；外萼片卵形或三角状卵形，长1.5～3mm，宽约1.5mm，中萼片长圆状椭圆形，长3.8～5mm，宽2～3mm，内萼片长圆状椭圆形，长4～5.5mm，宽2.1～2.5mm；花瓣长圆形，长3.5～4mm，宽1.5～2mm，基部腺体明显，先端微缺裂，裂片急尖；雄蕊长2～2.5mm，药隔不延伸，顶端平截；子房长1.1～2mm，无花柱，胚珠2枚。浆果球形，直径4～6mm，紫黑色，被白粉。花期7～9月，果期9～11月。

【生物学习性】分布于海拔350～2000m的山坡沟谷林中、灌丛中、路边或河边。喜温暖湿润气候，较耐寒，也耐阴。对土壤要求不严，但在湿润、排水良好、肥沃的沙质壤土中生长最好。

【地理分布】分布于中国广西、四川、贵州、湖北、江西、浙江等地。在日本、印度尼西亚和美国等地也有栽培。

【园林应用】枝叶苍劲，黄花成簇，是庭院花境、花篱的好材料。也可丛植、孤植或盆栽，为庭园观赏植物。

a

b

图3-55 十大功劳

绣球［*Hydrangea macrophylla*（Thunb.）Ser.］

【其他中文名】八仙花、八仙绣球、草本绣球、常山、大花绣球、大叶绣球、斗球、粉团花、蓝绣球、绣球花、阴绣球、紫绣球、紫阳花、草绣球、粉团、兰绣球。

【系统分类】绣球科绣球属。

【形态特征】灌木，高1～4m；茎常于基部发出多数放射枝而形成一圆形灌丛。枝圆柱形，粗壮，紫灰色至淡灰色，无毛，具少数长形皮孔。叶纸质或近革质，倒卵形或阔椭圆形，长6～15cm，宽4～11.5cm，先端骤尖，具短尖头，基部钝圆或阔楔形，边缘于基部以上具粗齿，两面无毛或仅下面中脉两侧被稀疏卷曲短柔毛，脉腋间常具少许髯毛；侧脉6～8对，直，向上斜举或上部近边缘处微弯拱，上面平坦，下面微凸，小脉网状，两面明显；叶柄粗壮，长1～3.5cm，无毛。伞房状聚伞花序近球形，直径8～20cm，具短的总花梗，分枝粗壮，近等长，密被紧贴短柔毛，花密集，多数不育；不育花萼片4，近圆形或阔卵形，长1.4～2.4cm，宽1～2.4cm，粉红色、淡蓝色或白色；孕性花极少数，具2～4mm长的花梗；萼筒倒圆锥状，长1.5～2mm，与花梗疏被卷曲短柔毛，萼齿卵状三角形，长约1mm；花瓣长圆形，长3～3.5mm；雄蕊10枚，近等长，不突出或稍突出，花药长圆形，长约1mm；子房大半下位，花柱3，结果时长约1.5mm，柱头稍扩大，半环状。蒴果未成熟，长陀螺状，连花柱长约4.5mm，顶端突出部分长约1mm，约等于蒴果长度的1/3；种子未熟。花期6～8月。

【生物学习性】喜温暖、湿润和半阴环境。绣球盆土要保持湿润，但浇水不宜过多，特别雨季要注意排水，防止受涝引起烂根，冬季室内盆栽绣球以稍干燥为好，过于潮湿则叶片易腐烂。绣球为短日照植物，每天黑暗处理10h以上，约45～50天形成花芽。平时栽培要避开烈日照射，以60%～70%遮阴最为理想。土壤以疏松、肥沃和排水良好的沙质壤土为好。土壤pH的变化明显影响绣球的花色。为了加深蓝色，可在花蕾形成期施用硫酸铝。为保持粉红色，可在土壤中施用石灰。

【地理分布】野生或栽培。生于山谷溪旁或山顶疏林中，海拔380～1700m。分布于中国山东、江苏、安徽、浙江、福建、河南、湖北、湖南、广东及其沿海岛屿、广西、四川、贵州、云南等地。日本、朝鲜有分布。

【园林应用】绣球花大色美，是长江流域著名观赏植物。在明、清时代建造的江南园林中都栽有绣球。现代公园和风景区都以成片栽植，形成景观。园林中可配置于稀疏的树荫下及林荫道旁，片植于阴向山坡。最适宜栽植于阳光较差的小面积庭院中。但绣球的盆栽观赏还不很普遍，这就给绣球开发应用带来极好的机遇。

图3-56　绣球

花椒（*Zanthoxylum bungeanum* Maxim.）

【其他中文名】巴椒、臭胡椒、臭花椒、川椒、大花椒、大椒、丹椒、点椒、凤椒、狗椒、狗牙椒、红花椒、红椒、花椒树、花椒叶。

【系统分类】芸香科花椒属。

【形态特征】落叶小乔木或灌木状。茎干上的刺常早落，枝有短刺，小枝上的刺为基部宽而扁且劲直的长三角形，当年生枝被短柔毛。叶有小叶5～13片，叶轴常有甚狭窄的叶翼；小叶对生，无柄，卵形，椭圆形，稀披针形，位于叶轴顶部的较大，近基部的有时圆形，长2～7cm，宽1～3.5cm，叶缘有细裂齿，齿缝有油点，其余无或散生肉眼可见的油点；叶背基部中脉两侧有丛毛或小叶两面均被柔毛，中脉在叶面微凹陷，叶背干后常有红褐色斑纹。花序顶生或生于侧枝之顶，花序轴及花梗密被短柔毛或无毛；花被片6～8片，黄绿色，形状及大小大致相同；雄花的雄蕊5枚或多至8枚；退化雌蕊顶端叉状浅裂；雌花很少有发育雄蕊，有心皮3或2个，间有4个，花柱斜向背弯。果紫红色，单个分果瓣径4～5mm，散生微凸起的油点，顶端有甚短的芒尖或无。种子长3.5～4.5mm。花期4～5月，果期8～9月或10月。

【生物学习性】适宜温暖湿润及土层深厚肥沃的壤土、沙壤土，萌蘖性强，耐寒，耐旱，喜阳光，抗病能力强，隐芽寿命长，故耐强修剪。不耐涝，短期积水可致死亡。

【地理分布】在中国分布于北起东北南部，南至五岭北坡，东南至江苏、浙江沿海地带，西南至西藏东南部等广大地区，台湾、海南及广东不产。见于平原至海拔较高的山地，在青海，海拔2500m的坡地也有栽种。

【园林应用】花椒果皮是香精和香料的原料，种子是优良的木本油料，油饼可用作肥料或饲料，叶可代果做调料、食用或制作椒茶。同时花椒也是干旱半干旱山区重要的水土保持树种。在喀斯特地区，花椒是比较容易存活且可以产生经济效益的作物，对喀斯特地区的石漠化治理也有着积极作用。

a

b

图3-57 花椒

桂楠（*Phoebe kwangsiensis* Liou）

【其他中文名】广西楠。

【系统分类】樟科楠属。

【形态特征】小乔木或灌木状，高达3～8m。小枝圆柱形，被柔毛。叶革质，干时变黑色，倒披针形或椭圆状倒披针形，狭而长，长9～21cm，宽2～4cm，先端渐尖，基部楔形，上面无毛或沿中脉有柔毛，下面被灰褐色柔毛，中脉、侧脉、横脉上面下陷成沟，下面明显突起，侧脉每边10～13条，弧形伸展，在边缘网结；叶柄长6～15mm，较粗并被毛。聚伞状圆锥花序极纤细，长13～18cm，总梗长10～12cm，被疏柔毛，在顶端作3～4次分枝，每分枝的基部有宿存叶状苞片；花小，长约2.5mm，花被片卵状三角形，外面无毛或被细微柔毛，内面有灰白长柔毛；第一、二轮花丝近无毛，第三轮花丝有毛，腺体近无柄，着生在第三轮花丝基部；子房近卵形，花柱细，柱头盘状。花期6月。

【生物学习性】生长与沟边森林中。

【地理分布】产广西西北部，生于海拔约1000 m处。

【园林应用】可作园林观赏、绿化植物。

图3-58　桂楠

红叶木姜子（*Litsea rubescens* Lec.）

【其他中文名】红脉木姜子、红木姜子、鸡油果、假山胡椒、辣姜子、老母猪山胡椒、老娃树皮、马木姜子、模里、木姜树、木姜子。

【系统分类】樟科木姜子属植物。

【形态特征】落叶灌木或小乔木，高4～10m，树皮绿色。小枝无毛，嫩时红色；顶芽圆锥形，鳞片无毛或仅上部有稀疏短柔毛。叶互生，椭圆形或披针状椭圆形，长4～6cm，宽1.7～3.5cm，两端渐狭或先端圆钝，膜质，上面绿色，下面淡绿色，两面均无毛，羽状脉，侧脉每边5～7条，直展，在近叶缘处弧曲，中脉、侧脉于叶两面突起；叶柄长12～16mm，无毛；嫩枝、叶脉、叶柄常为红色。伞形花序腋生；总梗长5～10mm，无毛；每一花序有雄花10～12朵，先叶开放或与叶同时开放，花梗长3～4mm，密被灰黄色柔毛；花被裂片6，黄色，宽椭圆形，长约2mm，先端钝圆，外面中肋有微毛或近于无毛，内面无毛；能育雄蕊9，花丝短，无毛，第3轮基部腺体小，黄色，退化雌蕊细小，柱头2裂。果球形，直径约8mm；果梗长8mm，先端稍增粗，有稀疏柔毛。花期3～4月，果期9～10月。

【生物学习性】生长在山谷常绿阔叶林中空隙处或林缘。

【地理分布】分布于中国湖北、湖南、四川、贵州、云南、西藏和陕西南部等地。

【园林应用】红叶木姜子作为园林树种，其主要观赏价值有以下3个方面。①叶芽：红叶木姜子的叶芽明显膨大，像银芽柳一样，而且比较密集。膨大的芽在枝头保持的时间较长，12月至翌年4月初。②红叶：红叶木姜子的红叶甚为可观。秋后叶子变为红色，入冬后，老叶逐渐为橙红色、红色、红褐色，并长期宿存于枝头。③树冠：红叶木姜子的树冠可观。圆弧形的曲线，圆润、和谐、优美而明晰的层状分布，使人感到清新、飘逸和洒脱。

a

b

图3-59

图3-59　红叶木姜子

香叶树（*Lindera communis* Hemsl.）

【其他中文名】红油果、臭油果、白香桂、臭果树、臭樟、打米酱、大辣子、大香果、大香果树、大香叶、疔疮树、鹅头树、钩椒子、狗屎香桂子、红果树、红香籽油果。

【系统分类】樟科山胡椒属。

【形态特征】常绿灌木或小乔木，高3～4（1～5）m，胸径25cm。树皮淡褐色。当年生枝条纤细，平滑，具纵条纹，绿色，干时棕褐色，或疏或密被黄白色短柔毛，基部有密集芽鳞痕，一年生枝条粗壮，无毛，皮层不规则纵裂。顶芽卵形，长约5mm。叶互生，通常披针形、卵形或椭圆形，长3～12.5cm，宽1～4.5cm，先端渐尖、急尖、骤尖或有时近尾尖，基部宽楔形或近圆形；薄革质至厚革质，上面绿色，无毛，下面灰绿或浅黄色，被黄褐色柔毛，后渐脱落成疏柔毛或无毛，边缘内卷；羽状脉，侧脉每边5～7条，弧曲，与中脉均上面凹陷，下面突起，被黄褐色微柔毛或近无毛；叶柄长5～8mm，被黄褐色微柔毛或近无毛。伞形花序具5～8朵花，单生或2个同生于叶腋，总梗极短；总苞片4，早落。雄花黄色，直径达4mm，花梗长2～2.5mm，略被金黄色微柔毛；花被片6，卵形，近等大，长约3mm，宽1.5mm，先端圆形，外面略被金黄色微柔毛或近无毛；雄蕊9，长2.5～3mm，花丝略被微柔毛或无毛，与花药等长，第三轮基部有2具角突宽肾形腺体；退化雌蕊的子房卵形，长约1mm，无毛，花柱、柱头不分，成一短凸尖。雌花黄色或黄白色，花梗长2～2.5mm；花被片6，卵形，长2mm，外面被微柔毛；退化雄蕊9，条形，长1.5mm，第三轮有2个腺体；子房椭圆形，长1.5mm，无毛，花柱长2mm，柱头盾形，具乳突。果卵形，长约1cm，宽7～8mm，也有时略小而近球形，无毛，成熟时红色；果梗长4～7mm，被黄褐色微柔毛。花期3～4月，果期9～10月。

a

b

图3-60

【生物学习性】常见于干燥沙质土壤，散生或混生于常绿阔叶林中。耐阴，喜温暖气候，耐干旱瘠薄，在湿润、肥沃的酸性土壤上生长较好。

【地理分布】分布于我国陕西、甘肃、湖南、湖北、江西、浙江、福建、台湾、广东、广西、云南、贵州、四川等地。中南半岛也有分布。

【园林应用】耐修剪，叶绿果红，颇为美观，可栽作庭园绿化及观赏树种。叶和果可提取芳香油；种仁含油50%，供工业使用或食用。

图3-60　香叶树

铁仔（*Myrsine africana* L.）

【其他中文名】矮林子、籤赭子、大红袍、豆瓣菜、豆瓣柴、冷饭果、连年果、明立花。

【系统分类】紫金牛科铁仔属。

【形态特征】灌木，高0.5～1m。小枝圆柱形，叶柄下延处多少具棱角，幼嫩时被锈色微柔毛。叶片革质或坚纸质，通常为椭圆状倒卵形，有时成近圆形、倒卵形、长圆形或披针形，长1～2cm，稀达3cm，宽0.7～1cm，顶端广钝或近圆形，具短刺尖，基部楔形，边缘常从中部以上具锯齿，齿端常具短刺尖，两面无毛，背面常具小腺点，尤以边缘较多，侧脉很多，不明显，不连成边缘脉；叶柄短或几无，下延至小枝上。花簇生或近伞形花序，腋生，基部具1圈苞片；花梗长0.5～1.5mm，无毛或被腺状微柔毛；花4数，长2～2.5mm，花萼长约0.5mm，基部微微连合或近分离，萼片广卵形至椭圆状卵形，两面无毛，具缘毛及腺点。花冠在雌花中长为萼的2倍或略长，基部连合成管，管长为全长的1/2或更多；雄蕊微微伸出花冠，花丝基部连合成管，管与花冠管等长，基部与花冠管合生，上部分离，管口具缘毛，里面无毛；花药长圆形，与花冠裂片等大且略长，雌蕊长于雄蕊，子房长卵形或圆锥形，无毛，花柱伸长，柱头点尖、微裂、2半裂或边缘流苏状。雄花花冠管为全长的1/2或略短，外面无毛，里面与花丝合生部分被微柔毛，裂片卵状披针形，具缘毛及腺毛；雄蕊伸出花冠很多，花丝基部连合的管与花冠管合生且等长，上部分离，分离部分长为花药的1/2或略短，均被微柔毛，花药长圆状卵形，伸出花冠约2/3；雌蕊在雄花中退化。果球形，直径达5mm，红色变紫黑色，光亮。

【生物学习性】生长于海拔1000～3600m的石山坡、荒坡疏林中或林缘，以及向阳干燥的地方。花期2～3月，有时5～6月，果期10～11月，有时2或6月。

【地理分布】分布于亚速尔群岛至非洲，阿拉伯半岛，印度至中国（甘肃、陕西、湖北、湖南、四川、贵州、云南、西藏、广西、台湾等地）。

【园林应用】花果都具有观赏价值，还有药用价值，种子还可榨油。

图3-61　铁仔

光叶子花（*Bougainvillea glabra* Choisy）

【其他中文名】宝巾、九重葛、久重葛、勒杜鹃、簕杜鹃、三角花、三角梅。

【系统分类】紫茉莉科叶子花属。

【形态特征】藤状灌木。茎粗壮，枝下垂，无毛或疏生柔毛；刺腋生，长5～15mm。叶片纸质，卵形或卵状披针形，长5～13cm，宽3～6cm，顶端急尖或渐尖，基部圆形或宽楔形，上面无毛，下面被微柔毛；叶柄长1cm。花顶生枝端的3个苞片内，花梗与苞片中脉贴生，每个苞片上生一朵花；苞片叶状，紫色或洋红色，长圆形或椭圆形，长2.5～3.5cm，宽约2cm，纸质；花被管长约2cm，淡绿色，疏生柔毛，有棱，顶端5浅裂；雄蕊6～8；花柱侧生，线形，边缘扩展成薄片状，柱头尖；花盘基部合生呈环状，上部撕裂状。花期冬春间（广州、海南、昆明），北方温室栽培3～7月开花。

【生物学习性】喜温暖湿润气候，不耐寒，喜充足光照。品种多样，植株适应性强，不仅在南方地区广泛分布，在寒冷的北方也可栽培，在北方花色较单一。

【地理分布】原产巴西。在中国分布于福建、广东、海南、广西、云南、贵州等地。

【园林应用】苞片大，色彩鲜艳如花，且持续时间长，宜庭园种植或盆栽观赏。还可作盆景、绿篱及修剪造型，观赏价值很高。我国南方栽植于庭院、公园，北方栽培于温室，是美丽的观赏植物。

图3-62　光叶子花

参考文献

安静，张宗田，刘荣辉，等，2014. 贵阳市园林植物种类初步调查. 山地农业生物学报，33（4）: 59-62.

高倩，2013. 桂西南岩溶地区植物群落结构特征与景观恢复. 长沙：中南林业科技大学.

胡凌雪，2013. 湖南喀斯特地貌风景名胜区植物景观规划研究. 长沙：湖南农业大学.

姬飞腾，李楠，邓馨，2009. 喀斯特地区植物钙含量特征与高钙适应方式分析. 植物生态学报，33（5）: 926-935.

金平，刘应珍，吴洪娥，等，2015. 南方红豆杉在园林绿化中的应用探析. 贵州科学，33（5）: 48-51.

李高聪，2014. 中国南方喀斯特地貌全球对比及其世界遗产价值研究. 贵阳：贵州师范大学.

李光荣，2010. 贵州乡土园林植物图鉴. 贵阳：贵州科技出版社.

李茂，邓伦秀，杨成华，2015. 贵州园林绿化植物区划. 贵州农业科学，43（3）: 144-146.

马娟，2016. 浅析草坪、花坛及树木移植的质量控制要点. 现代园艺，8:32.

秦新生，钟云芳，宋希强，等，2011. 海南特有野生花卉资源及其利用. 中国园林，27（7）: 72-78.

申小东，谭宁敏，李红霞，等，2013. 梵净山自然保护区野生观赏木本植物资源及园林应用研究. 山西林业，3: 26-28.

沈利娜，侯满福，张远海，等，2014. 桂林喀斯特世界自然遗产提名地珍稀濒危和特有生物物种多样性及保护. 中国岩溶，33（1）: 91-98.

谭秋锦，2014. 峡谷型喀斯特等不同生态系统植被与土壤的耦合关系. 南宁：广西大学.

王发国，秦新生，陈红锋，等，2006. 海南岛石灰岩特有植物的初步研究. 热带亚热带植物学报，14（1）: 45-54.

温培才，盛茂银，王霖娇，等，2018. 西南喀斯特高原盆地石漠化环境植物群落结构与物种多样性时空动态. 广西植物，38（1）: 11-23.

文丽，宋同清，杜虎，等，2015. 中国西南喀斯特植物群落演替特征及驱动机制. 生态学报，35（17）: 5822-5833.

尹一帆，唐岱，2011. 创建云南石林喀斯特植物园的思考. 林业调查规划，36（6）: 81-83，129.

袁茜，唐小兰，宋希强，等，2016. 海南岛俄贤岭喀斯特地貌野生花卉资源及园林应用. 热带生物学报，7（2）: 185-189.

张泽云，2017. 贵州山地景观设计中地形造景研究. 贵阳：贵州大学.

第四章

西南喀斯特藤本园林植物资源

第一节 总体概况

随着社会经济发展，藤本植物应用越来越广泛，藤本植物不仅成为园林景观绿化中浓墨重彩的一笔，也是治理环境的小能手。在喀斯特地区，藤本植物更是越来越发挥出极其重要的生态作用。喀斯特地区藤本植物资源丰富，本章所列藤本植物以期帮助喀斯特风景园林建设中科学、合理地选择植物，同时为喀斯特生态保护建设中植物材料的选择提供参考，进一步发挥藤本植物的生态恢复作用。

一、主要类群与分布特点

藤本植物是一类自身不能直立生长，必须依附他物向上攀缘的植物，属于群落结构中的层间植物，在热带、亚热带森林生态系统中分布较多（Stefan et al.，2002）。由于其适应性、较快的生长速度及抗病虫害的能力较强，常作为先锋植物进行生态脆弱区植被恢复和生态修复。近年来，藤本植物因能够快速提高植被覆盖率的优势，已逐渐应用于喀斯特石漠化治理和水土保持工程项目中（夏江宝等，2008）。藤本植物具有发达的根系，较高的生物量，适应性强，固土护坡及绿化效果好，不容易退化，同时在美学价值方面也具有独特的优势，因此在喀斯特生态保护和建设中越来越受重视（张朝阳等，2009）。

1. 西南喀斯特地区藤本植物主要特点

（1）生态适应性强

藤本植物生长速度快，生活周期长，对土壤、水分等环境条件要求不高，具有较强的适应性和抗逆性，易于在荒山荒地快速形成植被覆盖景观。藤本植物的生态特性与乔灌木不同，它自身不能构成群落，必须攀附其他林木而生，所以群落结构中藤本植物具有独特的生态学特性（永立和宋永昌，2001）。影响藤本植物的生物多样性的众多环境因素中，温度和降水是最关键的非生物因子（Gentry，1991）。但是，藤本植物在生长过程受攀附木和空间的限制，其生长方向和占用空间具有不确定性，故应该有意识地引导西南喀斯特地区藤本植物的种植，充分将藤本植物在石漠化治理中的优势发挥出来。

西南喀斯特地区独特的地理环境对藤本植物的种植提出了不同的要求。不同环境下，如坡地、溶洞等情况下适宜不同的藤本植物生长。海拔、坡向和坡度等地形因子对藤本植物种类的分布有重要影响（袁铁象等，2014）。不同生活型的藤本在西南喀斯特不同地貌中的分布也存在明显差异。如草质藤本较多分布在峰丛洼地，藤本灌木和木质藤本较多分布在西南喀斯特山地的坡地。西南喀斯特石漠化植被恢复过程中，植物种类选择非常关键，应突出生态适应性强、生态效益结合经济效益和区域乡土树种3大原则（杨成华等，2007）。

（2）具有显著的水土保持价值

西南喀斯特地区多荒山荒地，土壤、水分等条件相对恶劣。在降雨量较大、水土流失严重的喀斯特地区，藤本植物多数生长迅速、生物量大和根系固土保水作用明显，可以有效减少土壤流失量。地锦草（*Euphorbia humifusa*）、白花银背藤（*Argyreia seguinii*）、栝楼

（*Trichosanthes kirilowii*）、杠柳（*Periploca sepium*）、蝙蝠葛（*Menispermum dauricum*）等攀缘植物在水土保持生态修复中应用价值较大。而地锦（*Parthenocissus tricuspidata*）、络石（*Trachelospermum jasminoides*）等藤本植物根系较发达，有的具有气生根或者吸盘，能有效固定土壤，另外，浓密的枝叶可减轻雨水对土壤的侵蚀，具有较好的水土保持作用。黄启堂等（2004）证实藤本植物短期内可迅速提高边坡植被覆盖率，固土护坡的效果非常明显。

（3）治理石漠化具有明显价值

西南喀斯特地区植物资源十分丰富，藤本植物不仅是喀斯特森林生态系统重要组成部分，而且在西南喀斯特地区石漠化治理上发挥了举足轻重的作用。藤本植物作为近几年来石漠化荒山治理的先锋物种选择，在石漠化治理中表现出的显著成效，得到越来越广泛的关注（刘伟等，2019）。石漠化地区地形地貌复杂，有岩溶槽谷、溶丘洼地、峰丛洼地、岩溶峡谷、断陷盆地等多种地貌类型，具有生境破碎、生态因子时空变化大、异质性高的特点（杨瑞等，2008）。这些多样的生境条件为不同生态适应性的植物提供了各自需求的生存条件（郭柯等，2011），并形成了多样的群落结构（黄甫昭等，2016），丰富了石漠化地区藤本植物多样性。

吴易雄等（2015）通过实验和观测证明，利用藤本植物进行石漠化治理是非常可行和有效的。与其他植物相比，藤本植物适应性强，具有根系发达、枝叶丰厚、生长迅速、生物量大、地面覆盖率较大、易于环境统一等特点，是石漠化治理的首选植物。

2. 主要适生物种

西南喀斯特地区藤本植物主要适生物种有鸡矢藤（*Paederia foetida*）、常春油麻藤（*Mucuna sempervirens*）、鹅绒藤（*Cynanchum chinense*）、忍冬（*Lonicera japonica*）、薯蓣（*Dioscorea polystachya*）、紫藤（*Wisteria sinensis*）、栝楼、白英（*Solanum lyratum*）、番薯（*Ipomoea batatas*）、地锦、络石、茜草（*Rubia cordifolia*）、蛇葡萄（*Ampelopsis glandulosa*）、地果（*Ficus tikoua*）、铁线莲（*Clematis florida*）、赤瓟（*Thladiantha dubia*）、西番莲（*Passiflora caerulea*）、三叶木通（*Akebia trifoliata*）、五味子（*Schisandra chinensis*）、凌霄（*Campsis grandiflora*）、勾儿茶（*Berchemia sinica*）、女萎（*Clematis apiifolia*）等。

二、园林应用现状

藤本植物种类较多，观赏性差异较大，园林应用范围不同。藤本植物攀附在建筑、栅栏、山石、假山、岩石上可营造出优美多姿的景观。藤本植物在园林配置中应用广泛（李益锋等，2011）。地锦属（*Parthenocissus*）、络石属（*Trachelospermum*）藤本植物利用气生根、吸盘攀附建筑物墙面，可达到覆盖墙面、增加房屋的保温隔热能力、降低噪音，并美化、绿化空间环境的效果。忍冬属（*Lonicera*）、崖豆藤属（*Millettia*）和悬钩子属（*Rubus*）藤本植物利用藤本自身茎蔓缠绕或皮刺、卷须攀附他物生长，可用作栅栏、花架、花廊及立柱的绿化布置。钩藤属（*Uncaria*）等藤本植物利用藤本茎枝、皮刺或匍匐生长的特点形成矮篱，美化环境。也可利用忍冬属、络石属等藤本植物茎枝柔软披散的特点，将其种植在花坛或容器内，使其枝叶翻越容器悬挂于外，美化立体空间。

利用藤本植物各器官的观赏特性，可将盆栽放置室内或院内，美化环境，增添生活乐趣。如扶芳藤、南蛇藤（*Celastrus orbiculatus*）和崖豆藤（*Millettia extensa*）等藤本植物利用其干形苍古奇怪及易整形修剪的特点，通过造型制成桩景供观赏。薜荔、崖豆藤、扶芳藤和络石等藤本植物利用藤本茎蔓伏地蔓生或节节生根的特点配置在各种地被上，以增加自然景观层次感和观赏性。

三、园林应用前景

当今世界，绿色、低碳和环保已成为普世追求的价值理念，沉默了多年的藤本植物异军突起，以其特有的运动性和生态适用性，在水土保持、防风固沙、石漠化治理、公路边坡绿化、减轻城市污染、拓展城市绿化空间、增加城市绿化面积和美化环境等方面所发挥的作用越来越重要。同时，藤本产业的开发还可以增加农民收入、改善农村条件和促进农业发展。

藤本植物在园林的应用前景可以总结为以下几点：

1. 墙面绿化领域

通过牵引和固定手段使攀缘植物爬上墙面，起到绿化美化作用。墙面绿化的种植一般采用地栽、沿墙种植形式。墙面绿化也应根据墙面质地、材料、朝向、色彩和墙体高度等来选材。同时，藤本植物的低碳效用明显。魏永胜等（2009）研究结果表明，用五叶地锦（*Parthenocissus quinquefolia*）覆盖的壁面最高降温可达11.0℃。

2. 棚架式绿化领域

棚架式绿化是将攀缘植物种植在棚架旁，使之攀缘覆盖于棚顶之上，形成观赏遮阳的花架、画廊。由于藤本植物的低碳效用显著，广泛用于屋顶绿化。日本东京的研究结果表明，东京市在20世纪年平均温度上升了3℃。如果东京城市的一半屋顶被绿化，夏季的最高日温可以下降0.84℃，每天节省空调费可达100万美元（魏永胜等，2009）。由此可见，藤本植物作为屋顶界面绿化是未来一大趋势。

3. 立柱式绿化领域

在园林中，往往利用攀缘植物来装饰灯柱、高架桥下的立柱、建筑廊柱和电线杆等立柱式构筑物，以调和对比强烈的垂直线条与水平线条，减轻柱子的生硬感，美饰柱子基部，营造绿色景观。立柱式绿化方法同墙面绿化类似，在柱子基部设种植池或在高架桥顶部设花槽，主要用攀缘植物，必要时设支架、绳索等支撑物。

4. 墙垣式绿化领域

墙垣式绿化是指藤本植物爬上围栏、篱笆和矮墙等处形成绿墙、绿栏及绿篱等，起分割、防护和美化作用。不仅具有生态效益，而且使篱笆或围栏色彩丰富、和谐美观和生机勃勃。

5. 山石、台阶、坡面、地面绿化领域

让藤本植物攀附假山、石头上，不但可以装饰山石，还能遮挡山石基部，使之更富自然野趣。

第二节　藤本园林植物资源主要物种

扁豆［*Lablab purpureus*（Linn.）Sweet］

【其他中文名】膨皮豆、火镰扁、藊豆。

【系统分类】豆科扁豆属。

【形态特征】多年生、缠绕藤本。全株几无毛，茎长可达6m，常呈淡紫色。羽状复叶具3小叶；托叶基着，披针形；小托叶线形，长3～4mm；小叶宽三角状卵形，长6～10mm，宽约与长相等，侧生小叶两边不等大，偏斜，先端急尖或渐尖，基部近截平。总状花序直立，长15～25cm，花序轴粗壮，总花梗长8～14cm；小苞片2，近圆形，长3mm，脱落；花2至多朵簇生于每一节上；花萼钟状，长约6mm，上方2裂齿几完全合生，下方的3枚近相等；花冠白色或紫色，旗瓣圆形，基部两侧具2枚长而直立的小附属体，附属体下有2耳，翼瓣宽倒卵形，具截平的耳，龙骨瓣呈直角弯曲，基部渐狭成瓣柄；子房线形，无毛，花柱比子房长，弯曲不逾90°，一侧扁平，近顶部内缘被毛。荚果长圆状镰形，长5～7cm，近顶端最阔，宽1.4～1.8cm，扁平，直或稍向背弯曲，顶端有弯曲的尖喙，基部渐狭；种子3～5颗，扁平，长椭圆形，在白花品种中为白色，在紫花品种中为紫黑色，种脐线形。花期4～12月。

【生物学习性】扁豆草为中生植物，生长在于温带和寒带，抗旱，抗寒，对土壤要求不高，喜富含有机质土壤，微酸至微碱，pH值6～8为宜。扁豆草的茎直立性较强，栽培条件下株高100cm。

【地理分布】原产印度，分布在热带、亚热带地区，如非洲、印度次大陆与印尼等，中国南北方均有种植。生于路边、房前屋后、沟边等。

【园林应用】扁豆单株观赏效果不佳，但经精心设计后能够呈现出良好的群体观赏效果，更具扁豆的生态习性和观赏特点，设计方式可以分为垂挂式、篱垣式、棚架式。

a

b

图4-1　扁豆

常春油麻藤（*Mucuna sempervirens* Hemsl.）

【其他中文名】牛马藤、过山龙、常绿黎豆、常绿油麻藤、光板带血朱藤、鸡血藤、老鸹藤、老鸦藤、老鸦枕头、黎豆。

【系统分类】豆科油麻藤属。

【形态特征】常绿木质藤本，长可达25m。老茎直径超过30cm，树皮有皱纹，幼茎有纵棱和皮孔。羽状复叶具3小叶，叶长21～39cm；托叶脱落；叶柄长7～16.5cm；小叶纸质或革质，顶生小叶椭圆形、长圆形或卵状椭圆形，长8～15cm，宽3.5～6cm，先端渐尖头可达15cm，基部稍楔形，侧生小叶极偏斜，长7～14cm，无毛；侧脉4～5对，在两面明显，下面凸起；小叶柄长4～8mm，膨大。总状花序生于老茎上，长10～36cm，每节上有3花，无香气或有臭味；苞片和小苞片不久脱落，苞片狭倒卵形，长宽各15mm；花梗长1～2.5cm，具短硬毛；小苞片卵形或倒卵形；花萼密被暗褐色伏贴短毛，外面被稀疏的金黄色或红褐色脱落的长硬毛，萼筒宽杯形，长8～12mm，宽18～25mm；花冠深紫色，干后黑色，长约6.5cm，旗瓣长3.2～4cm，圆形，先端凹达4mm，基部耳长1～2mm，翼瓣长4.8～6cm，宽1.8～2cm，龙骨瓣长6～7cm，基部瓣柄长约7mm，耳长约4mm；雄蕊管长约4cm，花柱下部和子房被毛。果木质，带形，长30～60cm，宽3～3.5cm，厚1～1.3cm，种子间缢缩，近念珠状，边缘多数加厚，凸起为一圆形脊，中央无沟槽，无翅，具伏贴红褐色短毛和长的脱落红褐色刚毛。种子4～12颗，内部隔膜木质；带红色、褐色或黑色，扁长圆形，长约2.2～3cm，宽2～2.2cm，厚1cm，种脐黑色，包围着种子的3/4。花期4～5月，果期8～10月。

【生物学习性】耐阴，喜光、喜温暖湿润气候；适应性强，耐寒，耐干旱和耐瘠薄。对土壤要求不严，喜深厚、肥沃、排水良好、疏松的土壤。生长于亚热带森林、灌木丛、溪谷和河边。

【地理分布】分布于中国四川、贵州、云南、陕西南部、湖北、浙江、江西、湖南、福建、广东、广西等地。

【园林应用】是园林价值较高的垂直绿化藤本植物，油麻藤属植物目前在园林绿化中较常见。利用常春油麻藤可以保护墙面，遮掩垃圾场所、厕所、车库、水泥墙、护坡、阳台、栅栏、花架、绿篱、凉棚、屋顶绿化等。其适应性强，生长速度快，占地面积少，具有较强的抗逆性，对土壤要求不严，适宜在房屋前后阳台、栅栏、高速公路护坡及绿化面积不足、不便绿化的地方种植。

图4-2 常春油麻藤

紫藤［*Wisteria sinensis*（Sims）Sweet］

【其他中文名】藤花、葛藤、葛花、藤萝树、葛花藤、葛萝树、花藤、黄环、黄绞藤、黄牵藤、黄纤藤、交葛藤、交藤、绞葛老藤。

【系统分类】豆科紫藤属。

【形态特征】大型藤本，长达20余米。茎粗壮，左旋；嫩枝黄褐色，被白色绢毛。羽状复叶长15～25cm，小叶9～13，纸质，卵状椭圆形或卵状披针形，先端小叶较大，基部1对最小，长5～8cm，宽2～4cm，先端渐尖或尾尖，基部钝圆或楔形，或歪斜，嫩时两面被平伏毛，后无毛，小托叶刺毛状。总状花序生于去年短枝的叶腋或顶芽，长15～30cm，径8～10cm，先叶开花；花梗细，长2～3cm；花萼长5～6mm，宽7～8mm；密被细毛；花冠紫色，长2～2.5cm，旗瓣反折，基部有2枚柱状胼胝体；子房密被茸毛，胚珠6～8。荚果线状倒披针形，成熟后不脱落，长10～15cm，宽1.5～2cm，密被灰色茸毛。种子1～3，褐色，扁圆形，径1.5cm，具光泽。花期4～5月，果期5～8月。

【生物学习性】性喜光，略耐阴；耐干旱，忌水湿。生长迅速，寿命长，深根性，适应能力强。耐瘠薄，一般土壤均能生长，而以排水良好、深厚、肥沃疏松的土壤生长最好。萌蘖力强。

【地理分布】分布于中国广大地区，辽宁、内蒙古、河北、河南、江西、山东、江苏、浙江、湖北、湖南、陕西、甘肃、四川、广东等地均有栽培，国外亦有栽培。

【园林应用】紫藤老干盘桓扭绕，宛若蛟龙，春天开花，形大色美，披垂下曳，最宜棚架栽植。如作灌木状栽植于河边或假山旁，亦十分相宜。

a

图4-3　紫藤

赤瓟（*Thladiantha dubia* Bunge）

【其他中文名】赤（瓟）、赤包、赤包子、赤雹、赤雹儿、赤鲍、赤爮、翅瓟、露水豆、牛奶子、气包、山赤瓜。

【系统分类】葫芦科赤瓟属。

【形态特征】攀缘草质藤本，全株被黄白色的长柔毛状硬毛。根块状；茎稍粗壮，有棱沟。叶柄稍粗，长2～6cm；叶片宽卵状心形，长5～8cm，宽4～9cm，边缘浅波状，有大小不等的细齿，先端急尖或短渐尖，基部心形，弯缺深，近圆形或半圆形，深1～1.5cm，宽1.5～3cm，两面粗糙，脉上有长硬毛，最基部1对叶脉沿叶基弯缺边缘向外展开。卷须纤细，被长柔毛，单一。雌雄异株。雄花单生或聚生于短枝的上端呈假总状花序，有时2～3

a

b

花生于总梗上，花梗细长，长1.5～3.5cm，被柔软的长柔毛；花萼筒极短，近辐状，长约3～4mm，上端径7～8mm，裂片披针形，向外反折，长12～13mm，宽2～3mm，具3脉，两面有长柔毛；花冠黄色，裂片长圆形，长2～2.5cm，宽0.8～1.2cm，上部向外反折，先端稍急尖，具5条明显的脉，外面被短柔毛，内面有极短的疣状腺点；雄蕊5，着生在花萼筒檐部，其中1枚分离，其余4枚两两稍靠合，花丝极短，有短柔毛，长2～2.5mm，花药卵形，长约2mm；退化子房半球形。雌花单生，花梗细，长1～2cm，有长柔毛；花萼和花冠同雄花；退化雌蕊5，棒状，长约2mm；子房长圆形，长0.5～0.8cm，外面密被淡黄色长柔毛，花柱无毛，自3～4mm处分3叉，分叉部分长约3mm，柱头膨大，肾形，2裂。果实卵状长圆形，长4～5cm，径2.8cm，顶端有残留的柱基，基部稍变狭，表面橙黄色或红棕色，有光泽，被柔毛，具10条明显的纵纹。种子卵形，黑色，平滑无毛，长4～4.3mm，宽2.5～3mm，厚1.5mm。花期6～8月，果期8～10月。

【生物学习性】生长于海拔300～1800m山坡、河谷及林缘湿处。适应性较强，喜光，耐干旱，耐寒，对土壤要求不严。

【地理分布】分布于中国黑龙江、吉林、辽宁、河北、山西、山东、陕西、甘肃和宁夏等地，朝鲜、日本和欧洲有栽培。

【园林应用】赤瓟是赤瓟属中经济效益较大的种。果实和根入药，果实能理气、活血、祛痰和利湿，根有活血化瘀、清热解毒、通乳之效。又可作棚架植物，花及果可用于观赏，果及根可入药，是集园林绿化和药用于一身的经济植物。

c

d

图4-4　赤瓟

佛手瓜［*Sechium edule*（Jacq.）Sw.］

【其他中文名】合手瓜、合掌瓜、丰收瓜、洋瓜、捧瓜。

【系统分类】葫芦科佛手瓜属。

【形态特征】佛手瓜是具块状根的多年生宿根草质藤本，茎攀缘或人工架生，有棱沟。叶柄纤细，无毛，长5～15cm；叶片膜质，近圆形，中间的裂片较大，侧面的较小，先端渐尖，边缘有小细齿，基部心形，弯缺较深，近圆形，深1～3cm，宽1～2cm；上面深绿色，稍粗糙，背面淡绿色，有短柔毛，以脉上较密。卷须粗壮，有棱沟，无毛，3～5歧。雌雄同株。雄花10～30朵生于8～30cm长的总花梗上部成总状花序，花序轴稍粗壮，无毛，花梗长1～6mm；花萼筒短，裂片展开，近无毛，长5～7mm，宽1～1.5mm；花冠辐状，宽12～17mm，分裂到基部，裂片卵状披针形，5脉；雄蕊3，花丝合生，花药分离，药室折曲。雌花单生，花梗长1～1.5cm；花冠与花萼同雄花；子房倒卵形，具5棱，有疏毛，1室，具1枚下垂生的胚珠，花柱长2～3mm，柱头宽2mm。果实淡绿色，倒卵形，有稀疏短硬毛，长8～12cm，径6～8cm，上部有5条纵沟，具1枚种子。种子大型，长达10cm，宽7cm，卵形，压扁状。花期7～9月，果期8～10月。

【生物学习性】佛手瓜性喜温暖湿润气候，气温15℃以上就可播种或扦插，22～32℃为生长最适宜温度，15℃以下生长减弱。叶蔓经霜枯萎，瓜蔸在保护条件下可越冬。佛手瓜宜土层深厚、疏松肥沃、排水良好的酸性土壤，对光照不很敏感。

【地理分布】原产南美洲，我国云南、广西、广东等地有栽培或逸为野生。

【园林应用】佛手瓜营养丰富，生长势强，可食部分多，适应性强，产量高，耐贮运，病虫害少，是一种较理想的无公害蔬菜。加上瓜形如两掌合十，有佛教祝福之意，深受人们喜爱。

图4-5　佛手瓜

栝楼（*Trichosanthes kirilowii* Maxim.）

【其他中文名】瓜蒌、药瓜、半边红、大瓜楼菜、大圆瓜、地楼、吊瓜、冬股子、杜瓜、狗粪瓜、瓜娄、瓜蒌根、瓜楼、瓜楼藤。

【系统分类】葫芦科栝楼属。

【形态特征】攀缘藤本，长达10m。块根圆柱状，粗大肥厚，富含淀粉，淡黄褐色。茎较粗，多分枝，具纵棱及槽，被白色伸展柔毛。叶片纸质，轮廓近圆形，长宽均约5～20cm，常3～7浅裂至中裂，稀深裂或不分裂而仅有不等大的粗齿，裂片菱状倒卵形、长圆形，先端钝，急尖，边缘常再浅裂，叶基心形，弯缺深2～4cm，上表面深绿色，粗糙，背面淡绿色，两面沿脉被长柔毛状硬毛，基出掌状脉5条，细脉网状；叶柄长3～10cm，具纵条纹，被长柔毛。卷须3～7歧，被柔毛。花雌雄异株。雄总状花序单生，或与一单花并生，或在枝条上部单生，总状花序长10～20cm，粗壮，具纵棱与槽，被微柔毛，顶端有5～8花，单花花梗长约15cm，花梗长约3mm，小苞片倒卵形或阔卵形，长1.5～3cm，宽1～2cm，中上部具粗齿，基部具柄，被短柔毛；花萼筒筒状，长2～4cm，顶端扩大，径约10mm，中、下部径约5mm，被短柔毛，裂片披针形，长10～15mm，宽3～5mm，全缘；花冠白色，裂片倒卵形，长20mm，宽18mm，顶端中央具1绿色尖头，两侧具丝状流苏，被柔毛；花药靠合，长约6mm，径约4mm，花丝分离，粗壮，被长柔毛。雌花单生，花梗长7.5cm，被短柔毛；花萼筒圆筒形，长2.5cm，径1.2cm，裂片和花冠同雄花；子房椭圆形，绿色，长2cm，径1cm，花柱长2cm，柱头3。果梗粗壮，长4～11cm；果实椭圆形或圆形，长7～10.5cm，成熟时黄褐色或橙黄色。种子卵状椭圆形，压扁，长11～16mm，宽7～12mm，淡黄褐色，近边缘处具棱线。花期5～8月，果期8～10月。

【生物学习性】喜温暖潮湿气候，较耐寒，不耐干旱。选择向阳、土层深厚、疏松肥沃的沙质壤土地块栽培为好，不宜在低洼地及盐碱地栽培。

【地理分布】分布于中国辽宁、华北、华东、中南、陕西、甘肃、四川、贵州和云南等地。生于海拔200～1800m的山坡林下、灌丛中、草地和村旁田边。因该种为传统中药天花粉，故在其自然分布区内、外广为栽培。

【园林应用】其主要在于药理作用的应用与化学成分的提取。

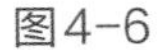
图4-6

a

b

图4-6　栝楼

鹅绒藤（*Cynanchum chinense* R. Br.）

【其他中文名】祖子花、趋姐姐叶、老牛肿、白前、豆角蛤蜊、何首乌、河瓢棵子、老鸹角、毛萝菜、牛皮消、瓢瓢藤、趋趋姐叶、山豆角、天鹅绒藤、小老鸹眼、羊奶角角。

【系统分类】夹竹桃科鹅绒藤属。

【形态特征】缠绕草质藤本，长达4m。全株被短柔毛。叶对生，宽三角状心形，长2.5 ～ 9cm，先端骤尖，基部心形，基出脉达9条，侧脉6对。聚伞花序伞状，2岐分枝，具花约20朵，花序长达1cm；花梗长约1cm；花萼裂片长圆状三角形，长1 ～ 2mm，被柔毛及缘毛；花冠白色，辐状或反折，无毛，副冠筒长0.5 ～ 1mm，裂片长圆状披针形，长3 ～ 6mm；副花冠杯状，顶端具10丝状体，两轮，外轮与花冠裂片等长，内轮稍短；花药近菱形，顶端附属物圆形；花粉块长圆形。蓇葖果圆柱状纺锤形，长8 ～ 13cm，径5 ～ 8mm。种子长圆形，长5 ～ 6mm，宽约2mm，种毛长2.5 ～ 3cm。花期6 ～ 8月，果期8 ～ 10月。

【生物学习性】生长于山坡向阳灌木丛中或路旁、河畔、田埂边。

【地理分布】分布于中国辽宁、河北、河南、山东、山西、陕西、宁夏、甘肃、江苏、浙江等地。

【园林应用】可覆盖裸露的地面，可观花、观果。

图4-7　鹅绒藤

花叶蔓长春花（*Vinca major* 'Variegata' Loud.）

【其他中文名】对叶常春藤、花叶常春藤、金钱豹、爬藤黄杨、花叶长春蔓。

【系统分类】夹竹桃科蔓长春属。

【形态特征】蔓性半灌木，茎偃卧，花茎直立。除叶缘、叶柄、花萼及花冠喉部有毛外，其余均无毛。叶椭圆形，边缘白色，有黄白色斑点，长2～6cm，宽1.5～4cm，先端急尖，基部下延；侧脉约4对；叶柄长1cm。花单朵腋生；花梗长4～5cm；花萼裂片狭披针形，长9mm；花冠蓝色，花冠筒漏斗状，花冠裂片倒卵形，长12mm，宽7mm，先端圆形；雄蕊着生于花冠筒中部之下，花丝短而扁平，花药的顶端有毛；子房由2个心皮组成。蓇葖长约5cm。

【生物学习性】喜温暖、阳光充足的环境，也稍耐阴，对光照要求不严，尤其以半阴环境较佳。有两次生长高峰期，分别为5～6月和9～10月。对土壤要求不严，在酸性、微酸性、中性和微碱性土壤中均能正常生长，但以肥沃、排水良好的沙壤土生长为宜。耐水湿，耐寒性较强，能耐−8℃低温，抗雪压、抗干寒风能力强，萌芽力强。

【地理分布】原产非洲东部，目前在中国江苏、上海、浙江、陕西、云南已大批量栽培，在陕西、安徽、上海、江苏、浙江、江西、湖南、湖北、重庆、四川、贵州和云南等地都可适应。

【园林应用】花单生5瓣，蓝紫色，花期3～6月，在花叶的映衬下像缀花绿地毯覆盖着大地，色彩斑斓，极具观赏性。近年来在各地园林绿地中大量应用，是理想的花叶鉴赏类地被材料，也可应用于垂直绿化和室内盆栽垂挂观赏。

图4-8　花叶蔓长春花

络石［*Trachelospermum jasminoides*（Lindl.）Lem.］

【其他中文名】石血、爬墙虎、钻骨风、棉絮绳、白花络石藤、白花藤、变色络石、风不动、感冒藤、刮金板、鬼系腰、合掌藤、六角草。

【系统分类】夹竹桃科络石属。

【形态特征】常绿木质藤本，长达10m，具乳汁。茎赤褐色，圆柱形，有皮孔；小枝被黄色柔毛，老时渐无毛。叶革质或近革质，椭圆形至卵状椭圆形或宽倒卵形，长2～10cm，宽1～4.5cm，顶端锐尖至渐尖或钝，有时微凹或有小凸尖，基部渐狭至钝，叶面无毛，叶背被疏短柔毛，老渐无毛；叶面中脉微凹，侧脉扁平，叶背中脉凸起，侧脉每边6～12条，扁平或稍凸起；叶柄短，被短柔毛，老渐无毛；叶柄内和叶腋外腺体钻形，长约1mm。二歧聚伞花序腋生或顶生，花多朵组成圆锥状，与叶等长或较长；花白色，芳香；总花梗长2～5cm，被柔毛，老时渐无毛；苞片及小苞片狭披针形，长1～2mm；花萼5深裂，裂片线状披针形，顶部反卷，长2～5mm，外面被有长柔毛及缘毛，内面无毛，基部具10枚鳞片状腺体；花蕾顶端钝，花冠筒圆筒形，中部膨大，外面无毛，内面在喉部及雄蕊着生处被短柔毛，长5～10mm，花冠裂片长5～10mm，无毛；雄蕊着生在花冠筒中部，腹部黏生在柱头上，花药箭头状，基部具耳，隐藏在花喉内；花盘环状5裂与子房等长；子房由2个离生心皮组成，无毛，花柱圆柱状，柱头卵圆形，顶端全缘；每心皮有胚珠多颗，着生于2个并生的侧膜胎座上。蓇葖双生，叉开，无毛，线状披针形，向先端渐尖，长10～20cm，宽3～10mm。种子多颗，褐色，线形，长1.5～2cm，直径约2mm，顶端具白色绢质种毛；种毛长1.5～3cm。花期3～7月，果期7～12月。

图4-9

【生物学习性】喜弱光，亦耐烈日高温。攀附墙壁，阳面及阴面均可。对土壤的要求不严苛，一般肥力中等的轻黏土及沙壤土均宜，酸性土及碱性土均可生长。较耐干旱，但忌水湿，盆栽不宜浇水过多，保持土壤润湿即可。

【地理分布】中国分布很广，中国山东、安徽、江苏、浙江、福建、台湾、江西、河北、河南、湖北、湖南、广东、广西、云南、贵州、四川、陕西等地都有分布。日本、朝鲜和越南也有分布。

【园林应用】是夹竹桃科常绿藤本植物，喜阳，耐践踏，耐旱，耐热，耐水淹，具有一定的耐寒力。络石匍匐性攀爬性较强，可搭配作色带色块绿化用。在园林中多作地被，或盆栽观赏，为芳香花卉。

图4-9 络石

女萎（*Clematis apiifolia* DC.）

【其他中文名】小叶鸭脚力刚、钥匙藤、白棉纱、白木通、百根草、川木通、穿山藤、粗糠藤、风藤、花木通、菊叶威灵仙、千里光、芹叶铁线莲、万年藤、威灵仙、小木通、一把抓、钝齿叶铁线莲。

【系统分类】毛茛科铁线莲属。

【形态特征】藤本。小枝和花序梗、花梗密生贴伏短柔毛。三出复叶，连着叶柄长5～17cm，叶柄长3～7cm；小叶片卵形或宽卵形，长2.5～8cm，宽1.5～7cm，常有不明显3浅裂，边缘有锯齿，上面疏生贴伏短柔毛或无毛，下面通常疏生短柔毛或仅沿叶脉较密。圆锥状聚伞花序多花；花直径约1.5cm；萼片4，开展，白色，狭倒卵形，长约8mm，两面有短柔毛，外面较密；雄蕊无毛，花丝比花药长5倍。瘦果纺锤形或狭卵形，长3～5mm，顶端渐尖，不扁，有柔毛，宿存花柱长约1.5cm。花期7～9月，果期9～10月。

【生物学习性】性耐寒，茎和根系可耐-10℃低温；耐旱，较喜光照，但不耐暑热强光；喜深厚肥沃、排水良好的碱性壤土及轻沙质壤土。根系为黄褐色肉质根，不耐水渍。

【地理分布】分布于中国江西、福建、浙江、江苏南部、安徽大别山以南等地，生长在山野林边，朝鲜、日本也有。

【园林应用】园林栽培中可用木条、竹材等搭架让新生的茎蔓缠绕架上生长，构成塔状；也可栽培于绿廊支柱附近，攀附生长；还可布置在稀疏的灌木篱笆中，任茎蔓攀爬在灌木篱笆上，将灌木绿篱变成花篱；也可布置于墙垣、棚架、阳台、门廊等处，显得格外优雅别致。

图4-10 女萎

a

b

c

铁线莲（*Clematis florida* Thunb.）

【其他中文名】山木通、铁脚威灵仙、威灵仙、大花威灵仙、番莲、蜘蛛花。

【系统分类】毛茛科铁线莲属。

【形态特征】草质藤本，长约1～2m。茎棕色或紫红色，具六条纵纹，节部膨大，被稀疏短柔毛。二回三出复叶，连叶柄长达12cm；小叶片狭卵形至披针形，长2～6cm，宽1～2cm，顶端钝尖，基部圆形或阔楔形，边缘全缘，极稀有分裂，两面均不被毛，脉纹不显；小叶柄清晰可见，短或长达1cm；叶柄长4cm。花单生于叶腋；花梗长约6～11cm，近于无毛，在中下部生一对叶状苞片；苞片宽卵圆形或卵状三角形，长2～3cm，基部无柄或具短柄，被黄色柔毛；花开展，直径约5cm；萼片6枚，白色，倒卵圆形或匙形，长达3cm，宽约1.5cm，顶端较尖，基部渐狭，内面无毛，外面沿三条直的中脉形成一线状披针形的带，密被茸毛，边缘无毛；雄蕊紫红色，花丝宽线形，无毛，花药侧生，长方矩圆形，较花丝为短；子房狭卵形，被淡黄色柔毛，花柱短，上部无毛，柱头膨大成头状，微2裂。瘦果倒卵形，扁平，边缘增厚，宿存花柱伸长成喙状，细瘦，下部有开展的短柔毛，上部无毛，膨大的柱头2裂。花期1～2月，果期3～4月。

【生物学习性】可耐−20℃低温，寒地可植于避风处。喜向阳，喜肥沃、疏松、排水良好的壤土及石灰质壤土。

【地理分布】分布于中国长江流域及华南地区。

【园林应用】为优良的棚架植物，可用于点缀墙篱、花架、花柱、拱门、凉亭，也可散植观赏。

图4-11　铁线莲

三叶木通［*Akebia trifoliata*（Thunb.）Koidz.］

【其他中文名】八月炸、八月瓜、八月瓜藤、八月哪、八月楂、八月扎、八月札、八月榨、八月柞、白木通、爆肚拿、狗腰藤、活血藤。

【系统分类】木通科木通属。

【形态特征】落叶木质藤本。冬芽卵圆形，具10～14个红褐色鳞片。掌状3小叶，稀4或5，小叶较大，柄较长，侧生小叶较小、柄较短；小叶卵形，椭圆形或披针形，长3～8cm，宽2～6cm，先端钝圆或微凹，基部宽楔形或圆，波状或不规则浅裂，叶薄革质或纸质。总状花序生于短枝叶丛中，长6～16cm。雄花12～35，花梗长2～6mm；雄花萼片3，淡紫色，卵圆形，长约3mm，宽约1.5mm；雄蕊6，稀7或8，紫红色，长2～3mm，花丝很短；退化雌蕊3～6。雌花常2，稀3或无，花梗长1～4cm；雌花萼片3～6，暗紫红色，宽卵形或卵圆形，顶端钝圆，凹入，长1～1.5cm，宽0.5～1.5cm；雌蕊5～15，紫红色，圆柱形，长4～6mm。蓇葖果长5～11cm，淡紫或土灰色，光滑或被石细胞束形成的小颗粒突起。种子长约7mm。

【生物学习性】喜阴湿，较耐寒。常生长在低海拔山坡林下草丛中。在微酸、多腐殖质的土壤中生长良好，也能适应中性土壤。茎蔓常匍匐生长。

【地理分布】分布于河北、山西、山东、河南、甘肃和长江流域以南各地。

【园林应用】三叶木通姿态虽不及木通雅丽，但叶形、叶色别有风趣，且耐阴湿环境。配植荫木下、岩石间或叠石洞壑之旁，叶蔓纷披，野趣盎然。

图4-12　三叶木通

地锦 [*Parthenocissus tricuspidata*（Sieb. et Zucc.）Planch.]

【其他中文名】爬山虎、爬墙虎、遍山龙、长春藤、常春藤、常青藤、大叶山天罗、地噤、地绵、多脚草、飞天蜈蚣、枫树藤。

【系统分类】葡萄科地锦属。

【形态特征】木质藤本。小枝圆柱形，几无毛或微被疏柔毛。卷须5～9分枝，相隔2节间断与叶对生；卷须顶端嫩时膨大呈圆珠形，后遇附着物扩大成吸盘。叶为单叶，通常着生在短枝上为3浅裂，时有着生在长枝上者小型不裂，叶片通常倒卵圆形，长4.5～17cm，宽4～16cm，顶端裂片急尖，基部心形，边缘有粗锯齿，上面绿色，无毛，下面浅绿色，无毛或中脉上疏生短柔毛，基出脉5，中央脉有侧脉3～5对，网脉上面不明显，下面微突出；叶柄长4～12cm，无毛或疏生短柔毛。花序着生在短枝上，基部分枝，形成多歧聚伞花序，长2.5～12.5cm，主轴不明显；花序梗长1～3.5cm，几无毛；花梗长2～3mm，无毛；花蕾倒卵椭圆形，高2～3mm，顶端圆形；萼碟形，边缘全缘或呈波状，无毛；花瓣5，长椭圆形，高1.8～2.7mm，无毛；雄蕊5，花丝长约1.5～2.4mm，花药长椭圆卵形，长0.7～1.4mm，花盘不明显；子房椭球形，花柱明显，基部粗，柱头不扩大。果实球形，直径1～1.5cm，有种子1～3颗。种子倒卵圆形，顶端圆形，基部急尖成短喙，种脐在背面中部呈圆形，腹部中棱脊突出，两侧洼穴呈沟状，从种子基部向上达种子顶端。花期5～8月，果期9～10月。

【生物学习性】适应性强，性喜阴湿环境，但不怕强光，耐寒，耐旱，耐贫瘠，气候适应范围广泛，在暖温带也可以保持半常绿或常绿状态。耐修剪，怕积水，对土壤要求不严，阴湿环境或向阳处，均能茁壮生长，但在阴湿、肥沃的土壤中生长最佳。对二氧化硫和氯化氢等有害气体有较强的抗性，对空气中的灰尘有吸附能力。

【地理分布】原产于亚洲东部、喜马拉雅山区及北美洲，后被引入其他地区，朝鲜、日本也有分布。在中国，河南、辽宁、河北、山西、陕西、山东、江苏、安徽、浙江、江西、湖南、湖北、广西、广东、四川、贵州、云南、福建等地都有分布。

【园林应用】表皮有皮孔，夏季枝叶茂密，常攀缘在墙壁或岩石上，适于配植宅院墙壁、围墙和庭园入口等处。可用于绿化房屋墙壁、公园山石，既可美化环境，又能降温，净化空气，减少噪声。

a

图4-13　地锦

葡萄（*Vitis vinifera* L.）

【其他中文名】蒲陶、草龙珠、赐紫樱桃、菩提子、山葫芦。

【系统分类】葡萄科葡萄属。

【形态特征】木质藤本。小枝圆柱形，有纵棱纹，无毛或被稀疏柔毛。卷须2叉分枝，每隔2节间断与叶对生。叶卵圆形，显著3～5浅裂或中裂，长7～18cm，宽6～16cm，中裂片顶端急尖，裂片常靠合，基部常缢缩，裂缺狭窄，间或宽阔，基部深心形，基缺凹成圆形，两侧常靠合，边缘有22～27个锯齿，齿深而粗大，不整齐，齿端急尖，上面绿色，下面浅绿色，无毛或被疏柔毛；基生脉5出，中脉有侧脉4～5对，网脉不明显突出；叶柄长4～9cm，几无毛；托叶早落。圆锥花序密集或疏散，多花，与叶对生，基部分枝发达，长10～20cm，花序梗长2～4cm，几无毛或疏生蛛丝状茸毛；花梗长1.5～2.5mm，无毛；花蕾倒卵圆形，高2～3mm，顶端近圆形；萼浅碟形，边缘呈波状，外面无毛；花瓣5，呈帽状黏合脱落；雄蕊5，花丝丝状，长0.6～1mm，花药黄色，卵圆形，长0.4～0.8mm，在雌花内显著短而败育或完全退化；花盘发达，5浅裂；雌蕊1，在雄花中完全退化，子房卵圆形，花柱短，柱头扩大。果实球形或椭圆形，直径1.5～2cm。种子倒卵椭圆形，顶端近圆形，基

图4-14　葡萄

部有短喙，种脐在种子背面中部呈椭圆形，种脊微突出，腹面中棱脊突起，两侧洼穴宽沟状，向上达种子1/4处。花期4～5月，果期8～9月。

【生物学习性】喜干燥及夏季高温的大陆性气候，冬季需要一定低温，但不耐严寒，高寒地区需埋土防寒越冬。以排水良好、湿度适中的微酸至微碱性沙质或砾质土壤上生长最好，在酸性土中生长不良。耐干旱，怕涝，耐修剪，寿命长，隐芽萌发力强。

【地理分布】葡萄原产亚洲西部，世界各地均有栽培，世界各地的葡萄约95%集中分布在北半球，中国主要产区有安徽的萧县，新疆的吐鲁番、和田，山东的烟台，河北的张家口、宣化、昌黎，辽宁的大连、熊岳、沈阳及河南的芦庙乡、民权、仪封等地。

【园林应用】葡萄蔓长可达数十米，叶卵圆形，果粒大小变化显著，色泽则因品种而异。葡萄的主要观赏部位为枝干、绿叶、果实等。葡萄枝干曲折有致、枝叶繁多成簇，经过人工修整可以形成绿篱、廊架、盆栽等；葡萄是重要的观果植物，其果穗多呈长圆锥形，果粒形状大小均匀，果皮有蓝黑色、紫红色、鲜红色、脆绿色、黄绿色等多种颜色，根据果粉的多少，显示出不同的光泽度。古代文人多用紫络索、金琅珰、明珠、翠珠、琉璃、玛瑙等来形容葡萄。

c

d

蛇葡萄［*Ampelopsis glandulosa*（Wall.）Momiy.］

【其他中文名】锈毛蛇葡萄、蛇白蔹、假葡萄、野葡萄、山葡萄、绿葡萄、见毒消。

【系统分类】葡萄科蛇葡萄属。

【形态特征】木质藤本。小枝圆柱形，有纵棱纹，被锈色长柔毛。卷须2～3叉分枝，相隔2节间断与叶对生。叶为单叶，心形或卵形，3～5中裂，常混生有不分裂者，顶端急尖，基部心形，边缘有急尖锯齿，上面绿色，无毛，下面浅绿色，脉上有锈色长柔毛。花序梗长1～2.5cm，被锈色长柔毛；花梗长1～3mm，疏生锈色短柔毛；花蕾卵圆形，高1～2mm，顶端圆形；萼碟形，边缘波状浅齿，外面疏生锈色短柔毛；花瓣5，卵椭圆形，高0.8～1.8mm，被锈色短柔毛；雄蕊5，花药长椭圆形，长甚于宽；花盘明显，边缘浅裂；子房下部与花盘合生，花柱明显，基部略粗，柱头不扩大。果实近球形，有种子2～4颗。花期6～8月，果期9月至翌年1月。

【生物学习性】生长于海拔200～1800m处。

【地理分布】分布于中国江苏、安徽、浙江、江西、福建、湖北、湖南、广东、广西、四川等地。

【园林应用】主要应用在于其药用价值及采集加工品。

图4-15　蛇葡萄

鸡矢藤（*Paederia foetida* L.）

【其他中文名】臭鸡矢藤、臭鸡屎藤、鸡屎藤。

【系统分类】茜草科鸡矢藤属。

【形态特征】藤状灌木，无毛或被柔毛。叶对生，膜质，卵形或披针形，长5～10cm，宽2～4cm，顶端短尖或削尖，基部浑圆，有时心形，叶上面无毛，在下面脉上被微毛；侧脉每边4～5条，在上面柔弱，在下面突起；叶柄长1～3cm；托叶卵状披针形，长2～3mm，顶部2裂。圆锥花序腋生或顶生，长6～18cm；小苞片微小，卵形或锥形，有小睫毛；花有小梗，生于柔弱的三歧常作蝎尾状的聚伞花序上；花萼钟形，萼檐裂片钝齿形；花冠紫蓝色，长12～16mm，通常被茸毛，裂片短。果阔椭圆形，压扁，长和宽6～8mm，光亮，顶部冠以圆锥形的花盘和微小宿存的萼檐裂片；小坚果浅黑色，具1阔翅。花期5～6月。

【生物学习性】生于低海拔的疏林内。

【地理分布】分布于中国福建、广东等地。

【园林应用】良好的地被植物。

图4-16 鸡矢藤

茜草（*Rubia cordifolia* L.）

【其他中文名】红丝线、八仙草、抽筋草、川地血、穿骨草、穿心草、大活血丹、大锯锯藤、大麦珠子、大茜草、地红、地苏木。

【系统分类】茜草科茜草属。

【形态特征】草质攀缘藤本，长通常1.5 ～ 3.5m。根状茎和其节上的须根均为红色；茎多条，从根状茎的节上发出，细长，方柱形，有4棱，棱上倒生皮刺，中部以上多分枝。叶通常4片轮生，纸质，披针形或长圆状披针形，长0.7 ～ 3.5cm，顶端渐尖，有时钝尖，基部心形，边缘有齿状皮刺，两面粗糙，脉上有微小皮刺；基出脉3条，极少外侧有1对很小的基出脉。叶柄长通常1 ～ 2.5cm，有倒生皮刺。聚伞花序腋生和顶生，多回分枝，有花10余朵至数十朵，花序和分枝均细瘦，有微小皮刺；花冠淡黄色，干时淡褐色，盛开时花冠檐部直径约3 ～ 3.5mm，花冠裂片近卵形，微伸展，长约1.5mm，外面无毛。果球形，直径通常4 ～ 5mm，成熟时橘黄色。花期8 ～ 9月，果期10 ～ 11月。

【生物学习性】喜凉爽气候和较湿润的环境，性耐寒。土壤以肥沃、深厚、湿润、含腐殖质丰富的壤土为好。地势高燥、土壤贫瘠以及低洼易积水之地均不宜种植，常生于灌丛中。

【地理分布】分布于中国东北、华北、西北和四川北部及西藏昌都等地，常生于疏林、林缘、灌丛或草地上。朝鲜、日本和俄罗斯远东地区也有分布。

【园林应用】主要应用其药用价值，近几年也开始用于园林植物配置之中。

图4-17　茜草

白英（*Solanum lyratum* Thunb.）

【其他中文名】山甜菜、蔓茄、北风藤、白草、白荚、白毛藤、白毛屯、北风藤、疔药、符鬼目、符思同、狗耳环、鬼目菜、红道士、葫芦草。

【系统分类】茄科茄属。

【形态特征】草质藤本，长0.5～1m，茎及小枝均密被具节长柔毛。叶互生，多数为琴形，长3.5～5.5cm，宽2.5～4.8cm，基部常3～5深裂，裂片全缘，侧裂片愈近基部的愈小，端钝，中裂片较大，通常卵形，先端渐尖，两面均被白色发亮的长柔毛，中脉明显，侧脉在下面较清晰，通常每边5～7条；少数在小枝上部的为心脏形，小，长约1～2cm；叶柄长约1～3cm，被有与茎枝相同的毛被。聚伞花序顶生或腋外生，疏花，总花梗长约2～2.5cm，被具节的长柔毛，花梗长0.8～1.5cm，无毛，顶端稍膨大，基部具关节；萼环状，直径约3mm，无毛，萼齿5枚，圆形，顶端具短尖头；花冠蓝紫色或白色，直径约1.1cm，花冠筒隐于萼内，长约1mm，冠檐长约6.5mm，裂片椭圆状披针形，长约4.5mm，先端被微柔毛；花丝长约1mm，花药长圆形，长约3mm，顶孔略向上；子房卵形，直径不及1mm，花柱丝状，长约6mm，柱头小，头状。浆果球状，成熟时红黑色，直径约8mm。种子近盘状，扁平，直径约1.5mm。花期夏秋，果熟期秋末。

【生物学习性】喜生于海拔600～2800m的山谷草地或路旁、田边。白英喜温暖湿润的环境，耐旱、耐寒、怕水涝。对土壤要求不严，但以土层深厚、疏松肥沃、富含有机质的沙壤土为好；重黏土、盐碱地、低洼地不宜种植。

【地理分布】分布于中国秦岭以南各地区，日本、朝鲜、中南半岛也有分布。

【园林应用】主要应用其化学成分与药理作用。

图4-18　白英

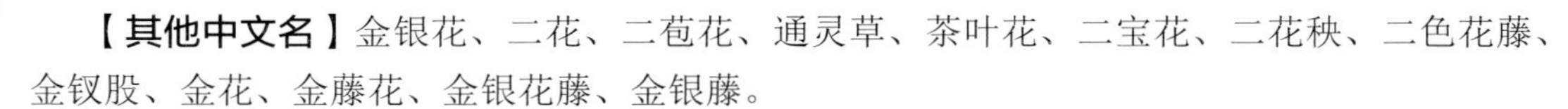

忍冬（*Lonicera japonica* Thunb.）

【其他中文名】金银花、二花、二苞花、通灵草、茶叶花、二宝花、二花秧、二色花藤、金钗股、金花、金藤花、金银花藤、金银藤。

【系统分类】忍冬科忍冬属。

【形态特征】半常绿藤本。幼枝红褐色，密被黄褐色、开展的硬直糙毛、腺毛和短柔毛，下部常无毛。叶纸质，卵形至矩圆状卵形，有时卵状披针形，稀圆卵形或倒卵形，极少有1至数个钝缺刻，长3～9.5cm，顶端尖或渐尖，少有钝、圆或微凹缺，基部圆或近心形，有糙缘毛，上面深绿色，下面淡绿色，小枝上部叶通常两面均密被短糙毛，下部叶常平滑无毛而下面多少带青灰色；叶柄长4～8mm，密被短柔毛。总花梗通常单生于小枝上部叶腋，与叶柄等长或稍较短，下方者则长达2～4cm，密被短柔毛，并夹杂腺毛；苞片大，叶状，卵形至椭圆形，长达2～3cm，两面均有短柔毛或有时近无毛；小苞片顶端圆形或截形，长约1mm，为萼筒的（1/2）～（4/5），有短糙毛和腺毛；萼筒长约2mm，无毛，萼齿卵状三角形或长三角形，顶端尖而有长毛，外面和边缘都有密毛；花冠白色，有时基部向阳面呈微红，后变黄色，长3～6cm，唇形，筒稍长于唇瓣，很少近等长，外被多少倒生的开展或半开展糙毛和长腺毛，上唇裂片顶端钝形，下唇带状而反曲；雄蕊和花柱均高出花冠。果实圆形，直径6～7mm，熟时蓝黑色，有光泽。种子卵圆形或椭圆形，褐色，长约3mm，中部有1凸起的脊，两侧有浅的横沟纹。花期4～6月（秋季亦常开花），果熟期10～11月。

本种最明显的特征在于具有大型的叶状苞片。它在外貌上有些像华南忍冬［*L. confusa*（Sweet）DC.］，但华南忍冬的苞片狭细而非叶状，萼筒密生短柔毛，小枝密生卷曲的短柔毛，与本种明显不同。忍冬的形态变异非常大，无论在枝、叶的毛被、叶的形状和大小以及花冠的长度、毛被和唇瓣与筒部的长度比例等方面，都有很大的变化。但所有这些变化可能较多地同生态环境相联系，并未显示与地理分布之间的相关性。

a

b

【生物学习性】适应性很强，喜阳、耐阴，耐寒性强，也耐干旱和水湿，对土壤要求不严，但以湿润、肥沃的深厚沙质壤土生长最佳。每年春夏两次发梢，根系繁密发达，萌蘖性强，茎蔓着地即能生根。

【地理分布】中国各地区均有分布，主要集中在山东、陕西、河南、河北、湖北、江西、广东等地。朝鲜和日本也有分布。在北美洲易生为难除的杂草。

【园林应用】由于匍匐生长能力比攀缘生长能力强，故更适合于在林下、林缘、建筑物北侧等处作地被栽培；还可以绿化矮墙；亦可以利用其缠绕能力制作花廊、花架、花栏、花柱以及缠绕假山石等等。优点是蔓生长量大，管理粗放；缺点是蔓与蔓缠绕，地面覆盖高低不平，使人感觉杂乱无章。

图4-19　忍冬

地果（*Ficus tikoua* Bur.）

【其他中文名】地瓜、地石榴、地胆紫、地枇杷、昌绕、地板藤、地绊果、地瓜榕、地瓜藤、地棠果、覆坡虎、过江龙。

【系统分类】桑科榕属。

【形态特征】匍匐木质藤本，高达30～40cm。茎上生细长不定根，节膨大。幼枝偶有直立的。叶坚纸质，倒卵状椭圆形，长2～8cm，宽1.5～4cm，先端急尖，基部圆形至浅心形，边缘具波状疏浅圆锯齿，基生侧脉较短，侧脉3～4对，表面被短刺毛，背面沿脉有细毛；叶柄长1～2cm，茎直立，幼枝上的叶柄长达6cm；托叶披针形，长约5mm，被柔毛。榕果成对或簇生于匍匐茎上，常埋于土中，球形至卵球形，直径1～2cm，基部收缩成狭柄，成熟时深红色，表面多圆形瘤点，基生苞片3，细小。雄花生榕果内壁孔口部，无柄，花被片2～6，雄蕊1～3；雌花生另一植株榕果内壁，有短柄。无花被，有黏膜包被子房。瘦果卵球形，表面有瘤体，花柱侧生，柱头2裂。

【生物学习性】生长在海拔400～1000m较阴湿的山坡路边或灌丛中，常生于荒地、草坡或岩石缝中。

【地理分布】分布于湖南龙山、湖北十堰以西、广西大苗山、贵州纳雍、云南、西藏东南部、四川屏山、甘肃、陕西南部等地，印度东北部、越南北部、老挝也有分布。

【园林应用】适宜用于公园或易遭游人践踏的场所绿化，可承受众多游人践踏。野地果因为这种坚韧而繁茂的茎蔓总是纵横交错地生长着，会自然地“织”成一张“巨型渔网”，能将表面松土、沙土牢牢地“网住”，再加上有茂密的叶子长年“封面”，酷似加盖了一张永久性的绿色地毯。这种防沙固土的特殊功效是其他地被植物所不能及的，堪称防沙固土的绝品。野地果还可作水果栽培，适合套栽在果园里，使传统的单季果园成为双季果园。亦可作观果、观叶吊挂盆景，柔韧翠绿的茎蔓潇洒飘逸，具有“万条垂下绿丝绦”的美景。

图4-20 地果

鼠李科

勾儿茶（*Berchemia sinica* Schneid.）

【其他中文名】多花勾儿茶、牛鼻足秧、枪子树、乌鸦屎藤、勾心茶、钩儿茶。

【系统分类】鼠李科勾儿茶属。

【形态特征】藤状或攀缘灌木，高达5m。幼枝无毛，老枝黄褐色，平滑无毛。叶纸质至厚纸质，互生或在短枝顶端簇生，卵状椭圆形或卵状矩圆形，长3～6cm，宽1.6～3.5cm，顶端圆形或钝，常有小尖头，基部圆形或近心形，上面绿色，无毛，下面灰白色，仅脉腋被疏微毛，侧脉每边8～10条；叶柄纤细，长1.2～2.6cm，带红色，无毛。花芽卵球形，顶端短锐尖或钝；花黄色或淡绿色，单生或数个簇生，无或有短总花梗，在侧枝顶端排成具短分枝的窄聚伞状圆锥花序，花序轴无毛，长达10cm，分枝长达5cm，有时为腋生的短总状花序；花梗长2mm。核果圆柱形，长5～9mm，直径2.5～3mm，基部稍宽，有皿状的宿存花盘，成熟时紫红色或黑色；果梗长3mm。花期6～8月，果期翌年5～6月。

本种顶生窄聚伞状圆锥花序，叶顶端圆形或钝，叶柄细长，簇生于短枝上，与本属其他的种容易区别。

【生物学习性】喜温暖湿润环境。

【地理分布】分布于中国华东、中南、西南及山西、陕西、甘肃等地。

【园林应用】枝梢横展蔓生，叶秀花繁，园林中可用以攀附围墙、陡坡或假山石。花枝、果枝可供插花，根、茎和叶可入药。

图4-21　勾儿茶

薯蓣（*Dioscorea polystachya* Turcz.）

【其他中文名】多穗薯蓣、山药蛋、山药、淮山山药、铁棍山药。

【系统分类】薯蓣科薯蓣属。

【形态特征】缠绕草质藤本。块茎长圆柱形，垂直生长，长可达1m多，断面干时白色。茎通常带紫红色，右旋，无毛。单叶，在茎下部的互生，中部以上的对生，很少3叶轮生；叶片变异大，卵状三角形至宽卵形或戟形，长3～16cm，宽2～14cm，顶端渐尖，基部深心形、宽心形或近截形，边缘常3浅裂至3深裂，中裂片卵状椭圆形至披针形，侧裂片耳状，圆形、近方形至长圆形；幼苗时一般叶片为宽卵形或卵圆形，基部深心形。叶腋内常有珠芽。雌雄异株。雄花序为穗状花序，长2～8cm，近直立，2～8个着生于叶腋，偶尔呈圆锥状排列；花序轴明显地呈“之”字状曲折；苞片和花被片有紫褐色斑点；雄花的外轮花被片为宽卵形，内轮卵形，较小；雄蕊6。雌花序为穗状花序，1～3个着生于叶腋。蒴果不反折，三棱状扁圆形或三棱状圆形，长1.2～2cm，宽1.5～3cm，外面有白粉。种子着生于每室中轴中部，四周有膜质翅。花期6～9月，果期7～11月。

【生物学习性】耐寒，喜光。宜在排水良好、疏松肥沃的壤土中生长，忌水涝。生长于山坡、山谷林下，溪边、路旁的灌丛中或杂草中。

【地理分布】分布于朝鲜、日本和中国。在中国，分布于河南、安徽、江苏、浙江、江西、福建、台湾、湖北、湖南、广东、贵州、云南北部、四川、甘肃东部和陕西南部等地。

【园林应用】薯蓣在园林中可作为攀缘栅栏的垂直绿化材料。

图4-22　薯蓣

常春藤［*Header Nepal* var. *ensign*（Tobl.）Herd］

【其他中文名】土鼓藤、钻天风、三角风、散骨风、枫荷梨藤、洋常春藤。

【系统分类】五加科常春藤属。

【形态特征】多年生常绿攀缘灌木，长3～20m。茎灰棕色或黑棕色，光滑，有气生根，幼枝被鳞片状柔毛，鳞片通常有10～20条辐射肋。单叶互生；叶柄长2～9cm，有鳞片；无托叶；叶二型；花枝上的叶为三角状卵形或戟形，长5～12cm，宽3～10cm，全缘或三裂；花枝上的叶椭圆状披针形，条椭圆状卵形或披针形，稀卵形或圆卵形，全缘；先端长尖或渐尖，基部楔形、宽圆形、心形；叶上表面深绿色，有光泽，下面淡绿色或淡黄绿色，无毛或疏生鳞片；侧脉和网脉两面均明显。伞形花序单个顶生，或2～7个总状排列或伞房状排列成圆锥花序，直径1.5～2.5cm，有花5～40朵；花萼密生棕色鳞片，长约2mm，边缘近全缘；花瓣5，三角状卵形，长3～3.5mm，淡黄白色或淡绿白，外面有鳞片；雄蕊5，花丝长2～3mm，花药紫色；子房下位，5室，花柱全部合生成柱状；花盘隆起，黄色。果实圆球形，直径7～13mm，红色或黄色，宿存花柱长1～1.5mm。花期9～11月，果期翌年3～5月。

【生物学习性】阴性藤本植物，也能生长在全光照的环境中，在温暖湿润的气候条件下生长良好，不耐寒。对土壤要求不严，喜湿润、疏松、肥沃的土壤，不耐盐碱。常攀缘于林缘树木、林下路旁、岩石和房屋墙壁上，庭园也常有栽培。

【地理分布】中国分布广，北自甘肃东南部、陕西南部、河南、山东，南至广东（海南岛除外）、江西、福建，西自西藏波密，东至江苏、浙江的广大区域内均有生长。越南也有分布。

【园林应用】在庭院中可用以攀缘假山、岩石，或在建筑阴面作垂直绿化材料。

图4-23　常春藤

五味子［*Schisandra chinensis*（Turcz.）Baill.］

【其他中文名】北五味子、嗷密扎、花椒藤、花椒藤子、花椒秧、茎薯、辽五味、辽五味子、软枣子、山花椒。

【系统分类】五味子科五味子属。

【形态特征】落叶木质藤本。除幼叶下面被柔毛及芽鳞具缘毛外余无毛。叶膜质，宽椭圆形、卵形、倒卵形、宽倒卵形或近圆形，长3～10cm，先端骤尖，基部楔形，上部疏生胼胝质浅齿，近基部全缘，基部下延成极窄翅。花被片粉白或粉红色，6～9，长圆形或椭圆状长圆形，长0.6～1.1cm；雄花花梗长0.5～2.5cm，雄蕊5/6，长约2mm，离生，直立排列，花托长约0.5mm，无花丝或外3枚花丝极短；雌花花梗长1.7～3.8cm，雌蕊群近卵圆形，长2～4mm，单雌蕊17～40。聚合果长1.5～8.5cm，小浆果红色，近球形或倒卵圆形，径6～8mm，果皮具不明显腺点。种子1～2，肾形，种皮光滑。花期5～7月，果期7～10月。

【生物学习性】喜光，稍耐阴，耐寒性强，喜肥沃湿润而排水良好的土壤，不耐干旱和低湿地，浅根性。

【地理分布】分布于中国东北及华北地区，朝鲜、日本也有分布。

【园林应用】果供药用。花、果皆美，可植于庭园作垂直绿化材料及盆栽用于观赏。

图4-24　五味子

西番莲（*Passiflora caerulea* L.）

【其他中文名】龙珠菜、时计草、转心莲、西洋鞠、转枝莲、洋酸茄花、蓝花鸡蛋果。

【系统分类】西番莲科西番莲属。

【形态特征】草质藤本。茎圆柱形并微有棱角，无毛，略被白粉。叶纸质，长5～7cm，宽6～8cm，基部心形，掌状5深裂，中间裂片卵状长圆形，两侧裂片略小，无毛、全缘；叶柄长2～3cm，中部有2～6细小腺体；托叶较大、肾形，抱茎，长达1.2cm，边缘波状。聚伞花序退化仅存1花，与卷须对生。花大，淡绿色，直径大，6～10cm；花梗长3～4cm；苞片宽卵形，长3cm，全缘；萼片5枚，长3～4.5cm，外面淡绿色，内面绿白色，外面顶端具1角状附属器；花瓣5枚，淡绿色，与萼片近等长；外副花冠裂片3轮，丝状，外轮与中轮裂片，长达1～1.5cm，顶端天蓝色，中部白色，下部紫红色，内轮裂片丝状，长1～2mm，顶端具1紫红色头状体，下部淡绿色；内副花冠流苏状，裂片紫红色，其下具1密腺环；具花盘，高约1～2mm；雌雄蕊柄长8～10mm；雄蕊5枚，花丝分离，长约1cm，扁平；花药长圆形，长约1.3cm；子房卵圆球形；花柱3枚，分离，紫红色，长约1.6cm；柱头肾形。浆果卵圆球形至近圆球形，长约6cm，熟时橙黄色或黄色。种子多数，倒心形，长约5mm。花期5～7月。

【生物学习性】属热带、亚热带水果，喜光、向阳及温暖的气候环境。适应性强，对土壤要求不严，房前屋后、山地、路边均可种植，但以富含有机质、疏松、土层深厚、排水良好、阳光充足的向阳园地生长最佳，忌积水，不耐旱，应保持土壤湿润。

【地理分布】栽培于中国广西、江西、四川、云南等地，有时逸为野生。原产南美洲，热带、亚热带地区常见栽培。

【园林应用】花果俱美，花大而奇特，既可观花，又可赏果，是一种十分理想的庭园观赏植物。

图4-25

图4-25 西番莲

番薯［*Ipomoea batatas*（Linn.）Poir.］

【其他中文名】甘薯、地瓜、白薯、红薯、红苕、阿鹅、番茹、蕃薯。

【系统分类】旋花科虎掌藤属。

【形态特征】一年生草本。地下部分具圆形、椭圆形或纺锤形的块根，块根的形状、皮色和肉色因品种或土壤不同而异。茎平卧或上升，偶有缠绕，多分枝，圆柱形或具棱，绿或紫色，被疏柔毛或无毛，茎节易生不定根。叶片形状、颜色常因品种不同而异，也有时在同一植株上具有不同叶形，通常为宽卵形，长4～13cm，宽3～13cm，全缘或3～7裂，裂片宽卵形、三角状卵形或线状披针形，叶片基部心形或近于平截，顶端渐尖，两面被疏柔毛或近于无毛，叶色有浓绿、黄绿、紫绿等，顶叶的颜色为品种的特征之一；叶柄长短不一，长2.5～20cm，被疏柔毛或无毛。聚伞花序腋生，有1～7朵花聚集成伞形，花序梗长2～10.5cm，稍粗壮，无毛或有时被疏柔毛；苞片小，披针形，长2～4mm，顶端芒尖或骤尖，早落；花梗长2～10mm；萼片长圆形或椭圆形，不等长，外萼片长7～10mm，内萼片长8～11mm，顶端骤然成芒尖状，无毛或疏生缘毛；花冠粉红色、白色、淡紫色或紫色，钟状或漏斗状，长3～4cm，外面无毛；雄蕊及花柱内藏，花丝基部被毛；子房2～4室，被毛或有时无毛。蒴果卵形或扁圆形，由假隔膜分为4室。种子1～4粒，通常2粒，无毛。

【生物学习性】开花习性随品种和生长条件而不同。有的品种容易开花，有的品种在干旱时会开花。在气温高、日照短的地区常见开花，温度较低的地区很少开花。由于番薯属于异花授粉，自花授粉常不结实，所以有时只见开花不见结果。番薯喜温、怕冷、不耐寒，适宜的生长温度为22～30℃，温度低于15℃时停止生长。喜光，是短日照作物。耐旱，适应性强。

【地理分布】我国大多数地区普遍种植。

【园林应用】常作为经济作物栽培。

图4-26　番薯

云实［*Caesalpinia decapetala*（Roth）Alston］

【其他中文名】马豆、水皂角、天豆、药王子、铁场豆。

【系统分类】云实科云实属。

【形态特征】藤本植物。树皮暗红色。枝、叶轴和花序均被柔毛和钩刺。二回羽状复叶长20～30cm；羽片3～10对，对生，具柄，基部有刺1对；小叶8～12对，膜质，长圆形，长10～25mm，宽6～12mm，两端近圆钝，两面均被短柔毛，老时渐无毛；托叶小，斜卵形，先端渐尖，早落。总状花序顶生，直立，长15～30cm，具多花；总花梗多刺；花梗长3～4cm，被毛，在花萼下具关节，故花易脱落；萼片5，长圆形，被短柔毛；花瓣黄色，膜质，圆形或倒卵形，长10～12mm，盛开时反卷，基部具短柄；雄蕊与花瓣近等长，花丝基部扁平，下部被绵毛；子房无毛。荚果长圆状舌形，长6～12cm，宽2.5～3cm，脆革质，栗褐色，无毛，有光泽，沿腹缝线膨胀成狭翅，成熟时沿腹缝线开裂，先端具尖喙。种子6～9颗，椭圆状，长约11mm，宽约6mm，种皮棕色。花果期4～10月。

【生物学习性】阳性树种，喜光，耐半阴，喜温暖、湿润的环境，在肥沃、排水良好的微酸性壤土中生长为佳。耐修剪，适应性强，抗污染。

【地理分布】分布于中国广东、广西、云南、四川、贵州、湖南、湖北、江西、福建、浙江、江苏、安徽、河南、河北、陕西、甘肃等地。亚洲热带和温带地区有分布。

【园林应用】云实叶色青翠碧绿，叶形美观，花瓣颜色鲜黄醒目，是植物造景的好材料，不少地方已人工种植或从天然生长处移植造景。云实可植于景石假山旁，用于烘托陪衬，使景物鲜活生动；或与月季、杜鹃搭配构成色彩绚丽的花墙；布置在溪流、池、湖等水体边与竹石及其他水生花卉上下搭配，形成水中倒影，营造出清新、宁静舒畅之意境。由于云实具攀缘能力和枝叶有刺，植于护坡围墙下，不仅可消除冰冷生硬之感，使之怡神自然，还具有防护作用。茎粗3cm以上，干直的野生云实植株，可将茎枝上钩刺刮去，整枝成伞状，孤植或丛植于草坪中，叶绿花黄，树姿优美。云实还能作田园山庄的绿篱，既能美化环境，使田园山庄自然贴切，又有很好的防护作用。配置方式：孤植、丛植、篱植。

a

图4-27 云实

凌霄［*Campsis grandiflora*（Thunb.）Schum.］

【其他中文名】紫葳、五爪龙、红花倒水莲、倒挂金钟、上树龙、上树蜈蚣、白狗肠、吊墙花、堕胎花、芰华、藤罗花。

【系统分类】紫葳科凌霄属。

【形态特征】攀缘藤本。茎木质，表皮脱落，枯褐色，以气生根攀附于他物之上。叶对生，为奇数羽状复叶；小叶7～9枚，卵形至卵状披针形，顶端尾状渐尖，基部阔楔形，两侧不等大，长3～9cm，宽1.5～5cm，侧脉6～7对，两面无毛，边缘有粗锯齿；叶轴长4～13cm；小叶柄长5～10mm。顶生疏散的短圆锥花序，花序轴长15～20cm；花萼钟状，长3cm，分裂至中部，裂片披针形，长约1.5cm；花冠内面鲜红色，外面橙黄色，长约5cm，裂片半圆形；雄蕊着生于花冠筒近基部，花丝线形，细长，长2～2.5cm，花药黄色，“个”字形着生；花柱线形，长约3cm，柱头扁平，2裂。蒴果细长如豆荚，先端钝，每果含种子数粒，种子扁平，多数有薄翅。

【生物学习性】喜充足阳光，也耐半阴；适应性较强，耐寒、耐旱、耐瘠薄，病虫害较少，但不适宜在暴晒或无阳光下生长。以排水良好、疏松的中性土壤为宜，忌酸性土；不喜大肥，不要施肥过多，否则影响开花。忌积涝、湿热，一般不需要多浇水，有一定的耐盐碱性。

【地理分布】分布于我国长江流域各地，河北、山东、河南、福建、广东、广西、陕西以及台湾有栽培。日本也有分布，越南、印度、西巴基斯坦均有栽培。

【园林应用】干枝虬曲多姿，翠叶团团如盖，花大色艳，花期甚长，为庭园中棚架、花门之良好绿化材料。用于攀缘墙垣、枯树、石壁，均极适宜；点缀于假山间隙，繁花艳彩，更觉动人；经修剪、整枝等栽培措施，可呈灌木状栽培观赏。管理粗放、适应性强，是理想的城市垂直绿化材料。

a

b

图4-28　凌霄

参考文献

郭柯，刘长成，董鸣，2011. 我国西南喀斯特植物生态适应性与石漠化治理. 植物生态学报，35（10）：991-999.

黄甫昭，丁涛，李先琨，等，2016. 弄岗喀斯特季节性雨林不同群丛物种多样性随海拔的变. 生态学报，36（14）：4509-4517.

黄启堂，郑建平，陈世品，2004. 福建省高速公路边坡绿化用藤本植物选择体系的研究. 福建林业科技，31（3）：14-16.

李益锋，陶抵辉，王绍卿，2011. 藤本植物异军突起藤本产业值得开发. 江苏农业科学，39（4）：5-8.

刘伟，王昊琼，但新球，等，2019. 藤本植物在石漠化治理中的应用. 安徽农业科学，47（13）：78-81.

魏永胜，芦新建，周心澄，等，2009. 爬山虎与五叶地锦对墙体降温效果差异及生理机制. 西北农业学报，18（5）：325-329.

吴易雄，陶抵辉，邓沛怡，2015. 利用藤本植物治理石漠化的成效、存在的问题与对策. 南方林业科学，43（2）：50-55.

夏江宝，许景伟，赵艳云，2008. 我国藤本植物的研究进展. 浙江林业科技，28（3）：69-74.

杨成华，王进，戴晓勇，等，2007. 贵州喀斯特石漠化地段的植被类等. 贵州林业科技，35（4）：7-12.

杨瑞，喻理飞，安明态，2008. 喀斯特区小生境特征现状分析：以茂兰自然保护区为例. 贵州农业科学，36（6）：168-169.

永立，宋永昌，2001. 浙江天童常绿阔叶林藤本植物的适应生态学I. 叶片解剖特征的比较. 植物生态学报，25（1）：90-98.

袁铁象，张合平，欧芷阳，等，2014. 地形对桂西南喀斯特山地森林地表植物多样性及分布格局的影响. 应用生态学报，25（10）：2803-2810.

张朝阳，周凤霞，许桂芳，2009. 藤本植物在边坡生态恢复中的应用. 水土保持究，16（3）：291-293.

Gentry AH, 1991. The distribution and evolution of climbing plants // Putz F E, Mooney H A. The biology of vines. Cambridge, UK: Cambridge University Press: 3-52.

Stefan A, Schnitzer, Frans B, 2002. The ecology of lianas and their role in forests. Trends in Ecology & Evolution, 17（5）：223-230.

第五章

西南喀斯特草本园林植物资源

第一节　总体概况

园林植物在城市-自然-景观复合的生态系统中，既是生态功能作用的主导者，也是城市生态环境建设的主体，具有生态-经济-社会多重价值（夏冰和司志国，2017）。生态价值方面，园林植物具有保育土壤、固碳释氧、调节气候、涵养水源等作用（Horton et al.，1996；Karhu et al.，2014）。经济价值方面，优美的园林植物景观给人舒适愉悦的精神与幸福感，利于文化传承和艺术创作（郭文月和沈文星，2020）。社会价值方面，园林植物可美化和改善城市生活环境，塑造城市特色景观风貌（李秉玲等，2017；徐炜等，2016）。目前，城市园林植物绿化应用上存在“重苗木，轻花卉”“重木本、轻草本”的弊端，木本植物的使用已日趋程序化，而开发利用乡土草本植物，无疑是丰富园林植物种类、增加物种多样性、加大乡土植物比重的有效方法（张佳平和丁彦芬，2012）。园林草本植物具有应用方式丰富多样，设计成本低廉，植株大多较矮，其花、叶、果更具亲和力，易于和游人产生互动等特点，且草本植物又兼具重要的生态、经济和景观价值（张佳平，2013）。因此，加大对野生草本植物的调查、开发利用，为城市园林绿化提供多样植物素材的选择，从而提高乡土园林草本植物在园林绿化中的使用比重，丰富园林植物物种多样性，凸显植物景观地域特色。

贵州喀斯特地处中亚热带，位于我国西南部（东经103°31′～109°30′，北纬24°30′～29°13′）。全省平均海拔高度在1000m左右，从西向东逐渐降低，形成了西部海拔1500～2000m，中部海拔1000～1500m，东部海拔500～800m的高原山地与丘陵地貌特征。境内喀斯特地貌发育完好，具有生境异质性高、生态环境复杂等特点，使得该区域生态类型多样、植物物种丰富度极高，是国内陆地生物多样性关键地区之一（杨远庆，2003）。据统计，贵州植物种类在6500种左右，可用于园林的野生植物近1400种（含变种）。归纳并总结出生态效益、经济效益和景观效益较高的园林草本植物，为西南喀斯特地区不同城市绿地类型的建设、绿化单位以及相关工作人员提供参考。

一、主要类群与分布特点

1. 主要类群

贵州喀斯特植物资源区系成分复杂，中国种子植物的15种地理成分不同程度上都具有，其乡土植物资源以泛热带成分、热带-亚洲成分、温带成分为主（黄威廉等，1988）。特殊的地貌、气候和复杂的植物区系使得贵州省植物资源种类繁多，植物种类6500种左右，其中种子植物约6000种，共189科1276属（杨远庆，2003）。其中草本类主要以禾本科（Gramineae）、百合科（Liliaceae）、豆科（Leguminosae）、菊科（Compositae）、茜草科（Rubiaceae）、虎耳草科（Saxifragaceae）、马兜铃科（Aristolochiaceae）、金粟兰科（Chloranthaceae）、野牡丹科（Melastomataceae）、千屈菜科（Lythraceae）、沙草科（Cyperaceae）、毛茛科（Ranunculaceae）、罂粟科（Papaveraceae）、龙胆科（Gentianaceae）、唇形科（Labiatae）、玄参科（Scrophulariaceae）等为主。

2. 分布特点

贵州喀斯特地区草本园林植物多数生长于海拔700～2100m范围内，境内自然山体、自然保护区、风景名胜区、城市园林绿地等均有大量分布。

3. 特有物种

根据贵州植物志及有关书刊、文献资料初步统计，贵州特有或目前仅在贵州分布的草本植物约220种，共66科44属，约占全省种子植物的5.3%，种类丰富，其中被国家列为重点保护的52种珍稀濒危植物就可供园林应用（杨远庆，2003；屠玉麟，1991）。特有植物的科数占全省种子植物总科数的33.8%，占总属数10.3%。其中草本类科主要有唇形科（Labiatae）、菊科（Compositae）、报春花科（Primulaceae）、蔷薇科（Rosaceae）、虎耳草科（Saxifragaceae）、苦苣苔科（Gesneriaceae）等，特有植物种类主要有贵州萍蓬草（*Nuphar bornetii*）、习水报春（*Primula lithophila*）、八角莲（*Dysosma versipellis*）、金荞麦（*Fagopyrum dibotrys*）等。

二、园林应用现状

以贵州省贵阳市园林绿化为例，已应用于城市园林绿化的草本植物仅有51种，物种组成表现出乡土物种与外来物种混合种植现象（安静等，2014）。其中乡土草本植物科类以蔷薇科（Rosaceae）、禾本科（Gramineae）、蝶形花科（Papilionaceae）为主，主要分布在各类城市公园、广场、道路和小区绿化等区域。常见的草本植物有马蹄金（*Dichondra repens*）、葱兰（*Zephyranthes candida*）、沿阶草（*Ophiopogon bodinieri*）、麦冬（*Ophiopogon japonicus*）、吉祥草（*Reineckia carnea*）、红花酢浆草（*Oxalis corymbosa*）、扁竹根（*Iris confusa*）、狗牙根（*Cynodon dactylon*）、早熟禾（*Poa annua*）、翦股颖（*Agrostis matsumurae*）、高羊茅（*Festuca elata*）、黑麦草（*Lolium perenne*）、龙船花（*Ixora chinensis*）、狭叶十大功劳（*Mahonia confusa*）、美人蕉（*Canna indica*）、丝兰（*Yucca smalliana*）、蜘蛛抱蛋（*Aspidistra elatior*）、萱草（*Hemerocallis fulva*）、龟甲冬青（*Ilex crenata*）、南天竹（*Nandina domestica*）等。具体在以下六个方面进行了广泛应用：

1. 花坛花镜

如三色堇（*Viola tricolor*）、美女樱（*Verbena hybrida*）、百日菊（*Zinnia elegans*）、过路黄（*Lysimachia christinae*）、白车轴草（*Trifolium repens*）等，因花色丰富、叶形美，常片植于园林中形成野趣或花景。如白车轴草在园林运用中主要用于建植草坪，具有修剪次数少、浇水量小、富自然野趣等特点，一般设置于公园、风景区、街头绿化、居住小区、别墅及林荫路旁，模拟自然界林地边缘地带多种野生花卉交错生长状态。射干（*Belamcanda chinensis*）因其形态富有趣味，可以用于建筑物的墙基前、道路的两侧等。瓜叶菊（*Pericallis hybrida*）带有香气，结合其花期设计在林间花镜里，给游人嗅觉上的感官享受。可见，园林草本植物应用可依据不同科、属草本植物的株高、观赏特性和生态习性等灵活配置于园林绿化中，如应用于草坪、平面花坛、立体花坛、斜面花坛和自然花镜等。

2. 点缀造景

园林草本植物点缀造景的形式比较多，盆栽、独植、丛植等方式用于林间小景、街头小景的营造，城市中隔离带的绿化点缀，公园一角的美化造景等。一般选择开花较大、花色美丽的草本植物种类，如美人蕉、美女樱、千屈菜（*Lythrum salicaria*）、秋英（*Cosmos bipinnata*）等。

3. 防护绿化

常见应用于防护绿化的园林草本植物主要有蜘蛛抱蛋、萱草、锦绣杜鹃（*Rhododendron pulchrum*）、车前（*Plantago asiatica*）等。可利用其本身抗逆性强、易成活的特点，采用成片密植和群体绿化方式，在固土护坡、环境绿化美化中充分发挥其优势。贵州省喀斯特地区水土流失严重，很多绿化植物由于地势条件苛刻，人工管护困难，而像多数禾本科（Gramineae）植物对于贵州独特的喀斯特地区环境有特殊的意义，如芒（*Miscanthus sinensis*）抗旱力极强、易成活，可用于水土保持和作为改良喀斯特石漠化土壤的先锋植物，根据绿化地的特点将之用作本土绿化，其效果可以和草坪媲美。此外，不乏花朵艳丽奇特也具有观赏价值的植物，用作山坡绿化和园林假山造景都是很好的选择，如喀西茄（*Solanum khasianum*）、石松（*Lycopodium japonicum*）、矮羊茅（*Festuca coelestis*）等。

4. 地被用途

根据贵州喀斯特地区草本植物习性特征及生长环境要求，可用作地被的种类较多。如三色堇耐阴，作为观赏的稀疏林下地被已经广泛使用；黑麦草可和其他耐践踏的草种搭配栽植；鸢尾（*Iris tectorum*）、沿阶草（*Ophiopogon bodinieri*）常见于林荫下，较为耐阴、耐湿。

5. 盆栽观赏

贵州喀斯特地区部分乡土草本植物的花冠直径较小，可利用这一特点开发鲜切花用途。这部分草本植物如报春花（*Primula forbesii*）、蝴蝶花（*Iris japonica*）、常夏石竹（*Dianthus plumarius*）、猫儿菊（*Hypochaeris ciliata*）、珊瑚樱（*Solanum pseudocapsicum*）等。除了上面提到的鲜切花用途，还可进行户外盆栽，用一定数量盆栽有规律地摆放而形成立体景观，如户外舞台、聚会、节日庆祝等场所周边的环境美化，可以根据各种草本植物的不同花色和形态进行盆栽搭配。

6. 室内观赏

室内观赏主要是盆栽和切花两种形式。室内阳台绿化中矮小、轻盈的种类应用较多，如三色堇、含羞草（*Mimosa pudica*）等。用于室内插花和盆景常见的有蜘蛛抱蛋、美女樱、大花金鸡菊（*Coreopsis grandiflora*）、结缕草（*Zoysia japonica*）等，其花叶繁茂，易与其他草本植物相搭配。

三、园林应用前景

相比外来普通草本植物，乡土草本植物更能体现当地人们的物质精神生活、审美观、民俗风情、文化特色与旅游景观，对当地气候、环境具有更好的耐受性、抗逆性和适应性，驯化成功率高、养护成本低，在提高当地生物多样性的同时又不存在物种入侵问题，且苗木具有易获取、易管理、易栽植等特点，是建设喀斯特地区特色园林的重要资源。此外乡土植物在生态-经济-社会方面也具有重要作用，如改善生态环境、生产纸质品、记载历史文化、体现地域性特色。因此，开发喀斯特乡土植物并应用于城市园林绿化，对改善喀斯特城市环境、体现喀斯特地方特色文化、增加喀斯特园林物种多样性均具有重要意义。

1. 改善园林绿化结构

园林绿化首先要考虑提高绿地的生态功能，而生态功能主要由植物来体现。不同植物具有不同的生态功能。草本植物是塑造园林绿化丰富的景观效果的重要基础，是构成多层次、多种植物混交和多层绿化的重要组成部分。合理选择草本植物应用于园林绿化中，对提高园林生态效益，体现地域景观特色均具有重大意义。

2. 丰富园林景观效果

园林绿化是在提高生物多样性和群落稳定性基础上，对植物景观效果的追求。仅凭高大乔、灌木或藤本塑造园林景观，效果单薄、缺乏多样性，植物配置也会显得单调、不合理，进而减弱了整个园林生物多样性、群落稳定性和景观效果的多样性。因此，园林景观建设中搭配草本植物，对构建多层次景观效果、提高物种多样性和群落稳定性具有极其重要的意义。

3. 提高对高度异质环境的适应性

每个地区环境异质性情况各有不同，贵州喀斯特地区相比其他地区环境异质性显得尤为突出，尤其是在土壤方面。因此喀斯特园林绿化要根据具体生境环境来选择植物种类。多数乡土草本植物相比外来植物对本土气候、环境特点具有更好的耐受性、抗逆性和适应性。同时乡土物种的幼苗具有易获取、易管理、易栽植的特点。因此乡土草本植物能够更好地适应当地生态环境，尤其是对环境高度异质的喀斯特地区。

4. 加强地方生态文化

乡土植物对本地环境具有极好的抗逆性，也易于体现地方植物特色，塑造喀斯特地域性景观。因此，开发利用乡土草本植物，不仅能丰富地方园林植物多样性、提高植被群落稳定性、改善地方生态环境，同时对体现喀斯特地区人们的精神生活、审美观、民俗风情、文化特色与旅游景观，营造喀斯特地域性景观均具有重要作用。

第二节　草本园林植物资源主要物种

蕨类植物

毛蕨［*Cyclosorus interruptus*（Willd.）H. Ito］

【其他中文名】铁毛蕨、不育带毛蕨、间断毛蕨。

【系统分类】金星蕨科毛蕨属。

【形态特征】植株高达130cm。根状茎横走，粗约5mm，黑色，连同叶柄基部偶有一二卵状披针形鳞片。叶近生；叶柄长约70cm，粗2～3mm，基部黑褐色，向上渐变为禾秆色，几光滑；叶片长约60cm，宽20～25cm，卵状披针形或长圆披针形，先端渐尖，并具羽裂尾头，基部不变狭，二回羽裂；羽片22～25对，顶生羽片长约5cm，基部宽约1.8cm，三角状披针形，渐尖头，基部阔楔形，柄长约5mm，羽裂达2/3，侧生中部羽片几无柄，斜向上，互生（基部的对生），相距约2cm，近线状披针形，先端渐尖，基部楔形，对称，羽裂达1/3；裂片约30对，斜展，长宽各约3～4mm，三角形，尖头。叶脉下面明显，每裂片有侧脉8～10对，基部一对斜展，其上侧一脉出自主脉基部，下侧一脉出自羽轴，二者先端交结成一个钝三角形网眼，并自交结点向缺刻下的膜质联线伸出外行小脉；第二对侧脉斜伸到膜质联线，在主脉两侧形成两个斜长方形网眼；第三对侧脉伸达缺刻以上的叶边。叶近革质，干后褐绿色，上面光滑，下面沿各脉疏生柔毛及少数橙红色小腺体，并沿羽轴有一二淡棕色鳞片；鳞片膜质，阔卵形，有缘毛。孢子囊群圆形，生于侧脉中部，每裂片5～9对，下部1～2对不育，因此在羽轴两侧各形成一条不育带；囊群盖小，膜质，淡棕色，上面疏被白色柔毛，宿存，成熟时隐没于囊群中。

【生物学习性】生于海拔200～380m处，喜湿。

【地理分布】分布于中国台湾、福建、海南、广东、香港、广西、江西、贵州等地，也广布于全世界热带和亚热带区域。

【园林应用】全草可以入药，具有祛风除湿、舒筋活络的功效。园林方面，可作地被绿化、林下绿化植物。

图5-1　毛蕨

凤丫蕨［*Coniogramme japonica*（Thunb.）Diels］

【其他中文名】凤尾草、凤丫草、蛇眼草、金鸡草、眉风草、眉凤草、活血莲、凤了蕨、散血莲、凤了草、大叶凤尾巴草、大叶凤凰尾巴草、马肋巴、日本凤丫蕨、镰羽凤丫蕨、日本凤了蕨。

【系统分类】裸子蕨科凤丫蕨属。

【形态特征】多年生草本，植株高60～120cm。禾秆色或栗褐色，基部以上光滑。叶柄长30～50cm，粗3～5mm；叶片和叶柄等长或比叶柄稍长，宽20～30cm，长圆三角形，二回羽状；羽片通常数对（少则3对），基部一对最大，长20～35cm，宽10～15cm，卵圆三角形，柄长1～2cm，羽状（偶有二叉）；侧生小羽片1～3对，长10～15cm，宽1.5～2.5cm，披针形，有柄或向上的无柄，顶生小羽片远较侧生的大，长20～28cm，宽2.5～4cm，阔披针形，长渐尖头，通常向基部略变狭，基部为不对称的楔形或叉裂；第二对羽片三出、二叉或从这对起向上均为单一，但逐渐变小，和其下羽片的顶生小羽片同形；顶生羽片较其下的大，有长柄；羽片和小羽片边缘有向前伸的疏矮齿。叶脉网状，在羽轴两侧形成2～3行狭长网眼，网眼外的小脉分离，小脉顶端有纺锤形水囊，不到锯齿基部。叶干后纸质，上面暗绿色，下面淡绿色，两面无毛。

【生物学习性】生湿润林下和山谷阴湿处，海拔100～1300m。

【地理分布】分布于中国江苏南部、浙江、福建、台湾、江西、安徽、湖北、湖南、广西、四川、贵州、广东等地，朝鲜南及日本也有分布。

【园林应用】凤丫蕨的根茎或全草可作药用，药味辛、微苦，性凉，有祛风除湿、散血止痛、清热解毒之功效。园林方面，可作为边坡绿化、林下配置植物。

图5-2　凤丫蕨

肾蕨［*Nephrolepis auriculata*（Linn.）Trimen］

【其他中文名】水槟榔、石龙胆、肾蕨蜈蚣草、山龙卵、凉水果、凤凰卵、青脚笔、石蛋果、圆羊齿、蜈蚣蕨、冰果草、园羊齿、麻雀蛋、石上丸、凤凰蛋、犸（留）卵、蛇蛋参。

【系统分类】肾蕨科肾蕨属。

【形态特征】根状茎直立，被蓬松的淡棕色长钻形鳞片，下部有粗铁丝状的匍匐茎向四方横展。匍匐茎棕褐色，粗约1mm，长达30cm，不分枝，疏被鳞片，有纤细的褐棕色须根；匍匐茎上生有近球形的块茎，直径1～1.5cm，密被与根状茎上同样的鳞片。叶簇生，柄长6～11cm，粗2～3mm，暗褐色，略有光泽，上面有纵沟，下面圆形，密被淡棕色线形鳞片；叶片线状披针形或狭披针形，长30～70cm，宽3～5cm，先端短尖，叶轴两侧被纤维状鳞片，一回羽状，羽状多数，约45～120对，互生，常密集而呈覆瓦状排列，披针形，中部的一般长约2cm，宽6～7mm，先端钝圆或有时为急尖头，基部心脏形，通常不对称，下侧为圆楔形或圆形，上侧为三角状耳形，几无柄，以关节着生于叶轴，叶缘有疏浅的钝锯齿，向基部的羽片渐短，常变为卵状三角形，长不及1cm；叶脉明显，侧脉纤细，自主脉向上斜出，在下部分叉，小脉直达叶边附近，顶端具纺锤形水囊；叶坚草质或草质，干后棕绿色或褐棕色，光滑。孢子囊群成1行位于主脉两侧，肾形，少有圆肾形或近圆形，长1.5mm，宽不及1mm，生于每组侧脉的上侧小脉顶端，位于从叶边至主脉的1/3处；囊群盖肾形，褐棕色，边缘色较淡，无毛。

【生物学习性】喜温暖潮湿的环境，生长适温为16～25℃，冬季不得低于10℃。自然萌发力强，喜半阴，忌强光直射，对土壤要求不严，以疏松、肥沃、透气、富含腐殖质的中性或微酸性沙壤土生长最为良好，不耐寒，较耐旱，耐瘠薄。

【地理分布】广布于全世界热带及亚热带地区。在中国，分布于浙江、福建、台湾、湖南南部、广东、海南、广西、贵州、云南和西藏等地。

【园林应用】肾蕨盆栽可点缀书桌、茶几、窗台和阳台，也可吊盆悬挂于客室和书房。在园林中可作阴性地被植物或布置在墙角、假山和水池边。其叶片可作切花、插瓶的陪衬材料。欧美将肾蕨加工成干叶并染色，成为新型的室内装饰材料。若以石斛为主材，配上肾蕨、棕竹、蓬莱松，简洁明快，充满时代气息。如用非洲菊作主花，壁插，配以肾蕨、棕竹，有较强的视觉装饰效果。

图5-3　肾蕨

a

b

芭蕉（*Musa basjoo* Sieb. et Zucc.）

【其他中文名】大芭蕉头、粉蕉、扁仙、巴且、大头芭蕉、芭蕉根、芭蕉头、芭苴、牛独心、牙蕉、板蕉、大叶芭蕉、牙焦、天苴、水芭蕉、甘蕉、椒焦、绿天、板焦。

【系统分类】芭蕉科芭蕉属。

【形态特征】多年生丛生草本，具根茎，多次结实；植株高2.5～4m。叶片长圆形，长2～3m，宽25～30cm，先端钝，基部圆形或不对称，叶面鲜绿色，有光泽；叶柄粗壮，长达30cm。花序顶生，下垂；苞片红褐色或紫色；雄花生于花序上部，雌花生于花序下部；雌花在每一苞片内约10～16朵，排成2列；合生花被片长4～4.5cm，具5齿裂，离生花被片几与合生花被片等长，顶端具小尖头。浆果三棱状，长圆形，长5～7cm，具3～5棱，近无柄，肉质，内具多数种子。种子黑色，具疣突及不规则棱角，宽6～8mm。

【生物学习性】性喜温暖，耐寒力弱，茎分生能力强，耐半阴，适应性较强，生长较快。

【地理分布】原产于琉球群岛，中国分布于秦岭淮河以南、台湾等地。

【园林应用】芭蕉的园林种植可以追溯到西汉时期，但一直到魏晋南北朝，园林中芭蕉只是偶然一现。中唐之后，芭蕉在园林中的种植逐渐普及，尤其宋元明清，芭蕉已经在园林中获得较高的地位，成为园林中重要的植物，并形成一定的园林种植规模和造景模式。可丛植于庭前屋后，或植于窗前院落，掩映成趣，更加彰显芭蕉清雅秀丽之逸姿。芭蕉还常与其他植物搭配种植，组合成景。蕉竹配植是最为常见的组合，二者生长习性、地域分布、物色神韵颇为相近，有“双清”之称。芭蕉还可以作盆景，是古人喜欢的一种清玩。

图5-4　芭蕉

金边吊兰［*Chlorophytum comosum*（Thunb.）Baker］

【其他中文名】垂盆吊兰、窄叶吊兰、树蕉瓜、折鹤兰、钓兰、挂兰、吊兰、狭叶吊兰。

【系统分类】百合科吊兰属。

【形态特征】吊兰种下的常见品种之一。多年生常绿草本植物，根状茎粗短，根常常呈肉质或者块状。叶基生，宽线形白色或浅黄色叶边缘，着生于短茎上。总状花序长30～60cm，弯曲下垂，在花梗上的关节（叶腋）处通常长出带有变态根的小植株，一般长势茂盛，下垂像瀑布一样。小花白色；花被6，离生，宿存；雄蕊6，花药近基着；子房3室，顶端3浅裂，每室1至多枚胚珠。蒴果锐三棱形，室背开裂。花期一般在春夏。

【生物学习性】喜温暖的环境，适应性强，越冬最低温度10℃左右。喜明亮光线，忌夏季阳光直射，遮光50%左右，冬季不遮光。在干旱季节和夏季高温时期，需经常向植株周围及叶面喷水。

【地理分布】分布于中国吉林、河北、陕西、四川省及华东等地，北半球温带与寒带也有分布。

【园林应用】金边吊兰叶片呈宽线形，嫩绿色，着生于短茎上，具有肥大的圆柱状肉质根，总状花序长30～60cm，弯曲下垂，小花白色。金边吊兰的边是金黄色的，非常好看。它常在花茎上生出数丛由株芽形成的带根的小植株，十分有趣。生长快，栽培容易，在较明亮的房间内可常年栽培欣赏，是最适宜悬吊或摆放在橱顶或花架上的种类之一。

图5-5 金边吊兰

沿阶草（*Ophiopogon bodinieri* Levl.）

【其他中文名】铺散沿阶草、矮小沿阶草。

【系统分类】百合科沿阶草属。

【形态特征】根纤细，近末端具纺锤形小块根。地下走茎长，径1～2mm。叶基生成丛，禾叶状，长20～40cm，宽2～4mm。花葶较叶稍短或几等长，总状花序长1～7cm，具几朵至10余朵花，花常单生或2朵生于苞片腋内，苞片线形或披针形，稍黄色，半透明，最下面的长约7mm；花梗长5～8mm，关节生于中部；花被片卵状披针形、披针形或近长圆形，长4～6mm，内轮3片宽于外轮3片，白或稍紫色；花丝长不及1mm；花药窄披针形，长约2.5mm，常绿黄色；花柱细，长4～5mm。种子近球形或椭圆形，径5～6mm。

【生物学习性】耐阴性：既能在强阳光照射下生长，又能忍受荫蔽环境，属耐阴植物。在建筑物背阴处或竹丛、高大乔木的阴影下终年不见直射阳光的地方能茂盛生长，且叶面比直射光下翠绿而有光泽。耐热性：在南亚热气候带——海拔780m的南盘江河谷种植，能安全越夏，能耐受最高气温46℃。耐寒性：能耐受−20℃的低温而安全越冬，且寒冬季节叶色始终保持常绿。耐湿性：在雨水中浸泡7天仍无涝害症状，耐湿性极强。耐旱性：根系发达，能储存大量的水分和营养物质，叶片具有蜡质保护层，可在干旱环境下最大限度地减少水分蒸发，维持其正常的生长生活所需的营养和水分。

图5-6　沿阶草

【地理分布】分布于中国云南、贵州、四川、陕西、甘肃和西藏等地，与华东地区几乎没有交集。生长于山坡、山谷潮湿处、沟边、灌丛中或林下。

【园林应用】长势强健，耐阴性强，植株低矮，根系发达，覆盖效果较好。且沿阶草具有极强的耐阴、耐热、耐寒和耐践踏等特性，成坪后不需特殊管理，省水省肥，养护成本极低，符合草坪草的要求，在园林中可配置成观赏草坪，是庭院、道路两旁和广场等地绿化较为理想的草坪草。叶片终年常绿，花直挺，花色淡雅，能作为盆栽观叶植物。

玉簪［*Hosta plantaginea*（Lam.）Aschers.］

【其他中文名】吉祥草、白鹤仙、棒玉簪、叶耳草、脚术、紫萼、玉钻、地蜈蚣、山白菜、玉泡花、白萼花、内消花、玉簪花、白萼、玉簪棒、小芭蕉、玉春棒、百萼、白玉簪、白仙鹤、白花玉簪、白鹤仙、白鹤花、天簪花、白鹤草。

【系统分类】百合科玉簪属。

【形态特征】根状茎粗厚，粗1.5～3cm。叶卵状心形、卵形或卵圆形，长14～24cm，宽8～16cm，先端近渐尖，基部心形，具6～10对侧脉；叶柄长20～40cm。花葶高40～80cm，具几朵至十几朵花；花的外苞片卵形或披针形，长2.5～7cm，宽1～1.5cm；内苞片很小；花单生或2～3朵簇生，长10～13cm，白色，气味芬芳；花梗长约1cm；雄蕊与花被近等长或略短，基部约15～20mm贴生于花被管上。蒴果圆柱状，有三棱，长约6cm，直径约1cm。花果期8～10月。

【生物学习性】喜阴湿环境，受强光照射则叶片变黄，生长不良，喜肥沃、湿润的沙壤土。性极耐寒，在中国大部分地区能露地越冬，地上部分经霜后枯萎，翌春宿萌发新芽。忌强烈日光暴晒，生长适宜温度为15～25℃，冬季温度不低于5℃。

【地理分布】原产中国及日本，分布于中国四川、湖北、湖南、江苏、安徽、浙江、福建及广东等地，欧美各国也多有栽培。

【园林应用】玉簪叶娇莹，花苞似簪，色白如玉，清香宜人，是中国古典庭院中重要花卉之一。在现代庭院中多配植于林下草地、岩石园或建筑物背面，也可三两成丛点缀于花境中，还可以盆栽布置于室内及廊下。

图5-7　玉簪

牛至（*Origanum vulgare* L.）

【其他中文名】排香草、山薄荷、乳香草、山薷香、香薷草、毛荆芥、苏子草、蛇药、荆芥、野香草、滚堆尖、对叶接骨丹、满山香、暑草、署草、罗罗香、野香薷、野茉乔拉、雪见菜、小薄荷、王香草、台湾姜叶草、滇香芾、马脚兰、牛至草、地薷香、贾贝、土茵陈、香薷、香茹草、香炉草、琦香、香耳草。

【系统分类】唇形科牛至属。

【形态特征】多年生草本或半灌木，芳香；根茎斜生，其节上具纤细的须根，部分木质。茎直立或近基部伏地，通常高25～60cm，部分紫色，四棱形，具倒向或微蜷曲的短柔毛，多数，从根茎发出，中上部各节有具花的分枝，下部各节有不育的短枝，近基部常无叶。叶具柄，柄长2～7mm，腹面具槽，背面近圆形，被柔毛，叶片卵圆形或长圆状卵圆形，长1～4cm，宽0.4～1.5cm，先端钝或稍钝，基部宽楔形至近圆形或微心形，全缘或有稀疏的小锯齿，上面亮绿色，常带紫晕，具不明显的柔毛及凹陷的腺点，下面淡绿色，明显被柔毛及凹陷的腺点，侧脉3～5对，与中脉在上面不显著，下面突出；苞叶大多无柄，常带紫色。伞房状圆锥花序，开张，多花密集；苞片长圆状倒卵形至倒卵形或倒披针形，锐尖，绿色或带紫晕，长约5mm，具平行脉，全缘；花萼钟状，连齿长3mm，外面被小硬毛或近无毛，内面在喉部有白色柔毛环，13脉，萼齿5，三角形，等大，长0.5mm；花冠紫红、淡红至白色，管状钟形，长7mm，两性花冠筒长5mm，显著超出花萼，而雌性花冠筒短于花萼，长约3mm，外面疏被短柔毛，内面在喉部被疏短柔毛，冠檐明显二唇形，上唇直立，卵圆形，长1.5mm，先端2浅裂，下唇开张，长2mm，3裂，中裂片较大，侧裂片较小，均长圆状卵

图5-8

图5-8　牛至

圆形；雄蕊4，在两性花中，后对短于上唇，前对略伸出花冠，在雌性花中，前后对近相等，内藏，花丝丝状，扁平，无毛，花药卵圆形，2室，两性花由三角状楔形的药隔分隔，室叉开，而雌性花中药隔退化雄蕊的药室近于平行；花盘平顶；花柱略超出雄蕊，先端不相等2浅裂，裂片钻形。小坚果卵圆形，长约0.6mm，先端圆，基部骤狭，微具棱，褐色，无毛。花期7～9月，果期10～12月。

【生物学习性】喜温暖湿润气候，适应性较强。以向阳、土层深厚、疏松肥沃、排水良好的沙质壤土栽培为宜。对土壤要求不严格，一般土壤都可以栽培，但碱土、沙土不宜栽培。

【地理分布】分布于中国河南、江苏、浙江、安徽、江西、福建、台湾、湖北、湖南、广东、贵州、四川、云南、陕西、甘肃、新疆及西藏等地。生于路旁、山坡、林下及草地，海拔500～3600m。欧、亚两洲及北非也有分布。

【园林应用】全草可提芳香油，鲜茎叶含油0.07%～0.2%，干茎叶含油0.15%～4%。除供调配香精外，亦用作酒曲配料。此外它又是很好的蜜源植物，在园林方面是地被绿化和花境建造的良好物种。

鼠尾草（*Salvia japonica* Thunb.）

【其他中文名】洋苏草、普通鼠尾草、庭院鼠尾草。

【系统分类】唇形科鼠尾草属。

【形态特征】一年生草本；须根密集。茎直立，高40～60cm，钝四棱形，具沟，沿棱上被疏长柔毛或近无毛。茎下部叶二回羽状复叶，叶柄长7～9cm，腹凹背凸，被疏长柔毛或无毛，叶片长6～10cm，宽5～9cm；茎上部叶为一回羽状复叶，具短柄，顶生小叶披针形或菱形，长可达10cm，宽3.5cm，先端渐尖或尾状渐尖，基部长楔形，边缘具钝锯齿，被疏柔毛或两面无毛，草质；侧生小叶卵圆状披针形，长1.5～5cm，宽0.8～2.5cm，先端锐尖或短渐尖，基部偏斜近圆形，其余与顶生小叶同，近无柄。轮伞花序2～6花，组成伸长的总状花序或分枝组成总状圆锥花序，花序顶生；苞片及小苞片披针形，长2～5mm，宽0.5～1mm，全缘，先端渐尖，基部楔形，两面无毛；花梗长1～1.5mm，被短柔毛；花序轴密被具腺或无腺疏柔毛；花萼筒形，长4～6mm，外面被具腺疏柔毛，内面在喉部有白色的长硬毛毛环，二唇形，唇裂达花萼长1/3，上唇三角形或近半圆形，长约2mm，宽3mm，全缘，先端具3个小尖头，下唇与上唇近等长，宽约3mm，半裂成2齿，齿长三角形，长渐

图5-9

尖；花冠淡红、淡紫、淡蓝至白色，长约12mm，外面密被长柔毛，内面离基部2.5 ～ 4mm有斜生的疏柔毛环，冠筒直伸，筒状，长约9mm，外伸，基部宽2mm，向上渐宽，至喉部宽达3.5mm，冠檐二唇形，上唇椭圆形或卵圆形，长2.5mm，宽2mm，先端微缺，下唇长3mm，宽4mm，3裂，中裂片较大，倒心形，边缘有小圆齿，侧裂片卵圆形，较小；育雄蕊2，外伸，花丝长约1mm，药隔长约6mm，直伸或稍弯曲，上臂长，二下臂瘦小，不育，分离；花柱外伸，先端不相等2裂，前裂片较长；花盘前方略膨大。小坚果椭圆形，长约1.7mm，直径0.5mm，褐色，光滑。

【生物学习性】生于山坡、路旁、荫蔽草丛、水边及林荫下，海拔220 ～ 1100m。喜温暖、光照充足、通风良好的环境。生长适温15 ～ 22℃。耐旱，但不耐涝。不择土壤，喜石灰质丰富的土壤，宜排水良好、土质疏松的中性或微碱性土壤。

【地理分布】原产于欧洲南部与地中海沿岸地区。中国主要生长在浙江、安徽南部、江苏、江西、湖北、福建、台湾、广东、广西等地，日本也有分布。

【园林应用】园林绿化方面可作盆栽，用于花坛、花境和园林景点的布置。同时，可点缀岩石旁、林缘空隙地以及摆放自然建筑物前和小庭院中。因适应性强，临水岸边也能种植，群植效果甚佳，适宜公园、风景区林缘坡地、草坪一隅、河湖岸边布置。

图5-9　鼠尾草

白车轴草（*Trrifolium repens* Linn.）

【其他中文名】白三叶、白花三叶草、白花苜蓿、荷兰翘摇。

【系统分类】豆科三叶草属。

【形态特征】短期多年生草本，生长期达5年，高10～30cm。主根短，侧根和须根发达。茎匍匐蔓生，上部稍上升，节上生根，全株无毛。掌状三出复叶；托叶卵状披针形，膜质，基部抱茎成鞘状，离生部分锐尖；叶柄较长，长10～30cm；小叶倒卵形至近圆形，长8～30mm，宽8～25mm，先端凹头至钝圆，基部楔形渐窄至小叶柄，中脉在下面隆起，侧脉约13对，与中脉作50°角展开，两面均隆起，近叶边分叉并伸达锯齿齿尖；小叶柄长1.5mm，微被柔毛。花序球形，顶生，直径15～40mm；总花梗甚长，比叶柄长近1倍，具花20～80朵，密集，无总苞；苞片披针形，膜质，锥尖；花长7～12mm；花梗比花萼稍长或等长，开花立即下垂；萼钟形，具脉纹10条，萼齿5，披针形，稍不等长，短于萼筒，萼喉开张，无毛；花冠白色、乳黄色或淡红色，具香气；旗瓣椭圆形，比翼瓣和龙骨瓣长近1倍，龙骨瓣比翼瓣稍短；子房线状长圆形，花柱比子房略长，胚珠3～4粒。荚果长圆形。种子通常3粒，阔卵形。

【生物学习性】白车轴草耐寒性强，气温降至0℃时部分老叶枯黄，主根上小叶紧贴地面，停止生长，但仍保持绿色。绿期长，对土壤要求不严，可适应各种土壤类型，在偏酸性土壤上生长良好。喜温暖、向阳、排水良好的环境条件，干旱情况下生长缓慢，高温季节有部分枯死现象。

【地理分布】原产欧洲和北美，世界温带和亚热带广为栽培，中国东北、华北、中南、西南等地也均有栽培。在湿润草地、河岸、路边呈半自生状态。

【园林应用】白车轴草的侵占性和竞争能力较强，能够有效抑制杂草生长，不用长期修剪，管理粗放且使用年限长，具有改善土壤及水土保湿作用，可用于园林、公园、高尔夫球场等绿化草坪的建植。

图5-10　白车轴草

a　b

紫苜蓿（*Medicago sativa* L.）

【其他中文名】光风草、苜蓿草、牧蓿、光风、木粟、连枝草、怀风、苜蓿根、苜草、金花菜、宿草、天蓝苜蓿、小苜蓿、苜蓿、蓿草、紫花苜蓿、咋竹给扎里、羊草。

【系统分类】豆科苜蓿属。

【形态特征】高30～100cm。根粗壮，深入土层，根颈发达。茎直立、丛生以至平卧，四棱形，无毛或微被柔毛，枝叶茂盛。羽状三出复叶；托叶大，卵状披针形，先端锐尖，基部全缘或具1～2齿裂，脉纹清晰；叶柄比小叶短；小叶长卵形、倒长卵形至线状卵形，等大，或顶生小叶稍大，长10～40mm，宽3～10mm，纸质，先端钝圆，基部狭窄，楔形，边缘三分之一以上具锯齿，上面无毛，深绿色，下面被贴伏柔毛；侧脉8～10对，与中脉成锐角，在近叶边处略有分叉；顶生小叶柄比侧生小叶柄略长。花序总状或头状，长1～2.5cm，具花5～30朵；总花梗挺直，比叶长；苞片线状锥形，比花梗长或等长；花长6～12mm；花梗短，长约2mm；萼钟形，长3～5mm，萼齿线状锥形，比萼筒长，被贴伏柔毛；花冠淡黄、深蓝至暗紫色，花瓣均具长瓣柄，旗瓣长圆形，先端微凹，明显较翼瓣和龙骨瓣长，翼瓣较龙骨瓣稍长；子房线形，具柔毛，花柱短阔，上端细尖，柱头点状，胚珠多数。荚果螺旋状紧卷2～6

图5-11　紫苜蓿

圈，中央无孔或近无孔，径5～9mm，被柔毛或渐脱落，脉纹细，不清晰，熟时棕色；有种子10～20粒。种子卵形，长1～2.5mm，平滑，黄色或棕色。花期5～7月，果期6～8月。

【生物学习性】喜温暖和半湿润到半干旱的气候，因而多分布于长江以北地区，适应区域广。在降水量较少的地区，也能忍耐干旱。抗寒性较强，能耐冬季低于-30℃的严寒，在有雪覆盖的情况下，气温达-40℃也能安全越冬，在东北、华北和西北三北地区都可以种植，以平原黑土地区最为适宜。南方高温潮湿气候则生长不良，所以栽培较少。在冬季少雪的高寒地区，因气候变化剧烈，经常在春季遭受冻害，采取适当保护措施才能越冬。

【地理分布】全国各地都有栽培或呈半野生状态。

【园林应用】枝繁叶茂，大面积栽种时能很快覆盖地面，特别是紫苜蓿具有密而小且易浸湿的叶子，持水量较大，从而可有效地截留降水，减少地表径流。不仅如此，紫苜蓿的根系也非常发达。根系固氮，能提高土壤有机质的含量。大量的侧支根纵横交错形成的强大的根系网络及其固氮作用，不仅有利于土壤团粒结构的形成，而且能改善土壤的理化性质，增强土壤的持水性和透水性，从而起到保持水土的作用。另外，紫苜蓿适应性强，可栽种范围广。生长期间多次收割或受破坏后仍能旺盛生长，再生能力强，实为山区优良的水土保持植物。

心叶日中花（*Mesembryanthemum cordifolium* L. f.）

【其他中文名】巴西吊兰、心叶冰花、花蔓草、露花、露草、樱花吊兰、羊角吊篮、穿心莲、牡丹吊兰、田七菜、口红吊兰。

【系统分类】番杏科日中花属。

【形态特征】多年生常绿草本。茎斜卧、铺散，长达60cm，稍肉质，无毛，具小颗粒状凸起。叶对生，心状卵形，扁平，长1～2cm，宽约1cm，先端尖或钝圆具突尖头，基部圆，全缘；叶柄长3～6mm；花单生枝顶及腋生，径约1cm；花梗长1.2cm；花萼长8mm，裂片4，2个倒圆锥形，2个线形，宿存；花瓣红紫色，匙形，长约1cm；子房4室，无花柱，柱头4裂。蒴果肉质，星状4瓣裂。种子多数。

【生物学习性】喜温暖、干燥、柔和而充足的光照，耐半阴和干旱，不耐涝，有一定的耐寒能力。日照适宜50%～70%，忌强光直射、高温、多湿，不能长期淋雨。4～9月为其生长旺季，应给予充足的光照，但盛夏高温时仍需适当遮光，以免由烈日暴晒引起枝叶偏黄。但也不能过于荫蔽，否则会使株形松散、开花稀少。因此，最好能悬挂在阴棚、树荫下、阳台内侧或其他无直射阳光处养护，并注意通风良好，避免闷热的环境。生长适宜温度15～25℃，5℃以下有冻害。

【地理分布】自然分布于南非的开普省东部、夸祖鲁-纳塔尔省及林波波河流域。中国有引进栽培。

【园林应用】易成活、生长快、耐干旱、管理粗放、适应性强、容易繁殖、四季常青，青枝绿叶之间绽放着星星点点的红色小花，既可赏花又能观叶，且不易滋生病虫害，具有较好的园林绿化效果。配置方式：盆栽、丛植、垂直绿化。

图5-12　心叶日中花

旱金莲（*Tropaeolum majus* L.）

【其他中文名】旱莲、金莲花、吐血丹、荷叶七、旱荷花、旱荷、旱金莲花、大红乌、金荷花、金丝莲、荷叶莲、旱莲花。

【系统分类】旱金莲科旱金莲属。

【形态特征】多年生做一年生栽培，茎叶稍肉质，草本，半蔓生，无毛或疏毛。叶互生；叶柄长6～31cm，向上扭曲，盾状，着生于叶片的近中心处；叶片圆形，直径3～10cm，有主脉9条；叶柄着生处向四面放射，边缘为波浪形的浅缺刻，背面通常有疏毛或乳凸点。单花腋生，花柄长6～13cm；花黄色、紫色、橘红色或杂色，直径2.5～6cm；花托杯状；萼片5，长椭圆状披针形，长1.5～2cm，宽5～7mm，基部合生，边缘膜质，其中一片延长成一长距，距长2.5～3.5cm，渐尖；花瓣5，通常圆形，边缘有缺刻，上部2片通常全缘，长2.5～5cm，宽1～1.8cm，下部3片基部狭窄成爪，近爪处边缘具有睫毛；雄蕊长短互间，分离；子房3室，花柱1枚，柱头3裂，呈线形。果扁球形，成熟时分裂成3个具一粒种子的瘦果。花期6～10月，果期7～11月。

【生物学习性】性喜温和气候，不耐严寒酷暑，适生温度为18～24℃，能忍受短期0℃，越冬温度10℃以上。夏季高温时不易开花，35℃以上生长受抑制。冬、春和秋需充足光照，夏季盆栽忌烈日暴晒。

【地理分布】原产于南美秘鲁、巴西等地。中国分布于河北、江苏、福建、江西、广东、广西、云南、贵州、四川、西藏等地。

【园林应用】旱金莲叶肥花美，叶形如碗莲，呈圆盾形互生，具长柄。花朵形态奇特，腋生，呈喇叭状，茎蔓柔软娉婷多姿，叶、花都具有极高的观赏价值。可用于盆栽装饰阳台、窗台或置于室内书桌、几架上观赏，也宜于作切花。

图5-13　旱金莲

狼尾草［*Pennisetum alopecuroides*（Linn.）Spreng.］

【其他中文名】紫芒狼尾草、拐头草、狼尾、狗子尾、狼茅、双穗狼尾草、稂、狗尾巴、白尖草、狼儿草、露水草、韧丝草、油草、光明草、油包草、狗尾露水草、芮草、牧地狼尾草、戾草、累步草、老鼠狼、拐草、狗仔尾、狗尾巴草、大光明草、大狗尾草、山箭子草。

【系统分类】禾本科狼尾草属。

【形态特征】多年生；须根较粗壮。秆直立，丛生，高30～120cm。叶鞘光滑，两侧压扁，主脉呈脊，在基部者跨生状，秆上部者长于节间；叶舌具长约2.5mm纤毛；叶片线形，长10～80cm，宽3～8mm，先端长渐尖，基部生疣毛。圆锥花序直立，长5～25cm，宽1.5～3.5cm；主轴密生柔毛；总梗长2～5mm；刚毛粗糙，淡绿色或紫色，长1.5～3cm；小穗通常单生，偶有双生，线状披针形，长5～8mm；第一颖微小或缺，长1～3mm，膜质，先端钝，脉不明显或具1脉；第二颖卵状披针形，先端短尖，具3～5脉，长约为小穗（1/3）～（2/3）；第一小花中性，第一外稃与小穗等长，具7～11脉；第二外稃与小穗等长，披针形，具5～7脉，边缘包着同质的内稃；鳞被2，楔形；雄蕊3，花药顶端无毫毛；花柱基部连合。颖果长圆形，长约3.5mm。叶片表皮细胞结构为上下表皮不同；上表皮脉间细胞2～4行为长筒状、有波纹、壁薄的长细胞；下表皮脉间5～9行为长筒形，壁厚，有波纹长细胞与短细胞交叉排列。

【生物学习性】喜光照充足的生长环境，耐旱、耐湿，亦能耐半阴，且抗寒性强。适合温暖、湿润的气候条件，当气温达到20℃以上时，生长速度加快。抗倒伏，无病虫害。

【地理分布】中国自东北、华北经华东、中南及西南各地均有分布，日本、印度、朝鲜、缅甸、巴基斯坦、越南、菲律宾、马来西亚、大洋洲及非洲也有分布。

【园林应用】狼尾草鲜草中粗脂肪、粗蛋白、粗纤维、无氮浸出物和灰分的含量高，营养丰富，是一种高档的饲料牧草，为牛、羊、兔、鹅、鱼等动物所喜食。因其具有抗旱、抗盐、耐湿、无病害发生、对土壤条件要求不严、生长迅速等优点，在中国广东、福建、广西、海南、浙江等南方地区已大量推广栽培，作为草食畜类和鱼类良好的饲料来源，也可作固堤防沙植物。园林方面，可作为丛植、片植、专类园建设植物。

图5-14　狼尾草

蒲苇［*Cortaderia selloana*（Schult.）Aschers. et Graebn.］

【其他中文名】潘帕斯草。

【系统分类】禾本科蒲苇属。

【形态特征】多年生，雌雄异株。秆高大粗壮，丛生，高2～3m。茎极狭，长约1m，宽约2cm，下垂，边缘具细齿，呈灰绿色，被短毛。叶舌为一圈密生柔毛，毛长2～4mm；叶片质硬，狭窄，簇生于秆基，长达1～3m，边缘具锯齿状粗糙。圆锥花序大型稠密，长50～100cm，银白色至粉红色；雌花序较宽大，雄花序较狭窄；小穗含2～3小花，雌小穗具丝状柔毛，雄小穗无毛；颖质薄，细长，白色，外稃顶端延伸成长而细弱之芒。花期9～10月。

【生物学习性】性强健，耐寒，喜温暖湿润、阳光充足气候。

【地理分布】分布于华北、华中、华南、华东及东北等广大地区。

【园林应用】观花类植物，蒲苇花穗长而美丽，庭院栽培壮观而雅致，或植于岸边，入秋赏其银白色羽状穗的圆锥花序。也可用作干花，或花境观赏草专类园内使用，具有优良的生态适应性和观赏价值。

图5-15　蒲苇

水竹（*Phyllostachys heteroclada* Oliver.）

【其他中文名】 实心竹、木竹、黎子竹。

【系统分类】 禾本科刚竹属。

【形态特征】 竿可高6m，粗达3cm；幼竿具白粉并疏生短柔毛；节间长达30cm，壁厚3～5mm；竿环在较粗的竿中较平坦，与箨环同高，在较细的竿中则明显隆起而高于箨环；节内长约5mm；分枝角度大，以至接近于水平开展。箨鞘背面深绿带紫色（在细小的笋上则为绿色），无斑点，被白粉，无毛或疏生短毛，边缘生白色或淡褐色纤毛；箨耳小，但明显可见，淡紫色，卵形或长椭圆形，有时呈短镰形，边缘有数条紫色繸毛，在小的箨鞘上则可无箨耳及鞘口繸毛或仅有数条细弱的繸毛；箨舌低，微凹乃至微呈拱形，边缘生白色短纤毛；箨片直立，三角形至狭长三角形，绿色、绿紫色或紫色，背部呈舟形隆起。末级小枝具2叶，稀可1或3叶；叶鞘除边缘外无毛；无叶耳，鞘口繸毛直立，易断落；叶舌短；叶片披针形或线状披针形，长5.5～12.5cm，宽1～1.7cm，下表面在基部有毛。果实未见。笋期5月，花期4～8月。

【生物学习性】 喜欢温暖带点湿润的环境，通风并有阳光照射、阴凉的环境最好，不宜在太阳下暴晒。土壤喜温而湿，腐烂植被比较多的黏土环境最适宜。不耐寒，冬天的温度不宜低于5℃。

【地理分布】 产黄河流域及其以南各地。多生于河流两岸及山谷中，为长江流域及其以南最常见的野生竹种。

【园林应用】 容易管理和培植，干净而雅致，具有盆景风度。若配上假山奇石，制作小盆景，极具自然之美感。在南方多露地培植，在小溪边、假山、石缝中装点，别有一番韵味。

图5-16　水竹

肾形草（*Heuchera micrantha* Douglas ex Lindl.）

【其他中文名】矾根、珊瑚铃。

【系统分类】虎耳草科矾根属。

【形态特征】多年生常绿草本花卉，浅根性。叶基生，阔心型，成熟叶片长20～25cm，叶色丰富，在温暖地区常绿；花小，钟状，花茎0.6～1.2cm，红色，两侧对称，花序复总状，花期4～6月。

【生物学习性】自然生长在湿润多石的高山或悬崖旁，是一种优良的宿根花卉。在肥沃、排水良好、富含腐殖质的团粒结构土壤上生长良好，是少有的彩叶阴生地被植物。冬季温暖地区叶子四季不凋，覆盖力强。喜半阴、耐全光，耐旱性和耐寒性强。肾形草在−15℃以上的温度下能生长良好，10～30℃之间最适合其生长。

【地理分布】原产于美国中部，是少有的彩叶植物，中国少数地方引种栽培。

【园林应用】株姿优雅，花色鲜艳，是花坛、花境、花带等景观配置的立项材料，又可配植成各种各样的花坛图案，一些低矮的品种也可配植成花坛的镶边材料。在居住区入口附近、建筑物步道两侧等，肾形草可配植成亮丽的花境、花带。在居住区群落配置上，肾形草亦可作林下片植。

图5-17　肾形草

七星莲（*Viola diffusa* Ging.）

【其他中文名】黄花香、白花犁头草、白地黄瓜、九头草、地黄瓜、筋骨菜、地白草、银茶匙、野白菜、雪里青、小黄瓜香、提脓草、石白菜、地白菜。

【系统分类】堇菜科堇菜属。

【形态特征】体被糙毛或白色柔毛，或近无毛，花期生出地上匍匐枝。匍匐枝先端具莲座状叶丛，通常生不定根；根状茎短，具多条白色细根及纤维状根。基生叶多数，丛生呈莲座状，或于匍匐枝上互生；叶片卵形或卵状长圆形，长1.5～3.5cm，宽1～2cm，先端钝或稍尖，基部宽楔形或截形，稀浅心形，明显下延于叶柄，边缘具钝齿及缘毛，幼叶两面密被白色柔毛，后渐变稀疏，但叶脉上及两侧边缘仍被较密的毛；叶柄长2～4.5cm，具明显的翅，通常有毛；托叶基部与叶柄合生，2/3离生，线状披针形，长4～12mm，先端渐尖，边缘具稀疏的细齿或疏生流苏状齿。花较小，淡紫色或浅黄色，具长梗，生于基生叶或匍匐枝叶丛的叶腋间；花梗纤细，长1.5～8.5cm，无毛或被疏柔毛，中部有1对线形苞片；萼片披针形，长4～5.5mm，先端尖，基部附属物短，末端圆或具稀疏细齿，边缘疏生睫毛；侧方花瓣倒卵形或长圆状倒卵形，长6～8mm，无须毛，下方花瓣连距长约6mm，较其他花瓣显著短；距极短，长仅1.5mm，稍露出萼片附属物之外；下方2枚雄蕊背部的距短而宽，呈三角形；子房无毛，花柱棍棒状，基部稍膝曲，上部渐增粗，柱头两侧及后方具肥厚的缘边，中央部分稍隆起，前方具短喙。蒴果长圆形，直径约3mm，长约1cm，无毛，顶端常具宿存的花柱。花期3～5月，果期5～8月。

【生物学习性】生于山地林下、林缘、草坡、溪谷旁、岩石缝隙中，海拔2000m以下。

【地理分布】分布于中国浙江、台湾、四川、云南、西藏等地，印度、尼泊尔、菲律宾、马来西亚、日本也有分布。

【园林应用】具有药用价值，消肿排脓，清肺止咳。可采集现蕾期前的幼嫩植株，去除泥土、杂物，洗净后可凉拌、炒食、煲汤、做馅、腌渍等。在园林方面，可作为草地建植、边坡绿化等物种。

图5-18　七星莲

a

b

蓝花草（*Ruellia brittoniana* Leonard）

【其他中文名】 吐红草、地狗胆、青藤、刺牛膝、白牛膝、假红蓝、洋杜鹃。

【系统分类】 爵床科蓝花草属。

【形态特征】 草本植物，茎直立，高55～150cm，叶柄、花序轴和花梗均无毛。等距地生叶，上部分枝；茎下部叶有稍长柄；叶片五角形，长6.5～10cm，宽12～20cm，三全裂，中央全裂片菱形或菱状倒卵形，渐尖，在中部三裂，二回裂片有少数小裂片和卵形粗齿，侧全裂片宽为中央全裂片的二倍，不等二深裂近基部，两面均有短柔毛；叶柄长约为叶片的1.5倍，基部近无鞘；茎上部叶渐变小。总状花序数个组成圆锥花序；花梗斜上展，长1.5～3cm；小苞片生花梗中部，钻形，长2.5～3.5mm，疏被短毛或近无毛；萼片蓝紫色，卵形或椭圆形，长1～1.3cm，外面有短柔毛，距钻形，长1.6～2cm，直或呈镰状向下弯曲，花色以蓝紫色为主，此外还有粉红色、白色等，无毛或有疏缘毛，顶端二浅裂；退化雄蕊蓝色，瓣片二裂稍超过中部，腹面有黄色髯毛，爪与瓣片近等长，基部有钩状附属物；雄蕊无毛；心皮3，无毛。蓇葖长约1.4cm。种子倒卵球形，长2.5～3mm，密生波状横翅。7～8月开花。

图5-19　蓝花草

【生物学习性】 喜温暖湿润和阳光充足的环境，耐高温和干旱，对光照要求不严，在全日照和半日照的环境中都能正常生长。对土壤要求也不严，在贫瘠地和盐碱地均能正常生长，但在中等肥力、疏松肥沃、排水透气性良好、含腐殖质丰富的土壤中生长更好。

【地理分布】 原产墨西哥，后在欧洲、日本等地广为栽培。

【园林应用】 具有花色优雅、花姿美丽、栽培容易、养护简单的特点，可以弥补中国盛夏季节开花植物的不足，因此在园林绿化上有广阔的应用前景。

大吴风草［*Farfugrium japonicum*（Linn.）Kitam.］

【其他中文名】八角乌、活血莲、独角莲、一叶莲、大马蹄香、大马蹄、铁冬苋、马蹄当归。

【系统分类】菊科大吴风草属。

【形态特征】多年生葶状草本。根茎粗壮，直径达1.2cm。花葶高达70cm，幼时被密的淡黄色柔毛，后多少脱毛，基部直径5～6mm，被极密的柔毛。叶全部基生，莲座状，有长柄，柄长15～25cm，幼时被与花葶上一样的毛，后多脱毛，基部扩大，呈短鞘，抱茎，鞘内被密毛，叶片肾形，长9～13cm，宽11～22cm，先端圆形，全缘或有小齿至掌状浅裂，基部弯缺宽，长为叶片的1/3，叶质厚，近革质，两面幼时被灰色柔毛，后脱毛，上面绿色，下面淡绿色；茎生叶1～3，苞叶状，长圆形或线状披针形，长1～2cm。头状花序辐射状，2～7，排列成伞房状花序；花序梗长2～13cm，被毛；总苞钟形或宽陀螺形，长12～15mm，口部宽达15mm，总苞片12～14，2层，长圆形，先端渐尖，背部被毛，内层边缘褐色宽膜质。舌状花8～12，黄色，舌片长圆形或匙状长圆形，长15～22mm，宽3～4mm，先端圆形或急尖，管部长6～9mm；管状花多数，长10～12mm，管部长约6mm，花药基部有尾，冠毛白色，与花冠等长。瘦果圆柱形，长达7mm，有纵肋，被成行的短毛。花果期8月至翌年3月。

【生物学习性】喜半阴和湿润环境，忌干旱和夏季阳光直射，生长适宜温度为12～25℃，可忍耐夏日38℃的高温。对土壤适应性较强，以肥沃疏松、排水良好的壤土为宜。

【地理分布】分布于日本和中国。在中国，分布于湖北、湖南、广西、广东、福建和台湾等地。

【园林应用】因叶子酷似莲叶，又称“活血莲”与“一叶莲”。大吴风草生长力旺盛，覆盖力强，株形饱满完整，一年四季皆有观赏价值，最突出之处便是叶片酷似马蹄，大而靓丽。大吴风草姿态优美、花艳叶翠、观赏周期长，是优良的园林应用植物，可丛植、片植于公园绿地、居住区、道路绿地等。作为优良的观赏植物，大吴风草花朵艳丽、叶片深绿，可采用大色块、大手笔的手法大面积栽植形成群落，并可作为其他植物景观的烘托，形成令人震撼的景观。

图5-20　大吴风草

a

b

黑心金光菊（*Rudbeckia hirta* L.）

【其他中文名】黑心菊、光辉菊、黑眼菊。

【系统分类】菊科金光菊属。

【形态特征】一年或二年生草本，高30～100cm。茎不分枝或上部分枝，全株被粗刺毛。下部叶长卵圆形，长圆形或匙形，顶端尖或渐尖，基部楔状下延，有三出脉，边缘有细锯齿，有具翅的柄，长8～12cm；上部叶长圆披针形，顶端渐尖，边缘有细至粗疏锯齿或全缘，无柄或具短柄，长3～5cm，宽1～1.5cm，两面被白色密刺毛。头状花序径5～7cm，有长花序梗；总苞片外层长圆形，长12～17mm；内层较短，披针状线形，顶端钝，全部被白色刺毛；花托圆锥形；托片线形，对折呈龙骨瓣状，长约5mm，边缘有纤毛；舌状花鲜黄色；舌片长圆形，通常10～14个，长20～40mm，顶端有2～3个不整齐短齿；管状花暗褐色或暗紫色。瘦果四棱形，黑褐色，长约2mm，无冠毛。

【生物学习性】露地适应性很强，较耐寒，很耐旱，不择土壤，极易栽培。喜向阳通风的环境，应选择排水良好的沙壤土及向阳处栽植。

【地理分布】原产于北美洲，现世界各地均有种植。

【园林应用】我国各地庭园常见栽培，供观赏。生产上繁育苗木多用分株和组织培养。黑心金光菊花朵繁盛，适合庭院布置，作花境材料，或布置草地边缘成自然式栽植。

图5-21　黑心金光菊

黄金菊［*Hypochaeris ciliate*（Thunb.）Makino］

【其他中文名】大黄菊、猫儿菊、小蒲公英。

【系统分类】菊科猫儿菊属。

【形态特征】多年生草本。根垂直直伸，直径约8mm。茎直立，有纵沟棱，高20～60cm，不分枝，全长或仅下半部被稠密或稀疏的硬刺毛或光滑无毛，基部被黑褐色枯燥叶柄。基生叶椭圆形或长椭圆形或倒披针形，基部渐狭成长或短翼柄，包括翼柄长9～21cm，宽2～2.5cm，顶端急尖或圆形，边缘有尖锯齿或微尖齿；下部茎生叶与基生同形，等大或较小，但通常较宽，宽达5cm；向上的茎叶椭圆形或长椭圆形或卵形或长卵形，但较小；全部茎生叶基部平截或圆形，无柄，半抱茎；全部叶两面粗糙，被稠密的硬刺毛。头状花序单生于茎端；总苞宽钟状或半球形，直径2.2～2.5cm；总苞片3～4层，覆瓦状排列，外层卵形或长椭圆状卵形，长1cm，宽5mm，顶端钝或渐尖，边缘有缘毛，中内层披针形，长1.5～2.2cm，宽0.5～0.7cm，边缘无缘毛，顶端急尖，全部总苞片或中外层总苞片外面沿中脉被白色卷毛。舌状小花多数，金黄色。瘦果圆柱状，浅褐色，长8mm，直径1mm，顶端截形，无喙，有约15～16条稍突起的细纵肋；冠毛浅褐色，羽毛状。花果期6～9月。

【生物学习性】喜阳光和排水良好的沙质土壤或土质深厚的土壤，土壤中性或略碱性。具一定的耐寒性，能耐4℃低温，在温暖地区的冬季仍可开花，同时有较强的抗高温能力。长江流域部分地区冬季会受冻落叶，但翌年仍然可以重新萌发。

【地理分布】主要分布于中国广东、江苏、山东、四川、台湾、浙江、辽宁、河南、湖北、福建、河北、湖南、上海、香港、北京、黑龙江、天津、重庆、江西、山西、安徽、陕西、海南、云南、甘肃、内蒙古、贵州、新疆、西藏、青海、广西、澳门、宁夏、吉林等地。

【园林应用】黄金菊是近年来国际上流行的花卉，其株形紧凑，花期长，花色亮丽，成片栽植绚烂夺目。尤其在上海、杭州等地能保持冬季常绿，是优良的观花地被植物。可广泛用于居住区、道路及公园绿地，也是作花篱、花境的理想配置材料。

图5-22　黄金菊

a

b

牛膝菊（*Galinsoga parviflora* Cav.）

【其他中文名】辫子草、毛大丁草、辣子菊、辣子花、钢锤草、肥猪苗、小米菊、兔儿草、辣子草、旱田菊。

【系统分类】菊科牛膝菊属。

【形态特征】茎纤细，基部径不足1mm，或粗壮，基部径约4mm，不分枝或自基部分枝，分枝斜升，全部茎枝被疏散或上部稠密的贴伏短柔毛和少量腺毛，茎基部和中部花期脱毛或稀毛。叶对生，卵形或长椭圆状卵形，长2.5～5.5cm，宽1.2～3.5cm，基部圆形、宽或狭楔形，顶端渐尖或钝，基出三脉或不明显五出脉，在叶下面稍突起，在上面平，有叶柄，柄长1～2cm；向上及花序下部的叶渐小，通常披针形；全部茎叶两面粗涩，被白色稀疏贴伏的短柔毛，沿脉和叶柄上的毛较密，边缘浅或钝锯齿或波状浅锯齿；在花序下部的叶有时全缘或近全缘。头状花序半球形，有长花梗，多数在茎枝顶端排成疏松的伞房花序，花序径约3cm；总苞半球形或宽钟状，宽3～6mm；总苞片1～2层，约5个，外层短，内层卵形或卵圆形，长3mm，顶端圆钝，白色，膜质；舌状花4～5个，舌片白色，顶端3齿裂，筒部细管状，外面被稠密白色短柔毛；管状花花冠长约1mm，黄色，下部被稠密的白色短柔毛；托片倒披针形或长倒披针形，纸质，顶端3裂或不裂或侧裂。瘦果长1～1.5mm，三棱或中央的瘦果4～5棱，黑色或黑褐色，常压扁，被白色微毛。舌状花冠毛毛状，脱落；管状花冠毛膜片状，白色，披针形，边缘流苏状，固结于冠毛环上，正体脱落。花果期7～10月。

【生物学习性】喜潮湿、日照长、光照强度高的环境。种子量大，适生环境广泛。适应的环境条件下，牛膝菊营养生长迅速。

【地理分布】原产南美洲，在中国归化。在中国，分布在四川、云南、贵州、西藏等地。

【园林应用】牛膝菊以嫩茎叶供食，有特殊香味，风味独特，可炒食、做汤、作火锅用料。牛膝菊全株可入药，有止血、消炎之功效。可作为草地建植、边坡绿化等物种。

图5-23　牛膝菊

a

b

春蓼（*Polygonum persicaria* L.）

【其他中文名】桃叶蓼、多穗蓼、红辣蓼、辣蓼子。

【系统分类】蓼科蓼属。

【形态特征】一年生草本。茎直立或上升，分枝或不分枝，疏生柔毛或近无毛，高40～80cm。叶披针形或椭圆形，长4～15cm，宽1～2.5cm，顶端渐尖或急尖，基部狭楔形，两面疏生短硬伏毛，下面中脉上毛较密，上面近中部有时具黑褐色斑点，边缘具粗缘毛；叶柄长5～8mm，被硬伏毛；托叶鞘筒状，膜质，长1～2cm，疏生柔毛，顶端截形，缘毛长1～3mm。总状花序呈穗状，顶生或腋生，较紧密，长2～6cm，通常数个再集成圆锥状，花序梗具腺毛或无毛；苞片漏斗状，紫红色，具缘毛，每苞内含5～7花；花梗长2.5～3mm；花被通常5深裂，紫红色，花被片长圆形，长2.5～3mm，脉明显；雄蕊6～7，花柱2，偶3，中下部合生。瘦果近圆形或卵形，双凸镜状，稀具3棱，长2～2.5mm，黑褐色，平滑，有光泽，包于宿存花被内。花期6～9月，果期7～10月。

【生物学习性】喜阴湿生境；适应性强，较耐寒。一般在海拔600～1500m的地块上都能生长，生长期210天。

【地理分布】广布于全世界，主要分布于北温带。我国有113种26变种，南北各地均有。

【园林应用】可全草入药，是重要的药用植物，也是一种绿化和观花园林植物。

图5-24　春蓼

杠板归（*Polygonum perfoliatum* L.）

【其他中文名】犁头刺、蛇倒退。

【系统分类】蓼科蓼属。

【形态特征】一年生草本。茎攀缘，多分枝，长1～2m，具纵棱，沿棱具稀疏的倒生皮刺。叶三角形，长3～7cm，宽2～5cm，顶端钝或微尖，基部截形或微心形，薄纸质，上面无毛，下面沿叶脉疏生皮刺；叶柄与叶片近等长，具倒生皮刺，盾状着生于叶片的近基部；托叶鞘叶状，草质，绿色，圆形或近圆形，穿叶，直径1.5～3cm。总状花序呈短穗状，不分枝顶生或腋生，长1～3cm；苞片卵圆形，每苞片内具花2～4朵；花被5深裂，白色或淡红色，花被片椭圆形，长约3mm，果时增大，呈肉质，深蓝色；雄蕊8，略短于花被；花柱3，中上部合生；柱头头状。瘦果球形，直径3～4mm，黑色，有光泽，包于宿存花被内。花期6～8月，果期7～10月。

【生物学习性】喜爱土质较为肥沃的沙壤土，以及温暖湿润、阳光充足的环境。长于海拔80～2300m的田边、路旁、山谷湿地。

【地理分布】分布于朝鲜、日本、印度尼西亚、菲律宾、印度、俄罗斯（西伯利亚）和中国。在中国，分布于黑龙江、吉林、辽宁、河北、山东、河南、陕西、甘肃、江苏、浙江、安徽、江西、湖南、湖北、四川、贵州、福建、台湾、广东、海南、广西、云南等地。

【园林应用】杠板归集食、饲、药用于一身，不仅可以采集加工成可口的菜肴，也是优质畜禽饲用植物，还具有较高的药用价值。园林方面，可作为林下、岩石旁造景植物。

图5-25　杠板归

何首乌［*Fallopia multiflora*（Thunb.）Harald.］

【其他中文名】赤首乌、三峡何首乌、红苕莲、红首乌、夜交藤、狗卵子、紫乌藤、松山雪、首乌、虎掌果蓼、红内消、伸头草。

【系统分类】蓼科何首乌属。

【形态特征】多年生草本。根细长，先端有膨大块根；块根长椭圆状，外皮黑褐色。茎缠绕，长3～4m，或更长，多分枝，常呈红紫色，中空，基部木质化。叶互生，卵形或近三角形卵形，长5～9cm，宽3～5cm，先端渐尖，基部心形或耳状箭形，全缘，无毛；叶柄长2～3cm；托叶鞘短筒状，膜质，褐色，易破裂。圆锥花序，顶生或腋生，大而开展；苞片卵状披针形；花梗细，有短柔毛，花小，白色；花被5，深裂，裂片舟状卵圆形，大小不等，外边3片肥厚，在果时增大，背部有翅；雄蕊8枚，短于花被；子房卵状三角形；花柱短，柱头3，扩展成盾状。瘦果椭圆状三棱形，黑褐色，光滑，包于花后增大的花被内。花期6～9月，果期10～11月。

【生物学习性】喜光忌蔽，在光照充足、空气通畅条件下叶片生长旺盛，否则会使下部叶片提早衰亡。何首乌一生中可多次连续开花结果，一年生植株即可开花结果。种子细小，千粒重只有2～3g，成熟后为黑褐色，常温下能保存一年。生于山谷灌丛、山坡林下、沟边石隙，海拔200～3000m。

【地理分布】分布于中国陕西南部、甘肃南部、华东、华中、华南、四川、云南及贵州等地，日本也有分布。

【园林应用】何首乌可补益精血、乌须发、强筋骨、补肝肾，是常见名贵中药材。园林方面，可作为墙体和坡地绿化植物。

图5-26　何首乌

甜荞（*Fagopyrum esculentum* Moench.）

【其他中文名】额耻、额启、花麦、花荞、净物草、南荞、普通荞麦、荞子、三角麦、学肠草、野荞麦、莜麦。

【系统分类】蓼科荞麦属。

【形态特征】茎直立，高30～90cm；上部分枝，绿色或红色，具纵棱，无毛或于一侧沿纵棱具乳头状突起。叶三角形或卵状三角形，长2.5～7cm，宽2～5cm，顶端渐尖，基部心形，两面沿叶脉具乳头状突起；下部叶具长叶柄，上部叶小近无梗；托叶鞘膜质，短筒状，长约5mm，顶端偏斜，无缘毛，易破裂脱落。花序总状或伞房状，顶生或腋生，花序梗一侧小突起；苞片卵形，长约2.5mm，绿色，边缘膜质，每苞内具3～5花；花梗比苞片长，无关节，花被5深裂，白色或淡红色，花被片椭圆形，长3～4mm；雄蕊8，比花被短，花药淡红色；花柱3，柱头头状。瘦果卵形，具3锐棱，顶端渐尖，长5～6mm，暗褐色，无光泽，花被长。花期5～9月，果期6～10月。

【生物学习性】生荒地、路边，甜荞喜凉爽湿润的气候，不耐高温、干旱、大风，畏霜冻，喜日照，需水较多。

【地理分布】主要分布在内蒙古、陕西、甘肃、宁夏、山西、云南、四川、贵州等地，其次是西藏、青海、吉林、辽宁、河北、北京、重庆、湖南、湖北等地区。

【园林应用】甜荞较强的抗逆能力，广泛的适应性，特殊的营养价值，使其成为一种重要的抗灾救灾作物和饲料、蜜源、药用、绿肥多用型作物，现已遍布世界各地，在农业生产和国民经济中发挥了明显的作用。

图5-27　甜荞

a

b

头花蓼（*Polygonum capitatum* Buch.-Ham. ex D. Don）

【其他中文名】无。

【系统分类】蓼科蓼属。

【形态特征】多年生草本。茎匍匐，丛生，基部木质化，节部生根，节间比叶片短，多分枝，疏生腺毛或近无毛；一年生枝近直立，具纵棱，疏生腺毛。叶卵形或椭圆形，长1.5～3cm，宽1～2.5cm，顶端尖，基部楔形，全缘，边缘具腺毛，两面疏生腺毛，上面有时具黑褐色新月形斑点；叶柄长2～3mm，基部有时具叶耳；托叶鞘筒状，膜质，长5～8mm，松散，具腺毛，顶端截形，有缘毛。花序头状，直径6～10mm，单生或成对，顶生；花序梗具腺毛；苞片长卵形，膜质；花梗极短；花被5深裂，淡红色，花被片椭圆形，长2～3mm；雄蕊8，比花被短；花柱3，中下部合生，与花被近等长；柱头头状。瘦果长卵形，具3棱，长1.5～2mm，黑褐色，密生小点，微有光泽，包于宿存花被内。花期6～9月，果期8～10月。

【生物学习性】为湿中生性植物，喜阴湿生境。适应性强，较耐寒，一般在海拔600～1500m的地块上都能生长，生长期210天。

【地理分布】分布于中国江西、湖南、湖北、四川、贵州、广东、广西、云南及西藏等地。印度北部、尼泊尔、锡金、不丹、缅甸及越南也有分布。

【园林应用】在贵州都匀市区、近郊区都有自然分布，一直作为贵州的畜牧饲料和中药材开发。但它的茎、叶、芽、花等具有较高的观赏价值，宜作为花卉开发利用。

图5-28　头花蓼

醉鱼草（*Buddleja lindleyana* Fortune）

【其他中文名】闭鱼花、痒见消、鱼尾草、樚木、五霸蔷、闭鱼花、痒见消、鱼尾草、樚木、五霸蔷、阳包树、雉尾花、鱼鳞子、药杆子、防痛树、鲤鱼花草、药鱼子、铁帚尾、红鱼皂、楼梅草、鱼泡草、毒鱼草。

【系统分类】马钱科醉鱼草属。

【形态特征】灌木，高1～3m。茎皮褐色；小枝具四棱，棱上略有窄翅；幼枝、叶片下面、叶柄、花序、苞片及小苞片均密被星状短茸毛和腺毛。叶对生，萌芽枝条上的叶为互生或近轮生，叶片膜质，卵形、椭圆形至长圆状披针形，长3～11cm，宽1～5cm，顶端渐尖，基部宽楔形至圆形，边缘全缘或具有波状齿，上面深绿色，幼时被星状短柔毛，后变无毛，下面灰黄绿色；侧脉每边6～8条，上面扁平，干后凹陷，下面略凸起；叶柄长2～15mm。穗状聚伞花序顶生，长4～40cm，宽2～4cm；苞片线形，长达10mm；小苞片线状披针形，长2～3.5mm；花紫色，芳香；花萼钟状，长约4mm，外面与花冠外面同被星状毛和小鳞片，内面无毛，花萼裂片宽三角形，长和宽约1mm；花冠长13～20mm，内面被柔毛，花冠管弯曲，长11～17mm，上部直径2.5～4mm，下部直径1～1.5mm，花冠裂片阔卵形或近圆形，长约3.5mm，宽约3mm；雄蕊着生于花冠管下部或近基部，花丝极短，花药卵形，顶端具尖头，基部耳状；子房卵形，长1.5～2.2mm，直径1～1.5mm，无毛，花柱长0.5～1mm，柱头卵圆形，长约1.5mm。果序穗状；蒴果长圆状或椭圆状，长5～6mm，直径1.5～2mm，无毛，有鳞片，基部常有宿存花萼。种子淡褐色，小，无翅。花期4～10月，果期8月至翌年4月。

【生物学习性】生于海拔200～2700m山地路旁、河边灌木丛中或林缘。

【地理分布】分布于中国江苏、安徽、浙江、江西、福建、湖北、湖南、广东、广西、四川、贵州和云南等地，马来西亚、日本、美洲及非洲均有栽培。

【园林应用】①用于高速公路和城市道路的分车绿带的绿化：醉鱼草植株不高，耐修剪，群体观赏效果好，而且滞尘能力强，很适合道路绿化。②与林业生态建设相结合，营造大面积生态园林景观：由于醉鱼草植物生态适应性强，生长快，观赏价值高，可快速形成优美的生态园林景观。③点缀方式：于庭院、公园、居住区绿地之中宜采取自然式配置，可孤植、丛植或群植于路边、草坪、墙角或山石旁边，也可布置成花坛、花境。④观花绿篱：萌芽力强，耐修剪，枝叶密集，生长迅速，可用作自然式或规则式绿篱。⑤屋顶绿化：抗旱、耐贫瘠，可用于屋顶绿化。⑥建立醉鱼草专类花园：不仅花色丰富、花香宜人，而且一年四季均有开花的类型。因此，将不同的种类搭配种植，可形成四季均有花可赏的专类花园。由于醉鱼草五彩缤纷的色彩和香气，极易引来蝴蝶、蜜蜂等小昆虫，可以形成充满生气的生态花园。

图5-29　醉鱼草

天竺葵（*Pelargonium hortorum* Bailey）

【其他中文名】木海棠、日蜡红、十腊红、石腊红、石蜡红、洋葵、洋绣球、月月红。

【系统分类】牻牛儿苗科天竺葵属。

【形态特征】多年生草本，高30～60cm。茎直立，基部木质化，上部肉质，多分枝或不分枝，具明显的节，密被短柔毛，具浓烈鱼腥味。叶互生；托叶宽三角形或卵形，长7～15mm，被柔毛和腺毛；叶柄长3～10cm，被细柔毛和腺毛；叶片圆形或肾形，茎部心形，直径3～7cm，边缘波状浅裂，具圆形齿，两面被透明短柔毛，表面叶缘以内有暗红色马蹄形环纹。伞形花序腋生，具多花，总花梗长于叶，被短柔毛；总苞片数枚，宽卵形；花梗3～4cm，被柔毛和腺毛，芽期下垂，花期直立；萼片狭披针形，长8～10mm，外面密被腺毛和长柔毛，花瓣红色、橙红、粉红或白色，宽倒卵形，长12～15mm，宽6～8mm，先端圆形，基部具短爪，下面3枚通常较大；子房密被短柔毛。蒴果长约3cm，被柔毛。花期5～7月，果期6～9月。

【生物学习性】性喜冬暖夏凉，冬季室内每天保持10～15℃，夜间温度8℃以上，即能正常开花，但最适温度为15～20℃。天竺葵喜燥恶湿，冬季浇水不宜过多，要见干见湿。土湿则茎质柔嫩，不利花枝的萌生和开放；长期过湿会引起植株徒长，花枝着生部位上移，叶子渐黄而脱落。生长期需要充足的阳光，因此冬季必须把它放在向阳处。光照不足，茎叶徒长，花梗细软，花序发育不良；弱光下的花蕾往往花开不畅，提前枯萎。不喜大肥，肥料过多会使天竺葵生长过旺不利开花。

【地理分布】原产非洲南部，中国各地普遍栽培。

【园林应用】天竺葵适应性强，花色鲜艳，花期长，适于室内摆放、花坛布置等。

图5-30　天竺葵

美人蕉（*Canna indica* L.）

【其他中文名】红艳蕉、小花美人蕉、小芭蕉、蕉芋。

【系统分类】美人蕉科美人蕉属。

【形态特征】植株全绿色，株高达1.5m。叶椭圆披针形，绿色或浆红色，羽状平行脉，叶柄鞘状，茎肉质不分枝。总状花序疏花，略超出叶片之上；花红色，单生；苞片卵形，绿色，长约1.2cm；萼片3，披针形，长约1cm，绿色，有时染红；花冠管长不及1cm，花冠裂片披针形，长3～3.5cm，绿或红色；外轮退化雄蕊2～3，鲜红色，2枚倒披针形，长3.5～4cm，另1枚如存在，长1.5cm，宽1mm；唇瓣披针形，长3cm，弯曲；发育雄蕊长2.5cm，药室长6mm；花柱扁平，长3cm，和发育雄蕊的花丝连合。蒴果绿色，长卵形，有软刺，长1.2～1.8cm。

【生物学习性】喜温暖和充足的阳光，不耐寒，忌干燥。对土壤要求不严，在疏松肥沃、排水良好的沙壤土中生长最佳，也适应于肥沃黏质土壤中生长。生长季节需经常施肥。北方需在下霜前将地下块茎挖起，贮藏在温度为5℃左右的环境中。露地栽培的最适温度为13～17℃。江南可在防风处露地越冬，分株繁殖或播种繁殖。

【地理分布】原产于南美及亚洲的印度等地，现中国大陆的南北方均有栽植。生长于海拔800m的地区，全国各地适宜栽种。

【园林应用】美人蕉属植物作为耐湿物种应用于公园驳岸上，是最为常见的配置方式。美人蕉属植物不但株形美观，并且株高适中，十分适合种植在这类驳岸上。在公园中，美人蕉属植物通常以丛植或列植的形式分布在这类驳岸上，不但能使岸线过渡自然，而且同时能突显边界的线条美。在公园的林缘或草坪上，美人蕉属植物通常以地被的形式来布置。丛植的美人蕉属植物再配以较低矮的草本花卉和景石、雕塑，营造出一种热烈、富活力的氛围。尤其是在节假日期间，花大色艳的美人蕉往往是营造节日主题景观的重要组成成分，一般配置于广场、正门入口旁的绿地。

图5-31　美人蕉

a

b

c

乌蔹莓［*Cayratia japonica*（Thunb.）Gagnep.］

【其他中文名】五将草、五月藤、五爪金龙、五爪藤、一把篾、猪吃藤、猪娘藤、猪婆蔓、五叶莓、猪血藤、绞股蓝、五叶藤、五龙草、母猪藤、绞股兰。

【系统分类】葡萄科乌蔹莓属。

【形态特征】小枝圆柱形，有纵棱纹，无毛或微被疏柔毛。卷须2～3叉分枝，相隔2节间断与叶对生。叶为鸟足状5小叶，中央小叶长椭圆形或椭圆披针形，长2.5～4.5cm，宽1.5～4.5cm，顶端急尖或渐尖，基部楔形，侧生小叶椭圆形或长椭圆形，长1～7cm，宽0.5～3.5cm，顶端急尖或圆形，基部楔形或近圆形，边缘每侧有6～15个锯齿，上面绿色，无毛，下面浅绿色，无毛或微被毛；侧脉5～9对，网脉不明显；叶柄长1.5～10cm，中央小叶柄长0.5～2.5cm，侧生小叶无柄或有短柄，侧生小叶总柄长0.5～1.5cm，无毛或微被毛；托叶早落。花序腋生，复二歧聚伞花序；花序梗长1～13cm，无毛或微被毛；花梗长1～2mm，几无毛；花蕾卵圆形，高1～2mm，顶端圆形；萼碟形，边缘全缘或波状浅裂，外面被乳突状毛或几无毛；花瓣4，三角状卵圆形，高1～1.5mm，外面被乳突状毛；雄蕊4，花药卵圆形，长宽近相等；花盘发达，4浅裂；子房下部与花盘合生，花柱短，柱头微扩大。果实近球形，直径约1cm，有种子2～4颗。种子三角状倒卵形，顶端微凹，基部有短喙，种脐在种子背面近中部呈带状椭圆形，上部种脊突出，表面有突出肋纹，腹部中棱脊突出，两侧洼穴呈半月形，从近基部向上达种子近顶端。花期3～8月，果期8～11月。

【生物学习性】喜光耐半阴，喜湿耐旱，不甚耐寒，生长于海拔300～2500m的山谷林中或山坡灌丛。

【地理分布】分布于中国陕西、河南、山东、安徽、江苏、浙江、湖北、湖南、福建、台湾、广东、广西、海南、四川、贵州、云南等地。日本、菲律宾、越南、缅甸、印度、印度尼西亚和澳大利亚也有分布。

【园林应用】全草入药，有凉血解毒、利尿消肿之功效。园林方面，可作为盆栽、边坡绿化、草地建植物种。

图5-32　乌蔹莓

a

b

冷水花（*Pilea notata* C. H. Wright）

【其他中文名】心叶冷水花、土甘草、长柄冷水麻、坩草、田水麻、红叶九节草、水麻叶、小麻叶、山羊血、岩红麻、青对节、团水麻、接骨风。

【系统分类】荨麻科冷水花属。

【形态特征】多年生草本。具匍匐茎；茎肉质，纤细，中部稍膨大，高25～70cm，粗2～4mm，无毛，稀上部有短柔毛，密布条形钟乳体。叶纸质，同对的近等大，狭卵形、卵状披针形或卵形，长4～11cm，宽1.5～4.5cm，先端尾状渐尖或渐尖，基部圆形，稀宽楔形，边缘自下部至先端有浅锯齿，稀有重锯齿，上面深绿，有光泽，下面浅绿色；钟乳体条形，长0.5～0.6mm，两面密布，明显；基出脉3条，其侧出的二条弧曲，伸达上部与侧脉环结，侧脉8～13对，稍斜展呈网脉；叶柄纤细，长17cm，常无毛，稀有短柔毛；托叶大，带绿色，长圆形，长8～12mm，脱落。花雌雄异株，雌聚伞花序较短而密集。雄花序聚伞总状，长2～5cm，有少数分枝，团伞花簇疏生于花枝上；雄花具梗或近无梗，在芽时长约1mm；花被片绿黄色，4深裂，卵状长圆形，先端锐尖，外面近先端处有短角状突起；雄蕊4，花药白色或带粉红色，花丝与药隔红色；退化雌蕊小，圆锥状。瘦果小，圆卵形，顶端歪斜，长近0.8mm，熟时绿褐色，有明显刺状小疣点突起；宿存花被片3深裂，等大，卵状长圆形，先端钝，长及果的约1/3。花期6～9月，果期9～11月。

【生物学习性】性喜温暖、湿润的气候，喜疏松肥沃的沙土，生长适宜15～25℃，冬季不可低于5℃，生于山谷、溪旁或林下阴湿处，海拔300～1500m。

【地理分布】分布于中国广东、广西、湖南、湖北、贵州、四川、甘肃南部、陕西南部、河南南部、安徽南部、江西、浙江、福建和台湾等地。日本、越南也有分布。

【园林应用】适应性强，容易繁殖，比较好养，株丛小巧素雅，叶色绿白分明，纹样美丽，是相当时兴的小型观叶植物。茎翠绿可爱，可作地被材料。耐阴，可作室内绿化材料。具吸收有毒物质的能力，适于在新装修房间内栽培。陈设于书房、卧室，清雅宜人，也可悬吊于窗前，绿叶垂下，妩媚可爱。

图5-33

图5-33　冷水花

蛇莓［*Duchesnea indica*（Andr.）Focke］

【其他中文名】蛇泡草、龙吐珠、三爪风。

【系统分类】蔷薇科蛇莓属。

【形态特征】小叶片倒卵形至菱状长圆形，长2～5cm，宽1～3cm，先端圆钝，边缘有钝锯齿，两面皆有柔毛，或上面无毛，具小叶柄；叶柄长1～5cm，有柔毛；托叶窄卵形至宽披针形，长5～8mm。花单生于叶腋；直径1.5～2.5cm；花梗长3～6cm，有柔毛；萼片卵形，长4～6mm，先端锐尖，外面有散生柔毛；副萼片倒卵形，长5～8mm，比萼片长，先端常具3～5锯齿；花瓣倒卵形，长5～10mm，黄色，先端圆钝；雄蕊20～30；心皮多数，离生；花托在果期膨大，海绵质，鲜红色，有光泽，直径10～20mm，外面有长柔毛。瘦果卵形，长约1.5mm，光滑或具不明显突起，鲜时有光泽。花期6～8月，果期8～10月。

【生物学习性】多生于山坡、河岸、草地等潮湿的地方，海拔1800m以下。喜阴凉、温暖、湿润，耐寒、不耐旱、不耐水渍。在华北地区可露地越冬，适生温度15～25℃。对土壤要求不严，田园土、沙壤土、中性土均能生长良好，宜于疏松、湿润的沙壤土生长。

【地理分布】中国辽宁以南各省区，长江流域地区都有分布。从阿富汗东达日本，南达印度、印度尼西亚，在欧洲及美洲均有记录。

【园林应用】蛇莓是优良的观赏植物，春季赏花、夏季观果。蛇莓植株低矮，枝叶茂密，具有春季返青早、耐阴、绿色期长等特点。每年4月初至11月，一片浓绿铺于地面，可以很好地覆盖住地面。蛇莓在半阴处开花良好，花朵直径可达1cm。花期4～10月，花期一朵朵黄色的小花缀于其上，打破了绿色的沉闷，给人以生命的活力。果期从5月开始也能持续到10月，用聚合果展示着乡野里的惊艳红色。作为多年生草本，一次建坪多年受益，可自行繁殖，其绿期长达250余天，花期、果期从4月份可连续至11月份，可同时观花、果、叶，园林效果突出。由于蛇莓不耐践踏，在封闭的绿地内形成较具特色的绿化景观，可表现出很好的观赏效果。为适应生物多样性要求，不少景观工程已开始设计应用蛇莓。

图5-34　蛇莓

龙葵（*Solanum nigrum* L.）

【其他中文名】野海椒、苦葵、野辣虎。

【系统分类】茄科茄属。

【形态特征】一年生直立草本植物，高0.25～1m。茎无棱或棱不明显，绿色或紫色，近无毛或被微柔毛。叶卵形，长2.5～10cm，宽1.5～5.5cm，先端短尖，基部楔形至阔楔形而下延至叶柄，全缘或每边具不规则的波状粗齿，光滑或两面被稀疏短柔毛，叶脉每边5～6条，叶柄长约1～2cm。蝎尾状花序腋外生，由3～10花组成，总花梗长约1～2.5cm，花梗长约5mm，近无毛或具短柔毛；萼小，浅杯状，直径约1.5～2mm，齿卵圆形，先端圆，基部两齿间连接处成角度；花冠白色，筒部隐于萼内，长不及1mm，冠檐长约2.5mm，5深裂，裂片卵圆形，长约2mm；花丝短，花药黄色，长约1.2mm，约为花丝长度的4倍，顶孔向内；子房卵形，直径约0.5mm，花柱长约1.5mm，中部以下被白色茸毛，柱头小，头状。浆果球形，直径约8mm，熟时黑色。种子多数，近卵形，直径约1.5～2mm，两侧压扁。

【生物学习性】对土壤要求不严，在有机质丰富、保水保肥力强的壤土上生长良好。缺乏有机质、通气不良的黏质土上，根系发育不良，植株长势弱，商品性差。夏秋季高温高湿露地生长困难，冬春季露地种植，植株长势慢，嫩梢易纤维老化，商品性差。

【地理分布】中国几乎全国均有分布，广泛分布于欧、亚、美洲的温带至热带地区。喜生于田边、荒地及村庄附近。

【园林应用】全株入药，具散瘀消肿、清热解毒功效。园林应用方面，可作为边坡绿化物种。

图5-35　龙葵

四季秋海棠（*Begonia semperflorens* Link et Otto）

【其他中文名】玻璃翠、虎耳海棠、蚬壳海棠、蚬肉海棠、蚬肉秋海棠、洋海棠、洋秋海棠。

【系统分类】秋海棠科秋海棠属。

【形态特征】多年生常绿草本。茎直立，稍肉质，高15～30cm。单叶互生，有光泽，卵圆至广卵圆形，长5～8cm，宽3～6cm，先端急尖或钝，基部稍心形而斜生，边缘有小齿和缘毛，绿色。聚伞花序腋生，具数花，花红色、淡红色或白色。蒴果具翅。花期3～12月。

【生物学习性】喜生于微酸性沙质壤土中，喜空气湿度大的环境。喜温暖而凉爽的气候，最适宜生长温度15～24℃，既怕高温，也怕严寒；喜散射光，而怕盛夏中午强光直射。

【地理分布】原产巴西热带低纬度高海拔地区。

【园林应用】四季秋海棠叶色光亮，花朵四季成簇开放，且花色多，花朵有单瓣及重瓣，是园林绿化中花坛、吊盆、栽植槽和室内布置的理想材料，深受园林绿化工作者及普通民众的喜爱。

图5-36　四季秋海棠

接骨草（*Sambucus chinensis* Lindl.）

【其他中文名】陆英、蒴藋、排风藤、八棱麻、大臭草、秧心草、小接骨丹。

【系统分类】忍冬科接骨木属。

【形态特征】高大草本或半灌木，高1～2m。茎有棱条，髓部白色。羽状复叶的托叶叶状或有时退化成蓝色的腺体；小叶2～3对，互生或对生，狭卵形，长6～13cm，宽2～3cm，嫩时上面被疏长柔毛，先端长渐尖，基部钝圆，两侧不等，边缘具细锯齿，近基部或中部以下边缘常有1或数枚腺齿；顶生小叶卵形或倒卵形，基部楔形，有时与第一对小叶相连，小叶无托叶，基部一对小叶有时有短柄。复伞形花序顶生，大而疏散，总花梗基部托以叶状总苞片，分枝3～5出，纤细，被黄色疏柔毛；杯形不孕性花不脱落，可孕性花小；萼筒杯状，萼齿三角形；花冠白色，仅基部连合，花药黄色或紫色；子房3室，花柱极短或几无，柱头3裂。果实红色，近圆形，直径3～4mm；核2～3粒，卵形，长2.5mm，表面有小疣状突起。花期4～5月，果熟期8～9月。

【生物学习性】适应性较强，对气候要求不严；喜向阳，但又稍耐阴。以肥沃、疏松的土壤栽培为好。

【地理分布】分布于中国陕西、甘肃、江苏、安徽、浙江、江西、福建、台湾、河南、湖北、湖南、广东、广西、四川、贵州、云南、西藏等地，日本也有分布。生于海拔300～2600m的山坡、林下、沟边和草丛中。

【园林应用】该种为药用植物，可治跌打损伤，有去风湿、通经活血、解毒消炎之功效。园林方面，可作地被绿化、边坡绿化植物。

a b

图5-37　接骨草

红马蹄草（*Hydrocotyle nepalensis* Hook.）

【其他中文名】大马蹄草、铜钱草、乞食碗、闹鱼草、马蹄肺筋草、金线薄荷、金钱薄荷、接骨丹、大地星宿、一串钱、大驳骨草、大样驳骨草、大叶天胡荽、大叶止血草。

【系统分类】伞形科天胡荽属。

【形态特征】多年生草本，高5～45cm。茎匍匐，有斜上分枝，节上生根。叶片膜质至硬膜质，圆形或肾形，长2～5cm，宽3.5～9cm，边缘通常5～7浅裂，裂片有钝锯齿，基部心形，掌状脉7～9，疏生短硬毛；叶柄长4～27cm，上部密被柔毛，下部无毛或有毛；托叶膜质，顶端钝圆或有浅裂，长1～2mm。伞形花序数个簇生于茎端叶腋，花序梗短于叶柄，长0.5～2.5cm，有柔毛；小伞形花序有花20～60，常密集成球形的头状花序；花柄极短，长0.5～1.5mm，很少无柄或超过2mm，花柄基部有膜质、卵形或倒卵形的小总苞片；无萼齿；花瓣卵形，白色或乳白色，有时有紫红色斑点；花柱幼时内卷，花后向外反曲，基部隆起。果长1～1.2mm，宽1.5～1.8mm，基部心形，两侧扁压，光滑或有紫色斑点，成熟后常呈黄褐色或紫黑色，中棱和背棱显著。花果期5～11月。

【生物学习性】生性强健，种植容易，繁殖迅速，水陆两栖皆可。性喜温暖潮湿，栽培处以半日照或遮阴处为佳，忌阳光直射。

【地理分布】分布于中国陕西、安徽、浙江、江西、湖南、湖北、广东、广西、四川、贵州、云南、西藏等地，印度、马来西亚、印度尼西亚也有分布。

【园林应用】红马蹄草全草药用，味辛、微苦，凉，有清热利湿、清肺止咳、活血止血之功效。园林方面，可作草地建植、边坡绿化、林下绿化等植物。

图5-38　红马蹄草

葱莲［*Zephyranthes candida*（Lindl.）Herb.］

【其他中文名】玉帘、白花菖蒲莲、韭菜莲、肝风草。

【系统分类】石蒜科葱莲属。

【形态特征】多年生草本。鳞茎卵形，直径约2.5cm，具有明显的颈部，颈长2.5～5cm。叶狭线形，肥厚，亮绿色，长20～30cm，宽2～4mm。花茎中空；花单生于花茎顶端，下有带褐红色的佛焰苞状总苞，总苞片顶端2裂；花梗长约1cm；花白色，外面常带淡红色；几无花被管，花被片6，长3～5cm，顶端钝或具短尖头，宽约1cm，近喉部常有很小的鳞片；雄蕊6，长约为花被的1/2；花柱细长，柱头不明显3裂。蒴果近球形，直径约1.2cm，3瓣开裂。种子黑色，扁平。

【生物学习性】喜肥沃土壤，喜阳光充足，耐半阴与低湿，宜肥沃、带有黏性而排水好的土壤。较耐寒，在长江流域可保持常绿，0℃以下亦可存活较长时间。

【地理分布】原产南美，分布于温暖地区，中国华中、华东、华南、西南等地均有分布。

【园林应用】葱莲株丛低矮、终年常绿、花朵繁多、花期长。繁茂的白色花朵高出叶端，在丛丛绿叶的烘托下，异常美丽，花期给人以清凉舒适的感觉。适用于林下、边缘或半阴处，作园林地被植物，也可作花坛、花径的镶边材料。在草坪中成丛散植，可组成缀花草坪，也可盆栽供室内观赏。

a b

图5-39　葱莲

石竹（*Dianthus chinensis* L.）

【其他中文名】洛阳花、中国石竹、中国沼竹、石竹子花。

【系统分类】石竹科石竹属。

【形态特征】多年生草本，高30～50cm，全株无毛，带粉绿色。茎由根颈生出，疏丛生，直立，上部分枝。叶片线状披针形，长3～5cm，宽2～4mm，顶端渐尖，基部稍狭，全缘或有细小齿，中脉较显。花单生枝端或数花集成聚伞花序；花梗长1～3cm；苞片4，卵形，顶端长渐尖，长达花萼1/2以上，边缘膜质，有缘毛；花萼圆筒形，长15～25mm，直径4～5mm，有纵条纹，萼齿披针形，长约5mm，直伸，顶端尖，有缘毛；花瓣长15～18mm，瓣片倒卵状三角形，长13～15mm，紫红色、粉红色、鲜红色或白色；顶缘不整齐齿裂，喉部有斑纹，疏生髯毛；雄蕊露出喉部外，花药蓝色；子房长圆形，花柱线形。蒴果圆筒形，包于宿存萼内，顶端4裂。种子黑色，扁圆形。花期5～6月，果期7～9月。

【生物学习性】性耐寒、耐干旱，不耐酷暑，夏季多生长不良或枯萎，栽培时应注意遮阴降温。喜阳光充足、干燥、通风及凉爽湿润气候。要求肥沃、疏松、排水良好及含石灰质的壤土或沙质壤土，忌水涝，好肥。生于草原和山坡草地。

【地理分布】原产我国北方，现南北普遍生长。俄罗斯西伯利亚和朝鲜也有分布。

【园林应用】园林中可用于花坛、花境、花台或盆栽，也可用于岩石园和草坪边缘点缀，切花观赏亦佳，成片栽植时可作景观地被材料。另外，石竹有吸收二氧化硫和氯气的本领，凡有毒气的地方可以多种。

图5-40 石竹

睡莲（*Nymphaea tetragona* Georgi）

【其他中文名】香睡莲、白睡莲、子午莲、白花睡莲、洋睡莲、欧洲白睡莲。

【系统分类】睡莲科睡莲属。

【形态特征】多年水生草本，根状茎短粗。叶纸质，心状卵形或卵状椭圆形，长5～12cm，宽3.5～9cm，基部呈深弯缺，约占叶片全长的1/3，裂片急尖，稍开展或几重合，全缘，上面光亮，下面带红色或紫色，两面皆无毛，有小点；叶柄长达60cm。花直径3～5cm；花梗细长；花萼基部四棱形，萼片革质，宽披针形或窄卵形，长2～3.5cm，宿存；花瓣白色，宽披针形、长圆形或倒卵形，长2～2.5cm，内轮不变成雄蕊；雄蕊比花瓣短，花药条形，长3～5mm；柱头具5～8辐射线。浆果球形，直径2～2.5cm，为宿存萼片包裹。种子椭圆形，长2～3mm，黑色。花期6～8月，果期8～10月。

【生物学习性】生于池沼、湖泊中，性喜阳光充足、温暖潮湿、通风良好的环境。耐寒，睡莲能耐−20℃的气温。为白天开花类型，早上花瓣展开、午后闭合。稍耐阴，在岸边有树荫的池塘，虽能开花，但生长较弱。对土质要求不严，pH值6～8，均生长正常，但喜富含有机质的壤土。生长季节池水深度以不超过80cm为宜，有些品种可达150cm。

【地理分布】在我国广泛分布，生在池沼中。俄罗斯、朝鲜、日本、印度、越南、美国均有分布。

【园林应用】自古睡莲同莲花一样被视为圣洁、美丽的化身，常被用作供奉女神的祭品。睡莲除具有很高的观赏价值外，睡莲花可制作鲜切花或干花，睡莲根能吸收水中铅、汞、苯酚等有毒物质，是城市中难得的水体净化、绿化、美化的植物。睡莲花色绚丽多彩，花姿楚楚动人，被人们赞誉为“水中女神”。睡莲可池塘片植和居室盆栽，还可以结合景观的需要，选用外形美观的缸盆，摆放于建设物、雕塑、假山石前。睡莲中的微型品种，可栽在考究的小盆中，用以点缀、美化居室环境。

图5-41　睡莲

a

b

蜘蛛抱蛋（*Aspidistra elatior* Blume）

【其他中文名】箬叶、辽叶、寮叶。

【系统分类】天门冬科蜘蛛抱蛋属。

【形态特征】根状茎近圆柱形，直径5～10mm，具节和鳞片。叶单生，彼此相距1～3cm，矩圆状披针形、披针形至近椭圆形，长22～46cm，宽8～11cm，先端渐尖，基部楔形，边缘多少皱波状，两面绿色，有时稍具黄白色斑点或条纹；叶柄明显，粗壮，长5～35cm。总花梗长0.5～2cm；苞片3～4枚，其中2枚位于花的基部，宽卵形，长7～10mm，宽约9mm，淡绿色，有时有紫色细点；花被钟状，长12～18mm，直径10～15mm，外面带紫色或暗紫色，内面下部淡紫色或深紫色，上部（6～）8裂；花被筒长10～12mm，裂片近三角形，向外扩展或外弯，长6～8mm，宽3.5～4mm，先端钝，边缘和内侧的上部淡绿色，内面具4条特别肥厚的肉质脊状隆起，中间的2条细而长，两侧的2条粗而短，中部高达1.5mm，紫红色；雄蕊（6～）8枚，生于花被筒近基部，低于柱头；花丝短，花药椭圆形，长约2mm；雌蕊高约8mm，子房几不膨大；花柱无关节；柱头盾状膨大，圆形，直径10～13mm，紫红色，上面具（3～）4深裂，裂缝两边多少向上凸出，中心部分微凸，裂片先端微凹，边缘常向上反卷。

图5-42　蜘蛛抱蛋

【生物学习性】性喜温暖、湿润的半阴环境。耐阴性极强，比较耐寒，不耐盐碱，不耐瘠薄、干旱，怕烈日暴晒。适宜生长在疏松、肥沃和排水良好的沙壤土上。适宜温度白天20～22℃，夜间10～13℃。能够生长的温度范围很宽，为7～30℃，盆栽植株在0℃的低温和较弱光线下，叶片仍然翠绿。夏季高温、通风较差的环境下，容易感病，夏季应遮阴，或放在大树下疏荫处，遮阴60%～70%，避免烈日暴晒，否则易造成叶片灼伤。

【地理分布】分布于中国西南云南、四川、贵州等地，中国各地公园常栽培，日本也有分布。

【园林应用】叶形挺拔整齐，叶色浓绿光亮，姿态优美、淡雅，同时它长势强健，适应性强，极耐阴，是室内绿化装饰的优良喜阴观叶植物。适于家庭及办公室布置摆放，可单独观赏，也可以和其他观花植物配合布置，以衬托出其他花卉的鲜艳和美丽。此外，它还是现代插花的配叶材料。

菖蒲（*Acorus calamus* L.）

【其他中文名】臭蒲子根、剑叶菖蒲、水菖蒲、臭蒲子、白菖蒲、大菖蒲、葱蒲、臭蒲、臭马蔺、尧韭、白边菖蒲、臭菖、西质努、水菖菖蒲、水昌蒲。

【系统分类】天南星科菖蒲属。

【形态特征】多年生草本植物。根茎横走，稍扁，分枝，直径5～10mm，外皮黄褐色，芳香，肉质根多数，长5～6cm，具毛发状须根。叶基生，基部两侧膜质叶鞘宽4～5mm，向上渐狭，至叶长1/3处渐行消失、脱落；叶片剑状线形，长90～150cm，中部宽1～3cm，基部宽、对褶，中部以上渐狭，草质，绿色，光亮；中肋在两面均明显隆起，侧脉3～5对，平行，纤弱，大都伸延至叶尖。花序柄三棱形，长15～50cm；叶状佛焰苞剑状线形，长30～40cm；肉穗花序斜向上或近直立，狭锥状圆柱形，长4.5～8cm，直径6～12mm。花黄绿色，花被片长约2.5mm，宽约1mm；花丝长2.5mm，宽约1mm；子房长圆柱形，长3mm，粗1.25mm。浆果长圆形，红色。花期6～9月。

【生物学习性】生于海拔1500～1750m以下的水边、沼泽湿地或湖泊浮岛上，也常有栽培。最适宜生长的温度20～25℃，10℃以下停止生长。冬季以地下茎潜入泥中越冬。喜冷凉湿润气候，阴湿环境，耐寒，忌干旱。

【地理分布】原产中国及日本。广布世界温带、亚热带，南北两半球的温带、亚热带都有分布。

【园林应用】菖蒲是园林绿化中，常用的水生植物，其丰富的品种，较高的观赏价值，在园林绿化中得以充分应用。菖蒲叶丛翠绿，端庄秀丽，具有香气，适宜水景岸边及水体绿化，也可盆栽观赏或布景用。叶、花序还可以作插花材料。园林上丛植于湖、塘岸边，或点缀于庭园水景和临水假山一隅，有良好的观赏价值。室内观赏多以水培为主，只要清水不涸，可数十年不枯。

图5-43 菖蒲

海芋［*Alocasia macrorrhiza*（L.）Schott］

【其他中文名】大叶野芋头、姑婆芋、滴水观音、尖尾野芋头、野山芋、臭柳子树、大虫芋、大海芋、野芋头、狼毒、山芋头、天荷、天芋、野芋、痕芋头、观音莲、天蒙。

【系统分类】天南星科海芋属。

【形态特征】大型常绿草本植物。具匍匐根茎，有直立的地上茎，随植株的年龄和人类活动干扰的程度不同，茎高有不到10cm的，也有高达3～5m的，粗10～30cm，基部长出不定芽条。叶多数，叶柄绿色或污紫色，螺状排列，粗厚，长可达1.5m，基部连鞘宽5～10cm，展开；叶片亚革质，草绿色，箭状卵形，边缘波状，长50～90cm，宽40～90cm，有的长宽都在1m以上，后裂片连合（1/5）～（1/10），幼株叶片连合较多；前裂片三角状卵形，先端锐尖，长胜于宽，Ⅰ级侧脉9～12对，下部的粗如手指，向上渐狭；后裂片多少圆形，弯缺锐尖，有时几达叶柄，后基脉互交成直角或不及90°的锐角；叶柄和中肋变黑色、褐色或白色。花序柄2～3枚丛生，圆柱形，长12～60cm，通常绿色，有时污紫色。佛焰苞管部绿色，长3～5cm，粗3～4cm，卵形或短椭圆形；檐部蕾时绿色，花时黄绿色、绿白色，凋萎时变黄色、白色，舟状，长圆形，略下弯，先端喙状，长10～30cm，周围4～8cm。肉穗花序芳香，雌花序白色，长2～4cm，不育雄花序绿白色，长2.5～6cm，能育雄花序淡黄色，长3～7cm；附属器淡绿色至乳黄色，长3～5.5cm，粗1～2cm，圆锥状，嵌以不规则的槽纹。浆果红色，卵状，长8～10mm，粗5～8mm，种子1～2。花期四季，但在密阴的林下常不开花。

【生物学习性】喜潮湿，耐阴，不宜强风吹，不宜强光照。一般分布在海拔1700m以下。

【地理分布】分布于中国华南、西南及福建、台湾、湖南等地。

【园林应用】具有清热解毒、行气止痛、散结消肿之功效。园林方面，可作盆栽、林下绿化植物。

图5-44　海芋

香蒲（*Typha orientalis* Presl）

【其他中文名】 东方香蒲、菖蒲、东香蒲、毛蜡、毛蜡烛、蒲棒、蒲草、蒲黄、水蜡烛、小香蒲。

【系统分类】 香蒲科香蒲属。

【形态特征】 多年生水生或沼生草本。根状茎乳白色；地上茎粗壮，向上渐细，高1.3～2m。叶片条形，长40～70cm，宽0.4～0.9cm，光滑无毛，上部扁平，下部腹面微凹，背面逐渐隆起呈凸形，横切面呈半圆形，细胞间隙大，海绵状；叶鞘抱茎。雌雄花序紧密连接。雄花序长2.7～9.2cm，花序轴具白色弯曲柔毛，自基部向上具1～3枚叶状苞片，花后脱落。雌花序长4.5～15.2cm，基部具1枚叶状苞片，花后脱落。雄花通常由3枚雄蕊组成，有时2枚，或4枚雄蕊合生，花药长约3mm，2室，条形，花粉粒单体，花丝很短，基部合生成短柄；雌花无小苞片；孕性雌花柱头匙形，外弯，长约0.5～0.8mm，花柱长1.2～2mm，子房纺锤形至披针形，子房柄细弱，长约2.5mm；不孕雌花子房长约1.2mm，近于圆锥形，先端呈圆形，不发育柱头宿存；白色丝状毛通常单生，有时几枚基部合生，稍长于花柱，短于柱头。小坚果椭圆形至长椭圆形；果皮具长形褐色斑点。种子褐色，微弯。花果期5～8月。

【生物学习性】 喜高温多湿气候，生长适温为15～30℃。当气温下降到10℃以下时，生长基本停止，越冬期间能耐-9℃低温；当气温升高到35℃以上时，植株生长缓慢。最适水深20～60cm，亦能耐70～80cm的深水。长江流域6～7月开花。对土壤要求不严，在黏土和沙壤土上均能生长，以有机质达2%以上、淤泥层深厚肥沃的壤土为宜。

【地理分布】 分布于菲律宾、日本、俄罗斯远东及大洋洲等地。中国黑龙江、吉林、辽宁、内蒙古、河北、山西、河南、陕西、安徽、江苏、浙江、江西、广东、云南、台湾等地均有分布。常生于湖泊、池塘、沟渠、沼泽及河流缓流带。

【园林应用】 香蒲叶绿穗奇，常用于点缀园林水池、湖畔，构筑水景，宜作花境、水景背景材料，也可盆栽布置庭院。香蒲一般成丛、成片生长在潮湿多水环境，所以，通常以植物配景材料运用在水体景观设计中。按照香蒲与其他水生植物各自的观赏功能和生态功能进行合理搭配设计，能充分创造出一个优美的水生自然群落景观。另外，香蒲与其他一些野生水生植物还可用在模拟大自然的溪涧、喷泉、跌水、瀑布等园林水景造景中，使景观野趣横生，别有风味。

图5-45　香蒲

a

b

打碗花（*Calystegia hederacea* Wall.）

【其他中文名】小旋花、兔耳草。

【系统分类】旋花科打碗花属。

【形态特征】一年生草本，全体不被毛，植株通常矮小。常自基部分枝，具细长白色的根。茎细，平卧，有细棱。基部叶片长圆形，顶端圆，基部戟形，上部叶片3裂，中裂片长圆形或长圆状披针形，侧裂片近三角形，叶片基部心形或戟形。花腋生，花梗长于叶柄，苞片宽卵形；萼片长圆形，顶端钝，具小短尖头，内萼片稍短；花冠淡紫色或淡红色，钟状，冠檐近截形或微裂；雄蕊近等长，花丝基部扩大，贴生花冠管基部，被小鳞毛；子房无毛，柱头2裂，裂片长圆形，扁平。蒴果卵球形，宿存萼片与之近等长或稍短。种子黑褐色，表面有小疣。花期5～6月，果期7～8月。

【生物学习性】喜冷凉湿润的环境，耐热、耐寒、耐瘠薄，适应性强，对土壤要求不严，以排水良好、向阳、湿润而肥沃疏松的沙质壤土栽培最好。土壤过于干燥容易造成根状茎纤维化，土壤湿度过大，则易使根状茎腐烂。

【地理分布】分布于东非的埃塞俄比亚，亚洲南部、东部以至马来西亚，中国各地均有分布。常见于田间、路旁、荒山、林缘、河边、沙地草原。

【园林应用】打碗花又名“小旋花”“燕覆子”等，是旋花科打碗花属草本植物，可作园林植物，应用于草坪片植较好。

图5-46　打碗花

牵牛［*Pharbitis nil*（L.）Choisy］

【其他中文名】白丑、常春藤叶牵牛、二丑、黑丑、喇叭花、喇叭花子、牵牛花、牵牛子。

【系统分类】旋花科牵牛属。

【形态特征】一年生缠绕草本，茎上被倒向的短柔毛及杂有倒向或开展的长硬毛。叶宽卵形或近圆形，深或浅的3裂，偶5裂，长4～15cm，宽4.5～14cm，基部圆，心形，中裂片长圆形或卵圆形，渐尖或骤尖，侧裂片较短，三角形，裂口锐或圆，叶面或疏或密被微硬的柔毛；叶柄长2～15cm，毛被同茎。花腋生，单一或通常2朵着生于花序梗顶，花序梗长短不一，长1.5～18.5cm，通常短于叶柄，有时较长，毛被同茎；苞片线形或叶状，被开展的微硬毛；花梗长2～7mm；小苞片线形；萼片近等长，长2～2.5cm，披针状线形，内面2片稍狭，外面被开展的刚毛，基部更密，有时也杂有短柔毛；花冠漏斗状，长5～10cm，蓝紫色或紫红色，花冠管色淡；雄蕊及花柱内藏；雄蕊不等长；花丝基部被柔毛；子房无毛，柱头头状。蒴果近球形，直径0.8～1.3cm，3瓣裂。种子卵状三棱形，长约6mm，黑褐色或米黄色，被褐色短茸毛。

【生物学习性】适应性较强，喜阳光充足，亦可耐半遮阴。喜暖和凉快，亦可耐暑热高温，但不耐寒，怕霜冻。喜肥美疏松土堆，能耐水湿和干旱，较耐盐碱。种子发芽适合温度18～23℃，幼苗在10℃以上气温即可生长。

【地理分布】牵牛在中国除西北和东北一些地区外，大部分地区都有分布。原产热带美洲，现已广植于热带和亚热带地区。

【园林应用】牵牛的花酷似喇叭，因此有些地方叫它喇叭花。牵牛花一般在春天播种，夏秋开花。其品种很多，花的颜色有蓝、绯红、桃红、紫等，亦有混色的，花瓣边缘的变化较多，是常见的观赏植物。

图5-47　牵牛

鸭跖草（*Commelina communis* L.）

【其他中文名】碧竹子、翠蝴蝶、淡竹叶、耳环草、福菜、管蓝青、桂竹草、鸡冠菜、鸡舌草、兰姑草、兰花菜、兰花草、蓝花菜、蓝花草。

【系统分类】鸭跖草科鸭跖草属。

【形态特征】茎匍匐生根，多分枝，长可达1m，下部无毛，上部被短毛。叶披针形至卵状披针形，长3～9cm，宽1.5～2cm。总苞片佛焰苞状，有1.5～4cm的柄，与叶对生，折叠状，展开后为心形，顶端短急尖，基部心形，长1.2～2.5cm，边缘常有硬毛；聚伞花序，下面一枝仅有花1朵，具长8mm的梗，不孕；上面一枝具花3～4朵，具短梗，几乎不伸出佛焰苞；花梗花期长仅3mm，果期弯曲，长不过6mm；萼片膜质，长约5mm，内面2枚常靠近或合生；花瓣深蓝色；内面2枚具爪，长近1cm。蒴果椭圆形，长5～7mm，2室。有种子4颗，种子长2～3mm，棕黄色，一端平截、腹面平，有不规则窝孔。

【生物学习性】常见生于湿地，适应性强，在全光照或半阴环境下都能生长。但不能过阴，否则叶色减退为浅粉绿色，易徒长。喜温暖、湿润气候，喜弱光，忌阳光暴晒，最适生长温度20～30℃，夜间温度10～18℃生长良好，冬季不低于10℃。

【地理分布】主要分布于热带，少数种产于亚热带和温带地区。中国产13属49种，多分布于长江以南各省，尤以西南地区为盛。越南、朝鲜、日本、俄罗斯远东地区以及北美也有分布。

【园林应用】是边坡绿化、草地建植的良好物种。

a

b

图5-48　鸭跖草

竹叶子（*Streptolirion volubile* Edgew.）

【其他中文名】竹叶菜、竹叶草、叶上花、心叶鸭跖草、小青竹标、鸭跖草、猪耳草、猪仔草、鸭仔草、糯米团、心叶竹叶草、嘎哈拉吉、扁担菜、旱鸭娃草、猫耳朵、面答菜、猪草、猪耳朵皮、猪耳朵、酸猪草、猪鼻孔。

【系统分类】鸭跖草科竹叶子属。

【形态特征】多年生攀缘草本。极少茎近于直立；茎长0.5～6m，常无毛。叶柄长3～10cm，叶片心状圆形，有时心状卵形，长5～15cm，宽3～15cm，顶端常尾尖，基部深心形，上面多少被柔毛。蝎尾状聚伞花序有花1至数朵，集成圆锥状，圆锥花序下面的总苞片叶状，长2～6cm，上部的小而卵状披针形；花无梗；萼片长3～5mm，顶端急尖；花瓣白色、淡紫色而后变白色，线形，略比萼长。蒴果长约4～7mm，顶端有长达3mm的芒状突尖。种子褐灰色，长约2.5mm。花期7～8月，果期9～10月。

【生物学习性】生于海拔500～3000m的山谷、灌丛、密林下或草地。

【地理分布】分布于中国南部、西南及辽宁、河北、山西、陕西、甘肃、浙江、湖北等地。

【园林应用】具有药用功效，可以治疗过敏性皮炎、风湿病关节疼痛、皮肤感染、感冒、带下病和小便不畅、涩痛等。在园林方面，可作为道路绿化、边坡绿化植物。

图5-49　竹叶子

梭鱼草（*Pontederia cordata* L.）

【其他中文名】北美梭鱼草、海寿花。

【系统分类】雨久花科梭鱼草属。

【形态特征】多年生挺水或湿生草本植物。根茎为须状不定根，长15～30cm，具多数根毛。地下茎粗壮，黄褐色，有芽眼，地茎叶丛生，株高80～150cm。叶基部广心形，端部渐尖；叶柄绿色，圆筒形，横切断面具膜质物；叶片光滑，叶片较大，长可达25cm，宽可达15cm，呈橄榄色，叶形多变。穗状花序顶生，长5～20cm，小花密集在200朵以上，蓝紫色带黄斑点，花葶直立，通常高出叶面，直径约10mm，花被裂片6枚，近圆形，裂片基部连接为筒状。果实初期绿色，成熟后褐色；果皮坚硬。种子椭圆形，直径1～2mm。花果期5～10月。

【生物学习性】喜阳、喜肥、喜湿、怕风、不耐寒，静水及水流缓慢的水域中均可生长。适宜在20cm以下的浅水中生长，适温15～30℃，越冬温度不宜低于5℃。生长迅速，繁殖能力强，条件适宜的前提下，可在短时间内覆盖大片水域。

【地理分布】美洲热带和温带均有分布，中国华北等地有引种栽培。

【园林应用】梭鱼草可用于家庭盆栽、池栽，也可广泛用于园林美化。栽植于河道两侧、池塘四周、人工湿地，与千屈菜、花叶芦竹、水葱、再力花等相间种植，具有观赏价值。叶色翠绿，花色迷人，花期较长，串串紫花在翠绿叶片的映衬下，别有一番情趣，可用于园林湿地、水边、池塘绿化，也可盆栽观赏。

图5-50　梭鱼草

鸢尾（*Iris tectorum* Maxim.）

【其他中文名】蓝蝴蝶、百样解、扁雀、扁竹、扁竹花、扁竹兰、扁竹叶、扁子草、大白解、大救架、豆豉叶、蛤蟆七、蛤蚂七、哈蛙七、蝴蝶花、蝴蝶兰、蝴蝶蓝、金鸭子、金针、九把刀、兰蝴蝶、兰花矮托、兰七、老君扇、老鹰尾、勒马回阳、冷水丹。

【系统分类】鸢尾科鸢尾属。

【形态特征】植株基部围有老叶残留的膜质叶鞘及纤维。根状茎粗壮，二歧分枝，直径约1cm，斜伸；须根较细而短。叶基生，黄绿色，稍弯曲，中部略宽，宽剑形，长15～50cm，宽1.5～3.5cm，顶端渐尖或短渐尖，基部鞘状，有数条不明显的纵脉。花茎光滑，高20～40cm，顶部常有1～2个短侧枝，中、下部有1～2枚茎生叶；苞片2～3枚，绿色，草质，边缘膜质，色淡，披针形或长卵圆形，长5～7.5cm，宽2～2.5cm，顶端渐尖或长渐尖，内包含有1～2朵花。花蓝紫色，直径约10cm；花梗甚短；花被管细长，长约3cm，上端膨大成喇叭形，外花被裂片圆形或宽卵形，长5～6cm，宽约4cm，顶端微凹，爪部狭楔形，中脉上有不规则的鸡冠状附属物，成不整齐的燧状裂，内花被裂片椭圆形，长4.5～5cm，宽约3cm，花盛开时向外平展，爪部突然变细；雄蕊长约2.5cm，花药鲜黄色，花丝细长，白色；花柱分枝扁平，淡蓝色，长约3.5cm，顶端裂片近四方形，有疏齿，子房纺锤状圆柱形，长1.8～2cm。蒴果长椭圆形或倒卵形，长4.5～6cm，直径2～2.5cm，有6条明显的肋，成熟时自上而下3瓣裂。种子黑褐色，梨形，无附属物。花期4～5月，果期6～8月。

【生物学习性】喜阳光充足、气候凉爽，耐寒力强，亦耐半阴环境。按习性可分为：①要求适度湿润，排水良好，富含腐殖质、略带碱性的黏性土壤；②生于沼泽土壤或浅水层中；③生于浅水中。

【地理分布】分布于中国山西、安徽、江苏、浙江、福建、湖北、湖南、江西、广西、陕西、甘肃、青海、四川、贵州、云南、西藏等地，缅甸、日本也有分布。生长于海拔800～1800m的灌木林缘、阳坡地及水边湿地，在庭园已久经栽培。

【园林应用】鸢尾叶片碧绿青翠，花形大而奇，宛若翩翩彩蝶，是庭园中的重要花卉之一，也是优美的盆花、切花和花坛用花。其花色丰富，花形奇特，是花坛及庭院绿化的良好材料，也可用作地被植物，有些种类为优良的鲜切花材料。国外有用此花做成香水的习俗。

园林上对根茎类鸢尾根据其生态习性分为4类：①根茎粗壮，适应性强，喜光充足，喜肥沃、适度湿润、排水良好、含石灰质和微碱性土壤，耐旱性强。(形态特征：垂瓣中央有髯毛及斑纹。如：德国鸢尾、香根鸢尾、银苞鸢尾、矮鸢尾)。②喜水湿、微酸性土壤，耐半阴或喜半阴，适合水边栽植。(形态特征：垂瓣中央有冠毛。如：蝴蝶花、鸢尾)。③喜光、水生，适合浅水栽植。(形态特征：垂瓣无毛。如：溪荪、黄菖蒲、花菖蒲、燕子花)。④生长强健、适应性强、既耐干旱又耐水湿，适合作林下地被。(形态特征：垂瓣无毛。如：马蔺、拟鸢尾)。

图5-51　鸢尾

紫茉莉（*Mirabilis jalapa* L.）

【其他中文名】胭脂花。

【系统分类】紫茉莉科紫茉莉属。

【形态特征】一年生草本植物，高可达1m。根肥粗，倒圆锥形，黑色或黑褐色。茎直立，圆柱形，多分枝，无毛或疏生细柔毛，节稍膨大。叶片卵形或卵状三角形，长3～15cm，宽2～9cm，顶端渐尖，基部截形或心形，全缘，两面均无毛，脉隆起；叶柄长1～4cm，上部叶几无柄。花常数朵簇生枝端；花梗长1～2mm；总苞钟形，长约1cm，5裂，裂片三角状卵形，顶端渐尖，无毛，具脉纹，果时宿存；花被紫红色、黄色、白色或杂色，高脚碟状，筒部长2～6cm，檐部直径2.5～3cm，5浅裂；花午后开放，有香气，次日午前凋萎；雄蕊5，花丝细长，常伸出花外，花药球形；花柱单生，线形，伸出花外，柱头头状。瘦果球形，直径5～8mm，革质，黑色，表面具皱纹。种子胚乳白粉质。花期6～10月，果期8～11月。

【生物学习性】性喜温和而湿润的气候条件，不耐寒，冬季地上部分枯死，在江南地区地下部分可安全越冬而成为宿根草花，来年春季续发长出新的植株。露地栽培要求土层深厚、疏松肥沃的壤土，盆栽可用一般花卉培养土，在略有蔽荫处生长更佳。花朵在傍晚至清晨开放，在强光下闭合，夏季在树荫下则生长开花良好，酷暑烈日下往往有脱叶现象。喜通风良好环境，夏天有驱蚊的效果。

【地理分布】原产热带美洲，中国南北各地均有。

【园林应用】中国南北各地常栽培，为观赏花卉，有时逸为野生。根、叶可供药用，有清热解毒、活血调经和滋补的功效。种子白粉可去面部癍痣粉刺。

a

b

图5-52　紫茉莉

参考文献

安静，张宗田，刘荣辉，等，2014. 贵阳市园林植物种类初步调查. 山地农业生物学报，33（4）: 59-62.

郭文月，沈文星，2020. 森林植物物种多样性价值形成机理及评价方法. 世界林业研究，33（4）: 118-122.

黄威廉，屠玉麟，杨龙，1988. 贵州植被. 贵阳：贵州人民出版社.

李秉玲，董芮，王美仙，等，2017. 太原市区行道树应用研究. 西北林学院学报，32（3）: 265-270.

屠玉麟，1991. 贵州特有植物初步研究（一）. 贵州林业科技，3: 68-81.

夏冰，司志国，2017. 不同园林植物土壤呼吸及影响因子特征. 水土保持研究，24（5）: 240-246.

徐炜，马志远，井新，等，2016. 生物多样性与生态系统多功能性：进展与展望. 生物多样性，24（1）: 55-71.

杨远庆，2003. 贵州野生植物资源的多样性及园林应用评价. 中国园林，8: 82-84.

张佳平，2013. 云台山野生草本植物资源的园林开发利用评价. 南京林业大学学报（自然科学版），37（1）: 37-43.

张佳平，丁彦芬，2012. 连云港云台山野生草本植物资源调查、应用及保护研究. 草业学报，21（4）: 215-223.

Horton P, Ruban A V, Walters R G, 1996. Regulation of light harvesting in green plants. Annual Review of Plant Biology, 47（1）: 655-684.

Karhu K, Auffret M D, Dungait J A J, et al, 2014. Temperature sensitivity of soil respiration rates enhanced by microbial community response. Nature, 513（7516）: 81-84.

下篇

中国西南喀斯特园林植物资源应用与案例解析

第六章

西南喀斯特石漠化治理中的园林植物应用

第一节　西南喀斯特石漠化形成、危害与治理

喀斯特地区由于脆弱的生态环境和复杂的人地系统，加上历史上不合理的人为活动，喀斯特生态系统严重恶化，出现了一系列重大的生态环境问题和社会经济问题，其中最显著的是生态环境遭破坏后形成的石漠化。中国西南喀斯特地区处于世界三大连片喀斯特发育区之一的东亚片区中心，也是典型的季风气候区，虽然有很好的水热配合条件，但存在严重的石漠化现象。石漠化作为一种环境地质灾害，加速了生态环境的恶化，形成以石漠化为核心的灾害群与灾害链。石漠化不仅造成资源和生态环境被破坏，而且造成生态系统极其脆弱，生存条件恶化，人地矛盾加剧（可耕地面积减少、人畜饮水困难、旱涝灾害频繁、土地生产力低等），导致本身落后的社会经济更加落后，形成了“环境脆弱—贫困—掠夺资源—环境恶化—贫困加剧”的恶性循环。

一、西南喀斯特石漠化成因与形成过程

由于森林植被的退化或被毁以及人类不合理的土地利用，极易导致地表裸露，在降雨或径流等运移力的作用下，进一步造成土被丧失，基岩裸露，最终导致石漠化的发生。喀斯特石漠化的形成是水土流失的必然后果，石漠化土地面积的扩大则使水土流失进一步加重。喀斯特石漠化形成的因素既有自然的原因，也有人为的原因。随着人类社会经济的发展，人为因素越来越成为石漠化发生的主导因子（图6-1）。

图6-1　陡坡垦殖、水土流失、土地退化与石漠化过程

1. 西南喀斯特石漠化的成因

（1）脆弱的喀斯特自然环境

① 地质地貌。西南喀斯特境内多为连续性灰岩及连续性白云岩组合，发育强烈，这两类岩性极度脆弱。由于碳酸盐岩成土速率低于其流失速率，土壤流失殆尽，基岩裸露。加之境内喀斯特丘峰及小块状山峦、谷地相当发育，山地多数基岩裸露，石芽、石沟发育。随着土地坡度的增加，坡面径流速度加快，坡面上固体物的稳定性降低，导致侵蚀量增加。尤其在喀斯特峡谷区，新构造强烈抬升，河流深切，喀斯特垂向发育，地形起伏大，坡地广、坡度大，导致侵蚀量急剧增加。再者，由于以海拔900 ～ 1800m之间的山地坡最为集中，地形平均坡度20.63°，山高坡陡、土被薄而不连续，结构差，土壤养分含量低，加之森林覆盖率低和人为活动的干扰影响，水土流失日益严重，进而催生石漠化现象的产生和蔓延。

② 气候。西南喀斯特属亚热带湿润季风气候区，全年大部分时间受亚热带季风环流影响，气候常年温湿，无霜期长，降水充沛，相对湿度较大。年均降水量1000 ～ 1200mm，降水量相对较大，为喀斯特地区溶蚀、侵蚀作用提供了充分的营力源。加之降水季节集中，主要集中在5月至9月份，溶蚀、侵蚀作用更加强烈。西南喀斯特在夏秋季节土壤侵蚀作用较冬春季节要大20% ～ 30%。

（2）特殊的岩溶人文环境

① 人口密度大。西南喀斯特地区2020年末人口密度为291人/km^2，为同期全国平均水平的1.73倍，为同期贵州省全省平均水平的1.08倍。农业人口占总人口的75.40%，较多的农业人口对土地的过分依赖，造成人地矛盾尖锐，加剧了石漠化的形成。人口空间变化大，南北分布不一。喀斯特分布面积比例较大的地区，人口较为密集，相反，喀斯特分布面积比例较小的地区，人口分布较为稀疏。在人口密度高的地区，由于人为活动的强度大，森林覆盖率低，荒山秃岭、石漠化景观随处可见；而在人口密度小的地区则呈现出森林覆盖率较高、石漠化极轻的山清水秀景观。可见人口密度是喀斯特石漠化的重要社会因素之一。

② 农业人口接受教育程度整体偏低。近年来，虽然西南喀斯特地区农业人口素质有较大提高，但整体接受教育程度还偏低。这些劳动力对现代新的农业生产技术掌握较少，绝大多数仍沿袭传统的小农技术，劳动生产率较低，劳动创造值较少。往往容易被眼前短期利益所吸引，而不顾环境的承受能力，牺牲环境价值以求眼前利益。在喀斯特石漠化严重的区域，常常是经济贫困、农村人口受教育程度偏低的地区，而且凡是石漠化严重的地方，都是该区域最为贫困的地方。

③ 地域文化。在长期的历史进程和特殊的喀斯特环境中，形成了特有的喀斯特文化。这种文化背景，深刻地影响着喀斯特石漠化的形成与发展。例如，独特的喀斯特垦殖文化，导致了石漠化的加速演化。源于传统的饮食习惯，形成了向地要粮的思维方式。社会习俗从各个侧面影响生存环境，导致环境恶化。许多地区习惯于木房居住，习惯棺葬，婚嫁家具等耗用大量木材，砍伐大量的森林，使得喀斯地区本就极少的森林退化更加迅速。喀斯地区农村燃料问题，也是导致植被退化的重要原因。由于受经济贫困和交通条件的限制，广大的喀斯地区农村以木材为燃料，生长缓慢的喀斯特灌丛植被作为薪炭林被砍伐后急剧退化，成为石漠化土地。

④ 落后的农业生产条件。西南喀斯特地区农业人口占总人口的75.40%。喀斯特农业人

口占比高，导致农业生产活动大部分在喀斯特地区开展。同时，随着农业活动长期的开展，人在这种特殊的自然环境下，通过长期的物质生产活动，形成喀斯特环境的强反馈机制，制约着农业生产和经济再生产，并逐步形成了一种地域性很强的与喀斯特密切相关联的农业生产方式和思想意识，且又在再生产过程中不断改变着人们赖以生存的喀斯特环境，从而构成一个具有喀斯特特色的环境-资源-人口-发展相结合的农业生产地域系统。表现出经济基础薄弱，农业综合生产力水平低，在长期处于封闭的自然小农经济再生产状态下，发展缓慢，农业结构单一，层次低，规模经营差，农业积累慢，对工业化过程贡献率低等农业经济脆弱性特点。

2. 西南喀斯特石漠化的形成过程

（1）毁林开荒

喀斯特土地在恶化过程中叠加了人类活动，从森林变为藤刺灌丛或裸地速度极快，几年或更短的时间就能完成。农业土地利用上，重使用，轻保养，许多地区土地质量有下降趋势。大部分农民依靠砍柴草作为生活能源，柴山人均占有量少，人与能源矛盾在许多地区相当突出，加上长期以来农民植被保护意识淡薄、科学技术知识不够，不能有效地保护资源，保障持续利用，以致大部分地区森林、灌木林不断减少，蓄积量降低，造成水土流失。

（2）水土流失

喀斯特地貌切割强烈，沟壑发育，谷坡陡峭，水土流失面积占土地总面积的50.34%，主要发生在陡坡耕地、荒山荒地、疏幼林地和部分乔木纯林地等地类上。主要动因是人为活动，而绝大部分人为活动又是通过影响植被覆盖来影响水土流失的。喀斯特地区降水丰富，水分充足，月季变化极大，遇雨易受冲刷。高强度的陡坡垦植，失去森林植被保护，致使水土流失愈演愈烈。同时，过度的砍柴烧山等降低了植物覆盖率，造成水土流失。喀斯特植被遭受破坏后，生境的旱生化迅速加剧，局部阴湿生境消失，水土流失越发严重。喀斯特山区石漠化的形成是水土流失的必然后果，石漠化土地面积的扩大则使水土流失进一步加重。

（3）岩石裸露

喀斯特山区地貌类型复杂、山高坡陡、土被薄而不连续，加之森林覆盖率低和人为活动的干扰影响，水土流失日益严重，最终裸露成岩石山地。由于水土流失，不仅土层浅薄，土地质量下降，而且土壤的营养元素含量也明显下降，而且有加速递减的趋势，这种“掠夺式”利用土地资源的方式，使土壤日趋贫瘠化的同时，农业产量水平除良种外基本上靠化肥维持，这又在一定程度上使土壤结构和物理化学性状变坏。因此，此种类型土地全无农业利用的价值，多为历史时期非合理利用，已经丧失了土地生产力的中度和强度石漠化土地，即所谓的未利用地，实为难利用地。

二、西南喀斯特石漠化的危害

1. 生态系统退化，生物多样性减少

石漠化不仅导致生态系统多样性类型正在减少或逐步消失，而且迫使喀斯特植被发生变异以适应环境，造成喀斯特山区森林退化，区域植物种属减少，群落结构趋于简单甚至发生

变异。许多喀斯特地区石漠化山区，森林覆盖率不超过10%，生物群落结构简单，且多为旱生植物群落，如藤本刺灌木丛、旱生性禾本灌草丛和肉质多浆灌丛等，使石漠化山区生态系统处于恶性循环，生境脆弱。

2. 水资源供给减少、用水短缺

喀斯特地区植被稀少，土层变薄或基岩裸露，加之喀斯特地表、地下双重地质结构，渗漏严重，入渗系数较高，一般为0.3 ～ 0.5，裸露峰丛洼地区可高达0.5 ～ 0.6，导致地表水源涵养能力极度降低，保水力差，使河溪径流减少，井泉干枯，土地干旱，人畜饮水困难。缺水和干旱一直是影响当地农业生产的严重问题，阻碍山区脱贫致富的步伐。在喀斯特发育比较典型的地区，石漠化土地面积在60%以上。由于土地退化，生态环境恶化，现有的土地养不好现有的人口，这是喀斯特地区农户丧失土地的真实写照，导致西南喀斯特地区存在明显的缺粮问题。区内人畜饮水也存在明显的困难。

3. 旱涝灾害严重

石漠化会改变土壤物理化学性状、水文径流状况，并导致旱涝灾害发生强度大、频率高、分布广，甚至还叠加发生，交替重复。随着喀斯特生态环境的不断恶化，各种自然灾害普遍呈现周期缩短、频率加快、损失加重的趋势，严重威胁着人民生命财产安全。随着水土流失的日趋加剧，水库库区、水渠和公路排水沟，因泥沙淤积，虽年年实施水库防渗堵漏、清淤工作，实行公路维修，但仍时常被毁，致使水利工程使用寿命缩短，病险库比重上升；公路沟畦连绵，晴通雨阻。例如贵州兴义下五屯纳灰河，长19.5km，现在全河床80%的河段已抬高3 ～ 6m，到枯水期，局部河段已成伏流；兴西湖水库平均每年淤积83333m^{3}淤泥，相当于每10年消失一个100万立方米的水库。

4. 滑坡、泥石流灾害频繁

西南喀斯特境内山高坡陡，地形破碎，切割严重，土层浅薄，抗侵蚀能力弱。石漠化峡谷多，道路抗灾能力差，通达深度不够，许多农村道路雨季不通车问题十分突出，影响了本地区经济发展。以贵州省兴义市为例，该区喀斯特发育强烈，滑坡、崩塌、泥石流等为主的地质灾害发生频繁。特别是自20世纪90年代以来，因生态环境的恶化，滑坡、泥石流等地质灾害日益加剧。1989年，该区养马镇10多公顷坡耕地和16hm^{2}良田，在一夜之间受到泥石流的毁灭性袭击，山上玉米地变成了大小不等的几十条冲沟，山下良田变成了荒漠；1991年，该区雄武镇因山体滑坡，造成5人死亡；1999年，该区敬南镇大田坝村二组因山崩，搬迁22户，计415人；2002年，该区坪东办事处大箐口村泥浪组因山体滑坡，搬迁19户，计79人。由于水土流失严重，喀斯特地区的谷底漏斗被堵，形成喀斯特洼地，在雨季长期受水淹，导致夏季作物根本无法栽种。据该市民政部门统计，1994年以来，该区因暴雨良田被冲毁120hm^{2}及毁坏26.5km、桥梁倒塌5座、人员死亡64人、损失牲畜数千头、9589间房屋需重建、91处喀斯特洼地在夏季根本无法栽种作物，经济损失高达18.4亿万元。

5. 危及珠江长江中下游地区的生态安全

西南喀斯特地处珠江长江流域上游分水岭地区，因喀斯特石漠化严重，植被稀疏、岩石裸露、涵养水源功能衰减，水土流失加剧，调蓄洪涝能力明显降低。大部分泥沙进入珠江、长江，在下游淤积，导致河道淤浅变窄，水库面积及其容积逐年缩小，蓄水、泄洪能力下降，直接威胁珠江和长江中下游地区的生态安全（图6-2）。

图6-2　西南喀斯特石漠化水土流失威胁着人类的家园

三、西南喀斯特石漠化治理

20世纪90年代后期，喀斯特石漠化问题引起了国内外学术界和国家政府的高度重视。从“九五”到“十三五”期间，国家多次发布了西南喀斯特地区石漠化综合治理工程建设规划，为西南石漠化地区的治理提供了指导性方案。2006～2015年中国政府已完成石漠化治理第一期工程，不仅为全球环境保护做出贡献，同时为其他国家的石漠化治理起到一定的示范作用。

石漠化治理是一项十分复杂的系统工程，需要综合治理，治理措施涉及多方面的内容。按照国家《岩溶地区石漠化综合治理规划大纲（2006～2015年）》，概括起来主要是林草植被的保护和建设，草食畜牧业发展，水土资源开发利用，基本农田建设，农村能源建设，易地扶贫搬迁，综合开发利用资源以及科学支撑体系建设七大方面。

1. 加强林草植被的保护和建设，提高植被覆盖度

采取封山、造林、种草等多种措施，加强植被建设，提高石漠化地区林草植被覆盖度。严重陡坡耕地，按土地利用规划，有计划地实施退耕还林草。

（1）封山育林育草

封山育林育草是利用自然修复力辅以人工措施，促进林草植被恢复的一种有效措施，投资小、见效快。为此，对人迹不易到达的深山、远山和重度石漠化区域，重点实施封山育林

育草。建设内容包括设立封山育林育草标志、标牌、落实管护人员，实施有效的封育措施和管护措施。

（2）人工造林

根据不同的生态区位条件，结合地貌、土壤、气候和技术条件，遵循自然规律，因地制宜，科学营造防护林、水土保持林和薪炭林，根据市场需要和当地的实际，大力发展特色经济林果。

2. 合理开发利用草地资源，大力发展草食畜牧业

西南喀斯特地区气候湿润，降雨充沛，雨热同季，中高山地区适合于植物营养体的生长，通过草场改良等措施，提高草地生产力，发展草食畜牧业。

（1）草地建设

主要包括人工种草和改良草地。在中度和轻度石漠化地区的原有天然植被条件下，通过草地除杂、补播、施肥、围栏等措施，使退化了的天然低产劣质草地更新为优质高产的草地。根据实际需要和适宜的条件，建设人工草场。

（2）发展草食畜牧业

按照草畜平衡的原则，合理安排载畜量。充分利用草地资源以及农作物秸秆资源，调整畜种结构，改良品种，加快草食畜牧业发展。

3. 保护和合理开发利用水土资源，加强基本农田建设

为保护和改善石漠化地区的生态环境和生产条件，把以坡耕地水土综合整治，建设基本农田为重点的水土保持小流域综合治理作为重点，加大坡改梯、小型水利水保配套工程建设力度，蓄水保土，合理开发与有效利用水土资源。

西南喀斯特地区虽然降雨不少，但地表水系不发育，地表水漏失严重，蓄水条件差，而地下水比较丰富，在地质详查的基础上合理开发地下河，采取地表水-地下水综合利用的措施，通过蓄、引、提、堵等方式，开发利用水资源。

4. 加快农村能源建设，开发可再生能源

农村能源建设坚持“因地制宜、多能互补、综合利用、讲求效益”和“开发与节约并重”方针，以市场为导向，以服务农村经济发展为目的，将农村能源建设置于农业、农村经济的可持续发展之中。从目前的实际出发，以户用沼气池建设为重点，加强节柴灶、太阳能、薪炭林和小型水电等农村能源建设。

5. 稳步推进易地扶贫搬迁和劳务输出

对生态区位重要，岩石裸露，水资源缺乏，生态状况恶劣，耕地土壤生产力低下，不适宜于人类居住的区域，适当安排易地扶贫搬迁。进一步探索石漠化地区群众安置的新方式、新路子，确保移民搬迁群众有稳定的土地资源和经济来源。石漠化地区人多地少是主要矛盾，尽可能减少人口对土地的压力是遏制石漠化发展的有效措施，因此要有计划地组织劳务输出，地方政府负责做好组织和培训工作。

6. 合理开发利用资源，发展区域经济

充分发挥喀斯特地区资源优势，加快产业结构调整步伐。利用自然资源和人文景观，大力开展特色旅游，并在政策、资金等方面给予扶持；结合工程建设，大力发展特色林果、林药、绿色农业等。

7. 科技支撑

（1）科技实验与推广

石漠化综合治理是一项复杂的系统工程。石漠化治理过程中，充分发挥科技进步在石漠化整治中的支撑作用，将先进、成熟的科学技术应用到石漠化综合治理实践中去。加强岩溶形成机理的科技研究，研究岩溶动力系统的运行规律。进行石漠化土地类型及质量评价指标的研究，以便制定不同类型土地的综合整治方案。研发治理工作中急需的林草植被恢复技术、困难立地营林技术、水土保持技术及生态型农业种植技术等，按照试验、示范、推广的路子，积极推进新技术、新方法和新工艺的应用，通过科学试验，筛选、组装和配套一批生态效益、经济效益显著的治理技术新模式。

（2）监测体系

研究区域喀斯特发育规律，建立不同区域喀斯特资源与环境评价指标体系和喀斯特地下水与地质环境数据信息系统。为科学分析和评价工程实施效果，考核各地工程目标任务完成情况，建立监测体系，应用多种监测技术、方法和手段。监测体系建设以充分利用现有监测资源为基础，不足部分填平补齐。

① 石漠化状况宏观监测：基于“3S”技术，采用地面调查与遥感判读相结合的方法，每5年（2010年、2015年）实施一次对喀斯特地区石漠化状况及相关生态因子动态变化的全面监测。

② 定位监测：按照代表性、典型性和均匀布设的原则，在充分利用现有各类生态监测站的基础上，适当增加监测站，完善定位监测网。按照统一的技术方法和要求开展连续观测，研究工程实施后各典型地区石漠化发生、发展状况，以及土壤理化性状、植物群落、河流径流量、含沙量等因子的动态变化。

③ 工程质量监测：基于GIS技术，建立国家、省（自治区、直辖市）、市、县各级石漠化工程监测地理信息管理系统（工程电子地图），逐年将工程设计及建设成果落实到电子地图上，建立工程设计与建设成果矢量数据库，以便对工程质量开展年度核查，保证工程进度和质量。

④ 监测组织体系：依托现有的监测技术力量和队伍，分别在国家和省级行政区建立监测中心。国家监测中心具体负责监测技术指标及方案的制定，监测的技术指导、成果汇总及工程进度和质量核查；省级行政区监测中心在国家统一指标和方案下负责本省区监测工作的技术指导和成果汇总及工程进度、质量的核查；在重点石漠化地区的市级行政区建立监测站，负责本地（市）石漠化监测工作。

四、西南喀斯特石漠化治理与风景园林景观建设

西南喀斯特是世界上最卓越的景观之一，主要由碳酸盐上发育的特殊地形及相关的生态系统组成，以伏流、洞穴、暗河、洼地、锥状和塔状山峰为特征。其中喀斯特洼地是喀斯特特殊地貌形态之一，是因碳酸盐岩溶蚀、侵蚀作用加强所形成的一种负地形，又称为“溶蚀

洼地”或“岩溶洼地”。喀斯特洼地小至漏斗、大至喀斯特盆地，是由喀斯特水垂直循环作用加强形成的。中国是世界上喀斯特分布最广的国家之一，占国土总面积的13%。其中贵州是中国喀斯特分布最集中的地区，碳酸盐岩出露面积达13万平方千米，占全省总面积的73.8%，发育喀斯特的基岩分布之广，厚度之大，相对面积比之高，且较集中连片，在全国是独一无二的，在世界范围内也是罕见。

中国西南喀斯特因具有超乎寻常的自然现象或非同寻常的自然美和美学价值，于2007年和2014年陆续被列入联合国教科文组织的世界遗产名目，喀斯特景观逐渐被世界认识。目前国内对喀斯特景观在理论上的研究以及实践中的开发都还需深入，在实践方面以风景区和旅游业开发为主，主要存在以下问题：①低层次开发，空间竞争激烈；②开发难度大，可进入性差；③可投入资金有限，科技含量低；④商品不丰富，呈现单一重复，且开发层次低，未深度挖掘；⑤经济管理体制不完善；⑥环境问题突出。张惠远和王仰麟（2000）通过RS和GIS技术，从山地景观规划的角度探讨了西南喀斯特地区景观规划与水土流失治理的措施和方法；韦清章等（2014）把景观规划设计的理念与石漠化治理结合起来，研究了喀斯特景观旅游开发的措施和方法。尽管上述研究均聚焦于喀斯特景观的开发与石漠化治理，但均着眼于较为宏观的景观规划设计，复杂的喀斯特地貌地势有丰富的喀斯特景观。目前对不同的喀斯特地形的景观规划设计是研究的薄弱环节，同时对地区的文化特殊性没有充分挖掘，文化内涵不足。在理论上的研究较少，对喀斯特洼地的景观设计研究没有完整的理论体系支撑。喀斯特景观有其特殊的环境背景，脆弱性和独特性决定其需要一个多学科综合运用的理论体系，特别是对地质学、生物学、植物学和生态学等学科的运用。

第二节　园林植物应用总体方案

一、功能定位

防治喀斯特石漠化的园林植物应用需考虑石漠化地区岩石裸露、植被退化等生态问题，要注重生态、经济和景观等多重效益结合。石漠化地区同时是偏远、经济贫困地区，合适物种的选择是人工造林的关键。植物物种既要给当地居民带来经济效益，又能适应当地环境条件。常种植果树、茶树、药材、竹林及能源植物，来发挥其经济作用。一些园林植物能发挥调节气候、净化空气、防风固沙和保持水土等作用，例如树林的林冠可以截留一部分降水量，在东北的红松林冠可截留降水量的3% ～ 73.3%，在福建的杉木林可截留7% ～ 24%，在陕西的油松林可截留37.1% ～ 100%，这些数值与降水量的大小、树种有关。石漠化地区降水量可达到1000 ～ 2000mm，选用枝叶稠密、叶面粗糙的树种，树冠的截留、地被植物的截留以及枯叶的吸收和土壤渗透作用，可减少和减缓地表径流和流速，从而解决石漠化地区水土流失问题，一般选用水杉（*Metasequoia glyptostroboides*）、冷杉（*Abies fabri*）、圆柏（*Juniperus chinensis*）等乔木和夹竹桃（*Nerium oleander*）、胡枝子（*Lespedeza bicolor*）等灌木。在土石易于流失的塌陷处，选择根系发达、生长迅速而又不易发生病虫害的树种，可改善石漠化地区土壤营养结构，发挥其生态作用。

二、规划设计原则

1. 以乡土植物为主，适当引种外来植物

首先需遵循自然客观规律，即根据石漠化地区水热条件、土壤养分等自然因素，构建生态恢复系统，选择以乡土物种为主，适当引进外来物种的植被恢复模式。选用乡土植物的基础上，引进一些本地缺少，而又能适应当地环境的或观赏价值高的树种。引入外来物种时要慎重，避免出现生物入侵的情况，并加强对已知外来有害物种的防治。西南喀斯特地区属中南亚-北热带气候区，气候温暖湿润，雨热同季，加之纯碳酸盐岩大面积出露，喀斯特作用强烈，地形陡峻而破碎，地表地下双层岩溶地貌发育良好，形成了复杂多样的水平、垂直小生境（张军以等，2015）。喀斯特小生境根据生态特征可划分为石缝、石沟、土面、石面、石洞等主要类型（杜雪莲和王世杰，2010）。石漠化地区植被系统退化，在裸露的岩石表面先培育草本植物，栽种攀岩植物和耐干旱的灌木，在小生境适当种植耐干旱的乔木树种，如刺槐（*Robinia pseudoacacia*）、香椿（*Toona sinensis*）、构树（*Broussonetia papyrifera*）等。

2. 以基地条件为依据，选择适宜的园林绿化植物

植物景观的营建既要服从防治规划，也要服从石漠化地区经济和社会功能。在种植设计时应该对当地的立地条件进行细致的调查分析，包括光照、气温、水湿、土壤、风力影响等，结合植物材料耐干旱、适应强等自身特点和石漠化地区存在水土流失等问题合理安排，使不同习性的植物与其生长的立地条件相适应。

3. 注重速生与慢生、常绿与落叶、乔灌与草本合理搭配

速生树寿命短，衰减快，对风雪的抗逆性差。与之相反，慢生树种生长缓慢，但其寿命长，对风雪、病虫害的抗逆性强，更易于养护管理。中国西南喀斯特地区气候条件好，常绿植物种类多，需以常绿植物为主，再搭配乔灌草群落立体种植模式（图6-3），最后形成多层

图6-3　乔灌草群落立体搭配

次、立体的植被景观，构成稳定的生态植物群落。

三、物种选择与配置

我国西南喀斯特地区水热条件适宜植物生长，通过人工栽植提高植被覆盖率、抑制水土流失和建立循环生态系统，以求达到石漠化地区生态治理和社区经济可持续发展的目的。物种选择首要考虑当地优良树种；其次需结合立地条件，如土地石漠化程度、海拔高度、坡度、水资源等因素选择具有耐干旱、耐贫瘠及耐碱性等抗逆性的树种；最后，选择能增加当地居民经济收入及具有观赏性的物种。

根据生态学原理，森林群落一般分为乔木层、灌木层、草本层和苔藓-地衣层。培育草本［如白车轴草（*Trifolium repens*）、紫苜蓿（*Medicago sativa*）等］、藤本植物覆盖裸露岩石表面，构建草本群落高草层、中草层和矮草层（或分为上、中、下三层）三层结构（李博，2005）。栽植灌木，如南天竹（*Nandina domestica*）、胡颓子（*Elaeagnus pungens*）、忍冬（*Lonicera japonica*）、小叶女贞（*Ligustrum quihoui*）、火棘（*Pyracantha fortuneana*）等，发展形成灌草群落。灌草群落具有少量的乔木种子，继续封禁治理，人工引进常绿阔叶和耐干旱的乔木树种，如刺槐、香椿、构树等，配置成乔灌草相结合的植物群落。喀斯特地区以石灰岩为主，含钙多，选择苔藓、蕨类、裸子和被子植物为主要植被类型。在较大岩石旁，种植矮生松属植物、常绿灌木或其他观赏灌木，如南天竹、荚蒾（*Viburnum dilatatum*）等；石隙间种植匐地与藤本植物，如铺地柏（*Juniperus procumbens*）等，利用不同小生境栽植，为植物提供最好的生长条件。根据美学原则，配置方式分为规则式、自然式和混合式，仿效植物自然生长群落，结合地形、道路种植，展现自然、随机和富有山林野趣的美，例如贵阳喀斯特公园（图6-4）。运用夹景、框景、对景和借景等手法，以孤植、树丛、树群、树林等形式，充分表现喀斯特地区奇石景观（图6-5～图6-8）和植物美。

四、种植设计

园林种植设计首先要从园林绿地的主题、立意和功能出发，选择适当的树种和配置方式表现主题。首先，进行初步设计，确定园林景观空间的构图重心和骨架，即确定主景。例如澳大利亚伊恩波特野趣游乐公园位于百年纪念公园学习中心，旨在为所有2～12岁儿童提供全新学习体验。植物园探索区占地6500m^2（相当于一个橄榄球场），在茂盛浓密的灌木和树林中是穿梭其中的跑道和小径，原有的无花果（*Ficus carica*）被保留下来，道路与植物园的设计为人们提供林荫下的休憩之地。

其次，石漠化地区树种以改善土壤结构为主，强调生态性，不同于其他地区园林种植设计方式以突显个体美。根据现状分析和功能分区选择其他配景植物，根据混交林树种搭配原则，选择喜光和耐阴、速生与慢生、针叶与阔叶、常绿与落叶、深根与浅根、吸收根密集型与吸收根分散型以及冠形不同的树种相互搭配，以株间、行状混交效果最佳（张劲峰等，2005）。最后，对初步设计方案进行调整，核对现状条件与所选植物的生态特性是否匹配；从平面构图角度，分析植物种植方式是否适合；从景观构成角度分析所选植物是否满足观赏需要，从而调整植物栽植密度。植物种植设计涉及自然环境、人文艺术、技术规范等多个方面，在石漠化地区种植设计中还需要考虑喀斯特生态系统的脆弱性，进行综合考虑设计。

图6-4　贵阳喀斯特公园混合式植物群落种植模式

图6-5　喀斯特岩石景观（一）

图6-6　喀斯特岩石景观（二）

图6-7　喀斯特岩石景观（三）

图6-8　喀斯特岩石景观（四）

五、养护与管理

园林绿化植物养护是一项长期性的工作，加强植物生长习性的观察和研究，切实保障植物的存活率和健康生长，要做好不同植物的水分管理、病虫害防治等养护管理工作。首先，土壤是树木生长的基地，是植物汲取养分的来源。园林绿地土壤不同于农作物的土壤改良，农作物土壤改良可以使用多次深翻、轮作、休闲和多次增施有机肥等手段，园林绿地只能采用深翻、增肥等手段来完成，从而保证树木能正常生长几十年至百余年。

其次，石漠化地区需利用有机物或活的植物体覆盖土面，防止或减少水分蒸发，增加土壤有机质。根据园林树木生物学特性和栽培要求，辅以施肥，做好其他养护管理确保植物健康生长。再次，在绿地中，对树木进行正确的修剪、整形工作，是一项很重要的养护管理技术，不同的修剪、整修措施会造成不同后果。根据树种的生长发育习性进行修剪、整形工作，例如尖塔形、圆锥形树冠的乔木，顶芽的生长势特别强，形成明显的主干与主侧枝的从属关系，对这一类习性的树种需要采用保留中央领导干的整形方式，修剪后形成圆柱形或圆塔形（图6-9）。最后，根据树木生长地点的环境条件，即石漠化地区土壤贫瘠、地表径流较少等特点，适当降低分枝点，使主枝在较低处即开始构成树冠，形成石漠化地区独特的观赏形态。

图6-9　松柏类植物塔柱状修剪造型

第三节 存在的问题及对策建议

植被恢复是喀斯特石漠化治理的核心。尽管长期以来，对喀斯特石漠化植被恢复开展了大量的工作，研发了一系列的关键技术，构建了不同恢复模式和技术体系，但当前石漠化植被所营造的人工林，仍明显存在物种单一、物种配置简单和经营粗放等问题。

一、存在的问题

1. 物种选择较为单一

植被恢复过程是一个演替过程，退化群落的自然恢复过程为：草本群落阶段—草灌群落阶段—灌丛灌木阶段—灌乔过渡阶段—乔林阶段—顶级群落阶段（龙翠玲和朱守谦，2001）。在某些地区种植乔木为主的生态林和经果林，造成植被系统稳定性较差，易遭受病虫害和退化影响。封山育林恢复时间较长，需通过人工造林、退耕还林加以恢复，但在未能解决农民眼前利益及水土支撑条件的情况下，恢复效果较差。出现了新的人地矛盾，即优先经济效益，忽略立地条件和生态学原理等因素，不利于石漠化地区植被恢复。

2. 植物配置方式不合理

盲目引进外来树种，摒弃乡土树种。大树移植数量过多，生物多样性低。植物配置不合理，从水平和垂直结构分析，水平方向上种植密度过大，易引起病虫害，影响植物正常生长；垂直方向上，没有顾及园林植物的生理生态习性，将各种植物胡乱地堆在一起，观赏效果较差，且对自然灌丛的景观设计运用较少。

3. 养护管理方面较为薄弱

有些地方缺乏专业的园林养护队伍，重种植，轻养护；有的不顾植物的承受能力将植物修剪成规则的几何外形；有的不遵循植物生态习性，浇水与施肥违背植物生长规律，导致植物不能正常生长，影响治理效果，并缩短园林植物的寿命（祁新华等，2005；敖惠修，2001；欧静，2001；姚亦峰，2005）。

4. 植被恢复效果和适应性评价研究较少

现有石漠化治理模式以点为范围研究植被恢复效果，缺乏对治理模式的推广和应用。且与石漠化治理成效有关的评价标准及指标体系理论研究较少，较多的是研究治理植物物种的生境生态适应机理及主要环境胁迫影响限制因素。

二、对策建议

1. 加强科学研究，适当增加物种

喀斯特石漠化地区植被恢复，需针对生境异质性较强的特点，选择优良的乡土树种；根

据立地条件引进先锋植被，与退耕还林、封山育林相结合种植。西南喀斯特地区生物多样性丰富，还有丰富的植物资源，大量优势物种还未被发掘用于植被修复。适当增加种源，营造适宜乔木生长的小生境，利于促进乔灌草森林植被系统构建。

2. 科学的植物配置

石漠化地区的园林植物配置，需根据不同地貌类型、岩石裸露率、植被覆盖率和生产生活水平等特征，进行植被恢复和园林植物配置。按种植平面关系及构图艺术，种植方式分为规则式、自然式和混合式。规则式特点是布局整齐端庄、秩序井然、严谨壮观，具有统一、抽象的艺术特点；自然式讲究步移景异，根据道路配置植物，在统一中求变化，在丰富中求统一；混合式用于开辟宽广的视野，引导视线，合理进行平面布局。根据不同水热条件，进行竖向种植设计。在河谷地区种植根系发达，具有固土保水功能，经济价值较高的匍匐类物种。在肥沃的山地，种植经济效益高的物种。在水土流失严重的陡坡地，主要以深根系和浅根系搭配的种植模式为主，防止水土流失。在土壤干旱贫瘠地区，保留原生植被，引入混交林，以达到改善土壤营养结构和固氮的目的，实现植被恢复重建。

3. 科学养护与管理

在一定生长期内根据植物的生长状况进行土壤翻新，加强对植物生长状况的观察并记录，适时调整浇水、施肥等养护工作，制定科学合理的操作规范和技术标准，避免人为操作失误导致大面积植物生长不良，切实按照不同植物的生物学特征，利用现代化设备科学养护与管理。

（1）土、肥、水管理

喀斯特石漠化地区肥力低，栽植前需深翻结合施肥，改善土壤结构和理化性质，促使土壤团粒结构形成，增加孔隙度；需松土透气、控制杂草，改善土壤通气状况。树木在不同物候期需要的营养元素是不同的，在充足的水分条件下，新梢的生长需较高的氮量；后续生长需蛋白质及其他营养物质。根据不同物候期施氮、钾、磷三要素，控制树木生长与发育。根据气候、树种、土壤种类、质地、结构及肥力进行浇水，在石漠化地区需进行多次少量浇水。

（2）修剪整形

修剪时最忌讳毫无目的剪枝，需按照“由基到梢、由内到外”的顺序来剪，确定好要修剪的样式，按照一定的顺序由主枝的基部向外逐渐向上修剪，避免出现漏剪或错剪的情况。正确的修剪顺序既能确保修剪的质量又能快速地完成剪枝任务。整形与修剪应同期开始，整形分为人工式、自然式和混合式，按照3类整形方式表现园景特色，契合园林绿地氛围，对树冠、枝条做辅助性的调整和促进，发挥树种特点，提高观赏价值。

（3）其他养护管理

石漠化地区地势多变，坡度较大。需注意，过度浇水会导致水肥流失，造成谷底区域污染，二次污染环境。注意保护和修补，做好各方面预防工作；对因病虫害、机械损伤等造成的伤口，及时保护、治疗和修补，防止内部腐烂形成树洞。

4. 拓宽研究范围

石漠化治理模式的推广和应用需结合不同治理对象做出调整，适应不同环境条件特点，需收集更多的实验数据。要积极交流学习、深入研究，提高理论水平。新兴技术或治理模式需在实践中受到检验，真正实现生态恢复。

第四节　案例解析

一、贵州清镇红枫湖簸箩小流域石漠化治理植物应用

1. 区域概况

贵州清镇红枫湖属典型喀斯特高原地貌中的低山丘陵、坝地，喀斯特面积占70%以上，以峰丛谷地、洼地和峰林谷地、洼地为主。区域土地总面积6043.79hm^2，其中喀斯特面积5744.67hm^2，占土地总面积的95.05%。区域以轻-中度石漠化为主，石漠化面积和1474.97hm^2，占喀斯特总面积的25.76%。轻度石漠化主要分布在其他林地和天然草地，中度石漠化主要分布在坡耕地和其他草地，强度石漠化主要分布在未利用地。

2. 治理模式与技术措施

根据簸箩小流域的自然资源和种养殖基础，构建城郊型生态农业模式（表6-1与图6-10）。喀斯特水资源开发利用模式主要是“喀斯特地下河窗口—提水站—提水管道—高位水池—输水管网—水池（水窖）—输水管网—田间地头（或入户）”，用此模式解决区内主要生产及生态用水或人畜饮用水供应问题。构建的水土保持型生态农业模式和涉及的技术措施主要有：

① 对坡度15°～25°的坡耕地，推广土地梯化技术，建设石埂坡改梯和生物篱，采用横坡等高种植、水平沟种植、地膜覆盖等节水农业技术措施种植粮食或经济作物、牧草，配套建设机耕道和作业便道，改进耕作条件（图6-11）。通过生物篱建设减少水土流失、收割树叶或秸秆还田、修剪树枝作薪柴，既可增加耕地的有机肥，又可解决农村部分燃料问题。

② 通过在周边营造水土保持林，采用香樟、女贞、滇柏、栾树等景观树种，既能保护粮食主产区，又可增加美观效果。通过混交造林技术、容器苗培植技术、营养袋苗培植技术、林草立体种植及配置技术建立喀斯特石山造林技术体系。

③ 针对峰丛坡下部及部分洼地发展高产经果林——水晶葡萄（图6-12），坡体中上部条件较好的草地及稀疏林地间发展黄金梨（图6-13）。立地条件差的进行封禁管理，并采用混交造林技术、容器苗培植技术、营养袋苗培植技术、林草立体种植、配置技术建立喀斯特石山造林技术体系。

④ 通过草地建设技术、草地改良技术、优质牧草种植管理技术、“水保林/经济林+牧草”的林草配置种植技术（图6-14），建立合理刈割制度，兼顾生态与经济效益。

⑤ 通过果树丰产栽植技术、果树抚育和管护技术培训，发展生态经果林业，完善流域经济结构。

⑥ 利用“截水沟+沉沙池+小型蓄水池”“排洪渠+进水沟+沉沙池+蓄水池”的方式，开发利用水资源。>25°坡耕地采用“截水沟+沉沙池+蓄水池”方式，保护耕地资源，减

少水土流失，并利用管道与坡面上部蓄水池串联，实现水资源优化调度。

⑦ 采用药材种子处理技术、药材栽植与储蓄技术、病虫害防治技术，形成喀斯特山区中药材种植体系，建立生态药业基地。通过葡萄良种选育技术、葡萄园建园技术、葡萄栽植与管理技术，形成喀斯特山区葡萄种植体系，建立生态葡萄产业基地。

⑧ 利用机械打井，提取地下水，在控制区域高点修建高位水池，与坡面水池田间管道，形成灌溉网，采用喷灌技术，建立早熟蔬菜（番茄、辣椒）基地并在田间建设机耕道路，方便菜园的耕作经管及运输管理。

表6-1 贵州清镇簸箩小流域石漠化生态农业集约经营综合治理模式

<table>
<tr><th colspan="2">生物措施</th><th>土地利用类型</th><th>石漠化等级</th><th>现有植被状况</th><th>城郊生态农业模式构建</th></tr>
<tr><td rowspan="4">封山育林</td><td rowspan="3">自然封育</td><td>灌木林地</td><td>中 - 强度</td><td>以稀疏灌草为主，零星分布毛栗和球状荚莲</td><td rowspan="3">加强封育管护制度，严禁放牧、砍树、开荒等生产活动。修建截永沟、排洪渠、沉沙池、蓄水池等减少坡面冲刷，开发利用水资源</td></tr>
<tr><td>其他林地</td><td>强度</td><td>以疏幼林和疏灌木为主，主要是朴树和火棘，树种结构单一</td></tr>
<tr><td>未利用地</td><td>中 - 强度</td><td rowspan="2">多分布在流域周边山坡顶部，基岩裸露面积大，部分地段土质较厚，以杂草为主</td></tr>
<tr><td>人促封育</td><td>未利用地</td><td>中 - 强度</td><td>采用生根粉和保水剂进行种苗处理，选择刺槐、滇柏、火棘等乔、灌木树种补植补造，建立人工生态系统</td></tr>
<tr><td colspan="2" rowspan="2">防护林</td><td>其他草地</td><td>中度</td><td>分布在坡面中部，以杂草为主，小面积灌木如火棘、毛栗集中生长</td><td rowspan="2">根据适地适树原则，选择花椒、金银花、滇柏、楸树、女贞等苗木，采用容器培育苗木技术，提高苗木成活率。土质较好区域种植黑麦草、紫花苜蓿、牛鞭草等草种，解决饲料问题</td></tr>
<tr><td>未利用地</td><td>强度</td><td>分布在坡面中上部，杂草零星分布，基岩裸露</td></tr>
<tr><td colspan="2" rowspan="3">经济林</td><td>坡耕地
坡度 > 25°</td><td>轻 - 中度</td><td>土层厚，以种植玉米、小麦为主，分布有桃子、李子、板栗、核桃等经济树种</td><td>以现有经果林树种为基础，发展规模化栽植，建立科学施肥、管理、抚育制度，提高果树产量。建立生物屏障，以“水保林 + 灌草”套种，减少水土流失。水土流失严重地段，通过修建截水沟、配套沉沙池、小容量蓄水池，实现水资源利用，保护耕地资源</td></tr>
<tr><td>坡耕地
坡度 < 25°</td><td>潜在 - 轻度</td><td>土质较好，建有蔬菜基地和苗圃，少数地方种植烤烟、洋芋、辣椒等作物</td><td>加强坡改梯建设和土壤改良，推广生物梯化技术，在生物篱之间采用横坡等高种植、水平沟种植、地膜覆盖、节水灌溉等节水农业技术，推广反季节蔬菜和新品种种植，建立生态葡萄产业基地。建立水资源优化调度机制，合理开发利用水资源</td></tr>
<tr><td>其他草地</td><td>轻度</td><td>分布在坡面中下部，杂草覆盖面积大</td><td>采用营养袋苗培育技术，选择桃、梨、核桃、板栗、李等经济林树种栽植，同时，采用林草立体种植技术，采用“经济林 + 牧草”套种</td></tr>
<tr><td colspan="2">参与式社区发展</td><td colspan="4">通过参与式庭园经济建设，将石漠化和水土保持治理与庭园经济发展相结合，建立种、养殖协会，提高了村民生产能力和参与社区发展决策的能力</td></tr>
<tr><td colspan="2">庭院经济建设</td><td colspan="4">建立了以沼气为纽带、蔬菜生态种植为主导产业的“皇竹蔬菜（草）- 鹅（猪）- 沼 - 林”模式，形成了以种植业为农业主要经济收入、以养殖业为经济主要补给来源、以沼气利用为能源的庭园生态经济优化模式</td></tr>
</table>

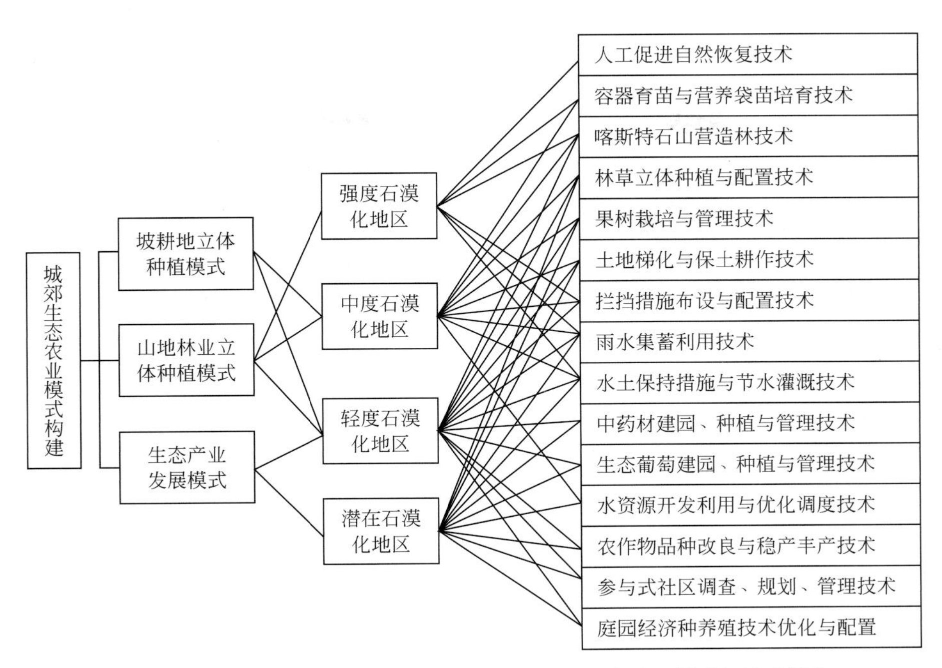

图6-10　簸箩小流域石漠化生态农业集约经营综合治理模式与技术措施

图6-11

图6-11　簸箩小流域石漠化治理——坡耕地植被建设景观

图6-12　喀斯特高原盆地轻－中度石漠化经果林种植景观：水晶葡萄－砂仁－花椒－金银花

图6-13　喀斯特高原盆地轻－中度石漠化经果林种植景观：砂仁－黄金梨－金银花

图6-14 喀斯特高原盆地轻-中度石漠化经果林种植景观：凯特杏-紫花苜蓿

二、贵州花江喀斯特高原峡谷石漠化防治生态旅游规划植物应用

1. 规划目标与战略

花江大峡谷风景名胜区内古化石景区和盘江桥景区与贵州关岭化石群国家地质公园交叉重叠面积40.61km^2，夹山峡景区与贵州北盘江大峡谷国家湿地公园交叉重叠面积4.36km^2。研究区内风景名胜区区域不涉及交叉重叠问题，从空间分布角度来看处于贵州关岭化石群国家地质公园、北盘江大峡谷国家湿地公园中间位置，同时也位于关岭县生态旅游纵向发展轴中部位置，具有良好的空间优势。基于空间和产业优势，抓住“旅游兴县”战略机会，完善城镇公共服务和基础设施建设，大力发展生态农业和旅游服务业，将其定位为以峡谷旅游和生态体验为特色的宜居宜业宜游的生态旅游地。

前期发展以花江北岸为主体，以花江大峡谷为核心，发挥好生态旅游纵向发展轴中部位置的关键作用，依托北盘江生态发展带和省级生态示范园区发展地方特色产业和生态旅游业，从而优化产业结构。中远期，充分利用区位优势、主动融入花江镇城区，通过构建区域一体化交通体系，衔接关岭化石群国家地质公园和北盘江大峡谷国家湿地公园（图6-15）。关岭化石群国家地质公园和关岭花江大峡谷风景名胜区组成了关岭西部生态屏障，为北盘江生态发展带提供了环境资源保障。合理组织水、路游线环线，健全北盘江水上游线，到三江口与北盘江国家湿地公园汇合，从而相互协作，发挥各自旅游特色，实现区域联动发展。

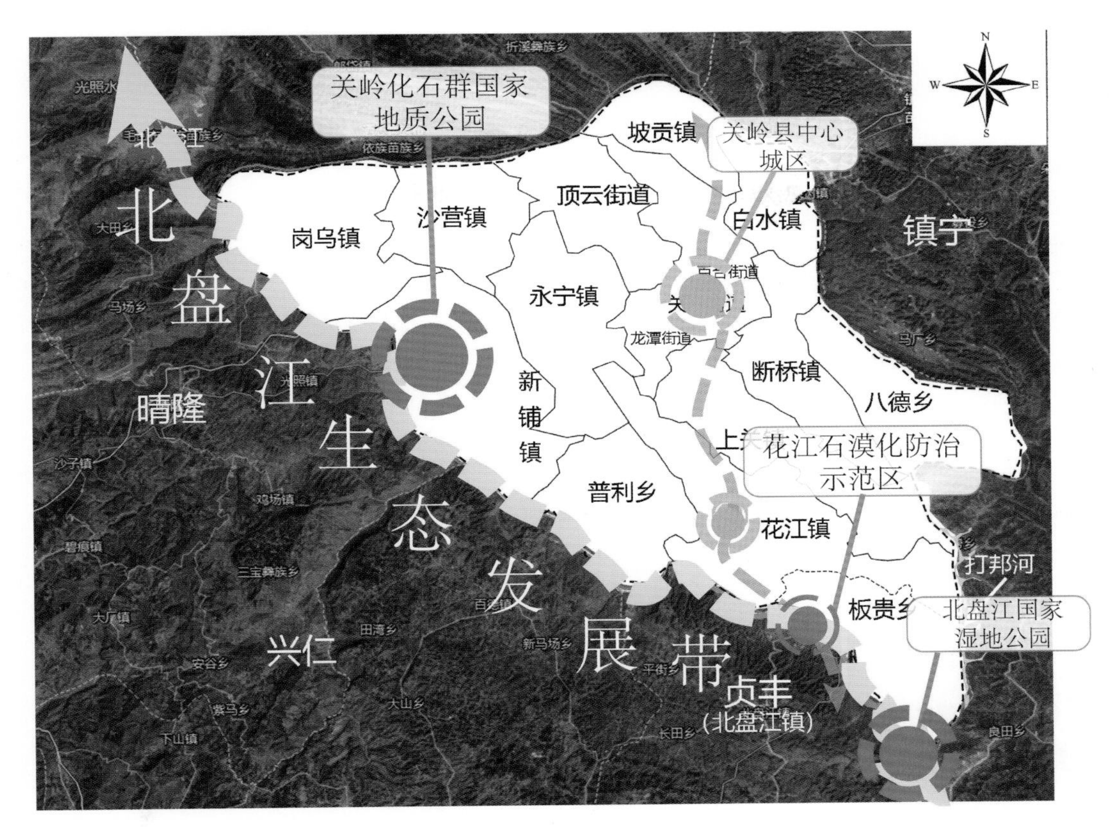

图6-15 花江喀斯特规划发展战略

2. 功能分区

研究区属于贵州石漠化治理示范区，也是重点治理区和重点监督区，水土流失和石漠化一直是研究区要解决的生态安全问题。依托生态适宜性分析和可持续景观体系建设原则，将研究区内分为景观保护区、景观整治区、景观恢复区和景观建设区（图6-16）。

景观保护区：以保护峡谷风光为主的自然景观区域，属于风景名胜区的一级保护区，可进行水上休闲、喀斯特休闲观光、摄影等低影响活动，游客通过徒步旅游小径、景观休息平台和景观小品等景观节点，开展生态旅游活动，还可适当布置小型旅游服务等设施，例如公共厕所和防护游客安全设施，严格保护区内地质地貌和植被物种。现区内铁索桥拥有少量停车位，小型停车位24个、中型客车位12个和大型客车位15个，需严格控制机动车辆进入，严禁建设与游赏无关的建筑物。

景观整治区：以坝山村和查耳岩村行政区域为主，其区域原生景观遭到破坏，现存为景观质量较低的坡改梯+生态治理区域，游客可直观了解石漠化对居民生产生活造成的影响，也是整个研究区独特的生态农业资源区，可设立少量游览道路、观景台和休息空间，游客可以体验到不同的地理面貌、当地居民对抗生态脆弱性开展农耕试验的治理景观、生机勃勃的果园和开阔的视野，将自然与农耕、现今生活和对破坏自然的省思连接起来。

景观恢复区：高海拔地区、石漠化严重地区，主要分布在查耳岩村西南方向、坝山村东北方向，这些区域植被覆盖率低，需禁止人员活动，严格执行植被恢复建设，进行景观重建。

景观建设区：连接其他功能区，限制建设与生态旅游无关的建筑，各类基础服务设施需与景观环境相协调，结合旅游服务村设立地质旅游服务设施，控制建筑体量和规模，不设立大型服务设施。

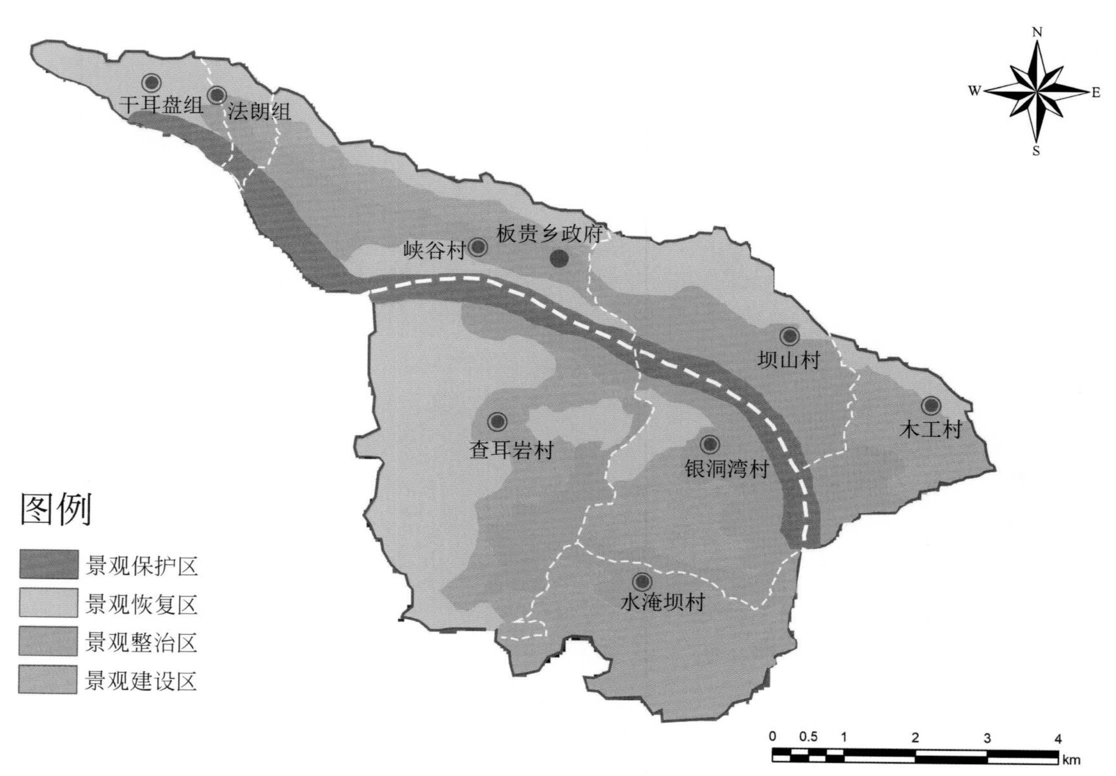

图6-16 花江喀斯特规划功能分区

3. 景观设计

（1）设计要点

保护性开发：喀斯特高原峡谷石漠化防治示范区景区开发需注重资源的不可再生性和难恢复性，通过对场地现状科学评估后，合理利用旅游资源，实现保护性开发，认识到人类、动物和植物同属一个生态系统，要倡导“一个健康”的理念，即面对生态安全的严峻挑战，要维持“健康”的生态系统就需实施可持续发展的措施。

科学规划：秉持“让自然本身来引导游客、让人类在自然环境中探索、自发形成环保意识”的设计理念；坚持不做过多干预的景观设计，重点考虑自然景观和人行设施的协调；并尽可能用场地本身设计要素，例如石材、木材、土壤和植被等，运用可持续的施工技术和可持续的材料，来达到减少能源消耗的目的，实现一个充满活力的生态系统，从而提高生态脆弱区的安全性和社区参与性。

环保理念：通过对研究区人文景观、自然景观的保护性开发，维护好保护和利用的关系、生态与农业的共生关系，有节制地开垦资源，在提高农副产品产量的同时，加强生物多样性和地理多样性的环境教育。

（2）总体方案

以“一个健康”为设计理念，重点营造“峡谷风光”“生态农业”“自然体验”（图6-17～图6-19）3个主题活动，突出生态旅游区氛围，尽可能采用场地原材料建造基础和旅游服务设施（图6-20和图6-21），游客通过体验石漠化修复示范园、火龙果生态观光园（图6-22）和野营基地等生态教育基地（图6-23），感知环境保护的重要性，从而保护地理和生物多样性。

图6-17　花江喀斯特生态旅游峡谷风光规划

图6-18　花江喀斯特生态旅游生态农业规划

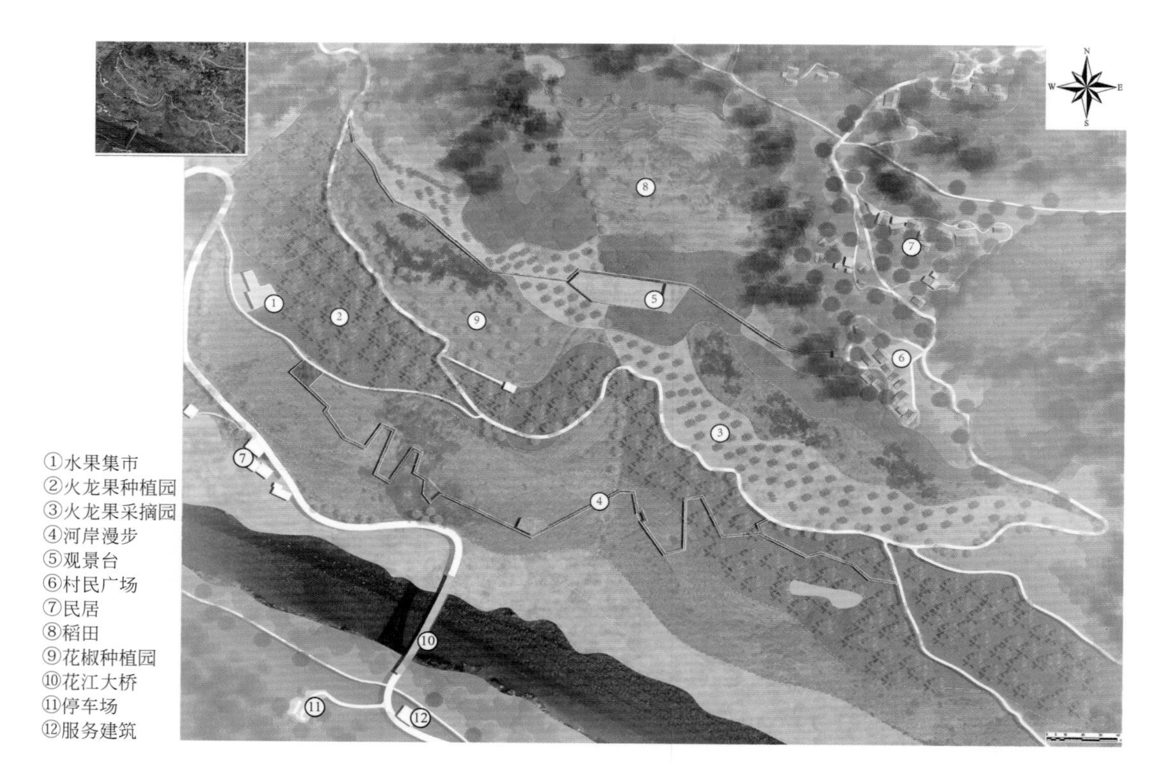

图6-19　花江喀斯特生态旅游自然体验规划

图6-20　花江喀斯特观山景点服务设施规划

图6-21　花江喀斯特生态旅游观景台规划

图6-22　花江喀斯特生态旅游现场采摘火龙果规划

图6-23　花江喀斯特生态旅游环境教育规划

4. 植被造林设计

区内自然植被主要属半湿润常绿阔叶林，受喀斯特生境的影响，具有石生性、旱生性、喜钙性特征，其群落演替进程受地区生境异质性、地形和土壤理化性质等约束，表现为石漠化→草丛→草灌丛→灌丛→灌乔林→常绿落叶阔叶林→顶级群落，区内植物有3门45科95种。通过调查花江大峡谷自然植被5个典型恢复阶段发现，区域植被发育到乔木林阶段优势树种以多年生、耐旱树种为主（表6-2）。

表6-2　花江大峡谷典型恢复阶段优势树种

不同演替阶段	草本阶段	草灌阶段	灌木林阶段	乔灌过渡阶段	乔木林阶段
草本层优势种	黄背草 九头狮子草	黄背草 黄茅	黄背草 黄茅	仙人掌 莠竹	假鞭叶铁线蕨 石蝉草
层间层优势种	粉背羊蹄甲 茅莓	粉背羊蹄甲 茅莓	粉背羊蹄甲 小果微花藤	粉背羊蹄甲 古钩藤	扶芳藤 龙须藤
灌木层优势种	山麻杆 乌桕	灰毛浆果楝 地桃花	灰毛浆果楝 山麻杆	灰毛浆果楝 山麻杆	密花树 九里香
乔木层优势种	—	—	—	灰毛浆果楝 山麻杆	青檀 圆叶乌桕

植被造林体系设计主要是针对景区内植被修复，基于生物学特性、林学特性和生态学特性的基础选择造林物种，且进行植被恢复重建既要考虑生态效益，选用保水保土的植物物种，又要缓解居民生活贫困的问题，在树种选择上考虑经济树种，在造林时处理好外来树种和乡土树种的关系。针对峰丛区、峰丛-洼地区、坡耕地集中区、河谷区等不同类型区提出相适应的植物合理配置技术（图6-24）。

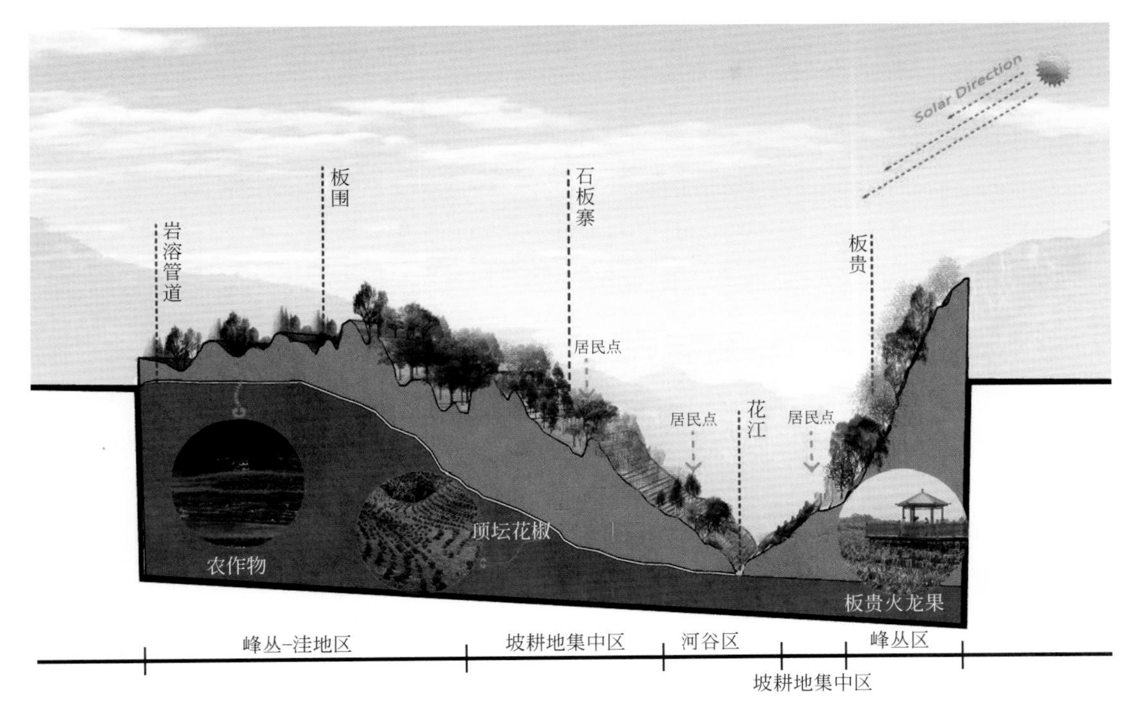

图6-24　花江喀斯特不同类型区植物造林体系设计

峰丛区：主要以自然封育为主，辅以人工种植，山顶部位以发展水源涵养林为主，营造乔灌草的群落立体结构，而针对陡坡部位缺土的坡面先填充客土，再种植常绿藤本植物。

峰丛-洼地区：主要采用林-草-畜生态农业恢复模式。通过构建花椒金银花混交林，人工种草和改良草地，发展人工养殖牛、羊等畜牧，达到生态修复的目的。

坡耕地集中区：北盘江镇区域以泉点和水源节水工程为主，并选用香根草、象草、黄花菜、鸭茅、多年生黑麦草等草本进行人工种植，与灌木形成植物篱，水土配置与植被共同起到保水保土作用的同时，栽种花椒、金银花和皇竹草等经济树种增加经济效益。在花江镇缓坡部位以经果林为主，主要种植火龙果、柑橘、枇杷、梨和脐橙等。

河谷区：以保护好场地内花江大峡谷两岸自然植被为主，禁止人工采伐和工业破坏。

三、重庆中梁山国家3A级景区海石公园植物应用

1. 区内概况

重庆市中梁山海石公园（图6-25和图6-26）位于重庆市沙坪坝区中梁镇（29°39′10″～30°03′53″N，106°18′14″～106°56′53″E），处于长江中上游防护绿化带，是重

庆市除南山之外的第二块“绿肺”（范文武，2009）。位于亚热带季风性湿润气候区，常年平均气温16.8℃，1月最低气温约2～4℃，7、8月气温最高在28～32℃，比重庆北碚区的市区温度低约2℃，年平均降水量1000～1300mm（四川植被协作组，1981）。它是具有喀斯特低山峰丛地貌的国家3A级风景公园，是重庆100所特色森林公园之一，全园平均海拔在500m以上，有24个山头，也是典型的喀斯特石漠化生态脆弱地区。在解放初期由于大炼钢铁导致公园大量森林被砍伐、岩石暴露较多、土壤贫瘠及地表水资源缺乏。公园主要的景观资源为地景资源和植物景观资源，其中的植物景观资源，一是通过群落次生演替形成的灌丛，二是自然演替和人工恢复所形成的呈垂直分布的草本、灌木和乔木（范文武等，2009），并有喀斯特山地代表性的植物，例如火棘、南天竹、常春油麻藤（*Mucuna sempervirens*）、鄂羊蹄甲（*Bauhinia glauca* subsp. *hupehana*）等。

园内土壤水分含量为27.33%，pH值为5.86～7.94，属于微酸性、中性、微碱性土（马璐璐，2010）。对海石公园植被群丛结构调查得知海石公园各个层的优势种：乔木层主要有女贞（*Ligustrum lucidum*）、柏木（*Cupressus funebris*）、刺桐（*Erythrina variegata*）等，灌木层主要有棕榈（*Trachycarpus fortunei*）、云实（*Caesalpinia decapetala*）、火棘、金佛山荚蒾（*Viburnum chinshanense*）、南天竹、乌柿（*Diospyros cathayensis*）等，草本层主要有芒（*Miscanthus sinensis*）、大白茅（*Imperata cylindrica* var. *major*）等，藤本层主要有白花银背藤（*Argyreia seguinii*）、湖北羊蹄甲等，灌木层主要棕榈、铁仔（*Myrsine africana*）、云实，草本层以芒和大白茅最常见，且分布面积广（马璐璐，2010）。

2. 石漠化修复模式和存在的问题

海石公园生态修复采用石山绿化生态重建模式、喀斯特园林观赏生态重建模式及特色种植生态重建模式（表6-3）。在3种模式下引入先锋植被，取得了较好的生态、经济效益。但还存在一定问题，例如特色种植生态重建模式下，因其只种植花椒（*Zanthoxylum bungeanum*）单一物种，导致花椒受到病虫害的侵害，应增种林下植物来增强花椒林抗病虫害、水土保持能力。其他物种取得了较好的经济效益。今后还需选育更多物种，增强生物多样性。

3. 总结和园林植物应用展望

在上述案例中，石漠化治理修复模式建立于科学分析的背景下，归纳总结喀斯特生态环境的主要特征：①富钙偏碱性的土壤理化性质；②具有地表地下垂直剖面上的“二元三维”多层空间的储水结构，地表水漏失严重，水源对植物供求不足，只有深根系乔木向地下岩洞汲取水源；③植被系统具有石生、旱生、喜钙的特性且植被生物量低，易受外界干扰而退化，且破坏后极难恢复；④水平空间上小生境具有高度异质性（郭柯等，2011）。自然状态下植被恢复较慢，根据科学理论和石漠化地区生态特性，人工引入先锋植被，选取具有生态、经济和社会效益的主要植物物种。选用治理石漠化的植物物种以生态功能型物种、生态经济型物种、药用植物物种、牧草物种和外来引进物种五大类型为主（张军以等，2015）。在生态重建模式下植被发挥了生态、景观和经济多重效益。

石漠化治理模式中生态修复工程、草地畜牧业和生态农业（立体农林复合型、牧农结合型、林果药为主的林业先导型）中植被发挥关键作用，但喀斯特地区园林植物应用较少，因注重生态、经济效益在先，景观效益较少体现。中国生态文明建设背景下，园林植物代表一定的乡土景色和情调，其美化功能和观赏特性在喀斯特地区生态旅游中具有重要意义，还需在园林植物应用的艺术水平上不断提高。

图6-25　重庆中梁山海石公园绿化生态建设——竹林种植

图6-26　重庆中梁山海石公园园林观赏植被

表6-3 重庆中梁山海石公园植被生态修复与园林景观物种

一级生态重建模式	二级生态重建模式	修复模式下的景观物种选择
石山绿化生态重建	阔叶林生态重建	天竺桂、杜英、黄葛树
	针叶林生态重建	雪松
	竹林生态重建	毛竹、凤尾竹、慈竹
园林观赏生态重建	混交林生态重建	秋枫、樟、黄葛树
		棕榈、柏木、广玉兰、罗浮柿、黄葛树、雪松
	蜡梅丛 + 石丛景观	蜡梅
	黄桷兰庭院散植	黄桷兰
	樱花林	山樱花
	特色景观	场地植物
特色种植生态重建	药茶生态种植模式	杭菊
	金银花种植模式	金银花
	七叶花椒林种植模式	七叶本地椒
	油橄榄种植模式	油橄榄
	琯溪蜜柚种植模式	琯溪蜜柚
	红阳猕猴桃种植模式	红阳猕猴桃

参考文献

敖惠修，2001. 应用生态学观点建设生态园林城市. 广东园林，1: 8-11.

杜雪莲，王世杰，2010. 喀斯特石漠化区小生境特征研究——以贵州清镇王家寨小流域为例. 地球与环境，38（3）: 255-261.

范文武，陈晓德，李加海，等，2009. 重庆中梁山海石公园石灰岩山地植物多样性研究. 西南大学学报（自然科学版），31（5）: 106-110.

郭柯，刘长成，董鸣，2011. 我国西南喀斯特植物生态适应性与石漠化治理. 植物生态学报，35（10）: 991-999.

李博，2005. 生态学. 北京：高等教育出版社.

龙翠玲，朱守谦，2001. 喀斯特森林土壤种子库种子命运初探. 贵州师范大学学报（自然科学版），19（2）: 20-22.

马璐璐，2010. 喀斯特低山地貌风景公园绿地规划及种植设计研究. 重庆：西南大学.
欧静，2001. 生态园林的植物配置. 山地农业生物学报，20（3）：170-173.
祁新华，陈烈，洪伟，等，2005. 近自然园林的研究. 建筑学报（8）：53-55.
四川植被协作组，1981. 四川植被. 成都：四川人民出版社.
韦清章，焦丽，吴义兰，等，2014. 中国南方喀斯特石漠化治理地区旅游景观规划设计研究——以贵州省毕节试验区石桥小流域为例. 安徽农业科学，42（24）：8232-8236.
姚亦峰，2005. 论平淡自然的绿化景观以及公园规划. 建筑学报，6: 45.
张惠远，王仰麟，2000. 山地景观生态规划——以西南喀斯特地区为例. 山地学报，5: 445-452.
张劲峰，周鸿，耿云芬，2005. 滇西北亚高山退化森林生态系统及其恢复途径——“近自然林业”理论及方法. 林业资源管理，5: 33-37.
张军以，戴明宏，王腊春，等，2015. 西南喀斯特石漠化治理植物选择与生态适应性. 地球与环境，43(3): 269-278.

第七章

西南喀斯特
自然保护地建设中的
园林植物应用

第一节　西南喀斯特自然保护地建设概况

一、西南喀斯特自然保护地概况

经过60多年的建设，我国已形成类型多样、功能较齐全的以自然保护区为主体，多种保护地类型（如风景名胜区、森林公园、地质公园、湿地公园等）为辅的自然保护地体系。目前，我国建立的自然保护地面积约占我国陆域面积的18%（唐芳林，2019），其中不少保护地是专为保护喀斯特植被而建立的，如：贵州茂兰自然保护区、贵州长顺斗麻喀斯特森林自然保护区、广西木论自然保护区、广西弄岗自然保护区等。这些保护地在我国生态建设中发挥着不可忽视的作用，在生态安全方面起着重要作用，是生物多样性保护的重点区域（冉景丞和朱惊毅，2007）。

我国喀斯特地貌分布广泛，类型多样，世界罕见，生态系统、生物多样性、自然美景和发育演化都具有显著的全球价值和意义（熊康宁，2013）。据不完全统计，喀斯特总面积达200万平方公里，其中裸露的碳酸盐类岩石面积约130万平方公里，约占全国总面积的1/7，埋藏的碳酸盐岩石面积约70万平方公里。中国几乎所有的省级行政区都有喀斯特的分布，主要分布在广东、广西、云南、贵州、四川、重庆、湖南、江西、西藏、辽宁、吉林等地（丁晨和沈方，2003）。其中广西、贵州、云南东部是世界上最大的喀斯特地区之一，西藏多为高原喀斯特。喀斯特自然景观资源丰富，具有很好的观赏价值。我国喀斯特地貌类型丰富，包括地下暗河、水上森林、溶洞及溶洞内部的钟乳石、石钟、石乳、石笋、石幔、石树、石瀑、石柱、卷曲石等。许多得天独厚的喀斯特景观形成了我国自然保护地体系中的一部分，包括自然保护区、地质公园、风景名胜区、世界自然遗产地等。

保护地建设的原则：第一类是生态系统类，第二类是野生生物类，第三类是自然遗迹类。在喀斯特集中区域，喀斯特自然保护地建设得也比较多，各省级行政区都有比较出名的喀斯特保护地的建设，主要分布如下：

（1）云南省

云南石林风景名胜区位于昆明石林彝族自治县境内。1982年，经国务院批准成为首批国家级重点风景名胜区之一。石林风景区已经被联合国教科文组织评为“世界地质公园”“世界自然遗产风光”。

（2）贵州省

茂兰喀斯特森林自然保护区：典型的生态科普教育和生态旅游的重要基地。茂兰喀斯特森林以原始性强、集中连片的森林为特色，被中外专家誉为全球喀斯特地貌上保存完好、绝无仅有的绿色宝石。神秘奇特的喀斯特森林，将树、石、水、藤、乔、灌完美地结合在一起，充分显示了大自然的神奇。

万峰林景区：位于贵州省兴义市东南部，气势宏大壮阔，山峰形态奇特，整体造型秀美，是国内最大、最具典型性的喀斯特峰林。根据峰林的形态，分为列阵峰林、宝剑峰林、群龙峰林、罗汉峰林、叠帽峰林等五大类型。每一类都各具特色，既独立成趣，又与其他类型的峰林相辅相成，组成雄奇浩瀚的景观。

贵州思南乌江喀斯特国家地质公园：以喀斯特地貌为主体，兼有典型的地质构造遗迹、峡谷地貌等自然景观和古建筑、古村落、宗教、民俗等人文景观。区内，石林、穿洞、天坑、残丘、喀斯特泉、洞穴堆积等喀斯特景观发育完备；间歇泉、温泉、冷泉、热泉等喀斯特泉一应俱全，景观类型独特而丰富，景色优美而秀丽，具有稀缺性。

施秉云台山：系国家级舞阳河风景区，以原始自然生态、天象奇观、奇峰丽水、道教古刹等自然和人文景观为特色。云台山景区具有典型喀斯特特征，以其美丽的白云岩著称，在全球具有唯一性。在第38届世界遗产大会上，与重庆金佛山、广西桂林、广西环江一同列入世界自然遗产名录。

紫云格凸河穿洞风景名胜区：地处贵州省西南部，喀斯特地貌类型发育齐全，自然景观丰富。景区由峰林、峰丛、天生桥、穿洞、地下河流、峡谷等景素组合而成，是世界少有的喀斯特自然与文化公园。

（3）广西壮族自治区

桂林漓江风景名胜区位于广西壮族自治区东部，是世界上规模较大、风景极美的岩溶山水游览区之一。

（4）重庆市

金佛山风景名胜区融山、水、石、林、泉、洞为一体，集雄、奇、幽、险、秀于一身，风景秀丽，气候宜人，旅游资源丰富，以其独特的自然风貌，品种繁多的珍稀动植物，雄险怪奇的岩体造型，神秘而幽深的洞宫地府，变幻莫测的气象景观和珍贵的文物古迹而荣列国家重点风景名胜区和国家森林公园。

（5）四川省

九寨沟钙华滩流属于水下地表堆积地貌，如珍珠滩瀑布。黄龙风景区钙化池、钙化坡、钙化穴等组成世界上最大而且最美的喀斯特景观。石柱县新石拱桥为喀斯特天生桥地貌。

（6）广东省

七星岩以喀斯特地貌的岩峰、湖泊景观为主要特色。七座排列如北斗七星的石灰岩岩峰巧布在面积达6.49km^{2}的湖面上。20余千米长的湖堤把湖面分割成五大湖，风光旖旎。被誉为“人间仙境”“岭南第一奇观”。

（7）湖南省

武陵源风景名胜区、武陵源黄龙洞、冷水江波月洞，都是奇特的溶洞景观，各种堆积地貌罗列其中，如神仙府洞，奥妙无穷。

（8）江西省

鄱阳湖口石钟山景区绝壁临江、洞穴遍布。彭泽龙宫洞长2000m，洞内可泛舟观景，堪称“地下艺术宫殿”。

（9）浙江省

瑶琳仙境，位于桐庐县，是浙江省规模恢宏、景观壮丽的喀斯特洞穴旅游胜地，也是浙江迄今发现的最大的洞穴。洞长1000m，共有6个洞天，以“雄、奇、丽、深”闻名于世。

（10）江苏省

宜兴石灰岩溶洞有“洞天世界”的美称，善卷洞、张公洞、灵谷洞又称“三奇”，洞壑深邃，多奇石异柱，泛舟其中如入海底龙宫。

（11）山东省

趵突泉、黑虎泉等四大泉群为我国北方罕见的大型岩溶泉群，地质构造独特，遗迹保护完整。趵突泉，济南三大名胜之一，位于山东省济南市历下区，东临泉城广场，北望五龙潭，面积达158亩，位居济南七十二名泉之冠。乾隆皇帝南巡时因趵突泉水泡茶味醇甘美，曾册封趵突泉为“天下第一泉”，也是最早见于古代文献的济南名泉。

（12）北京市

十渡和石花洞地表地下喀斯特景观遍布，是大自然给首都送来的一幅壮丽的画卷。

（13）辽宁省

本溪水洞，洞中有奇景无数，各种岩溶堆积物遍布洞中，是辽宁省著名的溶洞。

（14）吉林省

同化鸭园溶洞，有四个大厅，洞内满布石柱、石笋、石钟乳、石瀑、石帘、石莲花、石幔等堆积景观，并且深处有岩溶潭，深不可测。

二、贵州省喀斯特自然保护地概况

1. 贵州省喀斯特地貌的成因及景观价值

贵州省喀斯特面积约13万平方公里，占全省的73.3%，分布在全省83个县市。碳酸盐岩的总厚度达到6200 ～ 11000m，占沉积盖层总厚度的70%，喀斯特在面积和发育程度上都十分具有代表性。研究表明，喀斯特地貌形成的基础条件是可溶性岩石和水，地表水渗入地下转化成地下水，长期对石灰岩地区进行溶蚀，使其深处发生喀斯特作用而形成的独特景观。喀斯特景观具有以下特点：①喀斯特地貌的结构美。由于喀斯特作用，产生了不同的地貌形态景观，或雄峰耸立，或悬岩深谷，幽邃壮观，具有雄、险、奇、幽、旷的景观特色。如贵州省兴义市的泥凼、修文等地的石林。②洞穴堆积物的形态美。洞穴堆积物千姿百态，众多的石笋、石花、石珍珠与景观景物，造型奇特，形态各异，具有奇、幽、美的魅力。如贵州省的织金洞、龙宫、双河谷等洞穴，成就了贵州“溶洞之象”的美誉。③风景的动态美。在贵州省喀斯特峡谷内，河流瀑布较多，常形成千岩竞秀、万壑争流的奇绝景象，增加了风景的动态观感。

2. 贵州省喀斯特自然保护地概况

贵州省是全国唯一一个没有平原的省份，其中92.5%的面积都为山地和丘陵，坝地少，其喀斯特地貌发育非常典型，有着特殊的喀斯特景观资源。同时，喀斯特生态系统又是地球上最脆弱的生态系统之一。因此，想要更好地保护喀斯特地貌，在自然保护区与自然公园的基础上整合建立贵州喀斯特国家公园对贵州省生态文明建设具有重要意义。截止到2019年7月，贵州省自然保护地数量共计344个（表7-1），包括自然保护区和自然公园两类，大多自然保护地都位于喀斯特生态环境中，是保护喀斯特生态系统的主要力量。

表7-1 贵州自然保护地分布概况

市 / 州名称	自然保护区	自然公园	总计
安顺市	—	14	14
毕节市	10	26	36
贵阳市	1	26	27
六盘水市	2	17	19
黔东南州	19	28	47
黔南州	21	34	55
黔西南州	18	23	41
铜仁市	7	32	39
遵义市	22	44	66

注：数据信息来源于贵州省林业局官方网站。

三、西南喀斯特自然保护地存在的问题

1. 保护地交叉重叠、破碎

保护地多以行政地理划分，易造成保护地的破碎，不利于生物资源的保护，且以前保护地的设立是通过自下而上的申请，顶层设计缺乏。在时间的检验下，地块之间相互不协调的问题渐露，存在同一地块同时属于自然保护区和自然公园的情况。如贵州长顺县白云山风景名胜区——杜鹃湖与贵州长顺县白云山县级自然保护区重叠，重叠面积达1667.2hm^2。

2. 存在“九龙治水”多头管理的问题

正因为存在保护地相互重叠的问题，“一地多牌”较多，“九龙治水”现象较为明显。如贵州长顺白云山风景名胜区——杜鹃湖与贵州长顺县白云山县级自然保护区重叠区域既要遵循风景名胜区的管理条例又要遵循自然保护区管理条例，权责不明，管理难以统一，形成多头管理的情况。

3. 生态环境保护与当地发展冲突

自然保护地的建立一方面更好地保护了地区景观的完整性，然而在一定程度上也限制了当地经济的发展。如贵州省茂兰自然保护区，在成立之初，当地群众支持自然保护区的成立。但自然保护区成立后，由于当地居民生产生活方式依旧没有改变，自然保护区的建立制约了他们对生产生活资料的获取，生态环境效益与居民的经济效益冲突明显，导致保护机构工作难度增加，耗费人力物力财力，且保护效果并不理想。

第二节　园林植物应用总体方案

一、功能定位

根据2010年《中国生物多样性保护战略与行动计划》(2011—2030年)提出的中国35个生物多样性保护优先区域（中华人民共和国生态环境部，2010），西南喀斯特属于中南西部山地丘陵区，本区包括贵州省全部，以及河南、湖北、湖南、重庆、四川、甘肃等省（市）的部分地区。在该区建立多种类型自然保护地，其中保护重点之一是保护我国独特的亚热带常绿阔叶林和喀斯特地区森林等自然植被。在自然保护地核心区，植物主要功能定位是以保护为主。在一般控制区域（如旅游开发区域），植物功能定位如下：

1. 生态功能

调节气候，调节温度：夏季在树荫下会使人感到凉爽和舒适，这是由于树冠能遮挡阳光，减少辐射热，降低小环境内的温度。试验表明，树荫下的温度可比空旷地降低5～8℃，而空气相对湿度要增加15%～20%。

水土保持：树木和草地对保持水土有非常显著的功能，这是由于植物的根系可以形成纤维网络，从而加固土壤，特别是在喀斯特地貌地区。植物的水土保持功能对喀斯特地区的生态保护和恢复具有重要的作用。

净化土壤和水质：绿色植物能够吸收污水及土壤中的硫化物、氰、磷酸盐、有机氯、悬浮物及许多有机化合物，可以减少污水中的细菌含量，起到净化污水及土壤的作用。

2. 空间构筑功能

植物以其特有的点、线、面、形体以及个体和群体组合，形成有生命活力的、呈现时空变化性的复杂动态空间，这种空间具有的不同特性会令人产生不同的视觉感受和心理感觉。

3. 美化功能

园林植物创造主景：不同的园林植物形态各异，变化万千，既可孤植以展示个体之美，又能按照一定的构图方式造景，表现植物的群体之美。还可以根据各自生态习性，合理安排，巧妙搭配，营造出乔、灌、草组合的群落景观（图7-1和图7-2）。

强调及识别作用：指户外环境中突出或强调某些特殊的景物。某些具有特殊外形、色彩、质地等的植物格外引人注目，能将观赏者的注意力集中到植物景观上，植物能使空间或景物更加显而易见，更易被认识和辨明。

表现时序景观：园林植物随着季节的变化表现出不同的季相特征，春季繁花似锦，夏季绿树成荫，秋季硕果累累，冬季枝干遒劲。这种盛衰荣枯的生命节律，为我们创造园林四时演变的时序景观提供了条件。

图7-1　贵阳阅山湖公园园林植物景观

图7-2　贵阳阿哈湖国家湿地公园植物群落景观

4. 实用功能

组织交通和安全防护：在人行道、车行道、高速公路和停车场种植植物时，植物有助于调节交通。

防灾避难：有些植物枝叶含有大量水分，当发生火灾，可阻止火势蔓延，减小火灾损失。

经济价值：利用植物景观进行旅游开发，生产植物产品（图7-3和7-4）。

图7-3 景观植物与生产植物产品——桃

图7-4 景观植物与生产植物产品——梨

二、规划设计原则

我国的自然保护地分成核心区和一般控制区2个部分。核心区内严禁一切干扰，一般控制区重视生态功能、文化价值和经济价值。自然保护地园林植物应用总原则是把保护区建设成为生物多样性保护和持续利用的基地，合理开发利用。

1. 方案先行原则

园林应用规划设计前要深入现场考察、调查研究、综合各种调节手段，制定规划设计方案，方案要切合实际，具有科学性、时限性和可操作性。

2. 协调性原则

园林应用规划设计时应优先考虑避开核心区、特殊保护区域，在旅游开发区进行规划设计，要尊重原来的景观，新规划设计部分要与原来景观协调，景观布局力求简洁大方。对材料的选择也要与规划相协调，多采用石、黏土砖、木等材料。

3. 因地制宜原则

在园林植物种植设计时，应对当地的立地条件进行深入细致的调查分析，包括光照、气温、水湿、土壤、风力影响等，结合植物材料自身的特点和对环境的要求合理安排，使不同习性的植物与其生长的立地条件相适应，创造生机盎然的园林景观。一般来说，乡土植物更容易适应当地的立地条件，应注重开发和应用乡土植物（陈其兵，2012）。

4. 生态原则

植物配置要遵循生态学的原理，在充分掌握植物的生物学、生态学特性的基础上，合理布局，科学搭配，形成结构合理、功能健全、种群稳定的乔灌草复层群落结构。植物配置既要充分地利用环境资源，又要形成优美的景观，创造植物与植物、植物与环境、植物与人的和谐的生态关系，使人在植物构成的空间里能够感受生态、享受生态、理解和尊重生态（陈其兵，2012）。

5. 规划设计中植物配置要遵循目的性的原则

植物的实用价值是园林植物配置的首要考虑因素，其在不同的规划景观中打造的风格与发挥的作用也是截然不同的。植物的功能作为园林植物配置的另一大基础考虑因素，不同的植物、不同的特点对园林环境整体的水平都起着极为重要的作用。

6. 规划设计中园林植物配置要符合美学的原则

应兼顾多样性与统一性，既要保证植物配置的多样性，又要保证整体水平的统一性，同时要注重植物的色彩搭配（蔡硕，2019）。

三、物种选择与配置

在进行园林植物配置时应遵循生态的原则，要充分考虑植物生态特征，合理配置植物种类，避免各个物种对空间和营养的争夺，种间互相补充。既能充分利用环境资源、植物生长良好，形成结构合理、功能健全、种群稳定的复层群落结构，又能形成具有良好视觉效果的园林景观。园林生态设计中要求利用不同物种在空间和营养生态位上的差异来配置植物，充分利用空间、营养，使各个种协调共生。物种选择与配置方式如下：

1. 乡土树种的选择

本土植物造景已成为构建地域特色园林绿地的基本手段。通过运用植物素材的特性，充分发挥植物的形体、线条、质感、色彩等自然美来创作自然植物群落景观。营造地域特色园林绿地景观须充分结合地域文化，最大限度地发挥乡土树种的作用（成捷，2013）。

2. 多采用具有生态效益的植物

不同的树种其生态作用和效益也不相同，有的相差很大。为了提高植物造景的生态效益，就必须选择那些与各种生态治理相对应的生态效益较高的树种（成捷，2013）。

3. 观叶与观花植物相结合

花木中有许多叶色漂亮多变的物种，如红枫（图7-5）、银杏（图7-6）等，叶色十分鲜艳美丽，这些植物不仅可以作为显要位置上的主景，将其与观花植物进行合理组合也可以延长植物的观赏期。即使是常绿树种，与观叶、观花植物进行合理的搭配，也可以突出其观赏效果（谢宏奋，2015）。

4. 配置植物要有明显的季节性

生态园林要做到春季百花盛开，夏季绿树成荫，秋季叶色多变，冬季银装素裹，每个季节都各有千秋，近似自然风光，使游人能够感受到大自然的生机勃勃。在植物配置中，常绿

图7-5 观叶植物——红枫

图7-6　观叶植物——银杏

的比例占（1/3）～（1/4）较合适，枝叶茂盛的比枝叶少的效果好，阔叶树比针叶树效果好，混交林比纯林效果好，等。另外，也可选用一些药用植物、果树等有经济价值的植物来配置，使游人来到林木葱葱、花草繁茂的绿地或漫步在林荫道上时，有一种心旷神怡的感受。

四、种植设计

具备完整效果的园林植物建设，需要不同种类的植物参与进来。因此，在开展园林绿化设计中，应该充分了解不同植物的特性，切实提高园林景观的美观性，发挥园林绿化的重要作用，给人们创造更加美好的观赏体验。

1. 根据植物的功能进行设计

园林植物建设可以给游客带来更好的美学感受，同时也可以提升空气环境质量，让人们享受生态环境。需要以植物的功能特点为出发点，深入研究和分析植物的生长习性和特点，并且合理地设计园林植物，进而实现全面性的园林绿化布局。

2. 按照生态系统进行设计

城市园林植物在正常生长过程中，其内部形成了一套较完整的生长性系统。在开展园林植物工作中，应该从所属的生态系统角度出发，全面地发挥出园林的重要作用，最终达到改善生态环境的效果。

3. 根据区域特点进行设计

植物种类不同，其生长习性、生长周期、对环境质量的要求都不同，必须要全面、深入地了解植物的生长特点，这是开展园林设计的基础条件。所以，需要结合实际情况进行有效的设计，更好地展示出园林植物设计的优势。

4. 科学合理地进行植物设计

不同种类植物的生长方式存在明显的差异，设计人员要按照不同设计理念进行综合性的分析，了解植物所处的自然环境和地理条件，从而展现园林效果（图7-7），满足实际发展需要（王晓禹和郑扬，2019）。

图7-7　植物物种科学配置

五、养护与管理

园林养护是一项技术工作，也是一项实践性很强的工作，养护程序和技术规范十分复杂，而且非常严格。从园林土壤的管理、植物的施肥管理、植物的修剪、植物的病虫害防治及绿化排水灌溉等，每一项都有其科学的管理措施和技术程序。植物的花开花谢是正常的新陈代谢，但植物生长得是否健康，花开得是否旺盛持久，绿化的景观效果是否令人一直赏心悦目，却与园林养护技术措施是否得当有很大的关系（何振峻，2013）。

1. 水分管理

对植物的生长状态而言，水分是一个重要的因素。在对植物进行栽植养护管理时，管理人员需要从水分管理出发优化管理措施。对于乔灌木，在进行浇水养护时，则需要了解栽植地的气候条件，要在树木栽植初期对乔灌木进行一次性浇透养护。绿化施工现场管理人员则要对乔灌木的土壤湿度进行实时监控，做到及时补水。而对花卉和草类而言，在进行浇水养护时，则要考虑到其根系较浅的情况，应时刻监测地表湿度，适当提高浇水养护频率。

2. 施肥管理

施工管理人员也需要对植物施肥进行管理。对植物的施肥状况进行管理时，管理人员需要了解栽植地的土壤状况，确保进行科学的施肥养护。一般要按照基肥、追肥和根外追肥的方式进行，才能使植物进入到正常生长期，确保为植物的生长期提供充足的肥料，避免出现营养短缺的现象。

3. 病虫害防治

植物在生长期很容易出现病虫害，因而在对绿化施工进行管理时，应进行针对性的病虫害防治管理。施工管理人员需要对苗木的生长状态进行定期的观察，当发现病虫害迹象时，管理人员需要及时清理烂枝，并用化学药物进行喷洒，并同时进行通风和透光管理。

4. 修剪管理

在苗木的生长过程中，定期修剪也能够保证植被保持良好的生长态势，不同植物的修剪要求不同，但是一般对植物进行修剪时，都要在植物的休眠期进行。而针对观赏类植物而言，在修剪时要尽量留出较多的嫩芽。对于出现病虫害的苗木，则要将其出现问题的树枝修剪掉。修剪完成后，针对部分植物，应做好伤口处理，确保不影响植被的正常生长（叶国婷，2020）。

第三节　存在的问题及对策建议

一、存在的问题

1. 生态问题

喀斯特成土缓慢、土壤稀少、水分流失快等原因使植物生境严酷、植被生产力低，导致农业经济发展受影响、社区处于贫困状态。人为活动使喀斯特植被受到破坏，导致生态环境更加恶化、社区更加贫困，并陷于恶性循环的怪圈中（冉景丞和朱惊毅，2007）。喀斯特地区土壤稀少，土被不连续，漏水漏肥现象严重，使得喀斯特环境的土壤“先天不足”，土壤保水、保肥性差。加之喀斯特环境中土壤与母质、母岩层间往往是一个比较光滑的石灰岩层面，土壤表层物质淋失并随地表水下渗后，就很快在这一接触面上产生侧向径流，最后很快整个土体被地表径流所侵蚀（杨胜天和朱启疆，1999）。在喀斯特地区，由于其自然地理条件特殊，山区地表切割破碎，地势起伏较大，致使森林植被发育受到影响，形成特殊的森林植被类型。历史上华南与西南地区喀斯特山区有密闭的森林覆盖，但长期以来一直受到人类活动影响，喀斯特森林严重退化，很多地方已不复存在（许兆然，1993）。加上喀斯特地区具有岩石裸露、水文特殊、缺水少土等特殊自然条件，许多地方已石漠化或正在石漠化。喀斯特环境严重恶化，人类为了生存，还在进行着破坏性的开发，开发的结果只能使喀斯特环境更进一步恶化，形成恶性循环。

2. 保护地建设与人民发展问题

我国作为世界上人口最多的国家，人口分布极不均衡，东部人口密度平均每平方公里超过400人，西部人口密度每平方公里小于10人（杨锐，2019），我国已成功建立各类型的保护地共占我国陆地面积约18%（唐芳林，2019）。这些保护地多在自然环境好、经济欠发达的偏远地区，贫困人口多，保护地的建立限制了该区域的经济发展，老百姓与保护地矛盾尖锐。在建立保护区后，当地群众还必须像建立保护区以前一样去为生计奔波，砍柴烧炭、烧灰积肥、出售木材木炭、捕猎野生动物、采挖野生药材等行为仍在发生。随着保护区管理的加强，这些他们所熟悉的生产生活方式被限制或禁止了，自然资源得到保护的同时也与当地群众结下了深厚的矛盾（冉景丞和朱惊毅，2007）。

二、对策建议

1. 对原有生态进行保护，恢复治理生态环境遭到破坏或生态环境脆弱区域

（1）对现有的植被加以保护

原来在保护地中已经生长的植被是极其宝贵的财富。因为它们生长环境艰苦，能够在土壤层稀薄，而且谈不上肥沃的石缝中生存，有着较强的生存能力，如果它们遭到破坏，就很难再种植。所以，保护好现有的植被是首要任务。

（2）恢复生态环境，树种选择是成败的关键

选择合适的树种，营造合适的林种。不同品种树木的生长环境是不同的，有的生命力顽强，比如松树、柏树等；有的却禁不起风吹雨打。所以，选择合适的、生命力顽强的树木物种对植树造林工作是至关重要的。但是还有重要的一点就是树木的种类不能过于单一，要多样化。推荐选择造林树种：柏木、桤术、酸枣、柳杉等。

2. 对自然保护一般控制区保护和建设的建议

建立保护地的目的并不是封闭式保护，而是在满足保护的基础上，合理利用开发，发挥自然保护地的最大价值（苏杨等，2017）。

（1）合理利用保护地非核心区的生态产品

建议合理利用保护地非核心区的生态产品。在一般控制区内划定适当区域开展自然教育、游憩活动、生态旅游、生态康养活动等提供公共服务功能，通过景区吸引更多的外来游客，拓宽该地区和周边区域的消费渠道，新增住宿、交通、饮食、购物等方面的消费来源，增加原住居民收入（唐小平等，2019）。

（2）完善的特许性经营制度

建议在保护地内建立完善的特许性经营制度。一般控制区开发生态旅游后，可能面临游憩人口的大量涌入，游客的吃、行、住，还有游乐方面的服务性需求大，特许性经营尤为重要。特许性经营既可以给经营者带来收益，同时也会为保护地管理中心带来收入。如加拿大国家公园管理局通过派发许可证、租赁权、地役权等不同形式在游憩、住宿、零售等领域开展特许经营。目前38个国家公园每年有1200万加元（约6000万人民币）特许经营收入，既使经营者收入增加，还增加了国家公园管理经费，缓解了发展与保护的矛盾。但特许经营制度必须完善，要建立相关的法律保护，形成良好的秩序，保护地特许经营的开展需紧紧围绕“公众获得最佳享受、经营服务更加高效、保护能力得到提升”的目标。

（3）宣传社区参与式理念

应使保护地管理机构的人员由“管理者”转变为“组织和协调者”，居民由“被管理者”变为“参与和实施者”，将自然保护地利益相关者都变为保护地的主人（冉景丞和朱惊毅，2007）。建议保护地管理机构提供生态管护公益岗位（赵翔等，2018），原住居民可以优先加入。一方面由于原住居民从小生活在保护地内，对保护地的环境本来就比较了解，可以更好地投身于保护地保护工作中，提高保护效率；另一方面可以使居民获得收入，保护地及周边居民守住“绿水青山”的同时，能够收获“金山银山”（黄宝荣等，2018）。让改变思想和提供实际岗位并行，慢慢地缓解保护与发展的矛盾。

第四节　案例解析

一、贵州茂兰国家级自然保护区植物资源与利用

贵州茂兰国家级自然保护区位于贵州省南部荔波县境内，南面与广西毗邻，处于南亚热带季风区范围内。始建于1984年，1987年建立贵州省级自然保护区，1988年被批准为国家级自然保护区，1996年被联合国教科文组织纳入“人与生物圈”保护区网。保护区总面积212.85km^2，主要保护对象为亚热带喀斯特森林生态系统及其珍稀野生动植物资源（冉景丞和朱惊毅，2007）。

1. 植物资源

贵州茂兰保护区在我国植被分区上处于亚热带常绿阔叶林区、东部（湿润）常绿阔叶林亚区、中亚热带常绿阔叶林带。其自然植被除少数地段为藤刺灌丛和灌草丛外，均为发育在喀斯特地貌上的原生性常绿落叶阔叶混交林，是一种非地带性的植被。贵州茂兰地处中亚热带南部，植物资源十分丰富，现统计有维管束植物154科514属1203种，其中蕨类植物11科20属31种，种子植物143科494属1172种（包括裸子植物6科12属17种，被子植物137科482属1155种）。茂兰的森林植被中，建群植物多为耐旱喜钙的圆果化香、青冈栎、樟叶槭、黄梨木、云贵鹅耳枥、齿叶黄皮、掌叶木、圆叶乌桕、朴树、菱叶海桐、香叶树等。主要森林群落类型有青冈栎、化香林，化香、黄皮林，栲、杜英林，黄杉、化香林、黔竹林等。因地形相对高差不

大，植被无明显的垂直带谱。茂兰现有国家一级保护植物8种，为异形玉叶金花、红豆杉、南方红豆杉、单性木兰、掌叶木、硬叶兜兰、小叶兜兰、白花兜兰。二级保护植物24种，如华南五针松、翠柏、短叶黄杉、香果树、香木莲、榉树及85种兰科植物种类（图7-8、图7-9）。

图7-8　贵州茂兰国家级自然保护区植被景观概况

图7-9　贵州茂兰国家级自然保护区植被群落内部结构

因喀斯特地貌的特殊性和小生境的多样性，在茂兰形成了许多特有种。目前已发现26个特有种，如荔波大节竹、荔波鹅尔枥、荔波球兰、短叶穗花杉等（贵州省林业调查规划院，2004）。

2. 植物资源利用

贵州茂兰喀斯特森林是一种特殊的森林植被类型，以其分布集中、原生性强、相对稳定及脆弱和难以恢复的特性在世界植被中占有重要地位。它不仅具有重要的基础理论研究意义，而且对中国西南石质荒漠化地区，特别是对南方湿润地区森林植被的恢复与生态环境的重建具有重要的生产指导意义。贵州茂兰喀斯特森林自然景象，生动地展示出喀斯特地区的奥秘，构成别具一格的“喀斯特漏斗森林景观”。保护区内森林生态旅游资源丰富，喀斯特地貌与森林、水体交相辉映，山、水、林、洞、湖、瀑等各种自然景观构成了一幅画卷。环境质量和旅游舒适度也为保护区旅游开发提供了良好的基础条件（冉景丞和朱惊毅，2007），其主要功能是用于开展喀斯特森林生态旅游（图7-10）。

应以良好独特的喀斯特森林景观和生态环境为主体，融合自然景观与人文景观，充分利用森林的多种功能，按照生态旅游的理论和宗旨开展旅游活动，从而使观赏游览与科普教育相结合，提高公众保护生态环境、热爱大自然的意识。同时，通过旅游带动社区经济发展（贵州省林业调查规划院，2004）。喀斯特种子植物多样性研究主要集中于茂兰喀斯特森林，有关研究成果表示，地形、水分、不同小生境类型等因素均与物种多样性有重要联系，并揭示了该地区群落物种组成、结构功能等特征。

图7-10 贵州茂兰国家级自然保护区一般控制区植被修复景观

二、云南石林世界地质公园植物资源与利用

云南石林世界地质公园位于云南省昆明市石林彝族自治县境内，占地总面积400km^2，特级保护区44.96km^2，一级保护区62.10km^2，二级保护区107.21km^2，三级保护区135.73km^2（俞

筱押，2006）。海拔在1500～1900m之间，素有“天下第一奇观”“石林博物馆”的美誉。石林因其发育演化的古老性、复杂性、多期性和珍稀性以及景观形态的多样性，成为世界上反映此类喀斯特地质地貌遗迹的典型范例，并具有很高的旅游科普价值。

1. 植物资源

保护地内有典型的喀斯特半湿润常绿阔叶林，具有部分珍稀濒危物种，丰富了石林景观（图7-11和图7-12）。公园有国家级保护植物近10种，省级保护植物20余种，近百种云南省特有和珍稀植物（俞筱押，2006）。

图7-11　云南石林地质公园喀斯特半湿润常绿阔叶林

图7-12　云南石林地质公园植物资源景观

2. 植物资源应用

石林作为一种典型的脆弱的生态环境，人口压力大，人地矛盾尖锐，易导致石漠化。但自1931年建石林公园以来，石林公园植被逐步得以改善，除了人工绿化的云南松林、干香柏林、各种花卉草坪外，还有部分自然恢复形成的次生林。根据研究的结论，石林喀斯特森林具有特殊的繁殖体保持方式，为次生林的形成提供了繁殖体来源，次生林进一步恢复可以形成地带性植被。石林部分地质遗迹保护了植物的繁殖体，地形的多样性是生物多样性的基础，生物多样性是生态系统稳定的重要影响因素。喀斯特区多种多样的地质遗迹出露而使地表变得崎岖，在起伏不大的地段上形成多种多样的小生境，因此，喀斯特区经常成为物种富集区。石林的地质遗迹以其多样性、复杂性而著称，在各种各样的地质遗迹之间（或其中）生长着各种各样的生物（俞筱押，2006）。

石林特殊的地貌为植物繁殖体提供了避难所，为植被恢复提供了繁殖体来源，将其设为保护地，对植物繁殖体有保护作用，同时人工恢复植被形成了良好的生态环境，使林景与石景协调（图7-13），形成了良好的生态循环（俞筱押，2006）。

图7-13　云南石林地质公园园林植物应用

三、贵阳阿哈湖国家湿地公园植物应用

1. 公园概况

贵阳阿哈湖国家湿地公园位于贵州省省会城市贵阳市中心城区西南部，跨南明区、云岩区、花溪区、观山湖区等4个县级行政区域，属长江流域乌江水系，最新的总体规划面积

为1218hm^2，湿地率为42.74%，有永久性河流湿地、库塘湿地、喀斯特溶洞湿地和沼泽湿地等多种湿地类型（图7-14）。其中，永久性河流湿地面积为8.50hm^2，喀斯特溶洞湿地面积为0.35hm^2，草本沼泽湿地面积为26.77hm^2，库塘湿地面积为431.00hm^2，稻田湿地面积为6.38hm^2。保育区所在的阿哈水库是以城市供水、防洪为主的中型水库，也是贵阳市主要水源地之一。小车河为湿地公园主要合理利用区。贵阳阿哈湖湿地公园地处黔中亚热带温润气候区，年平均气温15.3℃，四季温差不大，年平均降水量1140～1200mm，年均蒸发量932mm，全年平均相对湿度81%。湿地公园内湿地景观特征显著，湿地生态系统结构完整，在我国西南喀斯特地区极具典型性。

图7-14　贵阳阿哈湖国家湿地公园

2. 阿哈湖湿地的作用

贵阳阿哈湖国家湿地公园是贵阳市环城林带的重要组成部分，处于贵阳市“一城三带”中间核心生态缓冲带的中部，是贵阳市独特气候条件的守护者。同时，具有保护水库堤岸、控制洪水、清除和转化有毒物、提供野生动植物栖息地等功能。贵阳阿哈湖国家湿地公园的建设对水库水质的保护、维持调节气候功能以及生态环境的改善和恢复、避免城市建设过于连片发展、保护贵阳市山水林城相融合的城市空间格局、构建城市绿色网络体系有着不可替代的作用。

3. 阿哈湖湿地分布特点

阿哈湖湿地分布有如下特点：①永久性河流主要分布在各入库支流，如金钟河、游鱼河、白岩河、蔡冲河和烂泥沟河等，喀斯特溶洞湿地主要分布于白龙洞地下暗河。②草本沼泽湿地主要分布在蔡冲河入口段、烂泥沟河入口段、蔡家关沟以及库区沿岸的浅水区域。③库塘湿地主要分布在阿哈水库，稻田湿地主要分布在阿哈水库周边部分低洼地带。

4. 湿地公园建设植物配置的原则

全面保护原则：保护湿地生态系统结构和功能的完整性，防止湿地退化，维护湿地生态过程，注重湿地资源利用的可持续。

功能区优化原则：借鉴国内外先进的湿地修复理论和经验，结合区域和公园实况及其未来发展需要进行优化调整。

干扰最小化原则：区域范围、功能区调整应从公园现状入手，兼顾各方关系协调，最小化湿地生态系统所受干扰。

生态功能最大化原则：即合理利用湿地资源，打造融湿地保护、恢复与合理利用于一体的多赢格局，最大化湿地公园生态功能。

可持续发展原则：湿地公园承载能力调整应充分考虑当地经济建设、社会发展的规模和速度，考虑地方群众、外来游憩者的生产、生活及游憩需要，使湿地资源既能满足当代人的现实需要，也能满足后代子孙对湿地资源的需求，确保湿地公园保护与地方经济发展、区域建设、社会进步相互促进，同步发展。

5. 湿地公园建设植物选择与配置

（1）植物选择要求

对植物的选择要与公园设计需求相符，并符合四季变化的需求，以便使植物景观在湿地环境当中能够展现出自身的最大魅力。在应用水生植物时，要将其作为重点配置植物品种。其中，在对水生植物的种类以及数量给予保证的基础之上，还要合理增加草本植物，以便湿地公园散发出来的自然气息更加浓郁。结合自身的地域特征，尽量使用乡土植物。乡土植物在本地生长有非常强的适应性，管理也更加方便。

（2）植物配置

浅水区：在浅水区域当中，对植物的配置可应用挺水植物，这是因为挺水植物的外形非常挺拔且高大，花朵艳丽芬芳，有极强的观赏性。例如：菖蒲以及香蒲等植物，在配置过程中，可进行大范围的种植，并且要将其连续性展示出来，游人在远处观赏时，便会感受到非常大的视觉冲击力。此外，在浅水区还可以配置浮叶型植物，因为这类植物的花朵非常大并且美观，例如萍蓬草以及白睡莲。通常情况下可以将挺水植物和浮叶型植物相互配合进行配置，这样形成的多层次韵律感会非常强。

深水区：在深水区当中，可以种植沉水型植物以及漂浮型植物。因为在水下，沉水型植物也可以发育，虽然花朵比较小，但叶子有着非常强的观赏性。例如：金鱼藻以及黑藻。此外，这类植物的根部可以起到净化水质的效果。对于漂浮型植物的应用，可以利用大漂和浮萍，配置方法为整片配置，会营造出非常美妙的视觉感受。

水边区域：在水边区域可以对挺水植物进行种植，例如对菖蒲、水葱等植物进行养殖。使用的配置方法为片植和散植结合。因为水生植物更加高大，会产生错落有致的景观，层次感会非常强。同时，水生植物的倒影映在水中，使观赏的人感受到另一种意境美。

6. 湿地公园建设植物景观设计

（1）水生植物景观设计

湿地公园的水面区域与普通公园相比会大很多，所以对水面景观的各项营造工作非常关键，要结合水域的不同状况对水生植物进行有效搭配。同时，对水生植物的水质净化能力要高度强调。一般沉水植物产生的净化效果会更理想一些，浮水植物会稍差一些，而挺水植物的净化能力为所有植物当中最差的一类。

对植物景观的营造，可以使用挺水植物，如：香蒲、野茭白和芦苇。种植使用片植的形式，以便增加协调性。此外，可将浮叶植物，如睡莲加入其中，这样搭配水流产生的视觉效果会非常理想。沉水植物群落使用金鱼藻搭配苦草，也可产生非常美的景观效果（图7-15）。

图7-15 贵阳阿哈湖国家湿地公园水生植物景观设计

（2）陆生植物景观设计

对陆生植物景观进行设计的过程中，先要考虑植物的生长性。因为城市所在的区域不同，湿地环境也有所不同，所以要尽量种植本土植物。可以采用片植灌木类植物和乔木类植物的形式，产生的植物群落景观会非常宏伟，例如片植榆树、银杏树等等，这样人们在观赏时会感受到非常浓厚的乡土气息。同时，要尽量对自然草坪进行应用，辅之一些自养花卉（图7-16），这样在营造景观的同时，还能使养护的成本有所下降。此外，在实际设计当中，还要将一些特色的景观突出，如科普景观。可以将极具观赏性的植物（如山茶花、黄金菊、八角金盘等等）进行收集，集中展示，这样营造出来的艺术照景，会使游客从中感受到植物文化，搭配文字还可以学习相应的知识。

图7-16　贵阳阿哈湖国家湿地公园陆生植物景观设计

（3）建筑旁植物景观设计

对湿地公园的建设，除了对植物景观进行营造之外，还需要对建筑景观进行打造，可以使园区景观体系更加完整。这其中可使用一些古典亭、码头或者走廊，以便展现出湿地公园的人文历史特征等。再结合当前人们的审美情趣和一些设计技巧，营造出有文化美感的造景，还可以使建筑景观富有相应的功能性。

7. 建成后的阿哈湖国家湿地公园植物概况

阿哈湖湿地公园共有维管束植物137科345属582种。其中，蕨类植物15科18属25种，裸子植物4科9属12种，被子植物118科318属545种。湿地维管束植物27科43属56种。阿哈湖湿地公园内的湿地植物科、属、种分别占全国湿地植物科、属、种的85%以上、50%以及25%以上，说明湿地植物类型较为丰富，在保护湿地植物多样性方面具有重要意义（图7-17）。

公园利用河谷海拔落差等自然条件，梯次布局植被，以樱花、杜鹃、石蒜、红枫等植物为主，配置木质小品，展现原生态景观，打造山花烂漫的都市溪谷和展示贵阳生态文明建设的“窗口”。景观设计突出溪流、谷地等，重点打造了落樱飞雪、杜鹃花谷、木兰林语、花海拾贝、茗泉问茶、听鸟谷等景点。

（1）蕨类植物

15科18属25种，以单科单属单种为多，仅凤尾蕨科（Pteridaceae）（1属3种）和木贼科（Equisetaceae）为优势科（1属4种），优势属为木贼属（*Equisetum*），包括木贼（*Equisetum hiemale*）、节节草（*E. ramosissimum*）、披散问荆（*E. diffusum*）和犬问荆（*E. palustre*）4种。凤尾蕨属（*Pteris*）有蜈蚣蕨（*Pteris vittata*）、井栏边草（*P. multifida*）和凤尾蕨（*Spider brake*）3种。在蕨类15科中热带亚热带成分占绝对优势，共11个科，如凤尾蕨科、海金沙科（Schizaeaceae）、里白科（Gleicheniaceae）、水龙骨科（Polypodiaceae）、槲蕨科（Drynariaceae）、紫萁科（Osmundaceae）、金星蕨科（Thelypteridaceae）、苹科（Marsileaceae）、鳞毛蕨科（Dryopteridaceae）、乌毛蕨科（Blechnaceae）、海金沙科（Schizaeaceae）。

（2）裸子植物

阿哈湖湿地公园裸子植物极少，共12种，其中有7种为栽培种，如罗汉松科（Podocarpaceae）植物，说明本区的裸子植物贫乏。

（3）被子植物

区内的被子植物种类较丰富，共有118科318属545种（包括种以下单位），占贵州省被子植物总科数的50.43%，总属数的23.55%，总种数的11.17%。湿地公园湿地植物区系中温带成分比较丰富，温带成分的属数和种数及其所占的比例均属首位，表明湿地公园以温带性质为主，包括有木贼属（*Equisetum*）、毛茛属（*Ranunculus*）等，其次是世界分布和泛热带分

图7-17　贵阳阿哈湖国家湿地公园植物景观

布。在温带分布的类型中，一些科尤其是东亚分布的科中，有很多属、种分布到亚热带地区，如杨梅科（Myricaceae）的杨梅（*Myrica rubra*），胡桃科的化香（*Platycarya strobilacea*）、枫杨（*Pterocarya stenoptera*）等。

（4）水生植物

湿地公园湿地植被具有物种种类多、生物多样性丰富的特点。根据调查统计，维管束湿地植物共有27科43属56种，占我国湿地维管束植物总数的比例较高。

8. 公园植物配置存在的问题

阿哈湖国家湿地公园的植物配置基本上满足了乔、灌、草相结合的立体种植形式，是一个具有较高生态效益的生态体系。但随着城市建设的快速发展，人们对湿地公园植物配置的要求也更加细致全面，从长远来看，阿哈湖国家湿地公园的植物配置依然存在着以下的不足以及需要进一步改善的地方。

（1）植物群落配置单一

阿哈湖国家湿地公园生态系统中乔、灌、草配置模式滥用，造成了植物景观效果单一，生态系统多样性不足。乔木+灌木+草（地被）的植物搭配模式来源于人们对自然植物群落的学习，是一种将理想的生态效益得以最大限度发挥的模式，然而在阿哈湖国家湿地公园到处都能看到这样的搭配模式，从而导致了不分绿地性质、面积大小环境负荷、土壤贫瘠程度、交通安全、视觉安全、整体美感等而一味滥用，导致湿地建设的绿量与景观质量不成正比。

（2）植物配置的季节性景观不鲜明

阿哈湖国家湿地公园内的植物景观大体上来说虽然是四季有景可观，但是在单独的景区内存在某个季节无景可赏的配置缺陷。如花海拾贝景区夏季观赏性强，而春季的观赏性较弱，这种配置缺陷造成了秋冬季节的景观与春夏季的景观不协调。

（3）公园局部的植物配置未遵从配置植物的生长需求

公园局部地区的植物配置未按照配置植物的生长习性来进行设计、配置，有些适宜于荫蔽环境生存的植物缺乏适宜生境，有些植物的种植未恰当把握种植密度从而出现生长过于密集的现象。

（4）水生植物种类单一

相对于陆生植物而言，水生植物种类较为单一，应该增加水生植物的种类，应引种具有较高观赏价值的水生植物，不断丰富水生植物景观，增加水生植物景观色系。

9. 公园规划设计建议

在营造湿地景观时，应挖掘本土特色湿地植物，打造符合本地人文、农耕文化的人文湿地景观和自然景观。运用当地原有植物资源和喀斯特特有地貌，充分利用现有的乡土湿地元素，用艺术手法塑造出具有喀斯特湿地特有的山景、水景，展现阿哈湖湿地的特色景观。

在种植湿地植物时，要充分考虑湿地植物的季节性，注意乔、灌、藤、草搭配及常绿、落叶和彩色树种选择。根据各湿地植物的生物学特性，进行多植物种植，构建一个生物多样性强的喀斯特湿地，营造出四季各具特色的景观。

在选用外来物种时，要对引进的物种进行利弊分析和引种试验。引种时要认真检疫，引种后进行圈养，不能盲目引进、盲目种植，发生危害时要及时清理。如任其泛滥，会对当地的物种生长造成影响和毁灭。

规划水生植物种植与配置，应根据不同植物的营养物吸收能力、根系分布、氧气释放量、生物量等方面的差异进行配比。不仅要考虑挺水植物的景观效果，更应着重考虑挺水、沉水、浮水植物空间上的搭配，营造多层次生态系统，使湿地生态多元化，构建一个自我维持、自我完善的生态体系，提高水质的净化率，同时也可使景观和生态和谐统一。

四、贵州六盘水市明湖国家湿地公园植物应用

1. 公园概况

六盘水明湖国家湿地公园于2012年4月29日正式对外开放，位于贵州省六盘水市中心城区西郊，由5个湿地群组成。是一个集观光旅游和净化水质为一体的科普基地。为贵州省第一个被正式授牌的AAAA级国家湿地公园，其存在的意义是不容小觑的。六盘水明湖湿地公园控制范围为1200亩，建设面积为658亩，其中人工湖329亩，占建设面积的50%。在植物配置方面，共引进种植乔木26种8800余株、地被植物13种约12万平方米、水生植物22种约6万平方米。通过对这些植物科学合理地配置，明湖湿地公园将对城市起到调节水量、净化水质、改善生态、提高居民生活质量等一系列作用（图7-18）。

图7-18

图7-18　贵州六盘水市明湖国家湿地公园

2. 建设前现状问题

（1）水污染

作为上个世纪中叶发展起来的主要重工业城市之一，六盘水以煤炭、钢铁和水泥行业为主导产业。因此，民众长期受到空气和水污染的困扰。数十年来，从工业烟囱排除的污浊空气中的颗粒物沉积在周边的山坡上，并随着雨水径流被带入河流，来自山坡上的农田的化学肥料及散落的居民点的生活污水也一同随着雨水径流汇入了水城河。

（2）洪水和雨涝

由于坐落在山谷之中，该城市在雨季容易受到洪水和涝灾的危害，而由于多孔石灰岩地质，到了旱季又易遭受干旱灾害。

（3）母亲河急需修复

20世纪70年代，为了解决泛滥和洪水问题，水城河被水泥渠化。从此，原来蜿蜒曲折的母亲河变成了混凝土结构的、死气沉沉的丑陋河沟，它拦截洪水及环境修复的功能也丧失殆尽。同时，渠化的河道将上游的雨水直泄入下游河道，引发了下游更为严重的洪水问题。

（4）公共空间的缺失

城市人口激增，导致了城市休闲和绿色空间的不足。曾经作为城市福音的水系统已经变成城市废弃的后杂院、垃圾场和危险的死角。

3. 建设规划设计原则

规划遵循全面恢复水城河的生态系统服务功能的指导思想，系统地应用了水生态基础设施构建的多项关键技术，旨在将水城河打造为集调节服务、生态功能、文化功能、休闲功能于一体的大型滨水空间，进而构建出一条平安、靓丽、健康和充满活力的母亲河（图7-19）。

图7-19　贵州六盘水市明湖国家湿地公园景观格局

（1）生态安全格局构建

生态安全格局的构建主要针对以水为核心的几个关键生态过程，分别构建区域雨洪安全格局、生物保护安全格局和乡土游憩安全格局，再将三个单一过程的安全格局叠加形成综合生态安全格局，成为水生态基础设施落地布局和设计的基础。

（2）水生态基础设施规划及雨洪管理系统构建

针对不同地块用地类型进行合理改造，形成多样化雨洪管理模式，最大限度延缓雨洪资源流失。

居住用地：建立屋面雨水收集系统，集中处理，用于区域内冲厕、洗车、庭院浇洒和景观用水、工业冷却等。

商业用地：采用屋面雨水收集、路面顺坡雨水收集、蓄水池、集水区等措施集蓄利用雨水。部分雨水通过透水地面、集水区等绿色基础设施下渗回补地下水；另一部分则通过暗管联通建筑蓄水池输送至集中蓄水池。

城市绿地：利用绿地水面作为雨水收集、净化的场所；利用蓄水池蓄积和补给雨水作为公园景观用水和植物浇洒用水。

城市广场用地：滞留、处理和利用道路广场雨水，通过植物边沟、生物滞留带、碎石土壤滞留带、透水铺装等措施降低道路及其排水设施的环境影响。

（3）生态修复和海绵技术集成

在六盘水水城河景观规划和明湖湿地建设工程中，主要集成应用了与洪水为友的水弹性技术、城市雨洪管理绿色海绵技术、加强型城市人工湿地系统净化技术、保护自然的最小干预技术。这些技术的实现是通过一个个具体的工程建设模块来落实的，例如河堤拆除工程建设模块、梯田和陂塘系统规划建设模块等，每个工程建设模块可能是符合具备相应功能的，同时承载着多项技术的要求。

与洪水为友的水弹性技术应用：洪水并不是必须要对抗的敌人，特别对于六盘水这样一个旱涝灾害并存的地区，留住洪水、利用洪水才是解决之道。首先，在生态安全格局的径流淹没模拟分析基础上，拆除混凝土河堤，恢复滨水生态带；其次，通过建立沿河的梯田和陂塘系统，消减洪峰流量，降低流速，以降低洪水风险。

城市雨洪管理绿色海绵技术应用：旱涝并存，河道水量不足与河道洪水泛滥是六盘水城市面临的双重困境。除了一些水源保障措施之外，设计更强调的是通过城市海绵系统的建立恢复河流网络、土地的旱涝调蓄功能。城市雨洪管理绿色海绵技术的应用主要体现在：首先，将城市雨洪管理实施后的雨水蓄滞量纳入水城河水源保障之中；其次，建立沿河雨洪湿地系统以调节季节性雨水。

加强型城市人工湿地系统净化技术应用：水城河水质较差的原因主要是未截污的废污废水直接排入河流之中，面源污染对河道的影响，以及河岸衬砌植被稀少造成的自净能力低下等。在具体规划中，针对城市污水、点源污染主要采用截污和分散式污水处理设施布设来严格控制排放水标准。而加强型城市人工湿地系统净化技术则主要是通过梯田湿地和陂塘系统的规划与建设，解决面源污染、点源污染初级处理后排放的水的水质净化问题。

保护自然的最小干预技术应用：水城河整治和明湖湿地建设工程中，保护自然的最小干预设计主要体现在两方面：其一，以最小的干预和介入满足人类游憩的需求，并将工程与艺术完美结合；其二，对于倡导恢复的自然河道，以最小干预技术手法建造曝气低堰，既有利于水量补给又能够增加水体含氧量，促进富营养化物质被生物吸收。

4. 园林景观植物物种选择与配置

（1）乔灌木景观配置

在城市湿地公园的植物配置中，乔灌木是湿地景观的骨干，所占比重并不小。通过对乔灌木的合理搭配，如秀美的树冠、扶疏的枝叶、潇洒的树姿等，营造出富有景观层次、优美的植物景观。在六盘水明湖湿地公园中，没有设置明显的大门入口，而是通过大乔木与低矮灌木及草本花卉的有机搭配自然形成了公园的入口。

大乔木：枫香、香樟、女贞、枫杨、银杏、灰楸、水杉等。

灌木：杜鹃、海桐、大叶黄杨、藤本月季、紫藤、连翘等开花灌木。

草本：千层金、南天竹、鸢尾、金光菊、波斯菊、婆婆纳、雏菊、虞美人、金鸡菊、花叶芦竹、矢车菊、百日草等。

（2）水生植物景观配置

芦苇+再力花+莎草+萍蓬草+狐尾藻、香蒲+水盾草+慈姑、再力花+红蓼+荇菜+白三叶+蛇目菊等。

（3）水岸植物景观配置

黄菖蒲、鸢尾、美人蕉、红蓼、花叶芦竹、波斯菊、金光菊、黑心菊、蜀葵、虞美人、蕨类植物等（图7-20）。

图7-20

图7-20　贵州六盘水市明湖国家湿地公园植物建植

5. 景观园林植物种植设计

（1）设计目的及要求

为了配合明湖国家湿地公园的生态建设，美化周边环境，使生态恢复。要求提升城市滨水用地的价值，改善城市用地环境。

（2）设计原则

生态地域性原则：绿化率和绿化覆盖率应安排合理，要注重普遍绿化，重视生态效益、复层混交群落，重视植物种类的多样性。

持续性原则：通过合理布局、科学搭配，使各类植物能够和谐共生、植物群落稳定平衡，维护城市湿地公园生态系统的持续健康性。

景观艺术性原则：设计者需熟练掌握各种植物的生长习性和观赏性，搭配植物时应充分考虑生态科学与艺术的紧密结合性，满足设计立意要求，考虑四季季相的变化，注重形式美、时空美和意境美。

6. 景观园林植物养护与管理

（1）松土与除草

春秋季节各进行一次，夏季每月进行一次，松土深度为5 ～ 10cm，除草要除早、除小、除了。对于危害树木严重的各类杂草藤蔓，一旦发生，立即根除。

（2）水肥管理

苗木在栽植后立即将水浇透，在三天后再浇透一次，七天后再浇一次。苗木的日常生长也需要水分的保持，根据天气温度和降雨量适当调整浇水量。关于排水，一般采用自然坡度排水，坡度一般为0.1% ～ 0.3%；或开设排水沟和埋设管道，将水引入沟中，排出园外或引入园林水体和湿地。根据植物的生长需要，定期施肥。树木施肥每年2 ～ 3次，地被等采用薄肥勤施。

（3）整形与修剪

乔木主要修剪徒长枝、病虫枝、交叉枝、并生枝、下垂枝、扭伤枝、枯枝等。灌木修剪使枝繁叶茂、分布均匀，遵循“先上后下，先内后外，去弱留强，去老留新”的原则，对中央隔离带的树木修剪保证树木防眩所需要的高度和形状。休眠期修剪以整形为主；生长期修剪以调整树势为主，宜轻剪。

（4）防护管理

病虫害防治以“预防为主，防治结合”的原则进行，充分利用植物自身的分泌物来预防天敌，抑制病虫害。防冻害、防干旱、防涝。大乔木栽植及时立支架，防止长势倾斜和大风吹倒。

参考文献

蔡硕，2019. 论景观设计中园林植物配置的基本原则. 建材与装饰，33: 90-91.

陈其兵，2012. 风景园林植物造景. 重庆：重庆大学出版社.

成捷，2013. 分析生态园林景观设计与植物配置. 城市建设理论研究，28: 1-7.

丁晨，沈方，2003. 中国喀斯特地貌的形成机制及分布. 唐山师范学院学报，5: 72-73.

贵州省林业调查规划院，2004. 贵州茂兰国家级自然保护区总体规划.

何振峻，2013. 试论杭州西湖风景区的园林养护. 杭州：浙江大学.

黄宝荣，马永欢，黄凯，等，2018. 推动以国家公园为主体的自然保护地体系改革的思考. 中国科学院院刊，12: 1342-1351.

冉景丞，朱惊毅，2007. 社区发展在喀斯特植被保护中的应用——以茂兰国家级自然保护区为例. 热带林业，35（S1）: 52-56，47.

苏杨，胡艺馨，何思源，2017. 加拿大国家公园体制对中国国家公园体制建设的启示. 环境保护，45（20）: 60-64.

唐芳林，2019. 建立以国家公园为主体的自然保护地体系. 中国党政干部论坛，8: 40-44.

唐小平，蒋亚芳，刘增力，等，2019. 中国自然保护地体系的顶层设计. 林业资源管理，3: 1-7.

王晓禹，郑扬，2019. 园林植物设计思路及色彩的运用探究. 现代园艺，18: 140-141.

谢宏奋，2015. 浅析园林景观工程植物配置设计. 房地产导刊，2: 266.

熊康宁，2013. 中国南方喀斯特与世界自然遗产. 中国地理学会2013年学术年会 · 西南片区会议论文集.

许兆然，1993. 中国南部和西南部石灰岩植物区系的研究. 广西植物（Z4）: 5-54.

杨锐，2019. 论中国国家公园体制建设的六项特征. 环境保护，47（Z1）: 24-27.
杨胜天，朱启疃，1999. 论喀斯特环境中土壤退化的研究. 中国岩溶，18（2）: 169-175.
叶国婷，2020. 园林绿化施工现场管理及植物养护. 居舍，1: 113.
俞筱押，2006. 喀斯特小生境在喀斯特植被恢复中的作用研究. 昆明：云南师范大学.
赵翔，朱子云，吕植，等. 2018. 社区为主体的保护：对三江源国家公园生态管护公益岗位的思考. 生物多样性，26（2）: 210-216.
中华人民共和国生态环境部，2011. 中国生物多样性保护战略与行动计划（2011—2030年）.

第八章

西南喀斯特村落建设与保护中的园林植物应用

第一节　西南喀斯特村落建设与保护概况

改革开放以来，我国的社会经济建设取得了重大的成就，特别是城市化发展突飞猛进。与此同时，我国农业发展基础薄弱、后劲不足的问题也进一步凸显。城市化的快速发展使我国村落的生活空间得到一定程度的改善，传统的生活方式发生改变，但随之而来的是村落的保护与建设发展问题。喀斯特（岩石圈）与气圈、水圈、生物圈耦合，构造了喀斯特自然生态环境。世界上有近10亿人生活在占陆地面积15%的喀斯特环境之中。中国960万平方公里的土地上，喀斯特分布面积超过124万平方公里，约占全国总面积的13%，主要分布于中国南方的贵州、广西、云南、四川、湖南、湖北，以及北方的山西、河北和山东等。其中以贵州为中心，与广西北部、云南东部、湖南西部及四川东南部等地连成一片的地区所占的面积最大，超过55万平方公里，是世界上最大最集中连片的喀斯特区（张凤太等，2009）。

一、村落与乡村振兴

1. 村落

村落，是一个地域归属的界定，可以从地理学上将它看成是一个单独的聚落，通过一个名字和一种历史来辨别，与这个地方的地理特征联系起来，成为一个有限制的区域。村落的名字和边界具有历史性，相同的村落名字却有着不同人群相关联的不同故事（王斯福等，2007）。村落的形成一般历史悠久，是人与自然关系的最初形态。

在人类的发展进程中，村落作为比较传统的群居方式，具有独特的魅力及影响力，是农村经济、政治、文化生活的中心，是具有自然环境、人文历史、经济特征的区域综合体。良好的村落建设有利于兼顾村落地区范围内生态、生产、生活的均衡发展。村落主要是由大的聚落或者数个聚落所组成的群体，与城镇互促互进，共同构成人类生活的主要空间，包括自然村落、自然村和村庄区域三个部分。

2. 乡村振兴

乡村振兴战略是习近平同志2017年10月18日在党的十九大报告中提出的。十九大报告指出，农业农村农民问题是关系国计民生的根本性问题，必须始终把解决好“三农”问题作为全党工作的重中之重，实施乡村振兴战略。乡村振兴战略明确指出“坚持人与自然和谐共生，走乡村绿色发展之路”，“稳步开展农村人居环境整治三年行动，整合各种资源，强化各种举措，稳步有序推进农村人居环境突出问题治理”（段益莉和江强，2019）。推动乡村振兴，首先要让村落留下来，让人看得见青山、记得住乡愁。

二、西南喀斯特村落保护与建设现状

1. 总体概况

在我国西南喀斯特山地典型脆弱区中，贵州喀斯特面积占西南喀斯特典型脆弱区总面积的73.8%，也占全省土地面积的73.8%。从生态环境的角度看，贵州是中国的“喀斯特省”。随着我国城市化的推进，全国各地的村落都受到严重破坏，其传承和保护价值逐渐被发掘重视。贵州由于开发开放较晚，至今仍有400多个村落基本保持原貌（黄丽坤，2015）。

贵州属中国西南部高原地区，境内地势西高东低，自中部向北、东、南三面倾斜，平均海拔在1100m左右，气候温暖湿润，属亚热带湿润季风气候。受大气环流及地形等影响，贵州气候呈多样性，有“一山分四季，十里不同天”的特点。气候不稳定，灾害性天气种类较多，干旱、秋风、凝冻、冰雹等频度大，对农业生产危害严重。贵州高原山地居多，素有“八山一水一分田”之说。全省地貌可分为高原、山地、丘陵和盆地四种基本类型，其中92.5%的面积为山地和丘陵（张凡等，2010）。

2. 保护与建设的现状

西南喀斯特地区的村落在其生存环境、经济特征、各民族建筑特色文化以及历史发展过程的影响下，自成一格，长久以来村落的发展总被一些重要而且急需解决的困难影响，致使村落景观的重要性被忽视。由于喀斯特地区独特的自然风貌和地形条件，在村落建设的过程中存在一定的困难。城市即现代文明的建设发展思想以及农业生产力至上的趋势致使原本的村落逐渐失去了特色，造成村落景观建设千篇一律。

西南喀斯特村落景观建设主要集中在村落自然景观（村落区域内的河流、湖泊、溪水、山泉、森林等）、农业景观（富有农耕内涵的田园景观）（图8-1）、建筑景观（民居建筑、公共建筑、地标建筑等）和文化景观（村落的民族传统文化、图腾、生活习俗、民俗节庆、精神信仰、艺术文化等）。

图8-1　喀斯特村落耕作文化与景观

西南喀斯特村落建设大多依山傍水，村落木楼顺着山坡层层而上，村落地势起伏，山地为主的闭塞地理环境使其保存得相对完整。木质建筑顺山势起伏散落山腰（图8-2），与原始森林、溪流融为一体，生态环境良好，山水景观格局完整，浓郁的民族色彩、自然衍生的村落形态特征都具有很高的观赏价值（吴平，2018）。

图8-2　西南喀斯特地区木质建筑为主的村落

3. 未来总体发展模式

生态学上被认为最优的景观格局是“集聚间有离析”模式。为在西南喀斯特村落建设中提升其独特性，在设计中应深入挖掘民族文化，突出传统文化特色和主题（张蕾，2018）。避免过于关注村落的“场景”从而忽视了村落“人物”与“精神信仰”的重要性，注重村落景观系统，保护村落物质、非物质文化遗产，保证西南喀斯特村落的原真性（郑文俊，2013）。

第二节　园林植物应用总体方案

一、功能地位

西南喀斯特村落所在地区的地质地貌遗迹、山原地貌、构造遗迹、古生物化石与古人类遗址等都构成了其极具特色的景观形式。由于其独特的气候和土质造就了园林植物的独特形态，将乡土植物应用在园林景观中，可形成“人无我有”，具有鲜明地方特色的园林景观。这种观赏景观具有唯一性和不可模仿性，最具观赏性和生命力，优势十分明显。西南喀斯特独特的地理位置使其拥有丰富的植物资源，既有丰富的亚热带植物分布，又具有独特的喀斯特植物成分，其中有很多优良的园林植物可用于营造风景林和城市绿化。

西南喀斯特秀丽古朴、风景如画，是世界上喀斯特地貌发育最典型的地区之一。有绚丽多彩的喀斯特景观，气候温暖湿润，属亚热带湿润季风气候区。气温变化小，气候宜人，适宜植物的生长与繁衍。植物资源相当丰富，分为森林、草地、农作物、药用植物、野生经济植物和珍稀植物等六类（李伟等，2010）。随着园林景观建设的发展，乡土植物的应用更加受到园林部门的重视。积极推广乡土植物，促进当地野生植物资源开发利用，对生态园林的建设有着积极的作用。

二、规划设计原则

1. 仿生原则

植物仿生搭配是根据植物的习性和自然界植物群落形成的规律，仿照自然界植物群落的结构形式，经艺术提炼而就（图8-3）。师法自然，达到虽由人作，宛自天开的境界。

图8-3　植物仿生搭配

2. 植物的多样性原则

在进行植物配置的时候应该尽可能多地运用植物种类，达到生物多样性的要求（图8-4）。

3. 生态位的原则

应该充分考虑物种的生态位特征，合理选配植物，避免种间直接竞争，形成结构合理、功能健全、种群稳定的复层群落结构（图8-5）。

图8-4　植物的多样性

图8-5　稳定的复层群落结构

4. 景观的艺术性原则

植物的配置不应该仅仅是绿色植物的堆积，也不应该是简单的返璞归真，而是审美基础上的艺术配置（图8-6和图8-7）。

图8-6　植物的艺术配置（一）

图8-7　植物的艺术配置（二）

5. 适宜性原则

进行植物配置的时候应该因地制宜地选择树种进行配置，尽量使用乡土树种，保证效果的稳定性。

6. 层次性原则

植物的搭配不应该是单一的，应该是多层次的，层层递进（图8-8）。

7. 建筑美与自然美的融糅

力求建筑物与植物之间完美融合，不显突兀（图8-9）。

图8-8 植物的层次表现

图8-9 建筑与自然

三、物种选择与配置

西南喀斯特地区特殊的自然地理背景和水土易流失等实际情况，决定了在植物选择方面应更强调水土流失防护植物选择的原则。西南喀斯特地区村落人工造林在控制水土流失、防止水旱灾害、改善喀斯特地区农业生产环境等方面，以及开发山区、发展多种经济、提供经济发展的物质基础等方面，都占有极其重要的地位。喀斯特山地坡面具有岩石裸露率高、土被不连续、土层浅薄、缺水干旱等生境特点，人工造林可按照以下几个方面进行植物物种选择和配置：①适地适树的原则。选择植物的生物学特性和生态学特性要与立地环境一致，应选择适应力强、根系发达、耐干旱瘠薄、更新能力强，而且能增加土壤肥力的植物种。②生物的多样性、稳定性原则。乔灌草相结合，乔灌优先。尽量要求多树种，深根性和浅根性、常绿和落叶、针叶和阔叶等树种混交。③选择乡土种。乡土种适应能力强、造林后成活率高、生长速度快、形成的林分结构稳定。④注重生态与经济效益并重，长短结合。在立地条件较好的地段，可选择经济树种种植，长短结合，以短养长，以发挥植物防护的多种功能及提高群众造林的积极性。⑤引用景观效果好的植物。可使用园林绿化用的植物种，以增强景观效果。

适宜西南喀斯特地区村落建设和保护的植物物种主要有：

（1）乔木树种

柳杉（*Cryptomeria japonica* var. *sinensis*）、马尾松（*Pinus massoniana*）、云南松（*Pinus yunnanensis*）、侧柏（*Platycladus orientalis*）、圆柏（*Juniperus chinensis*）、杉木（*Cunninghamia lanceolate*）、滇柏（*Cupressus duclouxiana*）、藏柏（*Cupressus torulosa*）、华山松（*Pinus armandii*）、女贞（*Ligustrum lucidum*）、意大利杨（*Populus euramericana*）、响叶杨（*Populus adenopoda*）、刺槐（*Robinia pseudoacacia*）、光皮桦（*Betula luminifera*）、香叶树（*Lindera communis*）、喜树（*Camptotheca acuminata*）、构树（*Broussonetia papyrifera*）、三角枫（*Acer buergerianum*）、栾树（*Koelreuteria paniculata*）、桤木（*Alnus cremastogyne*）、檫木（*Sassafras tzumu*）、海桐（*Pittosporum tobira*）、泡桐（*Paulownia duclouxii*）、悬铃木（*Platanus occidentalis* ）、滇杨（*Populus yunnanensis*）等。

（2）灌木树种

火棘（*Pyracantha fortuneana*）、小叶女贞（*Ligustrum quihoui*）、车桑子（*Dodonaea viscosa*）、多花木兰（*Magnolia multiflora*）、黄花槐（*Sophora xanthoantha*）、小叶黄杨（*Buxus sinica* var. *parvifolia*）等。

（3）草本植物

黑麦草（*Lolium perenne*）、百喜草（*Paspalum notatum*）、狗牙根草（*Cynodon transvaalensis*）、三叶草（*Oxalis rubra*）、鸭茅（*Dactylis glomerata*）、高羊茅（*Festuca elata*）等。

（4）经济树种

李树（*Prunus salicina*）、柚（*Citrus maxima*）、柑橘（*Citrus reticulata*）、栗（*Castanea mollissima*）、梨树（*Pyrus*, I, f.）、核桃（*Juglans regia*）、花椒（*Zanthoxylum bungeanum*）、桃树（*Amygdalus persica*）、柿树（*Diospyros kaki*）、枣树（*Ziziphus jujuba*）、刺梨（*Ribes burejense*）、猕猴桃（*Actinidia chinensis*）、红豆杉（*Taxus wallichiana* var. *chinensis*）、山苍子（*Litsea cubeba*）、竹类、厚朴（*Houpoëa officinalis*）、蓝莓（*Vaccinium corymbosum*）、樱桃（*Cerasus pseudocerasus*）、杜仲（*Eucommia ulmoides*）、漆树（*Toxicodendron vernicifluum*）、

乌桕（*Triadica sebifera*）等。

（5）具观赏性水土保持植物

香樟（*Cinnamomum camphora*）、桂花（*Osmanthus fragrans*）、广玉兰（*Magnolia grandiflora*）、银杏（*Ginkgo biloba*）、白玉兰（*Yulania denudata*）、紫玉兰（*Yulania liliiflora*）、紫薇（*Lagerstroemia indica*）、红枫（*Acer palmatum* 'Atropurpureum'）、乐昌含笑（*Michelia chapensis*）、紫叶李（*Prunus cerasifera* f. *atropurpurea*）、红花木莲（*Manglietia insignis*）、夹竹桃（*Nerium oleander*）、红叶石楠（*Photinia* × *fraseri*）、红花檵木（*Loropetalum chinense* var. *rubrum*）、剑麻（*Agave sisalana*）、西洋杜鹃（*Rhododendron hybridum*）、金叶女贞（*Ligustrum* × *vicaryi* ）和多花蔷薇（*Rosa multiflora* var. *adenophora*）等。

（6）藤蔓植物

蔓长春花（*Vinca major*）、地瓜藤（*Caulis fici*）、常春藤（*Hedera nepalensis* var. *sinensis*）、毛葡萄（*Vitis heyneana*）、五叶地锦（*Parthenocissus quinquefolia*）、爬山虎（*Ampelopsis tricuspidata*）、迎春花（*Jasminum nudiflorum*）、清香藤（*Jasminum lanceolaria*）、紫藤（*Wisteria sinensis*）、厚果崖豆藤（*Millettia pachycarpa*）、香花崖豆藤（*Millettia dielsiana*）、葛藤（*Argyreia seguinii*）、常春油麻藤（*Mucuna sempervirens*）、防己（*Cocculus orbiculatus*）、细圆藤（*Pericampylus glaucus*）、金银花（*Lonicera japonica*）、老虎刺（*Pterolobium punctatum*）、凌霄（*Campsis grandiflora*）等。

四、种植设计

西南喀斯特地区村落植物种植和管护原则，总的是不再人为破坏环境，让自然植物快速生长，并精心养护。辅以人工促进措施，针对性地补充种源，促进种子发芽、幼树生长。凡有植物的地方尽最大的可能设置供水系统，并每年对种植的植物施有机肥。

西南喀斯特地区村落植树一般要求：种植土地平整，每个平面高差不超过20cm。道路两侧植树土地平整，每个平面不能超过30cm，树池处的高差不超过15cm，具体根据实际情况采取相应的标准。植树一般分为三种情况，第一种是3 ～ 10m高的树，树池的深度应该为60 ～ 120cm，直径大概在75 ～ 180cm之间。表层20cm的土与20cm以下的土壤分开摆在树池的两侧。在有条件的情况下，栽树时应该先施有机肥在树池底层，然后再回填并充实土壤。第二种则是树苗坑，一般坑深为30～ 50cm，直径大概在30 ～ 60cm，回填土与第一种类似。第三种是绿篱沟，是30cm × 30cm的沟回填土从两侧同时进行，或者以技术人员的要求为主。

五、养护与管理

1. 浇水

日常管理浇水的原则是见干浇水。新栽树木一般以连续3 ～ 5次透水为准，以后进入日常管理。新植草坪必须每天保持土壤的湿润，等到苗高约3cm后进入日常管理。盆花移栽或者换盆浇透水（浇水时见盆底有水流出），等到根系恢复正常后进入日常管理，其他情况进行日常管理。

2. 施肥

种植大树的时候需要先在树池的底部施有机肥，或者在新种植的树木表层以下的10cm处施肥。养护期间需要在树木表层土以下10cm施化肥养护，或刨树池施有机肥，或挑人粪便尿液过滤渣浇施，叶面喷肥浓度为0.3% ～ 0.5%。草坪施肥则是每1m^{2}施15g的化肥，或进行有机肥（主要是干鸡粪等）撒施，或叶面喷肥浓度为0.3% ～ 0.5%，盆花施肥春秋两季施重肥，夏季薄施、勤施。

3. 其他日常管护

日常工作中注意观察病害发生情况，不同的病虫用药要恰当，对症下药。树木、草地喷药用汽油喷雾器，个别的面积小、数量少的花草树木用人工喷雾器。用药时需要注意安全操作程序，一种病害7 ～ 15天用药一次。实际的病虫害以技术人员的要求为主。

西南喀斯特石漠化地区由于人为破坏，土壤被严重侵蚀，水土大量流失，基岩大面积裸露，土地退化现象严重，生态状况恶劣，甚至有的地方生态已经崩溃，人类生存的基本条件已经丧失，因此对植物的养护与管理应该更加注重。

第三节 存在的问题及对策建议

西南喀斯特地区山地、丘陵地貌发育，坡耕地面积占比大，水土流失与石漠化现象普遍，耕地分布零散破碎，耕作层瘠薄且不连续，农田生产力低下，在气候变化与城市化的多重影响下，如何制定科学合理的种植结构优化对策与方向，逐渐成为农业结构领域的研究热点（邓灵稚等，2017）。

景观（landscape），可以说是一定区域内所有自然形态客观呈现的景象，反映了地面及以上空间和物质所组成的共生体，同时也是人的理想形态和欲望体现，可以说景观代表着人与自然的关系（姜树人，2015）。村落聚集区域在人类活动影响下改变自然生态与村落居住环境的景观，可以称为村落景观。它反映的是村落中各个元素之间的关系，具有人居度、美景度、可容性和归属感。

随着我国城市化的快速发展，全国各地的村落都受到严重破坏，其传承和保护价值逐渐被发掘重视。通过合理开发利用村落，有利于展现传统村落独特的魅力，同时提高村落的旅游价值和经济效益。村落景观是一种有利的媒介，通过它，传统文化得以保存，地方身份得以建构，村落遗产得到承认（刘滨谊和王云才，2002）。

一、存在的问题

1. 村落的保护意识不强

由于西南喀斯特村落长期处于封闭状态，村落居民对村落文化、景观的认识不够，村落建设时传统文化发掘不足，缺乏对传统民族特色文化的传承和保护意识。西南喀斯特村落内部的历史文化受到了现代文明的冲击和影响，不同程度上破坏了村落的原生态景观（图8-10）。

图8-10　被破坏了原生态景观的现代西南喀斯特地区村落

传统材料被大规模的现代材料所替代，越来越多的外来事物侵入到了村落区域内，一些硬质铺装的广场、混凝土驳岸出现在传统村落景观中，造成村落中大量植被、水资源的衰退和消失。

2. 西南喀斯特村落建设缺乏引导

目前的村落建设模式虽具有普适性，但对个性鲜明的西南喀斯特村落建设缺乏理论指导。许多村落仍然按照传统的乡村规划进行发展保护，不利于西南喀斯特村落的建设。西南喀斯特村落由于缺乏科学合理的规划设计与植物搭配，大量村落同质化。因此需要实现西南喀斯特村落建设的就地取材，简化维护管理，园林景观的材料设计与选择在园林景观设计中具有重要的作用。就目前的情况而言，大多村落选择使用易施工、建成后效果好、购买简单的城市景观设计材料以及树种，在村落景观建成初期能够呈现出一定的效果。但是由于缺乏地域性、工业材料以及非乡土树种的大量使用，景观设计与村落原本的自然生态环境格格不入（图8-11），且后期维护的成本大量增加。

3. 过度商业化

西南喀斯特村落的主要发展模式中，旅游以及产业发展需求较高，但在建立旅游线路以及产业路径时，忽略了村落文化遗产的脆弱性和不可再生性，导致发展过程中过度商业化（图8-12）。西南喀斯特村落建设的发展和保护是旅游、产业开发中的两难命题。保继刚等（2004）在对历史城镇的商业化旅游研究中发现，为满足游客的需求，大多景区中面向游客消费的各种商业化店铺数量不断增加。

图8-11　现代化建筑与西南喀斯特原生态村落的景观冲突

图8-12　过度商业化的西南喀斯特村落

二、对策建议

运用景观设计的手法对西南喀斯特地区村落中遭到破坏和逐渐被人淡忘的传统村落生态景观进行修复和设计，有利于保护传统村落生态景观、传播传统文化、加强园林景观植物应用，同时可以起到改善村落生存环境的作用，村落建设不仅需要满足改善村落环境的需要。更要满足外来游客和村落居民的审美需求，这就对村落园林植物的造景要求更高。利用艺术的手法，把地域环境、乡土特色、区域文化合理地融合在一起，才能够真正体现村落园林景观的乡土情怀和地域特性，这也是村落景观建设存在的真正价值。

1. 保留村落景观特有的乡土风韵

进一步加强对村落自然环境的保护及传统文化宣传，促进人与自然和谐相处，打造生态本底的美丽村落，保留村落景观特有的乡土风韵，从根本改变片面追求形式上的城市化现象。对于喀斯特村落建设的材料及树种最好能够以就地取材为主，外来材料为辅。多使用乡土树种，这对体现村落园林景观的地域性特征和简化后期维护成本有极大帮助。村落具有丰富的植物资源及有利的生态环境，结合村落特色的植物配置不但可以改变乡村风貌，同时还可以引导当地发展花卉及果木繁育、种植、配送、特色的村落旅游等产业。

2. 注重村落园林植物的选用

村落园林植物的应用比较单一，村落园林景观具有鲜明的地方特性，在植物选择与配置上应该有别于城市。可根据规划地点的生态气候因子，针对植物的生理指标、功能指标（滞尘作用、解菌灭菌作用、减污作用等），同时也应该考虑植物的生理生态性。由于喀斯特地形的特殊性，可以以模拟自然的配置方式，用生态植物景观来营造村落园林景观。

3. 加强村落园林植物的应用理论与方法的研究

村落园林植物的应用方面需要加强其理论与方法的研究，重视村落景观本身的需求，科学选择园林植物，多层次多树种地选择，尽量避免同质化问题以及树种单一化、群落结构差等问题的出现。同样也并不是所有单一的植物配置都是不尽完美、不科学的，最重要的是要体现出村落的特色，以及保护村落区域内的生态环境，达到人与自然和谐相处。平衡对于村落建设是最重要的。

4. 引导社区参与，强调归属感

根据村落的气候条件以及当地的特色乡土经济树种，可以营造良好的绿地环境，为当地居民提供一部分生活物资，创造经济收入，从而改善村落整体的经济状况以及农民的生活条件（兰安军等，2003）。在进行西南喀斯特村落建设的过程中，村落原住居民的意见尤为重要，让他们参与到村落的建设规划中，同时增设村落景观保护类的岗位，引导外出务工人员回村建设，增加村民的凝聚力和归属感。

5. 注重可持续发展

喀斯特村落属于不可再生资源，所以在对其进行开发的时候，必须将可持续发展理论贯穿始终，将景观恢复、传统文化保护与传承结合在一起，使其永续发展成为可能（罗德启，2004）。将村落的现有资源和周边自然环境资源有机结合起来，选择较为集中的历史文化老宅修复加固，作为村落发展的接待民宿。通过合理地规划利用，开发传统技艺如蜡染、刺绣、雕刻以及民族美食、酿酒等副业增加经济收入。据村落自然环境提供写生、摄影创作基地，发展村落特色旅游，带动村落及周边经济发展，创造村落居民生存条件，实现可持续发展。

第四节　案例解析

一、贵州省六盘水市盘县妥乐村银杏文化

1. 妥乐村简介

妥乐村，位于贵州省六盘水市盘县石桥镇，中国传统村落，世界古银杏之乡（中国传统村落博物馆，2020），是贵州红土高原上的山地古村落。位于石桥镇的北部，距县城28km，整个村寨呈峡谷状。南接南冲村，东接鱼塘村和东冲村，西与鲁番村接壤，北与西冲村紧临，村域面积15km^2。地处群山环抱的峡谷地带，属于典型的喀斯特地貌地区，地势起伏较大，熔岩分布密集，海拔在1053～1993m之间，平均海拔1700m。（中国传统村落博物馆，2020）。

2. 村落形成与银杏文化

妥乐村为600年前明将傅友德的军队在盘县境内屯戍，化军为民，在此繁衍后代所建。这批南京籍军人在妥乐种植银杏（*Ginkgo biloba*）聊寄思乡之情（李帆淼等，2014）。“妥乐”名亦由当地彝语翻译而来，意指居住此地的人一定会安妥快乐。妥乐之所以闻名于世，得益于它的千余株古银杏和传统村落，村落在古银杏林中若隐若现，妥乐人世世代代在银杏庞大的根基上生活、耕织，处处呈现出安静、祥和的景象。

银杏树又名白果树、公孙树，曾是仅遗存于我国的珍稀树种之一，素有“活化石”之称。银杏树的叶子（图8-13）和果实（图8-14）均有很高的药用价值和食用价值。银杏是喜光树种，深根性，对气候、土壤的适应范围较宽，能在高温多雨及雨量稀少、冬季寒冷的地区生长，但生长缓慢或不良。能生于酸性土壤（pH4.5）、石灰性土壤（pH8）及中性土壤上，但不耐盐碱土及过湿的土壤。生于海拔1000m（云南1500～2000m）以下，气候温暖湿润，年降水量700～1500mm的地区。在土层深厚、肥沃湿润、排水良好的地区生长最好。在土壤瘠薄干燥、多石山坡、过度潮湿的地方均不能成活或生长不良。银杏树形优美，春夏季叶色嫩绿，秋季变成黄色，颇为美观，可作庭园树及行道树。妥乐村全村拥有古银杏1200余株，胸径一般在50～150cm，最大的220cm，树龄大多在300年以上，最长者为万余年，树干高达几十米。这里流水潺潺，古树绵绵，是世界上古银杏生长密度最高、保存最完好的地方。

图8-13　银杏叶

图8-14　银杏果

3. 银杏文化传承发扬与村落保护相得益彰

妥乐村主要居住民族有彝、白、汉族，村寨总人口2000人左右，少数民族人口比例约34%。2008年10月，妥乐村被批准为“贵州省摄影家协会创作基地”。据考证，妥乐村600多年前为彝族聚居地，因明初西南屯军而变为彝汉杂居。随着历史发展，妥乐村民族成分虽有所演化，但“人树相依”的文化却亘古未变。专家研究认为，这种文化有个性鲜明的特色和博大精深的内涵，可以概括为一种新的文化形态——树文化之魅力村寨。妥乐正在筹备成立中国第一个树文化研究基地，贵州旅游也将妥乐村列为特色村寨，纳入乡村旅游发展的重点（图8-15）。

千年银杏树寄托了妥乐村人对长寿和家族人丁兴旺的美好愿望。银杏树可以遮阳避暑，叶可制茶提神，皮可入药补体，果可剥食充饥，其形神俱美的品质孕育了妥乐人世代崇拜和爱树的美好风范。他们认为，雌树如母，儿多母苦，授粉挂果应顺其自然，不可刻意为之；树中有我，我中有树，人树合一，不可分离。寨里规定，毁树者以不敬神灵祖宗论处，“轻则罚跪，重则棒捶”。逢年过节要杀猪宰羊，举行隆重的祭树活动，包括念祭文、唱山歌、跳板凳舞等。随着文化的传播，佛教也走进了这片青山绿水。明弘治年间村寨北面兴建西来寺，清乾隆年间重修，妥乐一度成为古代盘州香火圣地。在村民的精心呵护下，银杏树自由生长，“姊妹树”“夫妻树”“瀑布树”蔚为壮观。村民房屋均为清瓦木墙，呈线形伫立于树荫下，人间胜境浑然天成。更为叫绝的是，居然有树根穿过石拱桥，与六百年古驿道、盘州古民居和清澈见底的小溪，构成“枯藤老树昏鸦，小桥流水人家，古道西风瘦马”的优美画卷。专家

图8-15

图8-15　妥乐村

和旅游观光者称妥乐是灵魂深处的梦幻庄园。已有加拿大、香港等十多个国家和地区的游客慕名前往，中央电视台等媒体曾多次做过报道。

千株古银杏是妥乐村的一大特色，集中成片的1186株古银杏群环抱整个村落，早在2000年2月就被省政府审定为省级风景名胜区（图8-16）。妥乐村共有9个村民组，村民的收入及生活来源主要靠种植、养殖业和外出务工增加收入，其中相当一部分收入来源于本村得天独厚的古银杏经济，每户人家仅此一项每年可收入2000至8000元。每年十月中旬起，妥乐村就像是一个铺满黄金的童话世界，流水潺潺，古树绵绵，狭窄而弯曲的山谷，看似随意而建的古老的木屋，掩映在粗壮的银杏林中。

数百年来，当地的少数民族与银杏古树和谐相处，形成了“人树相依”的独特文化。赏银杏，就是一场视觉盛宴，满目的金黄配上天空的蔚蓝，走在幽静的小径上驻足赏景，仿佛置身于一个金黄色的童话世界。金黄的银杏叶落在房顶、飘在水中、铺在地面，给村子换上了金装，让人沉迷于此。

图8-16　妥乐村古银杏

良好的自然生态，山清水秀、空气清新、人文与自然景致和谐共生的景象在妥乐村体现得淋漓尽致。虽然村中的植物搭配略显单一，却形成了这个村落极致的特色。以银杏树为主造景，搭配不同年份的树种，形成了其中高矮、景象的交叉变化，如一曲交响乐，韵律无穷，营造出深邃的空间层次感。

二、贵州省遵义市桐梓县官仓镇旅游小镇规划植物应用

1. 项目概况

官仓镇隶属于贵州省遵义市桐梓县，位于桐梓县城南面，距县城26km，地处大娄山仙人山两山脉生态圈之中，森林覆盖率达42%。境内有官仓坝、响水坝、朱天坝等粮食高产坝区，素有黔北“小江南”之称。红色乡村旅游朱天，坐落在桐梓县官仓镇朱天村境内，位于大娄山系的仙人山脚下。桐梓县位于贵州省北部，与重庆市接壤，素称“黔北门户”“川黔锁钥”，是“中国方竹笋之乡”。黔铁路、210国道和渝湛高速公路纵贯县境，县城至贵阳、重庆行车时间2h左右，交通区位优势明显。

2. 项目背景

绿地官仓康养旅游小镇围绕“康养为核、旅游为魂、农业为根”，导入酒店、商业、高端旅居养老、医疗等产业资源，打造“宜养、宜游、宜农、宜业”的七彩官仓标志性项目，成为乡村振兴的引领区和绿地“百亿精准扶贫”战略的示范点。以项目为载体，全面提升当地经济规模化、产业化发展水平，创造更多就业岗位，带动广大群众增收致富，变“输血”式扶贫为“造血”式扶贫，打造真扶贫、真脱贫的样板。

3. 功能定位

官仓镇乡村不仅有陶渊明笔下浸润于古老土地的乡村情境和美好意蕴，更有沉淀在骨子里的、浓厚的农耕文明和精神。当休闲成为常态，旅游就成为一种休闲方式；当乡村旅游成为时尚，乡村旅居就成为一种生活方式。乡村旅游未来必定走向乡村旅居时代。乡村旅居以回归乡村和乡村旅游为主要出发点，追求个性化、体验化、情感化、休闲化的旅游经历，通过参与性和亲历性活动获得愉悦。

4. 规划设计原则

基地主要展现的是乡村风貌，根据维护成本及展示区域分为高维护、中维护、低维护三个等级。

高维护：水景、户外摆件（占2%）。水景维护——定期清理水池、换水，日常维护。外摆维护——外摆区地面及桌面卫生清理，设施维护。

中维护：植栽区（占73%）。农作物——播种、施肥、收割、除草、病虫害防治。园林植物——浇水、修枝、清理残花败叶、多年生草本更换播撒。

低维护：硬质铺装区（占25%）。铺装维护——保持整洁、破损修补、清理垃圾。

综合判断，采用原则策略：减少高维护区，通过质朴的材料和时间的积累呈现乡土、野

奢的一种状态，体现基地的农村风貌。而不是通过高维护去打造它的精细度。

5. 项目设计概况

结合以上定位与策略，将现有环湖路艺术化和功能化，原生植被保留和部分补植，原有涵管改道或做隐蔽工程，原有水系保留或水域梳理。利用地形，建设一个以完整滨湖生态系统为基础，集康养健身、活动参与、湿地科普等多重功能的低介入综合性滨水公园。

亲水活动区：东渡口与西渡口通过水上游线形成一个小环线渡口的亲水平台，不仅提供了休息区域，也创造了一些活动空间。其生态功能体现在特殊生境功能：昆虫的食物和巢穴、鱼类的巢穴和避难所、两栖类的巢穴等等。

湿地花园科普区：利用现有的涵洞作为湿地水源，根据原生水域做重新梳理。前期作为公园接驳示范区的前端部分，通过本地石材、植物的运用，展现当地特色，体现康养性质。用景观设计的手法整合空间，丰富空间体验。生境池塘是鱼类的栖息地，鸟类栖息区将为本地鸟类和候鸟提供栖息地。

其余空间多种多样，有亲水活动空间、滨水过渡区、药用植物科普花园等等。这样的设计，没有任何一个点能一览全局，使得场景转换达到步移景异的效果，主要节点之间通过在视线上的遥相呼应，能快速被游览者捕获位置，继而被好奇心驱动前往，让公园流动起来。

6. 园林植物应用

（1）植物的选择

湿生植物：在湿生植物的选择上，主要以乡土湿生植物（节节草、狗尾巴草、芦苇）为主，低成本、低维护的同时也能够营造乡土野趣氛围。根据当地的生境条件来选择易生、易长的湿生植物，草花相搭配，花期、观赏期相互交替，达到全年有景可观；选择具有净化功能的湿生植物（千屈菜），既能观赏又能实现净化水质的生态功能（图8-17）。

图8-17

图8-17　湿生植物

地被植物：在地被植物的选择上，以当地的气候条件选择低成本、易播种、易管理的地被草花植物。在花期、质感以及色彩等方面丰富地被，营造舒适、浪漫又富野趣的植物景观意境。选用的观赏草与乡野环境相融合，打造气息浓郁的乡愁之感（图8-18）。

图8-18　地被植物

乔木植物：以乡土乔木植物为主，以落叶树种搭配常绿树种，在季相上丰富植物群落景观。选择速生树种（如梧桐），降低成本的同时能够较快速地营造植物群貌，秋季观叶树种（杨树、水杉、梧桐、枫香）能够在叶色、叶形上营造观赏意境。果树选择三种——杨梅、柿子、核桃，低维护，低成本（图8-19）。

图8-19　乔木植物

（2）养护与管理

湿生植物：对湿生植物来说，由于景观水系岸边没有遮挡物，水热条件好且又富含营养，杂草极易生长，故需控制杂草。主要是水体透明度的调节，水体透明度不佳时，会影响沉水植物的生长。秋冬季，植物生长停滞，已经枯萎，要及时收割，防止枯萎茎叶落入水体，形成二次污染。

地被植物：为防止水土流失，地被植物栽植地的土壤必须保持疏松、肥沃，排水一定要好。地被植物生长期内，应根据各类植物的需要，及时补充土壤肥力，尤其对一些观花地被植物。一般情况下，需选取适应性强的地被植物抗旱品种，可不必浇水，但出现连续干旱无雨时，为防止地被植物严重受旱，应进行浇水。

乔木植物：乔木根部附近的土壤要保持疏松，对于易板结的土壤，在蒸腾旺季须每月松土一次。树干部位的萌芽应全部剥除，对切口上萌生的丛生芽必须及时剥稀，保留树冠部位能形成树冠骨架形态的萌芽。乔木应每年修剪一次，常绿树种在春季修剪、落叶树种在秋季修剪，枯枝、病虫枝及时修剪，保持树形整齐优美、冠形丰满。

三、贵州省瓮安县建中茶文化主题公园规划植物应用

1. 项目简介

本项目为瓮安县建中茶文化主题公园建设项目。建中镇位于瓮安县西南部，与福泉市、开阳县交界，距县城18km，距省城贵阳56km，镇政府驻地凤凰村。全镇辖7个行政村，分别是凤凰村、果水村、鑫隆坪村、太文村、白沙村、保护村、高坪村，共164个村民组，有10011户38789人（其中农业人口38508人，非农业人口281人），有苗、彝等少数民族3069人，占全镇总人数的7.9%，是全县少数民族人口最多的乡镇之一。本项目位于贵瓮高速经过建中镇区域，高速公路匝道出入口位置，交通便利，视线良好，是有利于建设与展现本地特色产业的绝佳区位选择。用地面积约为81688.37km^2，内部设有广场、雕塑、花池、室外停车位、坐凳、消防车道、园路等（图8-20）。

2. 设计目标、定位与理念

设计目标：建成生态的公园、游憩胜地，构筑一个满足可持续发展的景观空间，创造一个改善环境的城市绿肺，打造一个体现建中新时代的休闲胜地。

设计定位：作为建中镇的特色产业主题公园，结合“欧标茶”的特色产业主题及元素特色，将公园定位“以大众休闲及体现特色产业主题展现的主题公园”，体现人文、休闲、运动、娱乐、艺术等功能。

设计理念：欧标茶是指经过欧标认证，符合欧盟进口食品安全标准的茶品。建中欧标茶为欧标认证金奖得主，本项目属于欧标茶主题公园设计，本设计构思主要体现冠军与茶叶的

图8-20 贵州省瓮安县建中茶文化主题公园规划设计鸟瞰图

元素。公园入口中心广场造型主要运用的是欧洲冠军杯的形状，两侧通过园路延伸，穿插茶叶形状小广场来体现设计元素。西北部设计一片欧标茶种植基地，可以让游客亲身观赏到茶园的风光。公园活动广场中心设计一个标志性的茶叶雕塑，体现出本设计的主题思想和设计理念。

3. 规划设计原则

因地制宜，凸显地方特征：尊重现有场地特征，充分考虑绿化基础、气候条件、地域条件和文化基础，融合历史文化底蕴，选择适合当地土壤、气候等环境因素的树种，多考虑乡土树种。

以人为本，自然造园：为忙碌的人在学习工作之余创造接触自然的机会，满足他们亲近自然的渴望。以自然山水为范本进行总体景观的布局，形成山水人文园林。

以绿为主，倡导生态建园：以多层次的绿化生态环境组织人与自然、建筑与自然交融的生态空间，提倡选用多种乔木，合理搭配花灌木及地被强化绿地的层次，做到起伏有致。以生态环境意识为指导，使行为环境和形象环境有机结合，最大限度地尊重自然生态环境，结合地域、地区特点，创造一个安静的生态环境。

与总体规划相协调：与规划的“庄重典雅、朴素大方”的总原则相呼应，景观布局力求简洁大方，对材料的选择也与相关规划相协调，多采用木、石等材料。

4. 园林植物应用

（1）植物设计原则

观赏性原则：突出现代景观中植物景观的丰富性与人类的智慧，满足人们对优美景观的渴望。选择当地适宜种植的植物，乔木、灌木、花卉、地被植物搭配种植，创造丰富多彩的植物景观环境，给人一种置身自然的感觉。

生态性原则：遵循生态的理念和利用生态造景的手法，充分表现出回归自然和崇尚自然的理念，把握好植物与植物之间、植物与动物之间的关系，这样才能建造出关系协调、生态平衡、环境优美的舒适空间。

适地适树原则：在植物选择上要以乡土植物为主，充分考虑植物与环境的关系，保障植物健康生长。

文化性原则：不同地区都有适宜的植物种群，要把当地植物特色表现出来，有些地方植物被赋予了文化内涵更成为了一个地区的文化代表。

“次序与简约”的原则：绿化的设计除了突出自身的风格外，必须做到多而不杂、简洁明快、主次分明。

时效性原则：在植物配置时，要考虑长期与短期、开花与结果、花色景观效果相结合，也要考虑达到预期效果需要多长时间。在设计时要考虑快长树和慢长树相搭配，适当考虑植物的生长空间和长势。

（2）物种选择与配置

主干树为香樟（*Cinnamomum bodinieri*）、槐树（*Sophora japonica*）、女贞（*Ligustrum lucidum*）、丁香（*Syzygium aromaticum*）等，大冠幅常绿乔木给行人提供林荫和舒适的空间（图8-21和8-22）。景观树为棕榈（*Trachycarpus fortunei*）、散尾葵（*Chrysalidocarpus*

图8-21 建中茶文化主题公园的乔木植物造景（一）

lutescens）、高干蒲葵（*Livistona chinensis*）等，适合当地生长的棕榈科植物重点种植以体现东南亚热带风情。

域景观主干树为垂柳（*Salix babylonica*）、水杉（*Metasequoia glyptostroboides*）、落羽杉（*Taxodium distichum*）等，灌木层为垂丝海棠（*Malus halliana*）、红枫（*Acer palmatum* 'Atropurpureum'）、南天竹（*Nandina domestica*），地被层为鸢尾（*Iris tectorum*）、月季（*Rosa chinensis*）、沿阶草（*Ophiopogon bodinieri*）等。康复绿化小径主干树为女贞（*Ligustrum lucidum*）、桂花（*Osmanthus fragrans*）、紫薇（*Lagerstroemia indica*）等。配置原则为多层次绿化，乔木+小乔木+灌木+地被形成围合空间，营造安全又有趣味的健康道路（图8-23）。

（3）种植设计原则

种植应在现有种植范围内遵守树木与道路广场、建筑物和构筑物，以及各地下管线距离的有关规定、规范。

植物种植时，应与其他工程（道路、水电管线等）密切配合，协调进行，避免互相影响工期和质量。并按照种植工程程序和操作规程，保证施工质量。

所有苗木种类、规格、树形、数量应符合设计要求。

种植地被时，应放线流畅，保证图案效果。

种植高大乔木时，应注意支撑、修枝疏叶以及后期维护，保证成活。

（4）养护与管理

成立养护专班：建立一支业务精、责任心强的专业养护队伍长驻在小东门游园工地，公司总部选派专业技术人员进行技术指导。

图8-22　建中茶文化主题公园的乔木植物造景（二）

图8-23　乔木+小乔木+灌木+地被离体搭配

松土、除草：春秋季节各进行一次，夏季每月进行一次，松土深度为5～10cm，除草要除早、除小、除了。对危害树木严重的各类杂草藤蔓，一旦发生，立即根除。

浇水、排水：苗木栽植后为了保持地上、地下部分水分平衡，促发新根，必须经常灌溉，使土壤处于湿润状态，在气温升高、天气干旱时，还需向树冠和枝干喷水保湿。此项工作于清晨或傍晚进行。

施肥：根据植物的生长需要，定期施肥，树木施肥每年2～3次，地被等采用薄肥勤施。

整形修剪：①乔木类：主要修除徒长枝、病虫枝、交叉枝、并生枝、下垂枝、扭伤枝以及枯枝和烂头。②灌木类：修剪使枝叶繁茂、分布均匀，修剪遵循“先上后下，先内后外，去弱留强，去老留新”的原则进行。对中央隔离带的树木修剪保证树木防眩所需的高度和形状。修剪时剪口靠节，剪口在剪口芽的反侧呈45°倾斜，剪口平整，剪口处涂抹防腐剂。对粗壮的大枝采取分段截枝法，防止扯裂，操作时须保证安全。休眠期修剪以整形为主，生长期修剪以调整树势为主，宜轻剪。有伤流的树种在夏、秋两季修剪。

病虫害防治：植物在其一生中都可能遭受病虫的危害。植物病虫害，严重影响植物的生长发育，甚至造成植物死亡。因此，在绿化景观工程养护管理措施中，加强病虫害的防治尤为重要。病虫害的防治必须以“预防为主，防治结合”的原则进行。充分利用植物的多样化来保护、增殖天敌抑制病虫害。采用的树苗，严格遵守国家和本市有关植物检疫法规和有关规章制度。不使用剧毒化学药剂和有机氯、有机汞化学农药。化学农药按有关安全操作规定执行。植物病虫害的防治应依季节的变更而不同。病虫害防治要因地制宜，并关注有关专业部门病虫害预报，以防为主，防治结合。一旦出现病虫害症状立即对症下药，严防病虫害蔓延。

四、黔南国家农业公园兰博园规划植物应用

1. 项目简介

本项目位于贵州省都匀市东南方向，北邻麻江县、南靠独山县、东接丹寨县、西与都匀市相邻，距离都匀市区15.7km。区域交通干线联系紧密，交通可达性好，在场地半径10km范围内，有贵广高铁都匀东站、夏蓉高速公路都匀东出口。区内地形起伏较大，山体植被环境非常好，整个规划范围内植被绿化覆盖率超过60%。场地西侧150m有一处水面面积1.62hm^{2}的小型水库，水体环境很好。区内道路主要以机耕道为主，碎石和土路面，道路平均宽度2 ～ 4m。在场地南侧有一条乡道，东可至坝固镇，西至都匀市。

该地区属亚热带季风湿润气候区。冬无严寒，最冷的1月日平均气温5.6℃。夏无酷暑，最热的7月日平均气温24.8℃。雨量充沛，年平均降水量1431.1mm。雨热同季，年平均气温16.1℃，无霜期300天左右。四季较为分明，三伏不热，冬行夏令，秋高气爽，气候湿润。区内有少数民族建筑、特色村落遗存，为项目区旅游发展、一三产融合联动提供了丰富的文化元素。特色村寨的典型代表是石板寨建筑，为保存较好的苗族建筑，杆栏式建筑，建筑材料多为木材，与石材相结合；风格较突出，飞檐翘角，并有走廊围有木质栏杆，栏杆雕有各种图案。

2. 功能定位

（1）市场定位

本项目为家庭、青少年、都市白领、爱花人士和银发养生客群均提供了具有很强适宜性和吸引力的旅游产品系列。对于青少年旅游市场，寒暑假是一个重要的旅游时节，很大比例为学校团体，如夏令营等，追求项目的娱乐性、刺激性和新鲜感，科普教育和娱乐体验相结合。对于家庭旅游市场，旅游偏好暑期、节假日以及周末，结伴出行，覆盖多个年龄段人群，亲子游是家庭旅游的重要形式，孩子的偏好主导目的地选择。都市白领旅游出行时间多为节假日，多为结伴出行，情侣结伴多关注体验的深度和新鲜感。

（2）发展定位

立足于丰富的自然资源，来打造高品质的农业兰花种植及兰花文化。区域自然气候条件、景观环境、人文环境，使之成为充满文化科技、创意休闲、苗木种植、循环种养、标准农田的观光体验中心。规划设计中，应充分围绕核心功能，合理规划配套服务设施，以形成空间布局合理、产业特色明晰、配套功能完善的国家农业公园。

3. 植物规划设计

（1）原则

尊重现有场地特征，充分考虑现有的绿化基础、气候条件、地域条件和文化基础，融合黔南深厚的历史文化底蕴。选择适合当地土壤气候等环境因素的树种，多考虑乡土树种。以多层次的绿化生态环境打造人与自然和谐的场地，提倡栽植多种乔木，合理搭配花灌木及地被。

轻：严格遵循生态规律，提升项目艺术品位。

功能：植物配置迎合方案设计，力求塑造不同的空间功能及其感受。

意境：力求根据项目不同区域的景观设计搭配植物，以营造不同的意境感受。

开敞：扩大草坪面积，减少中层植物层次，保持视线的通透性及空间的开敞。

精细：着重提升整个项目植物配置精细度，把握尺度植物景观的观赏性。

配比：植物设计最佳景观效果配比。灌木和草皮的比例为3 ∶ 7，特大、大、中型乔木配比为1 ∶ 2 ∶ 7。

（2）植物设计目标

该项目的景观设计定位为自然生态，植物的选择和运用须切合设计定位，让植物的运用做到自然舒适、生态健康。通过准确把握景观空间尺度差异，结合项目丰富的高差变化，合理控制植物景观的收放关系。利用植物品种色彩与质感的多变以及体量感的差异化，营造温馨浪漫、舒适亲切、亲近自然、放松休闲的活动景观空间和恬静、安逸的流线空间。

（3）树种的选择与配置

密林种植区以高大乔木序列种植为主，树种选用银杏、垂柳、香樟等季相明显的树种以达到春天五彩缤纷、夏天绿树成荫、秋天金黄满地、冬天银装素裹的色彩变化（图8-24）。疏林种植区以组团或者孤植为主，树种选用树形优美的乔木，如合欢、桂花；灌木选用花叶灌木，如野蔷薇、小叶丁香等，以达到高低错落、层次丰富的疏林带。结合湿地公园原本存在的植物特征，并且在此基础上，全面规划并提升改造设计。选取其中较为关键的点进行改造，配置较为完善的植物群落，使得湿地公园整体上显得更加主次清晰。可以在原来的树木品种基础上，增加一些乡土人情的树种（比如白玉兰、榆树、枫杨、银杏等等）。同时悬挂植物的名牌，简单地阐述植物的生存特性等，提升科普效果。

大量沿用本土植物，以契合当地浓厚的生活气息和独特的地形，温室大棚里种植有精品兰花供爱兰人士挑选购买，爱兰人士可在此寄寓心志。既能使生活环境形成安乐、舒适的理想天地，又有着朴素淡雅的小镇山林野趣。园区设计重点在栈道廊架的藤蔓植物的运用。依据品种本身的植物特性选用藤蔓植物，以便发挥最大的绿化效益。藤蔓植物观赏性较好，可观叶、赏花、观果，且具有良好的生态功能。

图8-24　植物搭配的色彩变化

（4）种植设计

规则式种植：规则式又称“整形式”“几何式”“图案式”等，是指园林植物成行成列等距离排列种植，或做有规律的简单重复，或具规整形状，多使用绿篱、整形树、模纹花坛及整形草坪等。花卉布置以图案式为主，花坛多为几何性或组成大规模的花坛群；草坪平整而具有直线或几何曲线边缘等。通常运用于规则式或混合式布局的园林环境中，具有整齐、严谨、庄重和人工美的艺术特色（图8-25）。

图8-25　规则式种植

自然式种植：自然式种植设计是指反映自然界植物群落自然之美的种植形式。花卉布置以花丛、花群为主，少用花坛。树木配植以孤植树、树丛、树林为主，不用规则修剪的绿篱，以自然的树丛、树群、树带来区划和组织园林空间。树木整形不作建筑鸟兽等体形模拟，而以模拟自然界苍老的大树为主。主要展现植物的姿态美、色彩美、形态美、香味等（图8-26）。

复合式种植：复合式种植是介于规则式和自然式之间的种植形式或规则式、自然式兼而有之，如花镜。花镜是以多年生草花为主，结合观叶植物和一二年生草花，沿花园边界或路缘布置而成的一种园林植物景观。花镜内花卉的配置成丛或成片，自由变化，多为宿根、球根花卉，亦可点缀花灌木、山石、小品等。

（5）养护管理

① 定期开展浇水、施肥养护工作。考虑到规划的绿化区域土壤多贫瘠，土层过薄，无法保证植物正常生长所必需的营养物质及水分，所以在种植植物前后要做好浇水与施肥作业。施肥既可以改善土壤质地，还可以增加土壤肥力，保证植物生长过程中所需养分充足，呈现出植物最佳的观赏效果。施肥要根据植物的生长状况进行，绿篱一般多施氮肥，磷钾肥结合施用；开花植物在花前要控制水肥，花后要补施肥；草坪植物的施肥要在雨天进行，也可以在晴天进行液施。一般情况下，施肥都会结合浇水进行，一方面为了加快发挥肥料的功效，

图8-26　自然式种植

另一方面是避免施肥量不当而造成烧苗现象的发生。

② 定期进行修剪养护工作。植物配置所选用的篱笆、灌木丛多是带有造型设计的，如带状灌木丛、圆球形灌木、菱形灌木。这些是通过修剪所呈现的景观效果，带有造型的植物景观都需要定期适当修剪才能保持原有的造型。另外，科学地修剪有利于树木的生长，在休眠期进行修剪主要是为了剪去树体上的病虫害枝条，减少病虫害的危害；一些开花植物的修剪可以刺激花芽分化，为第二年的开花做准备。

③ 做好病虫害防治工作。养护人员要定期检查植物的生长状况，发现异常问题要及时分析成因。如果是虫害，则要及时进行喷农药处理，尽可能地减少植物的受损程度。喷洒农药工作过程要考虑观赏者的人身安全因素。如果是病害，要根据不同病害进行有针对性的治理，在第二年要对这些多发病虫害进行预防。

参考文献

保继刚，苏晓波，2004. 历史城镇的旅游商业化研究. 地理学报，59（3）: 427-436.

邓灵稚，杨振华，苏维词，2017. 贵州喀斯特地区农作物种植结构优化对策. 经济地理，37（9）: 160-166.

段益莉，江强，2019. 新农村建设中园林景观规划——基于乡村振兴战略的分析. 中国农业资源与区划，40（11）: 130-135.

黄丽坤，2015. 基于文化人类学视角的乡村营建策略与方法研究. 杭州：浙江大学.

姜树人，2015. 基于传统村落景观营造思想的现代农村景观设计研究. 北京：北京理工大学.

兰安军，张百平，熊康宁，等，2003. 黔西南脆弱喀斯特生态环境空间格局分析. 地理研究（6）: 733-741，811.

李帆淼，张继兰，樊国盛，2014. 传统古村寨景观“修复”设计——以贵州古银杏人家妥乐村为例. 广东园林，36（2）: 4-7.

李伟，熊康宁，周文龙，2010. 黔东南施秉喀斯特景观美学特征与世界遗产价值. 贵州师范大学学报（自然科学版），28（3）: 19-22.

刘滨谊，王云才，2002. 论中国乡村景观评价的理论基础与指标体系. 中国园林，5: 77-80.

罗德启，2004. 中国贵州民族村镇保护和利用. 建筑学报，6: 7-10.

王斯福，赵旭东，孙美娟，2007. 什么是村落? 中国农业大学学报（社会科学版），1: 15-32.

吴平，2018. 贵州黔东南传统村落原真性保护与营造——基于美丽乡村建设目标的思考. 贵州社会科学，11: 92-97.

张凡，赵卫权，张凤太，等，2010. 基于地形起伏度的贵州省土地利用/土地覆盖空间结构分析. 资源开发与市场，26（8）: 737-739.

张凤太，邵技新，苏维词，2009. 贵州喀斯特山区乡村景观生态优化模式研究. 热带地理，29（5）: 418-422.

张蕾，2018. 生态景观视角下关于河道生态景观营建研究. 杭州：浙江农林大学.

郑文俊，2013. 旅游视角下乡村景观价值认知与功能重构——基于国内外研究文献的梳理. 地域研究与开发，32（1）: 102-106.

第九章

西南喀斯特地质公园保护开发中的园林植物应用

第一节 西南喀斯特地质公园概况

中国是世界上研究喀斯特地貌较早的国家之一，如早在宋代沈括的《梦溪笔谈》以及明代《徐霞客游记》就有关于其地貌特征的相关描述。明代伟大的地理学家徐霞客对西南广大地区的石灰岩地貌进行了详尽的实地观察，在《徐霞客游记》中留下了丰富翔实的资料，这是世界喀斯特地貌学最古老的文献，比欧洲最古老的喀斯特调查研究要早一个世纪。徐霞客以后，由于我国半封建、半殖民地的社会制度的限制，我国对喀斯特的研究仅仅停留在描述阶段，没有实质性进展（卢耀如，2008）。直到20世纪20年代初期，随着戴维斯的喀斯特循环理论传入我国，开始了我国近代喀斯特研究阶段。1949年以来，虽然在基础理论与应用研究等方面仍与发达国家有一定差距，但喀斯特地貌学已取得了蓬勃的发展。近年来，随着旅游业的发展，特别是地质公园（geopark）的兴起，我国涌现出一大批喀斯特地质公园，例如云南石林国家地质公园。在园区建设和科普方面都取得了较大的进步。

一、西南喀斯特地质公园的分布

喀斯特地貌景观是一种珍贵的地质遗迹，也是十分重要的风景资源和旅游资源。然而一个典型的喀斯特地貌景观要想发展成地质公园，特别是国家地质公园甚至是世界地质公园，还会受到众多因素的综合制约，如资源特色、交通条件、区域经济发展水平、政府决策、当地居民态度等等。因此，我国喀斯特地质公园的分布并不完全按照其景观分布。

我国较为著名的喀斯特国家地质公园大致可分为6大区域（表9-1）。

表9-1 中国主要喀斯特地质公园的分布及主要景观特征

序号	地质公园	主要景观特征	位置
1	辽宁本溪地质公园	喀斯特洼地、落水洞、伏流、洞穴	东北地区
2	白石山国家地质公园	喀斯特大峡谷、白云石山峰	华北地区
3	野三坡国家地质公园	喀斯特大峡谷、峰丛	华北地区
4	临城国家地质公园	喀斯特溶洞	华北地区
5	十渡国家地质公园	喀斯特峡谷、峰丛、溶洞	华北地区
6	北京石花洞国家地质公园	喀斯特溶洞、石笋、石钟乳	华北地区
7	四川黄龙国家地质公园	以露天钙化景观为主的高寒喀斯特地貌	西南地区
8	四川华釜山国家地质公园	中低山喀斯特地貌	西南地区
9	重庆武隆喀斯特国家地质公园	喀斯特溶洞群、天坑群、天生桥群、竖井群、峡谷、地缝、石林、石芽、峰丛、峰林、地下伏流、间歇泉等	西南地区
10	贵州平塘国家地质公园	高原喀斯特地貌、峡谷、溶洞	西南地区
11	贵州织金洞国家地质公园	地面喀斯特较为发育，溶沟、溶槽和石灰岩峰群、溶洞、伏流	西南地区

续表

序号	地质公园	主要景观特征	位置
12	云南石林世界地质公园	各种喀斯特地貌均较发育，峰丛、峰林、喀斯特洼地、洞穴、瀑布等	西南地区
13	贵州乌蒙山国家地质公园	高原喀斯特地貌、喀斯特大峡谷	西南地区
14	太湖西山国家地质公园	喀斯特洞穴、湖侵蚀地貌	华东地区
15	湖南凤凰国家地质公园	喀斯特峡谷、峰林、台地、溶洞、瀑布	华中地区
16	广西凤山世界地质公园	喀斯特天生桥、地下河、溶洞等	华南地区

二、西南喀斯特地质公园保护开发现状

我国喀斯特地质公园发展迅速，许多喀斯特名胜已被自然资源部批准为国家地质公园，涉及的地区包括华南地区、西南地区及华北地区等。随着喀斯特科学知识的普及和更多的具有观赏性和研究价值的喀斯特地貌资源的发掘，必将有越来越多的喀斯特地质公园问世。

然而就目前我国西南喀斯特地质公园的保护开发而言，尚且存在着一些问题。第一，游客活动对喀斯特资源的破坏。如喀斯特洞穴内经常会有一些景观灯装饰，这些会造成原洞穴内已经适宜阴暗环境的动植物的减少甚至灭绝；再如随着游客的增多，洞内人类呼吸出的二氧化碳剧增破坏了洞内原有的空气环境和质量，改变了喀斯特地貌的形成速率。第二，旅游活动中缺少科学内涵，导游一般缺少专业素养，尤其表现在旅游解说词上，从妖魔神兽的角度讲解其形成过程，在一定程度上降低了其重要的科普价值。第三，服务设施不完善、管理体制不健全。如许多地质公园跨区较大，在地区上属于不同的行政单位，因此在管理上也存在着众多的问题。诸如园区内或附近的生活服务设施如交通和住宿等缺乏科学规范的管理，影响了游客正常的旅游活动。

三、西南喀斯特地质公园保护开发过程中园林植物应用概况

喀斯特地貌包括地表喀斯特地貌和地下喀斯特地貌，因此在此基础上开发建设的喀斯特地质公园也可分为地表和地下2种。由于两者在特征上的差异性，在建设时其开发、保护措施有一定的区别。相对于地下喀斯特较为封闭的环境，地表喀斯特地貌的地质公园具有一定的开放性，在公园建设中应注意以下几点：①提高地质公园内导游的水平，建立完善的旅游解说体系；②加强科普教育，提高游客保护意识：③完善管理体制。

同时，地表喀斯特地貌的地质公园在建设过程中，应注重植物的应用，使植物景观与地貌景观相得益彰（图9-1）。目前，喀斯特地质公园的植物绿化与多数非喀斯特地区一样，存在园林绿化植物单一，景观单调，物种多样性低等现象。如典型的喀斯特地区城市贵阳，其园林植物资源丰富，种子植物约2264种（含变种），属于179科763属，但已应用在贵阳市公园园林绿化中仅有244种（含变种），属于86科147属，乔木类仅有106种（含变种），所以贵阳市地表喀斯特地质公园园林绿化物种使用很少、多样性较低（安静等，2014）。

图9-1　西南喀斯特地质公园与植物景观

第二节　园林植物应用总体方案

一、功能定位

园林植物作为生态-经济-景观复合系统的重要组成部分，是公园园林绿化的主要材料，很大程度上影响着城市公园的生态环境质量、热岛效应及全球碳变化。其次，园林植物作为城市公园绿地系统必不可少的一部分，在分割空间、完善绿地服务体系以及体现地方文化方面发挥着不可替代的作用。

二、规划设计原则

1. 丰富园林植物种类，提高园林植物多样性

进行园林植物规划设计时，要在符合园林景观设计原则的基础上，丰富植物种类，对植物进行多样化的配置，加强园林整体的生态稳定性，提高植物抵御病虫害的能力，保证生态环境的协调发展。

2. 充分发掘和利用乡土植物

乡土植物相对外来植物对当地气候环境具有更好的耐受性、抗逆性和适应性，且驯化成功率高、养护成本低，具有易获取、易管理、易栽植等特点。此外，乡土植物在生态-经济-景观复合系统中具有更加重要的作用，如改善生态环境、固碳释氧、生产木制和纸质品、体现地域性景观等（图9-2）。

3. 充分利用植物的差异性

园林植物规划设计，要根据植物本身的特点来进行各种景观的营造，还要考虑到季节因素对植物的影响，防止由季节变化导致园林景观消失的现象出现。对不同植物的不同形态、色调以及同一植物在不同季节的形态、色调进行充分考虑，掌握各种植物叶子颜色变化的时间、叶子凋零的时间、各种花卉植物或者果实植物的开花和结果时间等。掌握好植物在形态、色调上的季节变化对园林景观的设计意义重大。

4. 充分利用植物种间关系

不同的植物群落之间，存在着非常大的内在联系，这些联系既复杂又矛盾。因此在进行园林植物配置设计时，一定要对植物间的相互关系进行充分的研究。根据植物之间的相

图9-2　乡土植物的园林应用

互关系对园林植物的配置进行协调，使园林植物的配置更加合理。本着共生的理念进行植物配置，对不同的植物类型进行科学、合理的搭配，防止园林中各种病虫害的出现，保证园林生态的稳定。

5. 充分利用植物生态位特征

植物群落并不是植物个体简单的拼凑，而是一个有规律的组合。生长在一起的植物之间存在着极其复杂的相互关系，这种相互关系既包括生存空间的竞争与相互依存，也包括各种植物对光能、土壤水分和矿物质等外部环境的利用和植物分泌物的相互影响等（图9-3）。因此，在构建生态园林植物群落时必须按照生态位原理来确定群落中优势树种、伴生树种的种类。

6. 因地制宜原则

在进行园林植物配置设计时，要对项目区的地理位置、地形特征、土壤条件以及气候、环境条件等进行充分研究，根据实际情况对植物进行合理配置，保证园林中的植物能够适应当地的自然环境，促进植物的健康成长。此外，植物种类的选择还要与周围的环境，如建筑、功能区等相协调。

图9-3　充分利用植物生态位的配置

7. 美观性原则

任何一个好的艺术类型都是人们主观感情和客观环境相结合的产物。不同的园林形式应符合不同的立意方式。如节日广场，应营造出欢快、喜庆的氛围，色彩上以暖色调为主（图9-4）；烈士陵园应以庄严、肃穆为基调，色彩以冷色调为主。园林绿化不同于植树造林，保持各自的园林特色的同时，更要兼顾到每个植物材料的形态、色彩、风韵、芳香等要素，考虑到内容与形式的统一。

图9-4　喜庆的广场植物造景

三、物种选择与配置

1. 物种选择

园林植物的选择需满足其在生长发育过程中，对光照、水分、温度、土壤等的生态要求。其次，园林植物的选择需符合园林绿地的功能要求。最后，园林植物的选择还需满足园林绿地的艺术要求。

2. 园林植物配置

园林植物配置的方法是以园林植物为主体，以植物生态学理论为指导，以建立一个完善、多功能、良性循环的生态系统为出发点。强调园林植物配置要在掌握植物的生态习性和环境条件的基础上，遵循生态位、生物多样性、树种乡土性、适地适树等原则。

四、种植设计

1. 适地适树

按照植物生态习性和园林规划设计要求，合理配置各种植物。遵循植物自身的生长规律，从生物科学、生态科学的角度，完善植物种植设计的结构与形式，以发挥它们的园林功能和观赏特性，如确立绿量指标，优化植物种植结构。种植设计运用以乔木为主体，乔、灌、草结合的立体绿化模式。

2. 优化整合，实现植物景观功能多样性

园林作为一项系统工程，包括建筑营建、叠山、理水和植物种植四大部分。植物作为其中具有生命力的要素，不仅具有美学、生态及经济等功能，还能从系统的角度，优化整合园林各组分优势，充分实现园林景观的现代意义。

五、养护与管理

公园园林绿化是城市建设的重要内容，做好园林绿化养护与管理工作，不仅可以优化生态居住环境、净化水源、减少噪声、提高人们的生活质量，还能保障城市景观建设效果，树立良好的城市形象。而从当前城市园林绿化养护与管理的实际情况来看，有些城市并没有对园林绿化养护与管理足够重视，再加上管理机制不完善、养护人员的素质欠缺、养护手段落后等问题，对园林绿化养护管理效果产生了极为不利的影响。只有分析这些问题，并提出切实可行的园林绿化养护与管理措施，才能真正提高园林绿化养护与管理工作的质量，打造宜居生态环境，促进城市可持续发展。因此，以科学常识为依据，以设计意图为引导，结合植物的生长规律，采取相应的技术手段对园林中的植物进行合理的养护与管理，以确保苗木生长状况良好，在层次和色彩布局上更加合理。

第三节　存在的问题及对策建议

一、存在的问题

近年来，园林绿化建设工作所取得的成就是比较显著的，整体的城市公园建设质量也相应地有所提高，但是当前的园林绿化养护发展现状并不可观，仍旧有一些问题存在。未来园林绿化的发展，不能重建设而轻管理，而是要管理建设两手抓，将养护对园林绿化的重要性加以明确，加强对养护技术人员的培养。并且还要对相关的法律法规加以健全，着力提高市民自身的绿化养护意识，促进全国园林绿化事业的发展。

二、对策建议

1. 健全园林绿化养护管理体制

对于当前园林绿化养护工作当中所存在的一些问题，政府需要予以重视，并且还需要对

城市园林绿化养护管理体制加以健全，及时进行具有法律效力标准的制定，以完善的管理体制来对养护工作加以规范，从而得以逐渐地使养护工作步入正轨。在进行具体园林绿化工作的过程中，存在着一定的灵活性和多样性，要结合具体的问题进行解决方式的探究。将管理体制作为依据，加强对各城市绿地、树木等的养护管理工作，并且还要相应地对绿化养护的基础设备加以完善，将绿化的效益充分发挥出来，继而得以实现整体园林绿化养护质量的提高，市民自身的绿化养护意识也会在一定的程度上得以提高。

2. 提高养护技术

养护技术将会直接关系到养护工作开展的质量，因此养护管理部门也要积极进行新技术的学习，将更为先进的技术应用到养护管理的过程当中，促进管理工作开展的精细化和高质量，满足现代发展需求。

3. 全面防治病虫害

病虫害防治一直都是园林绿化中的关键，在植物的养护过程中一定要做到及时清除病虫害。常用的方法是用杀虫剂来消除虫害，而对白粉病等病害需要用高浓度的杀菌药剂直接对植物进行病毒清除，还有一些树木的相关病虫害也需要提前做好预防处理，以便对病虫害做到全面的防治。

4. 提高机械化技术

随着城市建设进度越来越快，园林绿化所占面积越来越大，因此单纯地依靠人工来进行管理耗费人力，管理难度还越来越大。因此在园林绿化建设中也应该尝试引入机械化设备，对植物进行后期的养护管理，降低人工投入和养护难度，在提高效率的同时节约成本，让植物养护管理变得更加简单和科学。

5. 提高园林绿化养护管理人员素质

园林绿化养护管理人员作为园林绿化工程的实际实施者，对园林绿化工作的质量有着决定性作用。因此，采取有效办法，提高园林绿化养护管理人员的素质是极为重要的。首先，要求园林养护人员掌握一定的园林植物养护知识，具备丰富的实践经验。其次，聘请园林养护管理方面的专家对养护管理人员的专业知识和养护技术进行专门培训。最后，提升园林绿化养护管理人员的职业道德素质和专业水平，以此来确保园林绿化工程质量能够得到实质性的提升。

第四节　案例解析

一、贵阳市观山湖喀斯特湿地公园植物应用

城市湿地作为以自然景观为主的城市公共开发空间，一个与城市人居环境产生互动作用的水陆过渡性质的生态系统，不同于其他类型湿地，主要体现在城市湿地所具备的休闲教育

功能及变化所受到的人为影响上（宫宁等，2016；王海霞等，2006）。随着社会经济发展与生态过程之间相互作用，城市化进程面临的最大挑战是城市扩张所带来的影响。由于人们对湿地功能和生态价值的认识匮乏，在城市建设与扩展过程中，大面积的湿地被占用和填埋用于城市建设，城市工业废水和居民生活污水直接排放入城市边缘湿地中，生态环境遭受严重破坏，湿地生态系统的结构性、整体性和自然性受到不同程度的影响，导致湿地生态系统的抗干扰能力下降，不稳定性和脆弱性增强，生产力和生物多样性降低，水质污染加剧，物质能量平衡失调，产生退化湿地生态系统（张晓龙等，2004；廖玉静等，2009）。

城市湿地公园规划设计是湿地研究领域的一个重要组成部分，它是解决湿地保护与开发间矛盾的有效途径，也是开展生态旅游最重要的形式和载体，是一种保护与利用生态环境相结合的完美形式，是湿地和公园的复合体。植物景观是湿地公园建设的重要组成要素，是湿地公园功能的载体，是最活跃、最重要的因子，它直接影响着湿地公园的景观质量，在生态与美学两方面都起着十分重要的作用。理想的植物景观须是科学性与艺术性的高度统一，既要考虑植物的生态学特征，又要考虑美学特征，丰富湿地公园的景观面貌，掌握植物的生物学特性，实现植物配置的艺术性，改善湿地生态环境和优化植物的配置，使植物配置更加顺乎自然之理，创造季相变化丰富的植物景观。由于湿地公园植物生境条件较为复杂，对不同水生区域、不同水生环境位置、不同的湿地类型都有不同的配置模式。对于不同的水生环境，如水面、岸边、浮岛、堤岛等位置都有具体的植物配置方法；对浅水区、深水区也有具体的植物配置方法。对不同的湿地类型，如滩涂湿地、大面积水域、淡水池塘湿地、内河湿地、小面积水域、洲岛等植物生活型选择及具体的植物配置方法也具有差异。鉴于此，通过对贵阳市观山湖喀斯特湿地公园进行实地踏查结合文献资料查询，了解不同园区植物配置的特点，如水面、岸边、浮岛、堤岛等位置，分析植物配置的手法和技巧，并总结出植物配置要点。

1. 区域概况

贵阳市位于贵州省中部偏北，地理位置介于106°27′～107°13′E，26°11′～26°55′N之间，东靠龙里，西接清镇，南临惠水，北倚修文。地貌以山地、丘陵为主，四周群山环抱，属于典型的中亚热带湿润温和型气候，兼有高原性及季风性气候特点。市区内有众多河流经过，拥有丰富的湿地资源，湿地类型在地理位置上属于云贵高原湿地，湿地总面积为16017.93hm^2，占全市面积的2.03%。河流湿地面积4343.15hm^2，占湿地总面积的27.12%；人工湿地面积11570.48hm^2，占湿地总面积的72.23%；沼泽湿地面积104.30hm^2，占湿地总面积的0.65%。

2. 公园简况

观山湖喀斯特湿地公园位于贵阳市观山湖区，距离贵阳市中心仅12km，共占地5500余亩，其中森林面积4160亩，水体面积约600亩。公园设计以体现观山湖之美、黔灵之秀为出发点，以现有的水体、山丘、林木、野生动物资源等构成的优美环境为基础，按照“自然、生态、大众、和谐”的园林规划设计理念，依托园内得天独厚的水体、山丘、林木、野生动物等资源，以湿地为特色，建成丰富多样的水体景观和特有的高原湿地景观，形成集观赏游览、文化娱乐、康体健身、科普教育等综合功能为一体的原生态湿地公园（图9-5）。园内林木茂盛，分布有苹果树、梨树、樱桃树、桃树等各种果树以及白玉兰、檫木、垂柳、杜英、

图9-5 贵阳观山湖喀斯特湿地公园

鹅掌楸、二乔玉兰、法桐、枫香、广玉兰、桂花、红果冬青、厚朴、鸡爪槭、乐昌含笑、栾树、水杉、香樟、银杏、樱花、紫薇、柚树等各类植物，植物资源极为丰富。

3. 公园主要景点

观山湖喀斯特湿地公园主要景点有中心广场、湖心岛、环湖湿地、紫薇花园、铜鼓广场、辣椒广场、儿童活动区、锦鸡铜鼓广场、民族文化长廊、观山湖南园、金桂园生态林、特色景观大道等。

4. 公园植物多样性

观山湖湿地公园的物种丰富度指数平均值为2.32，其中乔木层为0.46，灌木层为0.55、草本层为1.3，草本层的丰富度明显高于乔木层和灌木层。Simpon指数平均值为0.56，其中乔木层为0.36，灌木层为0.20；Shannon-Weiner指数平均为1.46，其中乔木层为0.87，灌木层为0.59，乔木层的优势度和多样化程度高于灌木层。Pielou指数平均值为0.84，其中乔木层为0.58，灌木层为0.26，湿地公园中植物群落配置时乔木层较为均匀，灌木层次之。进一步实地勘察发现，观山湖喀斯特湿地公园植物物种出现频率较高且重要值排序靠前的乔木、灌木和草本的植物分别为白玉兰、银杏、垂柳、杜英、水杉、桃树、二球悬铃木、东京樱花等（乔木），小叶女贞、栀子、杜鹃、八角金盘、火棘、蔷薇、大叶黄杨等（灌木），牛筋草、红花酢浆草、车前草、美人蕉、再力花、菖蒲、芦竹、黄菖蒲、香蒲、梭鱼草、睡莲等（草本）。

5. 公园植物配置

植物配置是指运用乔木、灌木、藤本以及草本植物等植物材料，通过艺术手法，结合考虑各种生态因子的作用，充分发挥植物本身的形体、线条、色彩等方面的美感，来创造出与周围环境相适宜、相协调，并表达一定意境或具有一定功能的艺术空间。植物群落是构建湿地公园植物景观的基础，决定着湿地公园绿化的结构、基础和功能。通过实地踏查，发现观山湖喀斯特湿地公园植物景观的类型和生境条件不同，其结构、外貌、配置方式等也不尽相同。观山湖喀斯特湿地公园植物群落主要为陆生植物群落结构、岸际植物群落结构和水生植物群落结构。陆生植物群落结构配置模式主要有乔-灌-草式、乔-草式；岸际植物群落结构配置模式为乔-灌-草式、乔-草式；水生植物群落结构配置模式主要有挺水-浮水-沉水式，挺水-沉水式。

（1）公园陆生植物群落结构

① 乔-灌-草式：该配置结构是观山湖喀斯特湿地公园陆地景观中最常用的一种，植物种类较多。乔木层主要以落叶阔叶树或针叶树为主，也有常绿和落叶相互搭配，乔木层一般有2～4种乔木，其中1种为优势种，对群落外貌的影响较大，常用的植物种类为：二球悬铃木、水杉、银杏、桂花、鸡爪槭等。常绿树种常栽植于边缘处，落叶树种栽植于群落中心处，为下层植被的生长提供生长环境。灌木层主要起过渡衔接的作用，使整个植物群落更加协调，常选择观赏性较强、耐阴的植物种类，如：红花檵木、红叶石楠、八角金盘、构骨、火棘等。草本层，一般选用1～2种为优势种，根据不同的景观需求，搭配不同高度和花色的植物种类，常用鲜亮的色彩来增加群落整体亮度，使群落具有更高的观赏价值，常用植物种类为：玉簪、蕨类、鸢尾、红花酢浆草、牛筋草等。该植物配置模式的植物种类较多，季相变化丰富，四季景观质量较为平均，常通过不同花期、果期、变叶期的植物组合配置，使得在每个季节中都有突出的景色可赏（图9-6）。

图9-6　公园陆生植物乔-灌-草式群落配置

② 乔-草式：此类结构通常是乔木和草坪相互搭配的方式，也可叫作疏林草地式。特点是乔木层密度较低，下层以铺植草皮为主。它在有限的绿地上对乔木、草坪进行科学搭配，能够为人们游憩、休息提供开阔的活动场地，适用于面积较小但人流量过大的区域。选择树体高大、树冠丰满、树荫舒朗、生长健壮的植物种类为乔木层，如白玉兰、银杏、杜英、水杉、雪松、枫香、二球悬铃木等。该模式下乔木层不同乔木在生活习性上的不同，表现出的季相景观也具有差别。上层乔木为落叶树种时，通常表现出来的季相景观较丰富，常突出某一季节的景观，特别是秋季变色的色叶植物的运用，使得群落在四季景观外貌上差异较大；上层乔木为常绿树种时，表现出来的四季植物景观变化较小。

（2）公园岸际植物群落结构

① 乔-灌-草式：该结构的乔木层常为落叶树种，2 ～ 3种树形差异较大的树种相互搭配，如水杉、落羽杉、枫杨、垂柳、悬铃木等；灌木层常为耐水湿的水麻及柔软线条的迎春，或柔条拂水，或临水相照；水生草本起景观由陆地向水面过渡的作用。部分湿地公园中，岸边至水面的过渡较为生硬，起过渡衔接作用的水生草本种植较少或种类单一，应该成片栽植2 ～ 3种草本或宿根花卉，高低搭配错落有致，以弥补木本植物季相变化不丰富或时间较短的缺陷（图9-7）。

② 乔-草式：乔-草模式的乔木层密度较大，3 ～ 4种高度和树形差异较大的乔木层混植，常体现群落高低错落的群体美。但对草本层植物的种植搭配重视不够，种类单一，与水体的

图9-7　公园岸际植物乔-灌-草式群落配置

衔接生硬，应该栽植花色较为艳丽耐水湿的草本层，来增强整体的观赏效果。不同观花、观叶植物的相互搭配，能构成春季观花、夏季观新绿、秋季观色叶、冬季观枝干的季相景观。

（3）公园水生植物群落结构

① 挺水-浮水-沉水式：该结构在观山湖湿地公园内运用较多，景观质量较好，分为两种情况。其一为选择挺水植物2～3种，按不同花色及植株高低搭配种植在水缘处，形成变换曲折、错落有致的河岸景观，在观赏的同时还具有保护驳岸的作用；其二为成片种植单一种类的挺水植物，形成简洁明快的优美风景，常用于水面宽阔处，以量取胜，给人以壮观的感受，如荷花、千屈菜群落。常用挺水植物有千屈菜、水葱、芦苇、再力花、黄菖蒲、鸢尾等；浮水植物具有丰富水面的作用，常为1种植物成片种植，如睡莲、凤眼莲等。丰富的水景观要求植物配置不停留于水面，要深入水中，水体较深区域常种植苦草、黑藻、金鱼藻等沉水植物，起净化水质、保持群落更加稳定的作用。由于草本植物季节性变化较强，水生植物群落在季相变化上更为丰富，呈现出春日的生机勃勃，夏日的郁郁葱葱，秋冬的凉意枯荣（图9-8）。

② 挺水-沉水式：挺水-沉水式结构通常运用于小水体区域，景观质量评价低于挺水-浮水-沉水式，岸际常成片栽植挺水植物再力花、千屈菜、水葱、芦苇等，水面不种植浮水植物，景观较为单调，通过挺水植物的四季变化，也具有丰富的季相变化（图9-9）。

图9-8　公园水体植物挺水-浮水-沉水式群落配置

图9-9　公园水体植物挺水－沉水式群落配置

6. 公园植物群落景观特点

（1）植物群落景观质量

通过对观山湖喀斯特湿地公园现有植物群落景观质量进行评价，结果显示植物景观质量评价最佳的植物配置模式为：二球悬铃木＋水杉＋东京樱花；其次为：芦苇＋睡莲＋菖蒲。二球悬铃木＋水杉＋东京樱花为陆生植物群落，物种丰富度指数、多样性指数均不高，但其植物景观评价却最高，原因为优势树种二球悬铃木的胸径较大，且树冠丰满，与其搭配种植的水杉胸径也较大，树体形态与之有强烈的对比；两树种的季相变化更加丰富，形成秋季观叶、冬季观枝干的景观。芦苇＋睡莲＋菖蒲为水生植物景观，景点名称为百步桥，该处植物搭配在空间处理上很好，将水生植物芦苇种植在道路一侧，形成封闭空间，小路一侧种植漂浮的睡莲，形成开敞空间，形成强烈的空间对比。

植物景观质量评价较差的植物配置模式为：垂柳＋槐树-火棘＋大叶黄杨-再力花＋红花酢浆草；其次为：垂柳＋水杉-大叶黄杨-菖蒲＋芦竹。两种植物配置模式均为岸际植物群落，两处样地的物种丰富度、多样性指数都较高，但其植物景观质量却并不好。原因可能是两组植物的优势树种垂柳姿态并不优美，搭配种植的灌木层与草本层在颜色上过于一致，没有形成视觉的冲突。

（2）不同生境的植物群落类型景观

实地踏查并通过植物物候特征分析，观山湖湿地公园三种植物群落即陆生植物群落、岸际植物群落和水生植物群落对公园植物景观的贡献表现为陆生植物景观＞水生植物景观＞岸际植物景观。

（3）不同季节的植物群落景观

现有研究表明，春季与夏季、秋季、冬季植物景观质量无相关性或相关性不显著；冬季与夏季、秋季植物景观质量无相关性或相关性不显著；夏季与秋季植物景观质量显著相关，说明夏、秋两季的植物景观质量变化存在一致性。观山湖喀斯特湿地公园植物群落的春、秋两季植物景观质量高于夏、冬两季。如树冠由丰腴的二球悬铃木、水杉构成，春、夏两季枝叶繁茂、郁郁葱葱，秋季一片金黄。秋季植物景观质量最好的为岸际植物景观的样地，其植物配置模式为：垂柳＋白玉兰＋马尾松-杜鹃＋八角金盘＋洒金桃叶珊瑚-黄菖蒲＋再力花，该处植物虽没有秋季变叶植物，但在生活型上常绿与落叶搭配，层次上为乔-灌-草3层，色彩上也具有对比，且观景亭与植物完美地融合在一起，在植物的遮掩下若隐若现，两者相互衬托。冬季植物景观质量较差，其植物搭配简单，如杜英为乔木层，栽植在边缘处的八角金盘为灌木层。树形优美、叶色浓艳的杜英列植在入口广场处，与园林建筑相互映衬，使建筑在杜英的遮掩下别有一番风味。

7. 植物应用的特色与进一步建议

（1）植物应用的特色

基于群落生态学、景观美学等学科的理论，结合有关文献与实地调查，从生态价值和美学价值两个方面对观山湖湿地公园展开分析，对植物群落的种类组成和特征进行了分析和总结，并运用美景度评价法对观山湖湿地公园植物景观进行评价，归纳贵阳市喀斯特湿地公园植物配置的总体特色：

① 观山湖喀斯特湿地公园植物物种出现频率较高且重要值排序靠前的植物物种有近30种，乔木有：白玉兰、银杏、垂柳、杜英、水杉、桃树、二球悬铃木、东京樱花等；灌木有：小叶女贞、栀子、杜鹃、八角金盘、火棘、蔷薇、大叶黄杨等；草本有：牛筋草、红花酢浆草、车前草、美人蕉、再力花、菖蒲、芦竹、黄菖蒲、香蒲、梭鱼草、睡莲等。

② 观山湖喀斯特湿地公园植物群落配置模式以相对稳定的复层群落结构为主，不同的生境运用的主要配置模式和应用的植物种类不同。陆生植物群落配置以乔木-灌木-草本为主，乔木-草本为辅；岸际植物配置模式以乔木-灌木-草本为主，乔木-草本为辅；水生植物配置模式主要以挺水-浮水-沉水为主，挺水-沉水为辅。

③ 植物景观质量评价最佳的植物配置模式为二球悬铃木+水杉+东京樱花，其次为芦苇+睡莲+菖蒲；较差的植物配置模式为垂柳+槐树-火棘+大叶黄杨-再力花+红花酢浆草，其次为垂柳+水杉-大叶黄杨-菖蒲+芦竹。

④ 不同生境下的植物配置基本群落模式：陆生区域中观赏型群落的具体模式为云南樟+桂花+红枫-金边黄杨+红花檵木+龟甲冬青-紫娇花+萱草，银杏+鸡爪槭-构骨+黄杨-墨西哥鼠尾草+麦冬+玉簪，二球悬铃木+水杉+东京樱花-云南樟+马尾松-马缨杜鹃+高山杜鹃+海桐-蒲苇+沿阶草，日本晚樱-海桐-郁金香+毛地黄+三色堇；实用型植物群落的配置模式为雪松（云南樟、罗汉松、水杉）-高羊茅，乐昌含笑+垂丝海棠+桂花-高羊茅，雪松+枫香+无患子+紫薇+鸡爪槭-火棘。水生区域植物群落模式可以分为四种配置模式，水面面积较小时，植物群落具体模式有垂柳-梭鱼草-睡莲-苦草，千屈菜-凤眼莲，菖蒲-荇菜，等；水面面积较大时，植物群落具体模式有芦苇+梭鱼草+黄菖蒲-睡莲-苦草，千屈菜+美人蕉+水葱+菖蒲-凤眼莲，菖蒲千屈菜+芦苇-荇菜，等；水面以亭、折桥或亲水平台等园林建筑划分水面时，植物群落配置模式有花叶芦竹+香蒲+菖蒲-荷花-菹草，香蒲+水葱+黄花鸢尾-浮萍-龙舌草+苦草，垂柳-水葱+梭鱼草+黄菖蒲-睡莲-苦草，等；科普型植物群落模式有芦苇+水葱+美人蕉-凤眼莲-苦草+黑藻+龙舌草，香蒲+水葱+黄花鸢尾-浮萍-龙舌草+苦草，等。

（2）进一步建议

① 增加植物配置结构，丰富植物的空间层次感。在贵阳市湿地公园中，植物群落运用最多的是乔-灌-草复层结构。该结构多样性较好，能够形成一定的密林空间，不足的地方是游客参与性较差。对于人流量较大且场地面积较小区域，应考虑乔-草坪的配置结构，形成疏林草地的类型，使游客能够参与进来，发挥植物更大的价值。同时结合场地条件加强垂直绿化建设，丰富景观层次。

② 不同区域打造不同的季相景观。“四季花开不断”往往是对一个比较大的范围或一个公园内总的植物景观而言，用植物的季相景观进行植物配置，切记要从全局的整体效果来考虑季相问题。不同游览区域的植物配置需要突出主要的观赏季相，如陆生区域的游步道沿线景观植物配置以观花乔灌木和时花为主，侧重春、秋两季的观赏；而湿地区域主要以观赏草和水湿植物为主，侧重夏、秋两季观赏；山林处以观花乔灌木、秋色叶树为主，侧重春、秋两季观赏；岸际区域的植物配置以落叶树种为主，侧重春、冬两季观赏，使整个湿地公园随着季节的变化而呈现出气象万千、绚丽多彩的动人景观。

③ 增加湿地体验区，发挥湿地的科普教育功能。目前湿地公园的湿地体验区面积较小，没有发挥足够的宣传、教育、普及知识的作用。应该增加亲水湿地体验区的面积，在这个区

域内，山石映衬下，水生植物、湿生植物及陆生的乔灌草等植物有机地融合在一起，各种植物的花、叶、形、果有机配置，形成不同的景观风貌和季相特色。

④ 突出湿地主题，注重湿地景观的打造。为突出湿地的主题，应在水环境上做足文章，注重水环境的打造。在植物配置上注意植物种类的多样性，在增加草本花卉和水生植物的种类时，应该把握好各种水生植物的种植比，同时也要注意岸际观赏灌木及小乔木的配置，做好与陆地大乔木的衔接。通过湿地植物的合理配置，力求再现协调得体、富有诗情画意、生机盎然的自然湿地景观。

⑤ 加强植物后期养护与管理。植物后期的养护管理对植物景观质量的好坏具有举足轻重的作用。在植物的养护过程中，要注意植物的生长习性，注意修剪以及病虫害的防治。对有些由植株死亡或游客践踏导致植物缺失的地方，应该及时进行补种，保持良好的植物景观效果。有些作为驳岸景观植物，初期效果较好，但是随着对其他植物的荫庇程度增加，没有及时对其倒伏株或过高株进行处理或清除，造成了后期景观的杂乱无章，导致视线被遮挡，应该加强管理。

二、贵阳市南垭山喀斯特山体公园植物应用

1. 公园概况

贵阳南垭山喀斯特山体公园位于贵阳市云岩区南垭路东南面，北临观山东路、南接市北路、西至南垭路、东靠宅吉社区，属于山地喀斯特地貌，具有山地、谷地、坡地等地貌环境形态。项目建设占地面积42.40hm^2，于2018年年底建设完成并对外开放。该公园为亚热带季风湿润气候，纬度较低，距海洋不远，海拔较高，因此冬无寒、夏无暑，气候温和，雨量充沛，水热量资源丰富。年平均气温15.3℃，多年平均积温为5589℃，无霜期271天，年平均降水量1196.7mm，年平均相对湿度77%，年平均日照时数1354h。因此，能提供一个良好的环境给各类植物生长繁殖，植物资源丰富。

2. 公园规划与布局

（1）设计理念与建设目标

随着科学技术的进步、城市化进程的加快与发展，城市公园越来越被大众需要，而生态性的园林也随之诞生并受到关注。公园的设计以“以人为本”为主题，以生态建设优先，社会与经济效益协调发展。坚持生态、和谐、绿色、共享、环境友好的设计理念，运用低成本、低维护、低建造难度的设计方式，立足历史沿革、人为关怀、乡土记忆的文脉内涵。通过维护和利用喀斯特山地自然形态的自然环境，建造一个可以自己生长的公园，使其通过自身机能调节，保护或恢复当地喀斯特植物多样性，营造或还原出积极有魅力的喀斯特山体生态景观，最终实现人与自然和谐相处，以及城市可持续发展的目标。

（2）总体规划与空间布局

公园尊重原有地形，依山而建，利用遗存的喀斯特自然山体构建城市中的山体生态公园。首先，在生态的指导下，对场地进行最小干预，协调了山地与城市的关系。在结构上，设计以山体形态为主，山地、谷地、坡地等地貌环境形态贯穿其中。在设计上，公园采用多

元素的设计，设计形式和元素多变，如多变几何形元素、充满形式感的折线、富有韵律的弧线。材料的使用也非常丰富，运用各种石料、木材、砖材，但是整体设计却非常统一。在功能上，也考虑到人们的休息、娱乐活动、观景等需求，将公园分为五大景观区，分别是入口广场区、林下景观区、登高览胜区、文化娱乐区、森林休憩区。

3. 植物资源与应用

（1）功能定位

根据公园的功能以及规划布局，将公园分为入口广场区、林下景观区、登高览胜区、文化娱乐区、森林休憩区五大景观区。在不同的景观区域分布的植物有所不同，运用植物的形态、姿势、色彩以及排列组合，形成各具特色、丰富多彩的亚热带喀斯特植物群落。

① 入口广场区：入口广场区由北入口和东入口广场组成。北入口广场是城市空间延伸和公园融合的过渡地带，在这段过渡地区中布置了文化墙、人文景观以及当地特色商铺。东入口则是登山步道，两侧布置了特色景观墙体，植物大多以观花观叶乔木为主，同时种植各类花卉，色彩丰富、花香四溢。

② 林下景观区：林下景观区植物种类丰富，主要为叠翠谷和叠彩谷，依托山势地形，进行不同的植物搭配。叠翠谷山谷上种植兰草、紫薇以及多种当地乡土植物，形成富有区域性特色植物景观区。叠彩谷成片栽植的槭树、枫香、樱花等观叶或观花树种，形成自然丰富的森林景观区。林下景观区以丰富的植物搭配，通过四季不同开花植物、观叶植物，达到景观可四季变化的目的。

③ 登高览胜区：登高览胜区是公园地势较高的地段，设有各类观景平台，视野开阔，可登高远眺。该区域对天然常绿阔叶林进行适当改造，以各种色叶树或者花卉为辅，有栾树、红枫、红花木莲、鹅掌楸等树种，形成四季有树、四季有景可观的景观区。

④ 文化娱乐区：该处设置娱乐健身的场所以及文化娱乐的广场。原有植物任其生长，并加以保护和展示，其中对紫薇、兰花、银杏、樱花、碧桃等观叶或者观花植物进行说明展示，形成植物科普展示区以及休闲娱乐区的交汇融合地带。

⑤ 森林休憩区：在保护和培育原有自然森林植物资源的同时，增加本地乡土植物或其他亚热带植物，如冬青、麦冬、山茶等，丰富生物多样性，构成新的生态平衡系统，并达到森林自我调整的目的（图9-10）。

（2）规划设计原则

在植物规划设计中，遵循了以下原则：

① 艺术构图的基本原则：在植物营造中，植物的形态、色彩、质地、比例等都有一定的差异和变化，但又保持统一，在满足多样性的同时又不失整体性。在平面中，有轻重关系却不失稳定，植物在序列重复中产生节奏，在节奏变化中产生韵律（图9-11）。

② 四季景色变化原则：园林植物的季相变化能给游人明显的气候变化，表现园林植物特有的艺术效果。

③ 生态原则：因地制宜、适地种树，使植物本身的生态习性与栽植地的生态条件统一。

④ 经济原则：采用当地树种或其他经济成本较低的树种。除种植成本外，还考虑了后期的养护费用。

图9-10　公园森林休憩区植物配置

图9-11　植物规划设计艺术构图原则

（3）物种选择与配置

由于地处亚热带季风湿润气候，自然植物资源丰富，以阔叶乔木和灌木为主。乔木层有香樟、构树、栾树、梅花、鹅掌楸、银杏、枫香、樱花、红花木莲、碧桃、冬青、山茶、紫薇等。灌木层有山茶、紫薇、火棘、荚蒾等。藤草层有麦冬、鸢尾、白茅、沿阶草、黄背草、兰草等。植物配置如表9-2所示。

表9-2　贵阳南垭山喀斯特山体公园植物配置

名称	生活型	备注
香樟 *Cinnamomum camphora*	常绿乔木	观叶、观果
构树 *Broussonetia papyrifera*	落叶乔木	观花、观叶
栾树 *Koelreuteria paniculata*	落叶乔木	观花、观叶、观果
梅花 *Armeniaca mume*	落叶小乔木	观花
鹅掌楸 *Liriodendron chinense*	落叶乔木	观叶、观花
银杏 *Ginkgo biloba*	落叶乔木	观叶、观果，色叶树
枫香 *Liquidambar formosana*	落叶乔木	观叶，色叶树
樱花 *Cerasus* sp.	落叶乔木	观花
红花木莲 *Manglietia insignis*	常绿乔木	观花
碧桃 *Amygdalus persica*	落叶小乔木	观花
冬青 *Ilex chinensis*	常绿乔木	观叶、观果
山茶 *Camellia japonica*	常绿灌木或小乔	观花
紫薇 *Lagerstroemia indica*	落叶灌木或小乔木	观花
荚蒾 *Viburnum dilatatum*	落叶灌木	观叶、观果
火棘 *Pyracantha fortuneana*	常绿灌木	观果
麦冬 *Ophiopogon japonicus*	多年生常绿草本	观叶、观花
鸢尾 *Iris tectorum*	多年生草本	观花
白茅 *Imperata cylindrica*	多年生草本	观叶、观花
沿阶草 *Ophiopogon bodinieri*	多年生草本	观花
黄背草 *Themeda japonica*	多年生草本	观叶、观花
兰草 *Eupatorium fortunei*	多年生草本	观花

（4）种植设计

植物在设计中首先是尊重自然，保护和利用当地植物资源。植物种植设计基本以自然式为主，通过孤植、对植、列植、片植以及群植等种植方式形成混合式种植。孤植一般以个体美的乔木为主，可观叶、观果、观枝，通常位于景观焦点处，有点景和美观的作用，同时又能够遮阴蔽日。对植与列植，指植物分布于景观入口广场，整齐对仗的规则式种植。片植是大面积成群种植同一种植物，如马尾松林。群植，指植物分布于山体各处，多种乔灌草混合搭配种植，形成自然的群体之美。

（5）养护与管理

公园采用最小干预原则，维护和利用喀斯特山地自然形态，保留了原先自然植物并任其生长。同时选用当地的乡土植物或适合当地生长的树种，建立并丰富当地亚热带喀斯特植物群落，最终构建成一个低维护甚至不需要维护的自然环境、一个可以自己生长的公园。

① 定期修剪。虽然公园建设目标是低维护甚至不需要维护，但其中少量的绿篱和整形植物需要定时修剪，使其保持平整、轮廓清晰、层次分明。乔木每年修剪一次，常绿树春季修剪，落叶树秋冬季修剪。

② 病虫害防治。病虫害以预防为主，春夏季为病虫害的多发期，提前做出防治计划。发生病虫害时，及时喷药以防止病害虫扩大蔓延，以免影响观瞻和景观效果。

③ 补栽补种。据季节特点进行补栽补种，周边的苗木、地被植物还原及时，无黄土裸露现象。

④ 施肥。在植物栽植三个月后，根据植物生长周期施以不同的肥料，以保证植物生长良好，无黄瘦现象。施用有机肥需充分腐熟，施肥时间一般在傍晚或阴雨天。

⑤ 浇水。夏季做好浇水抗旱工作。根据植物生长特点和需要，及时浇透水，保证乔、灌木叶面舒展、有光泽，无缩水现象。新栽乔、灌木注意勤浇水。

（6）建设特色

南垭山体公园是贵阳市“千园之城”示范性公园，也是云岩区两个示范性公园之一。设计从城市总体规划出发，坚持城市双修、环境友好、资源共享的原则，以“以人为本”为主题贯穿整个设计，将生态效益、社会效益和经济效益协调统一，实现城市生态可持续发展的目标。

在生态性方面，以低维护甚至不需要维护的自然环境、一个可以自己生长的公园为建设目标，使其通过自身机能调节，营造或还原出积极有魅力的喀斯特生态山体景观。采用最小干预原则，保留原有植物，选用当地的乡土植物，建立丰富的亚热带植物群落。在社会性方面，以人文关怀、乡土记忆为主，创造一个供人们参与游玩的环境友好、资源共享的生态公园。通过当地的乡土植物、当地的材料来营造本土的氛围。在经济性方面，采用低成本、低维护、低建造难度。首先，保留当地植物，同时增加一些当地乡土植物，使其能够以自然生长为主，减少了成本维护。其次，构筑物的建造以简单多变的几何为主，降低施工难度，以常见的并且经济的当地材料为主，较少成本投入。最终打造了一个富有文化内涵、公开共享、生态可持续、环境友好型的城市喀斯特山体公园。

参考文献

安静，张宗田，刘荣辉，等，2014. 贵阳市园林植物种类初步调查. 山地农业生物学报，33（4）: 59-62.
宫宁，牛振国，齐伟，等，2016. 中国湿地变化的驱动力分析. 遥感学报，20（2）: 172-183.
廖玉静，宋长春，2009. 湿地生态系统退化研究综述. 土壤通报，40（5）: 1199-1203.
卢耀如，2008. 丰富的喀斯特资源，高品位的世界自然遗传. 科学世界，15: 931-935.
王海霞，孙广友，宫辉力，等，2006. 北京市可持续发展战略霞的湿地建设策略. 干旱区资源与环境，20（1）: 27-32.
张晓龙，李培英，2004. 湿地退化标准的探讨. 湿地科学，2（1）: 36-41.

第十章

西南喀斯特道路绿化中的园林植物应用

近年来，西南喀斯特地区交通基础设施建设大踏步前进，西南交通得到全面巩固和提升。以贵州为例，截至2015年，贵州省成为全国第九个实现“县县通高速”省份。2018年6月底，贵州省人民政府印发了《贵州省新时代高速公路建设五年决战实施方案》，明确提出到2022年全省高速公路通车里程突破1万千米。受喀斯特地形地貌的限制，西南喀斯特山区生态环境脆弱，自身修复能力差，特有的水土流失特点和高速公路密集化、迅猛化建设造成的水土流失问题引起了相关部门的高度重视。西南喀斯特地区公路边坡的水土保持和绿化建设对贯彻习近平生态文明思想，推进西南喀斯特交通事业稳步发展，形成人与自然和谐发展格局具有重大意义（图10-1）。

图10–1　西南喀斯特高速公路

第一节　西南喀斯特道路建设与绿化总体概况

一、西南喀斯特地貌对道路建设的影响

1. 地质地貌的影响

地质地貌条件是影响水土流失程度大小的基础因素。在西南喀斯特山区，晚古生界泥盆系、石炭系、二叠系及中生界中、下三叠系碳酸盐的广泛分布，是发生水土流失和形成石漠化的内在基础。同时，西南喀斯特地区山高坡陡、土壤贫瘠、生态脆弱，地形因素也是造成水土流失的主要原因。西南喀斯特独特的地形地貌使得高速公路建设项目挖填方量多、桥隧比大、工期长，大量的土石方开挖回填为水土流失提供了物质基础，沿线覆盖多种地质地貌，形成的水土流失类型相对复杂（图10-2）。

西南喀斯特地质构造复杂，岩层种类繁多，石灰岩、砂页岩、玄武岩区层的接合部极容

图10-2　西南喀斯特地质地貌背景下的高速公路建设

易发生泥石流、崩塌及滑坡，这对高速公路选线，特别是弃渣场选址有较多的限制性因素。同时西南喀斯特地区山地丘陵地下暗河、落水洞繁多，岩溶裂隙发育，对公路永久工程及弃渣场安全稳定存在较大隐患。如果排水及排洪措施不完善，则极容易对渣场稳定造成影响，引起更严重的水土流失。

2. 石漠化的影响

在喀斯特脆弱生态环境下，西南喀斯特石漠化集中、面积大、程度严重。石漠化区域土壤贫瘠，土壤肥力、质量及承载能力低，水源涵养、截蓄雨水及调节径流功能弱，植被稀少。石漠化区域水土流失严重、自然灾害频繁，高速公路建设过程中的大量开挖，会加剧水土流失及自然灾害的发生；其稀少的表土资源对后期植被恢复影响严重，加之石漠化区域雨水涵养功能弱，人工植树造林困难，后期植被恢复难度大。

二、西南喀斯特高速公路建设项目特点

1. 扰动范围大、建设周期长

高速公路建设里程往往在100km以上，并时常涉及多个行政区，施工范围广。此外，由于西南喀斯特地区系山地地貌，相对于平原，西南喀斯特高速公路建设开挖及回填量巨大，需设置的施工生产生活设施、料场及弃渣场较多；扰动面积大，会对周边生态环境造成严重的破坏。同时建设周期较长，长期裸露的开挖、回填边坡极易造成水土流失，在复杂的西南喀斯特地貌背景下，后期植被恢复相对困难。

2. 弃渣量大、弃渣场选择困难

西南喀斯特高速公路建设挖填量大、隧道多，部分区域岩层往往达不到回填质量标准，导致弃渣量较大，百公里建设里程往往需要设置40 ～ 60个弃渣场，地形地貌复杂区域甚至

图10-3 西南喀斯特公路建设对自然环境扰动强烈

更多（图10-3）。弃渣场选址时，会面临诸多制约性因素特殊的地区，如泥石流易发区、滑坡崩塌区域、落水洞及地下暗河发育区。为了保证重要基础设施、人民群众生命财产安全，弃渣场往往设置得较远，不利于后期弃渣落实到位。

3. 跨越地貌单元多、水土流失沿线分布且流失量大

高速公路建设里程较长，跨越地貌单元较多，路基工程开挖、回填及半挖半填边坡均会涉及。由于各段道路开挖及回填土石方量大，往往需在不同路段进行土石方调配。隧道开挖的土石方有时也需运至路基进行回填，土石方运输为水土流失提供了物质来源；在运输过程中及回填后若不及时进行防护，遇大雨、大风天气，会造成更严重的水土流失。高速公路作为典型的线型项目，水土流失与其他的线型项目又有所不同，如输变电项目水土流失主要发生在塔基及变电站区域，较为集中，且流失量小，而高速公路水土流失沿线均有分布，且流失量大（图10-4）。又如管道类项目，虽然沿线水土流失分布均匀，但水土流失量及扰动范围远小于高速公路。

4. 设计及施工等存在部分问题

目前，高速公路设计单位对于主体工程方面设计较全面，各项防护措施完善，但对于临时措施比如弃土场未进行具体设计，特别是水土保持方案批复的弃渣场，主体设计未纳入主体工程设计内容中，导致施工时未按照水土保持方案批复的弃渣场进行堆渣及设计，以致后期验收涉及变更等诸多问题。根据对部分高速公路的现场调查，许多项目施工时，往往就近弃渣至道路下边坡，未遵循“先拦后弃、先截后排”的原则，导致水土流失严重，后期治理困难。

5. 公路建设及恢复治理标准要求高

例如贵州省政府在2018年7月下发《贵州省创建新时代“多彩贵州　最美高速”行动

图10-4　喀斯特公路建设水土流失沿线分布

实施方案（2018～2020年）》中，要求打造最美高速公路品牌，展示贵州对外开放新形象（图10-5）。这就对高速公路建设项目水土流失治理及后期植被恢复提出了更高的要求。

图10-5　贵州省的“多彩贵州　最美高速”

三、西南喀斯特道路边坡水土流失防治和道路绿化建议

1. 优化专项措施设计

近年来，随着主管部门及社会公众对生态环境的日益重视，在累积了大量高速公路设计经验的基础上，主体设计单位对道路永久工程设计的水土保持措施已比较完善，主要包括道路边坡护坡、截排水、拦挡及绿化美化工程等。但对于临时工程的选址、占地及水土保持措施等均未涉及，在设计时应进一步细化。西南喀斯特地区地形坡度大、土壤贫瘠、生态脆弱，设计应注意对表土资源的防护，施工阶段大面积开挖应加强临时防护措施。应尽量优化施工占地、土石方调配等，水土保持措施应尽量与主体设计的措施、环保措施等相协调，以便更好地发挥水土保持及生态效益。主体设计应将批复的水土保持措施纳入主体设计的措施体系中，便于后期施工时按水土保持方案设计的要求将措施落实到位，避免造成水土流失，危害周边生态环境。

2. 强化重点区域水土流失防治

对于高速公路水土流失较严重且敏感性强的区域应重点进行防治。应从选址设计着手，从源头避开敏感区域，然后加以适宜的工程措施、植物措施及临时措施进行防护。同时对于主体设计较为薄弱的临时工程也应避开生态敏感区，加强施工过程中重点区域的临时防护和施工结束后的植被恢复，做到设计指导施工、设计适合施工、施工按图纸设计实施，避免随意变更，扰动占地范围外的区域。

通过对目前已建、在建高速公路的调查，较易发生水土流失的区域主要为料场和弃渣场。对料场及弃渣场进行重点防护，可从根本上减少高速公路的水土流失。对于料场的防护与治理，特别是石料场，开采前应先行修建截排水工程，减少后期雨水冲刷带来的水土流失，同时需加强表土资源的保护，为后期植被恢复创造条件；其次应重点关注开采工艺，宜采取自上而下、分台降坡开采，开采的规则边坡为后期植被恢复提供了良好的基础条件，便于边坡平台设置种植槽种植攀缘植物、灌木等树草种进行植被恢复，也可尝试采用挂三维网喷播植草护坡进行防护，覆盖率较高，植被恢复效果好；最后，还需加强施工过程中的临时防护。

弃渣场水土流失的防治应重点关注前期的设计选址规划。目前，弃渣场前期设计存在许多问题，例如：渣场选址设计深度不够，导致后期由敏感因素、容量及运距大不经济等诸多因素造成的选址变更；渣场设计深度不够，仅在图纸上框选范围；截排水、拦挡措施设计不到位或缺失等。针对上述问题，首先应根据相应的法律法规、标准规范，主体设计应切实深入落实渣场规划选址，逐一对各场址进行复核。其次，优化渣场防治措施体系，系统考虑渣场防护措施，做好施工前的表土资源保护、截排水、拦挡、边坡防护措施，加强施工中的临时拦挡、排水防护措施，落实后期植被恢复措施，真正做到施工前、施工中及施工后的全过程防护。再次，深化渣场措施设计，尽量对各渣场逐一开展设计，并对各弃渣场截排水沟防洪及过流能力、挡渣墙及渣体稳定性进行深入分析及计算，从堆渣容量、堆渣安全等方面避免渣场水土流失。

3. 加强施工全过程管理

目前，施工期的水土保持问题主要是管理缺失造成的。首先是施工过程涉及的各单位水

土保持意识不强，应加强对建设单位、施工单位等人员的宣教，让水土保持及生态保护理念深入人心。其次，监测、监理单位责任意识不强，对施工过程中的水土保持违法行为没有及时进行管控。再次，施工单位为了节约成本、施工方便，随意弃土弃渣、任意变更设计、临时改变防护措施及“三同时”制度落实不到位，导致施工过程中场地及周边满目疮痍，水土流失严重。建设单位及监测监理单位应加强管控，特别是建设单位应在合同中明确各单位的水土流失防护职责。

4. 加强道路绿化建设

道路的建设是为了更好地服务于经济的发展和提高国民生活水平，其绿化是为了改善道路及其两侧的环境，以及起到一定程度的净化空气、固定路基、保持水土、防风固沙、减少汽车尾气污染等作用（游雯，2014）。道路建设和绿化的重要问题包括土地资源保护和利用、植被保护、水土维系以及野生动物保护等，而解决这些问题的关键在于对道路建设和绿化的设计（张迎春，2009；邓云潮和张倩，2007）。道路的绿化设计在很大程度上决定了道路将来的运营和使用寿命，而生态环境规划和景观规划又在一定程度上功能互补（图10-6）。我国道路绿化设计理念和模式围绕着更经济、更实用、更美观、更环保的趋势发展。

道路的功能不应仅仅局限于高效、快捷、安全和舒适，它还应该担负起保护生态环境和改善沿途景观的责任。道路的建设对其沿线生态和环境造成了一定程度的破坏和不利影响，使道路的建设与周围环境产生了较大矛盾，为了缓解它们之间的矛盾，开展道路绿化、改善和提高道路沿线环境和景观质量已成为一个十分重要而且很必要的内容。

道路边坡绿化指道路及周边环境的植被种植系统工程，在保证公路畅通、正常运营并发挥其服务功能的前提下，对道路与周围环境间的矛盾进行调和，达到减少交通事故、维护高

图10-6　加强道路绿化建设

速公路良性运转、巩固路基、保障车辆通行、保护路面、减少噪声、防治污染、诱导交通等目的。同时有助于减缓司乘人员眼睛疲劳，起到引导司乘人员视线、维护行车安全的目的，进而有助于减少交通事故的发生。高速公路绿化还在一定程度上对高速公路的运行具有辅助功能。道路绿化正在从防止路基滑坡的植树种草基础工程逐步过渡到一个绿化、人文、环保和预防自然灾害等在内的系统工程。

第二节　园林植物应用总体方案

一、功能定位

1. 稳固道路边坡，预防自然灾害

道路边坡会在没有植被覆盖、长期裸露的自然条件下，变得越来越脆弱，并可能会发生散落、滑坡和山崩等侵蚀现象。通过对道路沿线边坡的绿化，可以利用绿化植被保水固土的特性，稳固边坡（图10-7，图10-8），从而降低道路建成后的养护难度及延长道路的使用寿命（刘俊樊，2015）。道路绿化可以在一定程度上预防风沙，在北方地区此作用尤为显著。道路绿化还可以减轻大量降雨对公路沿线的破坏，保证公路沿线地基稳定。此外，绿化吸收了行驶车辆产生的废气，一定程度上可以预防酸雨、雾霾等灾害的发生（徐绍民等，2000）。

图10-7　稳固边坡功能

图10-8　道路边坡绿化

2. 诱导司机视线，防止交通事故

高速公路中央分隔带绿化设计可以遮蔽对向车辆灯光、减少对向车辆灯光的干扰，从而起到防眩的作用，一定程度上预防了交通事故的发生。中央分隔带绿化还可以减轻司机长时间驾驶车辆产生的精神疲劳和视觉疲劳，降低交通事故发生的可能性（林万明，2003）。此外中央分隔带连续种植的灌木，具有一定的坚韧性，减缓了交通事故的冲击，将交通事故的损失尽可能降低。

高速公路的绿化设计如果规划合理、植被布置得当，有助于引导驾驶员行车视线，使其集中注意力驾驶车辆（刘俊樊，2015）。高速公路沿途连续变化的绿化植物排布，可以指引即将变化的行车方向，辅助驾驶员预判前方道路走向，避免弯道突兀出现而引起的不必要的交通事故（图10-9）。

3. 保护自然环境，减少噪声尾气

道路建设打破了原有的自然生境和生态系统平衡。道路绿化可以较好地使道路融入周围的自然环境，从而起到调和道路和周边环境矛盾的作用（图10-10），对保护道路沿线周边环境和促进生态恢复有重要作用，对调和高速公路建设和破坏自然生境两者之间的矛盾具有不可或缺的作用（林万明，2003）。

随着道路里程建设的不断增加，人类在生活环境中的绿色资源也在不断减少；在道路的使用中，车辆产生的尾气也在潜移默化地破坏生活环境。道路的绿化在一定程度上弥补了这方面的缺陷，绿化植被的种植可以减少车辆运行产生的噪声，吸收车辆尾气，净化生活环境，起到调和道路使用与生活环境之间矛盾的作用。

图10-9　高速公路的绿化引导行车路线

图10-10　道路绿化与自然环境保护

4. 美化沿线景观，提供休闲场所

道路中央分隔带绿化、边坡绿化使道路沿线生机盎然的同时，还美化了道路和沿线环境，缓解了司机乘客的行驶疲劳（图10-11）。而高速公路沿线服务区的存在，更是为司机乘客提供了短暂休息和生活方便的空间，服务区建筑与周边特色植物、文化艺术的融合有助于司乘人员对当地风俗的初步了解，利于地方文化的传播及不同地方文化的交融（朱世忠和王洪涛，1996；陈有民，2012）。

连续密集种植的绿化植被可以遮蔽道路两旁的不雅景物，起到美化环境、改善不良风貌的作用。同时高速公路的整体和沿线绿化，可以很大程度上解决高速公路单独存在所引起的突兀感和不协调感，将高速公路融入到自然环境中，调和高速公路沿线整体环境。

二、规划设计原则

道路植被配置表现为线性景观，在景观打造过程中除考虑植物造型以外还需考虑许多特殊因素：一是道路不同路段所在区域的生境条件和气候因素。不同地区的气候条件决定了区域内植物生长特点和生长习性，对道路的绿化设计具有重要的参考意义。二是由于交通工具高速运动的特点，司乘人员对道路两侧绿化的细化部位敏感度较低。在这样的条件下，绿化景观设计要大尺度，过度的细腻和破碎的绿化都是没有实际意义的。最后，中央分隔带绿化、边坡绿化、边沟外绿化和互通立交区绿化是道路绿化主要组成部分。不同组成部分具有不同的绿化植物生长环境和不同的实际需求，道路的绿化模式和绿化植物的选择都应该遵循一定

图10-11　高速公路匝道绿化美化

的原则和要求。

1. 因地制宜原则

道路建设具有所跨地区范围广、距离长等特点，导致绿化景观建设需在不同地域、不同生境、不同水质和土质、不同气候环境下进行。由于绿化植物具有明显的地域特色，道路的绿化应该尽可能采用因地制宜的方法种植乡土优势物种作为绿化使用植物（汤振兴，2008）。在保证道路快速通行的基础上，应注重指示、标志、预防眩晕、视线诱导、保持水土和遮蔽等功能，按照因地制宜原则，在现有地形的基础上，宜草则草、宜树则树。在保证绿化植物生长良好的同时，使环境效果和视觉效果相统一，更好地展示道路不同地段的地域特色（董运常，2006）。

2. 生态安全原则

道路边坡植被设计首先需保证行车安全，在下边坡的种植位置不宜种植乔木，宜种植地被与灌木搭配（图10-12）。因在工程实施过程中，对原有生态环境造成了破坏，所以需在道路绿化中进行景观设计，还需对已破坏的原有环境进行生态恢复和考虑植物配置的生态防护功能。生态安全是人类持续生存和生活的一种必须状态，在人与环境的相互关系中，为人类基本生活需求提供必要存在的资源，是人类延续和发展必不可少的条件。道路建设必须考虑生态安全，认识到人与环境的互惠互利的关系，做到道路绿化建设的可持续发展。

图10-12　高速公路下边坡绿化植物配置

3. 和谐景观原则

在道路绿化设计中，除了考虑道路设计范围内的植物景观布置之外，还需考虑景观布置与周围环境的协调性，将道路的绿化设计融入到道路所在的自然环境中，将道路的建设景观、绿化景观和自然景观和谐地统一起来（图10-13）。

图10-13　高速公路绿化和谐景观原则

4. 环境效益原则

道路作为较直接的方式促进了不同地域、不同城市间的经济交流和人文交流，推动了社会经济的发展和人类文化的融合，具有很大的经济效益和社会效益。为了最大限度地延长道路的使用寿命，道路景观设计需尽可能地发挥其环境效益，在道路绿化设计前期应该做好充足的调研，在保证道路基本通行的前提下，最大限度地维持不同路段所在的生态环境、保护所在地的生态环境，做到对道路沿线自然资源、自然景观和人文景观的维护和利用。除注重设计和建设之外，也需重视道路绿化建设后的道路边坡和绿色植被的养护，将道路的经济和环境效益发挥到最大（尹吉光等，2003）。

三、物种选择与配置

1. 物种选择

植物配置以乡土树种为主，引用少量经过驯化的外来物种为辅进行物种选择，优良的乡土野生树种，可以使道路绿化与自然生态系统相协调，使道路融于自然之中。其中常绿乔木四季常青，主要用于坡道绿化带两侧，可一行或多行栽种，也可以绿篱的方式置于中央分隔带（周君等，2009）。如红皮云杉（*Picea koraiensis*）、沙松（*Pinus clausa*）、红松（*Pinus koraiensis*）、赤松（*Pinus densiflora*）、樟子松（*Pinus sylvestris* var. *mongolica*）等。具有明显季相变化的落叶乔木，能给人以季节的变化，和常绿树种的搭配，有利于形成绿色长廊（周君等，2009）。如小青杨（*Populus pseudosimonii*）、垂柳（*Salix babylonica*）、蒙古栎（*Quercus mongolica*）、胡桃楸（*Juglans mandshurica*）、春榆（*Ulmus davidiana* var. *japonica*）、山杏（*Armeniaca sibirica*）等。花灌木可植于中央分隔带，防眩遮光；通过分段栽植，五颜六色的花卉与高低不同的花木结合，使司乘人员有一种新鲜感，提高行车安全系数。如连翘（*Forsythia suspensa*）、珍珠梅（*Sorbaria sorbifolia*）、绣线菊（*Spiraea salicifolia*）、胡枝子（*Lespedeza bicolor*）、红瑞木（*Cornus alba*）等。藤本植物可栽植于道路防护网下及路堤上，有利于遮挡不良建筑，保堤护坡。如爬山虎（*Parthenocissus tricuspidata*）、五叶地锦（*Parthenocissus quinquefolia*）、山葡萄（*Vitis amurensis*）等。

2. 群落配置

植物配置需整体考虑，统一布局，以便产生多种搭配，构成相对稳定的群落。道路绿化应从整体布局统一考虑，力求因路而异，各具特色，形成变化多样与整体统一的道路景观（吴可，2002）。单株或单行的行道树对环境的效应力度是有限的，所以需要在道路两侧加宽绿化带，采用双行、多行或乔、灌、花、草及藤本植物复合配植的混交模式（图10-14），在可能的条件下发展片林种植，建立相对稳定的植物群落。

道路绿化植物配置要注重创造多样性的道路景观。道路植物的配置，不仅要具有实用功能展现绿化效果，还要给人的视觉、听觉、嗅觉上创造美的感受，将形态各异的乔、灌、花、

图10-14　乔灌草复合配置

草及藤本植物进行艺术组合，形成不同景观，发挥植物美的魅力（周燕，2005）。

（1）变化与统一的美学配置

按照变化与统一的美学原理进行植物配置，可以使道路整体有序、景观各异，把不同形态、不同大小的树种、花木，甚至地被植物有机地结合在一起，形成多层次变化的植物景观（图10-15）。如一条道路以某一种植物为主景植物，间植其他植物；或者一条道路分段配植不同的植物，使之富于变化，但在一段中不宜过多、过杂，在丰富多彩中要力求保持统一（徐薇，2006）。

（2）韵律与节奏的美学配置

道路植物配置通过形态色彩等有变化的重复，大小灌木的交替来体现韵律与节奏感；通过花卉或灌木造型组成优美的图案来体现强烈的时代气息和丰富的文化内涵。如高大乔木与修剪形成的灌木一大一小等距离相间栽植，树木下设树池，树池内种植耐阴花草，如麦冬（*Ophiopogon japonicus*）、扶芳藤（*Euonymus fortunei*）等，形成一种交错的节奏感；或者采用凹进凸出的办法交替定植树木，使行道树的设计多种多样，避免在直线的建筑立面背景之前再形成一个直线的绿色立面。

（3）对比与调和的美学配置

在等间距的绿化树木中间种植彩色植物，就会使道路的景观丰富多彩。其间再种植各色花卉，调和绿色与其他色彩的搭配与变化，不仅能丰富道路景观，也会增强城市的景观效果（图10-16）。如将色彩、质感对比较强的花、灌木组成图案进行片植，片植形式中直线几何形严谨大方，曲线纹理流畅富有动感，均能够体现强烈的时代气息（苏自新，2007）。另外，我国造园艺术中对比手法常使用，例如采用万绿丛中一点红来突出主题，烘托气氛。

图10-15　变化与统一的美学配置

图10-16 对比与调和的美学配置

四、种植设计

道路的绿化不同于其他单纯以绿化为目的或者以景观创作为目的的绿化。道路的绿化必须以辅助道路的正常使用为基本原则，在满足车辆通行的前提下，再配合景观设计、艺术美化、生态保护等。通过道路线形绿化，缓解司乘人员行驶疲劳，起到放松司机的行驶紧张感、减少交通事故发生、保护环境和恢复生态等的辅助作用（李劲松和伍剑奇，2009）。

1. 边坡类型

根据土方工程构造和防护模式等的不同可以将边坡分为不同的种类（图10-17）。从边坡构造的角度，可以将边坡分为路堤边坡和路堑边坡；从边坡防护方式的角度，边坡可以分为植物防护边坡、工程防护边坡和植物防护与工程防护相结合的边坡（李敏和李爱林，2008）。

2. 绿化技术

20世纪30年代起，以美国为首的发达国家就开始着手研究和应用公路边坡植草恢复技术和机场空地植草恢复技术。我国的高速公路绿化工程，在起初只是应用单纯的、对环境破坏较大的工程防护，从20世纪90年代起才逐步开始应用自然植被进行边坡防护。现有的边坡绿化防护模式主要有以下几种：壤土型边坡防护、岩石型边坡防护、土石混合型边坡防护。在工程建设过程中需根据边坡绿化的特殊性，针对不同生境选择植物物种，一般选择根系发达、易于成活、抗旱、适应性强、覆盖度高、抗污染、见效快、观赏性强的木本及草本植物。

从植物种类选择的角度，草本植物绿化效果快、易发芽、造价低，可对边坡地段形成全

图10-17　喀斯特道路建设边坡绿化

面覆盖；灌木类和小乔木类植物，根系较深，可对特殊的坡面进行攀缘覆盖，实现固土封坡。从地理位置角度考虑，高速公路可分为上边坡和下边坡，上边坡宜采用草种、草木和灌木、小乔木混种的绿化方式；下边坡多选用耐寒、耐旱、耐贫瘠、再生性强的小灌木或草种。根据实际情况，选择当地易于成活，且绿化功能较强的植物。西南喀斯特地区生境异质化程度高，公路建成后，大多数地段常为裸岩或碎石地，土壤肥力差、易板结，不利于植被生长，必须采用生物措施和工程措施相结合的方式治理。

3. 绿化与生态环境恢复

法律法规明文规定，公路的建设必须与自然保护区域和历史文化遗产保护区域保持一定的距离，规定要将公路交通对环境的影响降低到最小。保护区内的高速公路区段必须设立生物通道，以此来保证道路沿线的保护区域相对不被破坏。虽然日本的高速公路建设起步晚于西方发达国家，但是日本的环境保护和道路沿线的生态恢复却处于世界领先地位。而以英国为代表的欧洲国家更是利用新技术将加筋土技术与公路绿化植被防护相结合，发明并应用了包裹式的加筋土植草墙面的挡土墙。分析国内外的实践经验，不难发现，用自然之物防护高速公路边坡、防治高速公路水土流失、保证正常运营的同时，又可以保护道路周边环境和促进生态恢复。

五、养护与管理

道路绿化的养护和管理是社会经济建设管理过程中非常重要的一项工作，需要积极采取可行性措施，提高道路养护的实际效果，满足人们的出行要求，促进人与自然和谐相处。

1. 营造利于树木生长的土壤环境

土壤是植被生长的重要前提和基础，土壤质量会对植物生长的效果产生重大影响。评价土壤时，需要分析土壤的质地、肥力、酸碱程度以及结构等指标。在落实道路养护工作时，需要充分认识到土壤所具有的作用，积极开展土壤改良工作，提高土壤肥力，给植物的生长创造良好条件。

在道路养护工作中，树木是应用最多的一种植物。通常情况下，树木的实际成活率很高，但仍需要对其进行合理的养护和管理。在整理土壤时，应该对种植区域进行全面清理，清除垃圾、砖屑与“二灰”等杂物。

2. 提升绿化管理水平

在道路绿化养护和管理工作中，除了注重种植，还需要落实管理工作，这样才能实现良好的管护效果。道路绿化的养护和管理人员需要认识到道路养护是一项长期且艰巨的工作，应有全面的养护管理计划，并且依据计划进行管理与维护，这样才能有效提高道路绿化管理工作的整体水平。

3. 合理规划养护

合理运用区域生态发展过程中的战略措施和行动计划，使区域发展和交通布局相符。建立与区域自然系统相互协调的城市发展形式以及城镇一体化的发展机制，避免出现过度重视关键地区养护管理的现象，以城镇一体化的形式建设并做好相应的养护管理工作。城市、乡、镇协调发展，创造良好的生态环境，建立完善的城市、乡、镇绿地系统，进一步美化人们的生活环境。对地貌、植物、水系等与湿地联系紧密的生态区进行全面保护，合理规划绿地分布。

对于非高速公路，为了防止行人踩踏绿化区，应该安装护栏或扎竹篱笆进行防护，保护植物不被侵害。施工期间的养护管理是保障施工质量与绿化效果的主要措施，加大养护工作的管理力度很有必要，只有这样才能确保绿化工作达到理想效果。

4. 加大对工程质量的监管力度

在道路绿化的养护管理中，一定要严格按照有关要求开展工作，确保道路绿化养护工作正常开展。要想进一步提高道路绿化养护和管理工作质量，还应该从多个方面着手，尤其是确保施工进度报表和施工过程的规范性。建立相关的责任制度，并不断补充完善，为道路绿化养护工作提供有力保障。不仅如此，还应该重视对施工技术的把控，保障道路绿化养护和管理工作有序开展。

5. 其他

此外，还需要准备施工材料，明确施工材料的标准。尽可能减少化学药品的使用量，降低污染，采用灯光诱杀等方式预防害虫。

第三节 存在的问题及对策建议

当前，城市道路绿化景观中存在一些绿化怪象：热衷大面积铺设草坪、大量引进外来大树和舶来草、重金种植塑料假树假花等。面对建设用地紧张的现实，应通过多种形式挖掘可绿化空间，增加有效绿量，改善生态环境，但种种绿化怪象在净化空气、保持水土等实质性生态效果上并不明显，且不可持续。随着城市化发展，道路绿化景观建设应提出更高的要求，在设计和建设过程中，满足功能、保证安全、适应环境、体现特色、保护生态、符合可持续发展等应是道路绿化景观建设的方向。

一、存在的问题

1. 缺乏统一的规划，绿化标准滞后

道路绿化设计存在相对滞后于路基、路面等主体工程设计的问题（图10-18）。目前设计大部分以《城市道路绿化规划与设计规范》《公园设计规范》等为依据，特别是区域性高速公路绿化设计标准还未发布，由于地区差异性大，地方性高速公路绿化设计差异大。今后实际建设还需从边坡基本特点出发，设计出科学合理的边坡绿化方案。

图10-18 缺乏统一规划与标准滞后

2. 道路绿化植被选择相对单一，空间配置形式单调

目前西南喀斯特高速公路的绿化植被选择采用普通道路绿化设计的手法，没有更多考虑高速公路的特性，只强调视觉的感受（游雯，2014）。虽然西南喀斯特道路绿化已形成了一定景观，但仍存在种类不够丰富、特色不够明显、景观效果较为单一等问题。应丰富植物种类，增加观花观果植物，提高乡土树种利用比例等改变这种现状。

3. 道路绿化不同地域、不同线路之间难以形成较统一的效果

首先各建设管理单位仅依据所辖路段的情况进行绿化设计、施工，使得整条高速公路绿化没有统一的规划与风格，绿化建植格局比较混乱。其次过分注重形式，而没有考虑以区域的尺度恢复沿线区域自然景观，造成沿线景观杂乱无章的局面。

4. 道路绿化资源和绿化质量有待提高

植物品种贫乏，配置单一，绿化设计还属于传统园林景观设计手法，人工痕迹较重，与国际水平以及人们对自然生态环境日益提高的要求相比较，还存在一定差距。因此要进一步提高绿化质量，做到与周边环境协调、融合，创造和谐自然的生态环境与景观效果。

5. 道路绿化设计和相关管理水平有待提高

道路绿化作为公路建设的一项重要内容，应纳入公路发展的统一规划。在新建、改建高速公路中，坚持高速公路绿化与公路建设同规划、同建设、同施工的原则，对高速公路绿化在建设期间就给予充分重视，使绿化工作一步到位，避免先期不足（图10-19）。

图10-19　道路绿化缺乏后期管护

6. 道路绿化过度重视初次建设，建设后的绿化植被养护没有得到充分的重视

建设前期舍得投入大量的资本和成本，但是在后期养护管理中却不舍得投入更多的资金。后期管护因投入不足、管护力量薄弱等，植被得不到养护，影响了公路生态及景观，使得高速公路绿化率、成活率、覆盖率偏低。

7. 稳固绿化成果工作不全面

稳固绿化成果与绿化建设项目以及后续的养护工作有着同等的关键性。唯有将这项工作做全面，才得以保证绿化项目的总体效益，将绿化的全部功用都施展出来，并且将最优质的绿化成果为百姓呈现出来。然而，当前国内对绿化建设项目投放的成本并不是很多，有些项目在施工期间，仍使用老旧的养护机械设施。同时有关部门也没有对养护人员开展培训，来提升养护人员的专业技术以及增强绿化常识的储备，使得绿化建设项目在实际施工期间，选购的植物与所在地的现实情况不吻合，致使植物很轻易就会遭受到气候类型、土壤类型和质量、绿化规模等若干因素的妨碍，还经常会有病虫害的产生。

二、对策建议

1. 将筹划与设计工作做全面

应该先参照项目筹划的总体方向，将绿化的特点总结出来。在绿化建设期间，普遍用到的是乔木、花草以及灌木，对这些植物进行合理规划运用，便能构成拥有层次感的植物群体。除此之外，唯有深度掌握项目的实际情况，并且各部门人员协同将每一项筹划工作做全面，才可以避免在不了解实际情况下开展绿化建设，否则不但会产生许多潜在的问题，而且还会增加总体成本。与此同时，在选购植物时，应该以出芽率高、耐病虫害、存活力强的植物为主体，以减少养护费用，为绿化项目节省成本。

2. 增强管控力度，加强推广

首先，应该壮大绿化建设项目的养护团队，并且定期为有关人员开展专业培训，以此来提升管护人员的专业素养。其次，增强有关人员的安全防备认识，在项目实际实施期间，应该严格遵从安全施工规程标准作业，在确保个人安全的同时，还能够减少管控的风险。最后，划分管控工作职责与任务，在平时进行管控工作期间，应该做好管控记录。

除此之外，还应该将机械设施管控的记录表编制出来，并且将设施维护修理记录做好。另外，还应该核算好各子项管控工作的费用，以便恰当地将各项资金运用好，为养护施工做好导向，从而降低养护总体成本。最后，增强绿化建设的推广力度，让百姓都能够认识到绿化建设的重要性，提升百姓爱护绿化植物的意识，从而确保绿化植物不会遭到破坏。

3. 将“人”作为重要的绿化主体

由于长期以来的观念，人们把绿化理解成了“造景”，绿化的主体是植物，比如一些道路景观以敞开式绿地为主，缺少绿荫。由于种植行道树后会遮挡远处的景观，造景时忽略了为行人提供阴凉，缺少了“以人为本”的元素。应遵循“以人为本”的绿化理念与风格，倡

导绿化工程是“以人为本”工程，而不是单纯“造景”工程。因而绿化建设过程中，应倡导多为人拓展林下活动空间，多为人开辟绿地活动空间。

4. 简约自然的绿化风格回归绿化本质

道路绿化自身要形成一个生态景观系统，应该基于道路的空间位置，与周边环境相结合。同时道路景观自身是一个相对独立的生态景观和游憩系统，绿化不要留下过度设计的痕迹，应该追求简约自然的景观效果。道路景观提升中应减少大色块的运用，增加物种多样性，种植乔灌草复层植物群落，减少人工痕迹，增加绿荫量，形成比较自然的景观效果。

第四节　案例解析

一、贵州省喀斯特地区高速公路绿化工程植物应用

1. 总体思想

贵州省高速公路绿化工程设计，选取了符合绿化工程设计要求的适宜当地气候、土壤等条件的植物种类，更好地适用于贵州省喀斯特境内高速公路新建、改建和修复绿化工程。贵州因地理位置特点具有地理环境的复杂性，选择适宜当地生长环境条件的植物，避免盲目选取不适宜当地气候条件或较名贵的树种，做到适地适树，具有重要意义。

2. 规划设计原则

（1）绿化工程设计原则

功能要求的原则：绿化工程除了美化公路外，还应满足一定的功能要求。如，中央分隔带的防眩要求、互通立交三角区域的视线通透要求等。

恢复性原则：恢复性是指在高速公路绿化设计中运用多种生态修复手段来恢复已遭破坏的生态环境。如针对高速公路建设过程中形成的大量边坡，选择适当的植物护坡绿化措施，目的是恢复边坡的植被，以起到固土护坡的作用。

自然式原则：自然式与传统的规则式设计相对应，通过植物群落设计和地形起伏处理，从形式上表现自然，立足于将公路环境充分融入自然环境中，创造和谐、自然的新景观。

和谐统一的原则：公路沿线的山岭、平原、河流，构成美丽的风景，千变万化的植被体现出一种自然美。公路作为一种构造物，既要满足车辆通行的基本要求，又要达到自然与再造的和谐统一。

突出景观效果的原则：公路通过各类植物的合理搭配，不仅能够显现丰富的层次性，最重要的是合理的群落配置，可以使花期、果期和植物季相变化形成延续性和变化性，使高速公路达到“一条大道、两路风景、三季有花、四季洁美”的景观效果。

（2）植物选择原则

功能性原则：选择满足高速公路绿化功能要求的植物，对部分工程区域绿化植物有特殊

要求的需满足其相应功能。

适应性原则：因地制宜，适地适树，注重乡土植物应用，突出地方特色。适当引种驯化一些绿化效果好、适应性强的园林绿化植物，以丰富高速公路绿化效果。

经济性原则：在进行绿化设计时，植物的选择需要综合考虑其景观性、生态性及经济性。在保证景观效果、生态效益的情况下，选择经济性较高的植物。

多样性原则：植物选择以乔、灌、草相结合，常绿为主，常绿与落叶相结合，速生树与慢生树相结合，营造多层次的植物群落。

3. 物种选择与配置

（1）绿化工程内容

道路绿化工程包括中央分隔带绿化工程，路堤边坡绿化工程，挖方路侧绿化工程，互通式立交绿化工程，隧道出入口区域绿化工程，弃土场绿化工程，服务设施、管养设施站场绿化工程和路堑边坡绿化工程。

（2）绿化工程植物选择要点

① 中央分隔带的绿化和美化。中央分隔带的绿化和美化直接体现着高速公路的美观与舒适，是高速公路的主体组成部分。根据中央分隔带具有遮光防眩、引导视线、美化环境、减少噪声、隔离车道的特点及应给广大司乘人员一种安全、舒适、自然美感的要求，植物的选择常常以常绿、慢生、耐寒、耐旱、耐修剪为原则。防眩乔木列植并适当点缀花草、灌木，色彩搭配在一定限度内充分表现植物的季相变化，并形成丰富的层次。

② 挖方路侧绿化工程。挖方路侧绿化工程以美化沿线公路路侧为目的，使之具有良好的功能性及景观性。通常情况下路侧种植区域宽度较窄，因此在方案中通常采用列植的形式，主要以常绿乔木、灌木、花草相搭配，所选植物规格不宜过大。

③ 互通立交绿化。互通立交作为高速公路一个重要的节点，此区域的绿化工程也是比较重要的一项内容。因为互通绿化区域较大，且受到地形的影响，所以此处的绿化方案没有一定的模式，可以是自然式的群落配置方式，在地形较为平整的区域同样可以营造规整的色块和图案。在植物的选择上，通过不同植物的搭配种植，突出绿化的层次感及立体效果，追求植物的季相变化，以达到四季有景可观、三季有花可赏的绿化效果。部分互通区域在条件允许时，可考虑经营及管养需要，种植经济林及路段常规植物，以增加收益，或对绿化中的病株、死株进行替换及补种。

④ 隧道出入口绿化。填平或挖平区域，作为高速公路绿化工程的另一个重要节点，可以通过植物的搭配来展现其优美的景观性。在植物配置方面，因为出入口区域宽度和长度通常情况下都较大，因此要注意给司乘人员在视线上营造一定的节奏感、韵律感。

⑤ 弃土场区域的绿化。弃土场区域注重水土保持、有遮挡裸露土层的要求，因此在选择植物上，主要以适应性较强，对土壤以及水分要求都不高，生长较快以及覆盖率较好的植物为主。在条件允许时，应考虑经营及管养需要，可以种植经济林及路段常规植物。

⑥ 服务区、停车区及收费站等站场绿化。服务区、停车区及收费站等站场绿化工程与高速公路其他区域有所区别，站场区域作为工作人员、司乘人员等工作、休息的场所，绿化景观可以供其驻足观赏，因此在植物选择时，可选植物种类较多，且植物的配置方式也较为多样化，可以孤植、群植、列植等，还可以通过植物营造一定的空间，以满足人员活动、休息的需要。

⑦ 高速公路路堤、路堑边坡绿化。高速公路路堤、路堑边坡的植物防护和绿化不仅能够防止水土流失，还能够有效地改善公路生态环境。土质边坡绿化应重视草、花、灌不同配比的发芽率、覆盖率等指标，岩质边坡不宜采用喷播种植土方式绿化，应在坡脚及平台上砌筑种植池并选用藤本（攀缘）植物进行绿化。

（3）植物配置

根据贵州气候、土壤等特点，进行总体设计，应在工程技术的基础上结合园林、生态学原理，充分利用地形地貌、当地苗木资源，结合沿线土壤、气候以及自然、人文环境，进行植物造景，力求创造源于自然、融入自然的公路绿化。为此，应利用公路两旁的自然植物群落，结合公路环境中人工植物群落的建立，采用障景、借景等造景手法，通过植被的分割变化来衬托道路的植被轮廓线，从而形成一条绿色风景线。

根据绿化工程设计内容，来进行植物配置：

① 中央分隔带：乔木有塔柏、紫薇、山茶；灌木有海桐、黄杨、金叶女贞、红叶石楠（图10-20）。

② 路堤边坡：灌木有黄花槐、胡枝子、紫穗槐、蔷薇；草本有金鸡菊、紫花苜蓿、波斯菊（图10-21）。

图10-20　中央分隔带绿化

图10-21 路堤边坡绿化

③ 挖方路侧：乔木有刺桐、复羽叶栾树、柳杉、桂花、紫荆、紫薇、山茶、梧桐、碧桃、杜英；灌木有木芙蓉、海桐、红花檵木、黄杨、金叶女贞、红叶石楠、迎春花、紫叶小檗、杜鹃、龟甲冬青、黄花槐、南天竹、十大功劳、法国冬青。

④ 互通式立交：乔木有刺桐、银杏、香樟、复羽叶栾树、桂花、雪松、罗汉松、白玉兰、合欢、紫荆、日本花柏、厚朴、鹅掌楸、枫香树、四照花、喜树；灌木有海桐、火棘、红花檵木、黄杨、金叶女贞、夹竹桃、红叶石楠、迎春花、紫叶小檗、龟甲冬青；草本有黑麦草、波斯菊、紫花苜蓿（图10-22）。

图10-22 互通式立交绿化

⑤ 隧道出入口：乔木有刺桐、楠竹、紫竹、雪松、复羽叶栾树、桂花、合欢、紫荆、紫薇、罗汉松、厚朴、鹅掌楸、木荷、四照花、杨梅、碧桃、山杜英；灌木有海桐、蜡梅、红花檵木、金叶女贞、红叶石楠、紫叶小檗、金丝桃；草本有波斯菊、紫花苜蓿（图10-23）。

图10-23 隧道出入口绿化

⑥ 站场：乔木有刺桐、楠竹、慈竹、紫竹、小琴丝竹、水杉、南方红豆杉、银杏、白玉兰、桂花、合欢、紫荆、龙爪槐、厚朴、鹅掌楸、榆树、灯台树、山茶、罗汉松；灌木有海桐、火棘、红花檵木、夹竹桃、红叶石楠、苏铁、南天竹、十大功劳、蜡梅、月季、金丝桃、石榴；草本有黑麦草、波斯菊、紫花苜蓿（图10-24）。

⑦ 弃土场：乔木有柏木、女贞、刺槐、柳杉、楝树；灌木有火棘、夹竹桃、檵木；草本有葎草、香根草。

⑧ 路堑边坡（岩质边坡）：藤本植物有常春油麻藤、爬山虎、常春藤、葛藤。

⑨ 路堑边坡（土质边坡）：灌木有黄花槐、胡枝子、紫穗槐、蔷薇；草本有金鸡菊、紫花苜蓿、黑麦草、波斯菊、狗牙根。

4. 种植设计

（1）黔北中山峡谷地区植物种植设计

① 中央分隔带植物：乔木为塔柏、山茶；灌木为金叶女贞。

② 挖方路侧植物：乔木为刺桐；灌木为木芙蓉、金叶女贞。

③ 隧道出入口植物：乔木为刺桐、楠竹、紫竹；灌木为金叶女贞、红叶石楠；草本为波斯菊。

图10-24　高速公路收费站场绿化

（2）黔中中山丘原地区植物种植设计

① 中央分隔带植物：乔木为紫薇；灌木为红叶石楠、红花檵木。

② 挖方路侧植物：乔木为复羽叶栾树；灌木为红花檵木、西南红山茶。

③ 岩质边坡：藤本植物为常春油麻藤、爬山虎、葛藤。

④ 互通立交植物：乔木为香樟、三角枫、鸡爪槭、枫香、红花木莲、桂花、雪松；灌木为金叶女贞、红叶石楠、红花檵木、海桐、火棘、夹竹桃；草本为波斯菊、紫花苜蓿（图10-25）。

图10-25　黔中中山丘原地区高速公路绿化

（3）黔南低中山峰丛盆谷地区植物种植设计

① 中央分隔带植物：乔木为桂花、山茶；灌木为黄杨。

② 挖方路测植物：乔木为小叶榕、柳杉；灌木为海桐、金叶女贞。

③ 路堑边坡植物：灌木为粉背羊蹄甲、黄花槐、蔷薇；草本为白三叶、狗牙根、紫花苜蓿、金鸡菊、黑麦草（图10-26）。

图10-26 黔南低中山峰丛盆谷地区高速公路绿化

（4）黔东北低山丘陵地区植物种植设计

① 中央分隔带植物：乔木为桂花、塔柏；灌木为海桐。

② 挖方路侧植物：乔木为深山含笑；灌木为紫玉兰、十大功劳。

③ 路堑边坡：灌木为黄花槐、千里光、蔷薇；草本为紫花苜蓿、波斯菊、萱草。

④ 弃土场植物：乔木为柳杉、银桦、女贞；灌木为火棘、夹竹桃、千头柏；草本为沿阶草（图10-27）。

图10-27　黔东北低山丘陵地区高速公路绿化

5. 养护与管理

（1）植物养护

① 灌溉和排水。园林苗木在种植阶段以及养护阶段，都需要充足水源的支持。必须要保证供水量的充足，要定期对绿化植物进行浇水养护，对排水设施进行合理的设计，在绿色植物附近设计并铺设排水沟。

② 定期开展施肥管理。结合苗木的特点以及园林绿化植物生存的环境，制定出科学合理的施肥养护计划。考虑土壤营养问题及土壤污染问题等，为绿化植物提供健康生长的良好环境。对园林中的落叶进行定期清理，确保绿化植物获得顺畅的自然肥力循环。

③ 对杂草进行及时清除。重视绿化植物的生长环境，特别是土壤环境的质量，保证绿化植物种植地的土壤可以满足植物对水分的需求，同时植物根部可以顺畅呼吸。除草工作要应用翻耕等技术手段，有效去除土壤表面多余的杂草，避免出现因杂草生长而争夺绿化植物营养的现象，为绿化植物的生长提供充足的营养支持。

（2）植物管理

将园林规划与植物养护工作之间相互促进的价值进行充分发挥，促进园林工作人员素质的全面提升，全面了解植物养护工作的开展在生态保护层面、教育层面、减灾层面的重要价值，调动园林工作者的工作热情。

① 促进养护工作流程的完善性以及工作的规范性。对园林绿化植物进行日常养护的过程中，要对施肥、灌溉、修剪等工作的细节给予足够的重视。应根据具体情况，同时按照工作

程序及原则来开展工作，确保园林养护工作能够得到有序开展，减少盲目养护工作的开展。相关部门对日常养护工作的开展要制定相应的监督管理机制，对各项工作的执行与落实情况进行有效的监督与管理，为苗木的健康生长以及园林的美观提供保障，促进园林植物效益的不断提升。

② 将病虫害的防治管理工作作为重点工作来抓。要以预防为主，坚持综合防治的原则。详细分析各个季节出现病虫害问题的特点，对病虫害的发生进行总结与掌握，安排专人负责预测、预报病虫害的工作。结合药物的特点来进行药物防治，避免出现病虫害的大面积发生，将病虫害的危害控制在最小范围内。

③ 安排专人来负责巡查、维护与看管工作。对园林绿化植物实施养护，这项工作的开展需要很长的时间，工作人员要对绿化植物定时进行巡查、看管，以了解其生长相关的各方面情况。工作人员在巡查过程中，要对病虫害、伤残枝、干枯枝等各个方面进行仔细巡查，一旦发现问题，就要给予及时的处理，提高园林养护工作的效率。

二、贵州大思高速互通式立交绿化工程植物应用

1. 项目简况

大思线起于贵州铜仁市大兴镇，止于贵州省铜仁市思南县，全长约152km，共有10座互通式立交，该项目已于2013年12月3日建成通车。该项目互通式立交绿化设计地理位置靠近重要城镇，互通内部场地开阔、平整，周边环境优美，有利于打造体现地方特色的景观，互通定位为景观型互通，其他互通作为常规型互通来进行景观绿化设计（吴云天，2016）。景观型互通较常规型互通采用更多的植物品种进行配置，大量种植开花、色叶植物，在匝道分流汇合处重点突出，再配以景观树形成主景，使其产生更好的景观效果。

2. 绿化设计原则

高等级公路是经过国家有关部门的审批而规划建设的国家乃至地方重点工程项目之一。在工程立项、报批的同时，也就确定了道路的性质、功能以及近期和远期的建设目标。在此基础上，根据道路所处的地域范围、地形地貌、立地条件等自然因素和地域特色、文物古迹、风俗习惯等人文因素进行综合，确定相应的设计原则进行生态恢复建设，以便减少水土流失，获得生态效益（图10-28）。

其中植物的配置应遵循以下几种原则：

① 保持物种多样性，建立自然群落结构；

② 遵从生态位原则，优化植物配置；

③ 合理搭配目标植物与先锋植物的比例。

运用生态学原理构建一个和谐有序、稳定的植物群落，不仅能发挥生态效益，还能展现边坡景观。

3. 设计思路

高速公路互通绿化设计力争使互通区内更加自然，与周边的环境融合协调。通过对匝道

图10-28　高速公路互通设计

围合区内的场地进行微地形改造，使公路与环境产生和谐的对话关系，体现出对自然的尊重。

综合考虑互通式立交的交通流特点和场地条件，可分为以下几个区域进行绿化设计。

（1）风貌绿化区

匝道围合区中心是互通式立交绿化的主体，该区域的种植往往体现了互通的风貌，应遵循风貌段落规划，结合互通周边环境进行设计。

（2）生态绿化区

下边坡种植应与互通整体绿化统一考虑，以生态恢复为主。由于下边坡坡度较缓，种植采用以通透为主、不遮挡中心区域的原则，主要采用灌木和地被（吴云天，2016）。

（3）汇流区

在立交的合流处，为了保证驾驶员的视线通畅，根据车速确定以合流处为圆心，半径30～50m范围内的禁乔木绿化区。禁乔木绿化区内栽植低于司机视线的绿篱、草坪、花卉等，同时应注意与周边区域植物一致。

（4）分流区

在立交的分流处，为了起到提示驾驶员的作用，以分流处为圆心，半径30～50m范围内为指示绿化区。指示绿化区内栽植开花小乔木或彩色叶小乔木，提示驾驶人员路线变化（吴云天，2016）。

4. 设计要点

① 尽量采用当地常绿乡土植物，以便与周围环境相协调（图10-29）。

图10-29　高速公路互通绿化工程设计

② 设计中以植物造景为主，突出互通地域特性为辅。利用不同植物材料的镶嵌组合，形成层次丰富、景色各异的自然绿岛，以增强立交和道路的识别特征，既丰富了道路景观，又避免千篇一律（图10-30）。

③ 在匝道两侧绿地的入口处，适当种植一些低矮的树丛、树球或小乔木以增强标志性和导向性。

④ 弯道外侧种植乔木，以便引导行车视线，弯道内侧绿化种植低矮的花灌木，保证视线通畅。

⑤ 互通景观应主次分明，主景和背景相协调。

⑥ 互通式立交地应根据现场条件，适当进行微地形处理，从而为后期的整体绿化效果打下良好基础。

5. 代表性植物应用

设计选择全线比较有代表性的三处互通，通过设计构想、原始场地情况和完工后效果的对比分析，本项目互通绿化设计中的代表性要点如下：

① 互通内挖方边坡较多，放缓无工程防护的挖方边坡，与坡顶顺接，使视线更加开阔，坡面种植木槿（*Hibiscus syriacus*）、碧桃（*Amygdalus persica*）来作为主景，以期形成较好的景观效果（图10-31）。在围合区内带状种植香樟形成景观背景，使用木槿和碧桃作为前景，空白区域

图10-30　镶嵌组合、层次丰富、景色各异的自然绿岛植物配置

图10-31　高速公路互通边坡绿化

点缀大规格朴树（*Celtis sinensis*）、栾树（*Koelreuteria paniculata*）、碧桃和木槿，形成组团景观，成为互通景观焦点，层次丰富，突出了季相变化（吴云天，2016）。

② 通过在互通围合区片植香樟，形成绿化背景，成为互通景观基调，恢复互通绿化。若仅有片植的背景林，没有主要景观的话，互通将显得单调乏味，缺少变化。设计在视线焦点处丛植大规格朴树和其他开花小乔木，成为互通主景，主次分明。在匝道分流处列植开花小乔木木槿，既能起到提示作用，又成为线型景观，将绿化设计的景观性和安全性合二为一。

③ 坝盘互通，片植香樟和栾树于各匝道围合区，距离道路由近及远依次种植夹竹桃、黄花槐、栾树和大规格朴树，形成错落有致的景观绿岛，乔灌草、常绿植物与开花植物自然镶嵌相得益彰。在匝道外侧线性种植栾树，更是增强了行车安全性，丰富了景观。

④ 原始场地较为杂乱，雨后容易积水。通过场地设计，将原始场地改造为缓坡地形，结合植物的栽植，形成良好的景观效果，且利于排水（吴云天，2016）。另外，在填方弯道的外侧列植常绿乔木，强化弯道线型，起到绿化引导作用，提升驾驶员安全性。

⑤ 铜仁西互通挖填方和桥梁较多，植物设计采用杜英（*Elaeocarpus decipiens*）、栾树、中华红叶杨混栽的方式形成混交林，奠定了互通景观基调，再搭配大叶女贞（*Ligustrum compactum*）、黄花槐（*Sophora xanthoantha*）、贴梗海棠（*Chaenomeles speciosa*）点缀在视线较好的位置，丰富了景观层次和色彩。整个互通景观层次分明，色彩丰富，季相特点突出，体现了四季常绿、三季有景的设计思路。

⑥ 竖向设计。通过对原始场地内不同高差台地的利用，在不同的台地上栽植不同的植物。常绿植物栽于上层台地，落叶速生乔木栽于下层台地，形成层次分明的景观，体现了绿化设计因地制宜的思想。另外，在狭长呈带状的绿化区域内，列植贴梗海棠等开花小乔木，强化道路线形，区分不同匝道，提升了互通景观效果。

参考文献

陈有民，2012. 园林树木学 . 2 版 . 北京 ：中国林业出版社 .

邓云潮，张倩，2007. 高速公路绿化设计基本原则的探讨 . 筑路机械与施工机化，11: 66-68.

董运常，2006. 景观设计如何遵循色彩学 . 四川建材，3: 84-86.

李劲松，伍剑奇，2009. 浅谈高速公路绿化景观设计 . 山西建筑，35（7）: 351-352.

李敏，李爱林，2008. 园林景观设计中色彩的运用 . 河北林业科技，5: 67-68.

林万明，2003. 高速公路的空间环境与景观设计 . 中国园林，3: 65-68.

刘俊樊，2015. 山区高速公路本土植物的选择与利用技术 . 重庆 ：重庆交通大学 .

苏自新，2007. 道路绿化树种的选择及其应用 . 科技信息（科学教研），17: 462.

汤振兴，2008. 高速公路与沿线景观协调性研究 . 北京 ：北京林业大学 .

吴云天，2016. 互通式立交绿化设计浅析——以大思高速公路互通式立交绿化设计为例 . 公路交通技术，323: 141-145.

徐绍民，李宇宏，刘晓丹，2000. 高等级公路绿化设计研究 . 中国园林，1: 67-69.

徐薇，2006. 西安城市森林建设刍议. 杨凌：西北农林科技大学.
尹吉光，毛秀红，李妮妮，等，2003. 高速公路中央分隔带绿化研究. 山东林业科技，4: 41-43.
游雯，2014. 高速公路绿化设计理念与模式研究. 北京：中国林业科学研究院.
张迎春，2009. 浅谈高速公路绿化设计. 北方交通，10: 24-26.
周君，陈东田，郝美彬，等，2009. 山东省高速公路绿化植物配置研究. 中国农学通报，25（21）: 248-251.
周燕，2005. 城市公共空间植物景观设计研究. 武汉：华中科技大学.
朱世忠，王洪涛，1996. 浅谈高等级公路绿化规划设计. 山西林业科技，4: 47-49.

第十一章

西南喀斯特
河湖治理中的
园林植物应用

对河湖的开发利用给人类带来巨大效益的同时，也不可避免地破坏了河流的生态系统，给生态环境带来严重威胁，尤其是在西南喀斯特地区。因为喀斯特地貌的特殊性，其地质环境与生态环境尤为脆弱且破坏后不可逆性更强，故西南喀斯特地区更加迫切需要对河湖进行治理。喀斯特河湖主要面临河湖淤积、自净能力下降、水质污染加剧、生物多样性下降、土地贫瘠化和河流生态系统服务功能下降等生态问题（王文君等，2012），故用植物治理的生态方法修复喀斯特河湖生态系统，是实现喀斯特河湖生态环境可持续发展的长久之计。将园林植物应用于喀斯特河湖生态治理中，能够在治理河湖的同时，从风景园林的角度增强河湖景观的美观性与实用性。

第一节　西南喀斯特河湖治理总体概况

相对于平原地区河流，西南喀斯特山区河流的典型特征是河道狭窄，河湾多，河道水力比降大，洪枯水位变幅较大，河流漫滩及阶地不甚发育，岸坡陡，植被生长相对较好，河道淤积较轻，泥沙粒径大。汛期洪水具有陡涨陡落、洪量集中、峰型尖瘦、历时短等山区性河流特点（李钧，2011）。鉴于西南喀斯特山区河道的特点，目前设计通常采用的河湖治理方案有修筑防洪堤、防洪护岸、河道清淤疏浚等，这些治理的方式较为单一，技术也较为落后，缺少系统的生态治理的方式，无法顺应河湖生态治理的趋势和满足客观需求。近年来，我国大力推进城镇化，城市建设进入一个新的历史阶段。为加强产城融合、提升科技创新能力、加速产业集聚等，高新技术开发区、经济技术开发区、综合保税区等开发区应运而生，但其往往在河道、海绵城市等基础设施建设及规划、治理上考虑欠佳。

一、西南喀斯特地貌河湖水环境特征

西南喀斯特地貌（岩溶地貌）主要是碳酸盐岩与pH较低的水长期溶蚀的结果。为此，研究西南喀斯特地貌水环境特征时，要分析碳酸盐岩分布特征及其对岩溶地下水的控制作用，进一步了解水污染特征。

1. 碳酸盐岩及其对岩溶地下水的控制

以贵州喀斯特为例。贵州境内喀斯特地貌发育强烈，出露面积占全省面积的60%以上，主要分布在贵州北部、西部及南部。其中，南部和西部主要为开阔台地相的石灰岩区，其控制的岩溶地下水为溶洞-管道水；北部和东北部主要为局限台地相的白云岩区，其控制的岩溶地下水为溶孔-溶隙水；西北和西南部主要为开阔台地相的石灰岩与局限台地相的白云岩互层区，其控制的岩溶地下水为溶隙-溶洞水；西南的安龙-贞丰-紫云-罗甸一带和贵阳青岩、安顺地区主要为台地边缘相礁灰岩分布区，其控制的岩溶地下水为溶洞-管道水。

2. 喀斯特地貌水污染特征

喀斯特含水层对环境具有特殊的敏感性和脆弱性。喀斯特含水介质（碳酸盐岩）可溶性强，化学溶蚀留下的成土物质极少，降低了上覆盖层的天然保护功能。含水层补水与排水方式有孔隙、裂隙、管道三重介质。在西南喀斯特发育地区，污染物通过溶洞、泉眼、天窗等直接进入含水层，经岩溶管道向下流，在短时间内受污面积迅速扩大；污染物也可以在孔隙、裂隙中存储很长时间，难以治理。因此，喀斯特地下水污染的危害远大于非喀斯特地区。

二、西南喀斯特河湖治理的目标

结合西南喀斯特区域社会经济发展的实际过程，考虑地理区域特征、自然条件特征、历史根源、文化内涵等系列因素，充分勘查西南喀斯特河湖实际情况，维护河流自然、景观、生态的美学特征，规划治理成为西南喀斯特区域生态的窗口和名片。

目前，西南喀斯特大部分河湖综合治理都已经到了迫在眉睫的地步，但在治理工程实施前，有必要委托有相关资质并且经验丰富的单位进行深入研究，构建区域特色河流景观。城市河湖综合治理工程不仅要满足防洪、排涝、改善水质的基本需求，更要发挥改善城市环境、保护生物多样性、保护生态系统稳定性等功能，确保西南喀斯特经济社会发展与河湖生态建设的同步进行。

三、西南喀斯特河湖治理的重点

1. 完善污水排水系统

西南喀斯特河湖治理，特别是城市河流治理要注重完善污水排水系统的建设。应加强对工厂、学校、饭店、居民生活区的管理，沿线铺设污水排水管道，排污至郊区污水处理厂进行集中处理。污水排水系统的建设能够防止污水直接排入城市河道，造成河流水源性污染。铺设排污管道前，要进行专题调研，摸清区域工业废水、生活污水的污染物种类和数量，充分发挥分流区的初期截污功能，减少污水中有害物质含量，减轻污水净化的压力。

2. 实施雨污分流工程

西南喀斯特河湖治理要重视雨污分流工程实施。雨水与污水有着本质区别，雨水可以直接排入管道汇入河流，成为河流重要补充水源。一般情况下，雨水经过简单的沉淀净化处理，可以作为喷洒道路、灌溉的城市市政用水，同时，排入河道的雨水能够补充地表水，缓解城市水资源短缺现状。雨污分流工程的实施能提高城市污水收集效率，有利于污水处理，降低污水净化成本，避免对地表径流和地下水造成污染，改善河流水质环境。

3. 加强河道疏浚整治力度

西南喀斯特河湖治理要加强河道疏浚整治力度。整治过程中，应加强对河道疏浚清淤的治理力度，保持河道维护水深，为河道蓄洪排水、通航、城市供水等功能的发挥提供有效的保证。疏浚清淤工程应统筹考虑河道上下游水流特征，有计划地开展全河道疏浚整治工程；及时处理受污染严重的底泥，清除河道污臭现象，改善水体质量；对重金属含量严重超标的底泥，应结合环境部门要求，及时做好填埋工作，防止污泥随雨水进入河道造成二次污染。部分杂质含量少、土体肥沃的底泥可以作为城市花草种植的良性土壤，充分发挥资源的循环利用。河道疏浚整治是一个复杂的过程，需要制定合理的工程计划，定期开展河道清淤工程，优先采用大规模机械化生产模式，提高工程效率，缩短工期，减少清淤施工对居民生活环境的影响。

4. 注重景观和生态修复工程

河道护坡景观是人民现代化生活与自然最贴近的区域，充分发挥河道景观和生态服务功能是河道治理规划过程中需要重点考虑的问题。护坡景观建设应根据当地居民的生活特点与要求，结合历史、文化、民俗等因素，将滨水区打造成为城市发展和居民生活的新热点。河道护坡的绿色植物可以美化环境，吸收有害物质，提高水体自净能力，恢复受到破坏的河流生态系统。新型生态护坡可以为水体动植物提供良好的生存环境，保护水体生物的多样性和水陆生态系统的稳定性。在实际河道整治工程实施过程中，应结合生态环境评价体系，深入分析工程实施过程产生的各种环境问题，实施切实可行的环境补偿措施，减少河道整治工程对居民生活环境的影响。

5. 多措并举，强化治理

西南喀斯特河湖治理要多措并举，强化治理。排查方面措施有浮漂标记法、试剂追踪法、观察法、嗅觉法等。其中，浮漂标记法主要针对多条道路雨污管网错接、漏接、混接等导致污水入河的情况，可识别排污管网。试剂追踪法主要针对管网雨污混流情况，向可疑污水检查井投荧光素，在入河排口观察，如雨水排口出现荧光素颜色，即可判断雨污混流。观察法是指主要对排水口附近及河底的青苔等水生植物进行观察，如青苔变浅灰色或白色，说明水体出现异常。治理措施有物理、化学、生态-生物法等。其中，物理法主要指清除淤泥、清除杂草、补充新水源等。化学法主要是加入化学试剂，如加入铁盐促进磷的沉淀、加入石灰脱磷等，去除效果较好，见效快，但易产生二次污染。生态-生物法主要包括曝气复氧、生物膜、生物修复、生态系统修复等。曝气复氧是对缺氧状态河段进行人工冲氧，以增强河道自净能力，改善水质，恢复河道生态环境。生物膜是指将微生物附于载体表面，使微生物与污水接触，微生物摄取污水中的有机物作为营养物质，使污水得到净化。生物修复是指利用微生物及其他生物将水体或土壤中的有毒有害污染物质降解为二氧化碳和水或转化为无毒无害物质。生态系统修复是对已建设河道的水生物、两栖动物、微生物等进行科学选择、补充或调控，完善河道生态系统，增强微生物、动植物、水体的净化能力。

第二节　园林植物应用总体方案

一、功能定位

河湖治理是一项复杂的项目，其中用植物进行生态治理是实现河道及其所涉流域生态可持续发展的科学手段，所以园林植物在河湖治理中应作为占主体的治理手段和方法，应制定系统的植物生态治理标准，使该种治理方法规范化的同时，提高治理水平和效率。因此，园林植物在河湖治理中被定位为以生态手段修复河道，实现河湖生态可持续发展，改善环境条件，丰富人民精神生活的重要举措。

二、规划设计原则

1. 空间立体性原则

植物配置不应拘泥于平面的配置，应该更重视空间立体分层配置效果，模拟自然条件下植物种群对水分、阳光、养分与生长空间的竞争情况，具有复层结构的植物配置不仅可以提升植物群落对河湖的治理效果，还可以提升生态效益和景观效益（图11-1和图11-2）。针对不同的空间特点应进行不同的空间层次构图。对大面积的水域宜采用整体性的设计理念，在植物配置方面考虑远观效果（田郑鹏等，2015）。宽阔水域的水生植物配置在设计过程中应注重整体大而连续的效果，主要表现植物群植的壮观效果，例如采用莲（*Nelumbo nucifera*）、睡莲（*Nymphaea tetragona*）、唐菖蒲（*Gladiolus* × *gandavensis*）群落，结合成片芦苇（*Phragmites australis*）、香蒲（*Acorus gramineus*）以及水杉（*Metasequoia glyptostroboides*）、乌桕（*Triadica sebifera*）等适合栽植于水岸的乔木，从而达到整体和谐的效果。小面积的水域景观建造对植物的色彩、冠幅和高度等的要求相对较高（田郑鹏等，2015），应更加注重不同植物的搭配效果。

2. 适地适树原则

对园林植物种类的选择中，往往会以植物形态和景观效果作为选择的标准，但这些植物大多为一些引种植物，常常会面临水土不服、不适应该地环境条件的情况，同时还会造成大量人力和物力的消耗。而本地的乡土植物，是在长期激烈的物种竞争下的胜利者，对本土的

图11-1　城市河道治理与景观提升

自然环境条件有着高度适应性，并且采用乡土植物还可以发挥本土植物的文化与地域优势，有利于形成独具特色的植物景观。绿化工程中应根据当地的植被类型、植物种类，多选择当地的乡土树草种；考虑景观需求时，可适当引进抗逆性强、耐寒、耐湿又耐旱的植物种类，以提升河湖景观效果（李丹雄等，2019）。

3. 植物多样性原则

现代园林造园过程中，很多植物配置往往忽略了地被植物群落的生态功能，忽视了植物多样性的配置，这对植被群落的繁殖以及植被的生长有一定的影响（丁水龙等，2014）。植物多样性越丰富，说明植被群落越稳定。不同的植物，其形态、质地、色彩均有差异，多样的植物可以营造更加丰富的景观，从而满足人们不同的审美需求（包满珠，2008）。因此，在园林设计中不能仅仅单纯追求植物种的数量，还应多考虑植物配置的种类，满足植物种类的多样性，增加植物群落的丰富度（图11-3）。

4. 景观多样性原则

景观多样性是指景观单元在结构和功能方面的多样性，包含组成景观的斑块在数量、大小、形状和景观的类型、分布及其斑块间的连接性、连通性等结构和功能上的多样性，反映了景观的复杂程度（傅伯杰等，1996）。植物配置得当不仅能够丰富植被，还能增加景观层次，使河湖景观多样化。在景观植物设计中，应从整体构图和景观多样化的角度出发，筛选植物的种类、树形、枝势、色调、质感等，丰富人们的视觉美感；同时要打造出季相变化，春天观赏各种植物的各色花朵，夏天观赏植物茂密枝叶，秋天观赏植物丰硕的果实，冬天观赏各种形态的枝干，打造出移步换景、四季季相丰富的自然景观（图11-4）。

图11-2　河湖湿地建设与生态效益提升

图11-3　河湖治理植物多样性配置

图11-4　河湖治理植物景观多样性配置

三、物种选择与配置

西南喀斯特地貌主要分布于贵州省、云南省、广西壮族自治区的大部分区域。三个省（自治区）同处于亚热带季风气候带，植物物种应选择适合于亚热带季风气候的种类。同时针对河道治理，要选择同时满足耐水湿、净化水质能力强、植物根系较为发达的植物种类。植物配置应按照分层原则，注意乔木、灌木、草本相结合，打造出丰富的立体植物空间。平面种植时，按照国内外近年来对河岸带边界界定的依据主要有植被季相变化差异、土壤含水量、局部地形地貌。根据地形特征及河道行洪水位，在河流垂直方向上按照距离河道远近将河岸可绿化区划分为4种不同区域，即河流浅水区、生态驳岸区、河岸带、河岸高地区。

根据不同区域特点采取不同的植物配置，推荐植物见表11-1。

表11-1 西南喀斯特河湖治理植物配置推荐

序号	植物名称	科属	植物层次
1	油松	松科松属	乔木
2	云杉	松科云杉属	乔木
3	圆柏	柏科圆柏属	乔木
4	白桦	桦木科桦木属	乔木
5	黄栌	漆树科黄栌属	乔木
6	元宝枫	槭树科槭属	乔木
7	金丝垂柳	杨柳科柳属	乔木
8	垂柳	杨柳科柳属	乔木
9	青杨	杨柳科杨属	乔木
10	金叶复叶槭	无患子科槭属	乔木
11	樱花	蔷薇科樱属	乔木
12	山桃	蔷薇科桃属	乔木
13	山杏	蔷薇科杏属	乔木
14	黄金梨	蔷薇科梨属	乔木
15	紫叶稠李	蔷薇科李属	乔木
16	紫叶李	蔷薇科李属	乔木
17	西府海棠	蔷薇科苹果属	乔木
18	珍珠梅	蔷薇科珍珠梅属	灌木
19	黄刺玫	蔷薇科蔷薇属	灌木
20	爬地柏	柏科圆柏属	灌木
21	丁香	木樨科丁香属	灌木

续表

序号	植物名称	科属	植物层次
22	迎春	木樨科素馨属	灌木
23	连翘	木樨科连翘属	灌木
24	水蜡	木樨科女贞属	灌木
25	金银木	忍冬科忍冬属	灌木
26	猬实	忍冬科猬实属	灌木
27	爬山虎	葡萄科地锦属	藤本
28	紫藤	豆科紫藤属	藤本
29	白三叶	豆科车轴草属	地被及水生植物
30	红蓼	蓼科蓼属	地被及水生植物
31	高羊茅	禾本科羊茅属	地被及水生植物
32	东方狼尾草	禾本科狼尾草属	地被及水生植物
33	细叶芒	禾本科芒属	地被及水生植物
34	芦苇	禾本科芦苇属	地被及水生植物
35	矮蒲苇	禾本科蒲苇属	地被及水生植物
36	二月兰	十字花科诸葛菜属	地被及水生植物
37	石竹	石竹科石竹属	地被及水生植物
38	黑心菊	菊科金光菊属	地被及水生植物
39	天人菊	菊科天人菊属	地被及水生植物
40	虞美人	罂粟科罂粟属	地被及水生植物
41	麦冬	百合科沿阶草属	地被及水生植物
42	玉簪	百合科玉簪属	地被及水生植物
43	马蔺	鸢尾科鸢尾属	地被及水生植物
44	水生鸢尾	鸢尾科鸢尾属	地被及水生植物
45	荷花	睡莲科莲属	地被及水生植物
46	荇菜	龙胆科荇菜属	地被及水生植物
47	香蒲	香蒲科香蒲属	地被及水生植物
48	千屈菜	千屈菜科千屈菜属	地被及水生植物
49	水葱	莎草科水葱属	地被及水生植物
50	菖蒲	天南星科菖蒲属	地被及水生植物

四、种植设计

1. 河流浅水（滩）区

在河道浅水区，植物种植的种类主要以水生植物为主。水生植物栽植于河道浅水区后可吸附水体中的氮、磷等富营养化物质，增加水体中的氧气含量，抑制有害藻类的繁殖。同时根系深入泥土的植物可以遏制河泥中的营养盐向水中释放，还可以保持河道内的水土，阻挡和吸收重金属等有害物质及高分子有机物，有利于维持水体的生态平衡（田郑鹏等，2015）。

河道内带状的水生植物主要配置吸附能力强、造氧能力强、根系发达等具有极强河道治理功效的植物。同时要将植物配置出高低错落、疏密有致的空间形态，体现变化的节奏与韵律（兰波等，2009）。水生植物种类繁多，一般按照水生植物的生活习性、生态环境及形态特性将其分为沉水植物、浮水植物、挺水植物、浮叶植物、湿生植物、沼生植物、观赏水生植物以及沿岸耐湿的乔灌木等滨水植物（陈煜初等，2016；柳骅等，2003）。多数水生高等植物分布在水深100～150cm的水中，挺水及浮水植物常以水深30～100cm为适，而沼生、湿生植物种类只需20～30cm的浅水即可（柳骅等，2003）。在人流活动较多、河流浅水（滩）区水深0.8m以上的区域栽植荷花或者睡莲，人流较少的则以栽植芦苇或水烛为主；水深0.5～0.8m栽植唐菖蒲或香蒲，水深小于0.5m栽植水葱（*Schoenoplectus tabernaemontani*）；在水较浅、河水刚淹没的区域栽植美人蕉（*Canna indica*）和再力花（*Thalia dealbata*）（图11-5）。

图11-5　河湖治理浅水（滩）区植物种植

2. 生态驳岸区

生态驳岸区位于河道两侧，是紧靠河流水域的区域。因该区域受水流冲击较大，结构相对脆弱，设计时采用叠石驳岸，即沿着河岸，在河水和河漫滩交界的区域布置叠石，起到稳固驳岸的作用，有效防止水流对河岸的冲刷。该区域主要栽植鸢尾（*Iris tectorum*）和美人蕉等植物，以及狼尾草（*Pennisetum alopecuroides*）、蒲草（*Typha angustifolia*）等较耐湿的植物。结合驳岸叠石的布置和景观效果需求，在叠石的缝隙中种植迎春（*Jasminum nudiflorum*）等匍匐状的低矮灌木与虎耳草（*Saxifraga stolonifera*）等匍匐草本植物，起到强化稳固与美化驳岸的作用（图11-6）。

图11-6　河湖治理生态驳岸植物种植

3. 河岸带

这里提及的河岸带是一个狭义的概念，是指河流高低水位之间的河床或高水位之上直至河水影响消失为止的地带，位于生态驳岸区和河道堤防之间，通过过滤和截留沉积物、水分以及营养物质等来协调河流横向（河岸陆地到河流水体）和纵向（河流上游到下游）的物质和能量流动（孟伟等，2011；李林英，2013）。在河岸带栽植可选择的植物种类较多，但考虑到河道防洪要求，在该区域主要以地被植物为主，河岸带外沿采用灌木和小乔木点缀（图11-7）。在此区域采用二月兰（*Orychophragmus violaceus*）、玉簪（*Hosta plantaginea*）、绣球花（*Hydrangea macrophylla*）、石竹（*Dianthus chinensis*）等多年生花卉成片相间栽植，在其余区域用沿阶草（*Ophiopogon bodinieri*）、白三叶（*Trifolium repens*）等草本植物作为衬托。同时根据景观要求，在其中点缀香蒲、蓝花鼠尾草（*Salvia farinacea*）等植物，选择火棘（*Pyracantha fortuneana*）、迎春、轮叶赤楠（*Syzygium buxifolium* var. *verticillatum*）等色

图11-7　河湖治理河岸带植物种植

彩丰富的灌木进行个体栽植或者群植，丰富视线的变化。在河岸带外沿，栽植低矮的樱花（*Cerasus* sp.）和黄栌（*Cotinus coggygria*）等观花观叶树种，增加河岸带季节色彩，提高观赏休闲价值。

4. 河岸高地区

河岸高地区指位于河道堤防以外或者远离河流的一侧河岸区域。河岸高地区范围相对较大，植物的配置应以群植的形式为主，体现植物群落的群体美，故应以乔木为主体。在该区域栽植油松（*Pinus tabuliformis*）、水杉等耐水湿且季相丰富的大乔木，同时栽植树形挺拔、树冠小的桂花（*Osmanthus fragrans*）、垂柳（*Salix babylonica*）等小乔木，局部采用西府海棠（*Malus* × *micromalus*）、山桃（*Amygdalus davidiana*）、山杏（*Armeniaca sibirica*）等植物等作为点缀，林下采用麦冬（*Ophiopogon japonicus*）、八角金盘（*Fatsia japonica*）等耐阴草本丰富林下空间，同时也有利于稳固表土减少水土流失，减轻河湖治理压力（图11-8）。

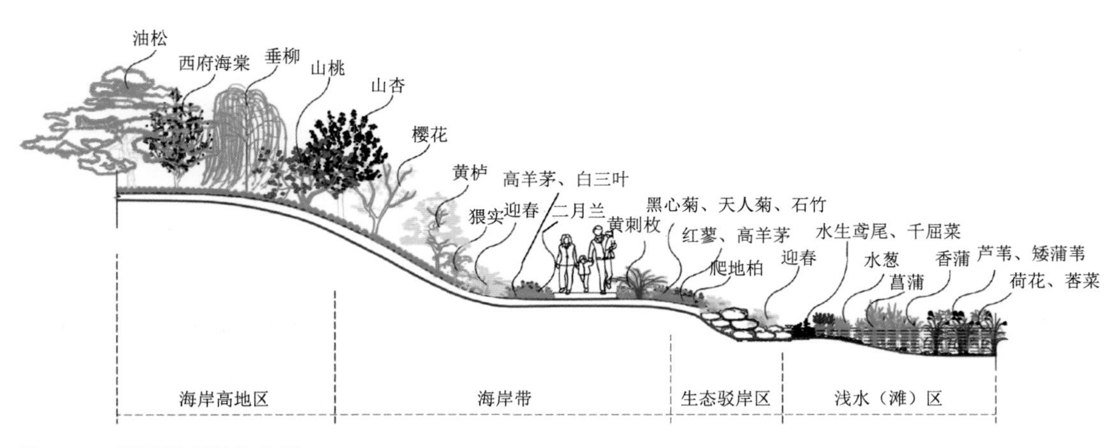

图11-8　河湖治理植物布局

五、养护与管理

园林植物养护是为了使园林植物生长良好，提高观赏效果而采取的技术手段。应用于河湖治理的植物大部分种植于浅水滩活水岸处，养护管理难度大，因此河湖治理的植物阳湖需在园林植物传统养护方式的基础上灵活处理。植物养护管理最理想的办法就是选用管理粗放的植物，减轻养护与管理的压力。选用自然生态群落中的野生植物，少用人工驯化的物种，同时多采用多年生的植物种类，减少更替的次数，不仅可以使环境自我养护，减少对已经形成的自然群落的破坏和过度干涉，而且还能减少人工养护的人力和物力的花费。

第三节　存在的问题及对策建议

随着社会经济的发展，当前喀斯特河湖面临着河道淤积、自净能力下降、水质污染加剧、生物多样性下降、土地贫瘠化和河湖生态系统服务功能下降等生态问题。植物治理的生态方法修复已成为喀斯特河湖生态系统修复的重要技术措施。将园林植物应用于喀斯特河湖生态治理中，在实现河湖治理的同时增强河湖景观效果已成为共识。目前相应的治理方式较为单一，技术也较为落后，缺少系统的技术体系，无法满足喀斯特河湖生态治理的趋势和客观需求。

一、存在的问题

1. 河岸问题

河岸规划建设中，生态环保理念植入不够。河岸护坡一般采用干砌石、浆砌石、混凝土硬化等措施，短期内防洪排涝、河岸稳固效果佳，但长期会造成凸岸或凹岸、生态系统失衡等诸多问题。究其原因是砌石、混凝土硬化河岸破坏了水生生物与两栖动物的生存环境，影响了河湖生态系统的稳定性（伍康福，2020；傅强，2016）。

2. 河道问题

河道规划建设中，实地考察不到位，人为规划拉直河道、破坏河床等，忽略了河流形态的多样性，易破坏原有的生态系统，导致河床渗漏、垮塌，严重时可导致河水枯竭。尤其是喀斯特地貌较发育地区，河道的弯弯曲曲、深浅不一、跌水、河床底部溶洞等是经过漫长的岁月、地质构造及生态系统的演变逐步形成的（伍康福，2020）。

3. 防洪能力差，淤泥堆积严重深入

当前，很多河湖岸均没有护岸等防护措施，或者是河堤比较单薄、规模小，这些均不符合我国河流防洪能力标准。很多通船的河道，常年的行船及风浪的侵蚀使得河堤、河岸均遭受不同程度的破坏，有的甚至出现大面积坍塌。此外，很多河流河岸附近植被均比较缺乏，水土流失严重。流失的水土一般随雨水进入河流，造成河床整体抬升。很多河道沿岸城市均采取野蛮式的开发模式，这使得河道严重变窄，再加上城市污水、垃圾等被随意排入或投入河中，这些均使得河床越来越高。以上诸现象影响了河道的泄洪能力，同时也给河流的治理带来难度（熊坤杨，2019）。

4. 生态失衡

很多砌石、混凝土硬化河岸护坡，破坏了两栖动物及部分水生生物的生存环境，影响流域生态系统的稳定性，生物多样性不断锐减，未及时采取有效措施恢复生态系统，河流自净能力不断下降，一旦出现污水入河，在短期内难以自净消纳污染物（伍康福，2020）。

二、对策建议

1. 从构建适宜生物栖息的角度出发，推行植被护坡

植被护坡最接近天然岸缘，既是一种生态护坡，也是一种科学的护坡形式，主要优势表现在：植物的茎叶可以缓冲雨滴下落的冲击，根可以起到表层土层加固的作用，减少坡面土粒的流失；植物的存在，增加了边坡的粗糙度，消减水流对岸坡的冲刷，降低岸坡崩塌的概率；繁茂的岸坡植物，为各种小动物提供栖息的场所，有利于提高生物的多样性，恢复受损的生态系统；同时，植被通过过滤、吸附地表径流中的悬浮物和其他污染物，起到改善水质的作用（赵宗锐，2018）。

2. 强化植物合理配置

大量实践表明，在河道附近种植足够的树木能够明显改善河流的环境，增强河流本身的调节能力。原因是树木一方面可以有效阻止水土流失进入河中，另一方面能改变当地气候，增加降雨量。此外，水中的植物、动物与陆上的植物还能进行物质能量交换，这可以明显增强河流本身的净化能力（熊坤杨，2019）。在进行河道改造的过程中，还应该尽量保证河道宽度与河漫滩面积，采取堤防后退措施使河道水流更好地连通，以增加河道承载水量，降低洪水对生态环境造成的破坏（姚元丽，2020）。

3. 利用新技术辅助清淤

许多河道在长年累月的使用中底部留存了大量淤泥，不仅影响河道功能的发挥，也不利于河道的美观，而这些淤泥如果处理得当，对农业生产、景观建设都可以产生帮助。在对河道淤泥进行清理的过程中，除了传统的人力和机械作业外，还可以辅以真空预压法进行处理。这是因为淤泥本身自重大，透水性差，长时间沉积在水底还会黏着其他污染物，而通过高压真空的方式，淤泥中的颗粒物与间隙被分解，淤泥也就无法块结，使堵塞问题迎刃而解。此外，在处理排水管道中的淤泥时，可以在管道上层使用抽水装置，同时在淤泥堵塞的起点处增加压力，以水的快速流动带动淤泥排出管道（姚元丽，2020）（图11-9）。

4. 完善水利河道治理施工体系

要按照不同区域河道的水流状况，构建起水资源网络结构，对不同工程的水资源合理利用，并开展严谨的方案分析流程，以确保后续工作的顺利开展。在工程的开展阶段，要以蓄水、防水、泄水作为河道治理工作的目的，合理选用建筑材料，并根据不同区域的需求开展河道治理工作，如滩涂围艮、堤围护岸、清淤除障等。除了防洪抗灾，河道治理时还应结合区域经济发展状况，改善沿岸水文情况和生态环境，使水利体系能够满足可持续发展的要求。

图11-9　河道清淤

综上所述，水利工程河道治理需要在满足水资源合理利用的前提下，贯彻落实生态水利的理念，在治理过程中尽量保护河道原貌，通过植物护坡、生态护岸、河流疏浚等方式科学、稳定地打造良好的河湖生态环境，促进人与自然的和谐发展（姚元丽，2020）。

第四节　案例解析

一、贵州蚂蚁河河道治理植物应用

1. 基本情况

贵州蚂蚁河为湘江右岸一级支流，流域面积77.4km^2，主河道长22.4km，位于贵州遵义跨播州区、红花岗区。当前，蚂蚁河部分区域在汛期无法满足防洪要求，危及周边居民的人身安全。在部分区域段堤岸高差较大，景观层次差，不适宜人类的活动，游人视线受阻，河流无可达性，缺乏游憩系统，景观无美感。部分河道硬化，逐渐转变成一条人工化水渠，一些自然功能丧失，河道缺乏动植物栖息地，生态安全性差。此外，河流水质污染严重。蚂蚁河两边存在较多的工业企业以及商场小区等集中居住点，部分企业直接将污水排放入河道，河道污染比较明显。蚂蚁河的总磷浓度不满足《地表水环境质量标准》中Ⅲ类标准要求，最大超标倍数为5倍，总氮浓度最大超标13.2倍，化学需氧量最大超标倍数为9.91倍。

2. 项目规划设计

本次治理河道纵贯湘江大道，设计长度为3.54km，河道宽度为12.6m，以河道边线为界，左右两侧各为15～25m城市绿化带。本着恢复河流生态系统、建设生态河道的治理管理理念，从河道的清淤疏浚、生态型护岸建设、河岸两侧的植物配置3个方面着手，开展蚂蚁河的生态河道治理及管理。3.54km的河道治理涵盖土建、绿化、综合管网、河道清淤等分项工程。项目占地约195000m^2，其中涉及绿化区域100000m^2，水体覆盖区域约25000m^2，河道清淤涉及面积约50000m^2，硬质铺装及道路面积约20000m^2，沿河道自南向北覆盖有15～25m宽度不等的斜坡绿化，同时配备景观照明局部灯饰工程（赖馨等，2019）。

3. 地形整治

（1）清理生活垃圾、建筑垃圾

大量的建筑及生活垃圾等废弃物被埋在规划的土地上。为了对这些废弃物进行就地处理，将分类后可以利用的垃圾堆筑成山体，对不能利用的垃圾采用深埋，以免污染土壤和地下水。因清理垃圾所产生的土坑，则回填种植土，种植植物。

（2）淤泥坑淤泥清挖

蚂蚁河的河底多为淤泥，给河岸护岸工程造成了很大的困难。因此，对河底的淤泥进行清理，以利于保证河底和护岸工程的质量。

（3）绿地整理

对用建筑渣土堆成的山体以及河底，山体部分在所有渣土的基础上回填2.0m厚的种植土，河底部分在膨润土的顶面回填0.5m厚的种植土，确保植物生长。

4. 植物应用

（1）生态驳岸的构建

护岸采用新型护岸技术，防止河岸坍方及河水与土壤相互渗透，提高河道自净的能力，并且利用植物或者植物与土木工程相结合，对河道坡面进行防护，形成具有一定自然景观效果的河道护岸形式，有草皮护岸、水生植物与柳树护岸、木桩护岸。

① 草皮护岸。岸坡土壤含水量过高会降低岸坡土壤的黏聚力，导致土体剪切破坏，考虑到该区域是垃圾回填的范围，为了保证岸坡的稳定性，除了夯实地基土和做防渗处理之外，还应尽量减缓岸坡的坡度。选择局部区段进行现场岸坡水流侵蚀试验，综合分析后得出最佳坡度≤1∶4，草皮护岸设计及剖面如图11-7所示。草皮护岸带的宽度为20m，草种主要选择沟叶结缕草，植被种植在正常水位线以上，可以添加山石在水位线部位，减少水流对泥土的冲刷，丰富岸边景观（赖馨等，2019）（图11-10）。

② 木桩生态护岸。在密林种植区护岸中，采用坡度≤1∶4.7的边坡，木桩位置固定在常水位线。桩顶至少比水位线高0.8m，便于防洪。木桩间隙可以散置卵石或者摆放生态袋作为反滤层，乔灌木以及地被植物可以种植在木桩以上的区域用来加固岸坡，并且可以用木桩作为基础。与水生植物相结合，使岸线具有丰富的层次感。

③ 混凝土砌块生态护岸。垂直式自然型护岸主要适用于岸坡较陡或水流冲刷严重的地段。护岸的高度一般小于3m。可以在护岸的基底设置逆坡，对于土质地基，基底逆坡坡度不

图11-10 草皮护岸

宜大于1 ： 10。对于岩质地基或基础碎石垫层，基底逆坡坡度应不大于1 ： 5。当使用黏性土作为填料时，应适当掺入卵石以增大其透水性，增强岸坡的抗风浪能力（图11-11）。

图11-11 草皮护岸设计

（2）植被修复

① 上游植被恢复。对于水土流失等裸露地，恢复自然植被。

② 城市河道植被景观建设。淹没区域、边坡区域恢复自然植被。

（3）典型节点植物配置

由于河道非常长且重复性高，以2个重要景观节点中有代表性的区域进行配置分析：

1号景观节点。详细分布见图11-12，植物配置见表11-2。在河道旁的浅水区布置蒲苇＋再力花＋常绿水生鸢尾＋水葱的水生草本植物组合能净化河水水质，有效吸收水中的氮（N）、磷（P）等引起水体富营养化的物质。不同功能的水生植物混合种植在一起能够加强系统净化河水的能力。在蒲苇、再力花、常绿水生鸢尾和水葱生长一段时间后，河水水质得到改善，河水变得清澈，环境更加美观。在栈道旁边布置千屈菜（*Lythrum salicaria*）、鸢尾和美人蕉等花形秀美的草本植物美化河岸环境。河岸斜坡上方种植海桐球（*Pittosporum tobira*）、红叶石楠（*Photinia* × *fraseri*）、垂柳（*Salix babylonica*）、水杉等乔灌木，降低工厂噪声污染、净化空气中的二氧化硫等有毒气体、吸附空中烟尘，使得空气洁净，在走道上能享受新鲜的空气和美丽的风景（图11-13）。

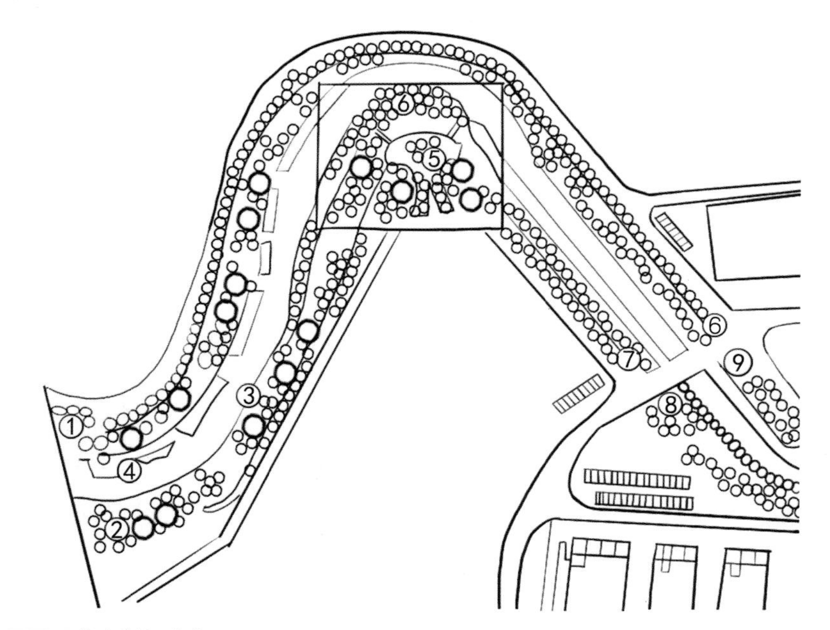

图11-12　1号景观节点详细分布

①—入口广场；②—入口广场；③—亲水木平台；④—木栈道；⑤—文化广场；⑥—入口广场；⑦—入口广场；⑧—入口广场；⑨—入口广场

表11-2　1号景观节点植物配置

植物分层	树种名称
乔木层	垂柳、杨梅、乌桕、水杉、毛果杜英、雪松、茶梅、桂花、日本晚樱、悬铃木
灌木层	栀子花、红花檵木球、黄花槐、小叶女贞、火棘、海桐球、龟甲冬青、金丝桃、二乔玉兰、南天竹、八仙花、丛生紫荆、锦绣杜鹃、大花六道木、蔷薇、结香、红叶石楠
草本层	鸢尾、千屈菜、美人蕉、麦冬、红花酢浆草、沟叶结缕草、细叶芒
水生植物层	再力花、蒲苇、水葱、常绿水生鸢尾

图11-13　入口广场植物配置

2号景观点。详细分布见图11-14，植物配置见表11-3。此处景点主要对特色景观桥进行水生植物配置。在景观木栈道附近的两岸种植多种水生植物（图11-15），如香蒲、再力花、花叶芦竹（*Arundo donax* 'Versicolor'）、常绿水生鸢尾，这4种植物都能净化水质。而草本层的花叶美人蕉能净化空气，这样搭配可以取长补短，使河水内的污染物能够最大化地去除，河岸上的银杏（*Ginkgo biloba*）、茶花（*Camellia* sp.）等能够吸收空气中的有毒气体，这些植物不仅能护岸还带有较好的景观效应。

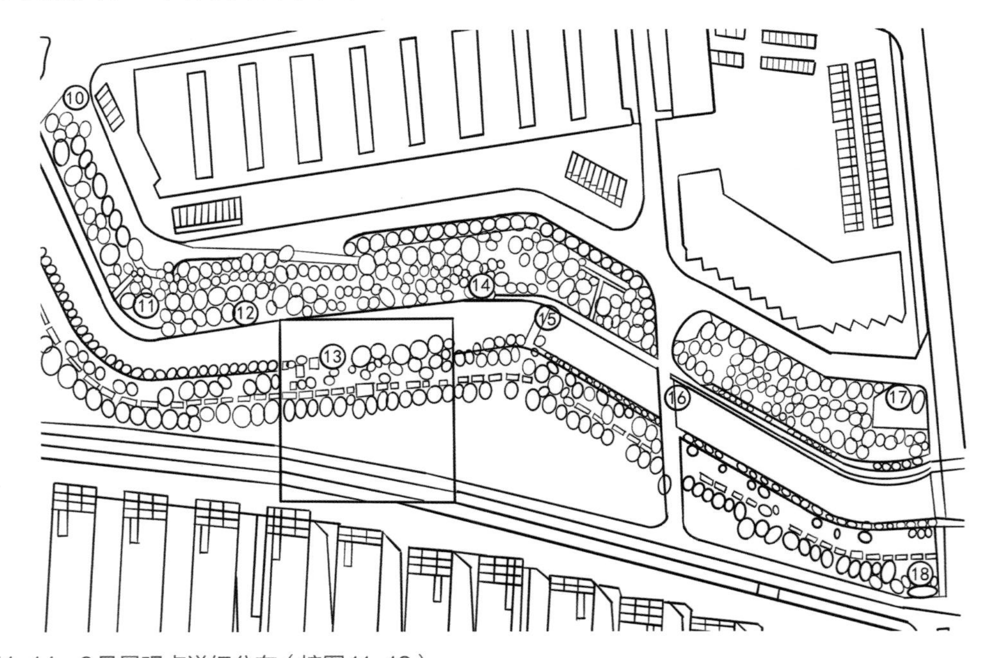

图11-14　2号景观点详细分布（接图11-12）

⑩—入口广场；⑪—市民文化广场；⑫—景观木栈道；⑬—景观木栈道；⑭—无障碍通道；⑮—拦水坝；⑯—城市规划道路；⑰—入口广场；⑱—入口广场

表11-3　2号景观节点植物配置

植物层	树种名称
乔木层	乌桕、桂花、银杏、枇杷、杨梅、日本早樱、碧桃、香樟、合欢、枫杨、紫叶桃
灌木层	海桐球、锦绣杜鹃、南天竹、金叶女贞、红花檵木、迎春花、红叶石楠、栀子花、紫叶李、金丝桃、茶花
草本层	细叶芒、鸢尾、花叶美人蕉、千屈菜、马蹄金
水生植物层	常绿水生鸢尾、再力花、花叶芦竹、香蒲

图11-15　景观木栈道植物配置

5. 管理对策建议

（1）水质管理

① 截污。工业污水通过城市规划进行截污纳管，对城市污水和生活污水进行综合协调，纳入城市污水管道，排入污水处理厂进行净化。

② 净化。在蚂蚁河河道体系中建立内河生态净化系统。通过生态净化系统后，雨水径流进入蚂蚁河的主水体。针对蚂蚁河河道，主要利用水生植物系统的形式来营造内河生态净化系统，场地内雨水就近排入河道水体中，并利用湿地植物进行净化。

③ 水质更新。利用引水稀释的方法来提高蚂蚁河水体的自净能力。蚂蚁河现有水量较小，可以通过工程引水的方法来稀释污染严重的水。这种方法可以在较短时间内降低水污染负荷，同时为水生动植物提供优质的生长环境和栖息地，从而提高蚂蚁河河水的自净能力，改善河流的水质。

（2）绿化维护

水陆交错带属于生态脆弱区，非常容易受到外部干扰。因此，在建成水陆交错带景观后，需要精心管理和长效养护，以避免受到人类过多的破坏，维持良好的景观效果，其管理机制和方法值得继续讨论和研究。

（3）管理制度

基于实际情况，管理制度对河道管理、落实责任将能发挥积极作用。河长制是这些年强化河流治理所采取的主要措施，其主要是对省市等管辖内的河流逐条进行细分，并由各级领导担任河长，实现对水质的改善，以保证社会经济的发展。

对于河道的生态建设，应在充分调查分析的基础上，遵循河流生态建设的基本原则和相关理论，以建设的基本思路为指导，综合运用河道建设的生态技术及实施有效管理，才能将河道建设成为“水清、岸绿、安全、永续利用”的生态河道，并实现生态效益、经济效益和社会效益的统一和可持续发展。

二、贵阳南明河河道治理植物应用

1. 南明河介绍

如今的南明河，绿柳拂堤，白鹭翩跹。无论清晨还是黄昏，在河岸边散步、锻炼的人络绎不绝。在这里人们感受着悠悠碧波的柔美与清新空气的温润（图11-16和图11-17）。全长118km，自西向东贯穿贵阳市区，是贵阳人们的母亲河。然而在20世纪90年代，南明河沿岸近百个生活污水及工业企业排污口，每天向河中倾泻约45万吨生活污水和工业废水；沿岸到处是煤灰垃圾，棚户区遍布河道两岸；河水水质严重恶化，鱼虾绝迹，进入市区的河段为劣V类水质。

图11-16 贵阳南明河

图11-17 贵阳南明河传统的硬化护坡

2. 治理工程与技术措施

为了能从根本上解决南明河环境问题，2012年，贵阳市政府提出“截污治污为先，内源污染消除为保障，两岸环境质量提升为需求，生态自净能力恢复为根本”的治理方案。系统推进河道整治、生态修复、污水处理、再生利用、面源治理等各项工作，启动实施了总投资达42.8亿元的“南明河水环境综合整治工程”。在综合整治工程当中，生态治理是必不可少的一项，主要在南明河两岸新增人工湿地和绿化带，处理分散污水，在河底种植沉水植物等，促进水体的自我净化和自我修复，让南明河成为一条真正的生态景观河（图11-18）。

项目将河道作为贵阳市自有的生态资源，应用恢复治理的措施，注重自然植物资源的保存与维护。尽量在原有植物的基础之上增加新的植物品种，以便维护两岸的自然属性，并与创新改造进行融合。最大限度地保障两岸的生态完整性及自然性，是南明河景观的生态化、自然化的重要表现形式。与此同时，为实现水生植物群落的重建，逐步构建适合各类水生动物群落生存和繁衍的必要场所，并利用水生植物吸收、吸附、过滤、沉降、微生物转化等过程，达到改善南明河水生态环境的目的。由于南明河自西向东贯穿贵阳市区，且沿岸景观已有规划设计的基础，项目对南明河沿岸治理采用植被浅沟与生态驳岸的设计。

3. 植物应用

（1）植被浅沟

植被浅沟又称为植被渠、植被缓冲带。利用植被浅沟中的各类植物截留并净化地表径流

图11-18 治理恢复后的南明河

中的污染物质。当区域内的地表径流流经植被浅沟时，其中的污染物经过植被的过滤、渗透、吸附及生物降解的联合作用后，含量会大幅降低，同时地表径流的流速也会大大减缓，其中绝大部分的大颗粒物质发生沉淀，使植被浅沟具备改善区域水质的能力（图11-19）。转输型植被沟内植被高度宜控制在100～200mm，防止水面断面减小。

由于城市污水多为污水处理厂收集处理，南明河内排水多为雨水汇集形成的径流，众多研究者经过分析测定，雨水中的污染物质有：悬浮物（SS）、有机污染物（COD）、氯（Cl）、总磷（TP）、溶解磷（PO_4-P）、总氮（TN）、铵态氮（NH_4^+）、总铁（TFe）、铅（Pb）、锌（Zn）、BOD_5等，且以悬浮物和有机污染物为主。污染物具有以下特点：污染物变化幅度较大，随机性很强；污染物浓度随降雨历时呈下降趋势，初期雨水水质较差，特别是SS、COD等指标超标严重；COD、Pb、Zn与SS之间存在较好的线性相关关系，悬浮物SS不仅本身是一种污染物，而且组成它的颗粒表面还为其他污染物提供了附着的条件。

植被浅沟既是一种有效的雨水收集和净化系统，也是装点区域环境的景观系统，因此植物的选择既要具有去污性又要兼顾观赏性。植物的选择原则有：优先选用本土植物，适当搭配外来物种；选用根系发达、茎叶繁茂、净化能力强的植物；选用既耐涝又有一定抗旱能力的植物；选择可相互搭配种植的植物。故可选择的湿生植物有芦苇（*Phragmites communis*）、灯心草（*Juncus effusus*）、千屈菜（*Lythrum salicaria*）等，水生植物有水芹（*Oenanthe javanica*）、睡莲（*Nymphaea tetragona*）、大漂（*Pistia stratiotes*）等，耐水湿乔木有湿地松（*Pinus elliottii*）、水杉（*Metasequoia glyptostroboides*）、垂柳（*Metasequoia glyptostroboides*）等。

图11-19　植被浅沟

在植物的配置上，自然式湿地沉淀池的沿岸可成片种植芦苇（*Phragmites communis*）、香根草（*Vetiveria zizanioides*）等湿生植物，限制性种植睡莲、大漂等水生植物，让悬浮物质得以沉淀的同时，也去除雨水中的部分有机污染物。自然式湿地沿线带状种植各种既能去除有机污染物，又有一定观赏价值的湿生植物，如，灯心草（*Juncus effusus*）、慈姑（*Sagittaria trifolia* var. *sinensis*）等，并要适当配置常绿湿生植物，如旱伞草属（*Cyperus*）植物等，保证冬季的净水能力。随着水质的逐步改善，在一些水流较缓的区域可种植睡莲等水生植物，增加观赏性。

其后期养护主要在于定期处理水中杂质。水中杂质除了来自于植物对水土的过滤，还有部分来自于植物自身的凋落，容易降低水体过滤的效率。补植、改植、及时清理死苗，对已老化或明显与周围绿化环境不协调的树木或花卉应及时进行改植，在保证过滤效率的同时也保证优良的景观效果。通过逐步构建水生仿生生物群落，改河流生态链结构的单一性为多样性，从而提高水环境承载力，并美化水域环境。恢复水生植被，对重建河流生态系统结构与功能有非常重要的作用。流入南明河的水经过植被浅沟的吸附过滤，再排入河道，可有效地达到径流污染控制的目的。

（2）生态驳岸

改革开放初期，部分城市为了提高城区防汛能力，刻意采用混凝土护堤来保护河道岸线。这种硬化虽然提高了河道边坡的稳固性，但也给水体与自然界土壤中的物质和能量交换造成严重阻碍，将原有部分水生动植物赖以生存的场所彻底破坏，大大削弱了河道水生态的自我修复能力，导致河道水生态环境进一步恶化。工程技术方面，改硬坡为缓坡岸堤，缓坡岸堤植物种植主要选择狗牙根（*Cynodon dactylon*）、百喜草（*Paspalum notatum*）等优质草种，选择香樟（*Cinnamomum camphora*）、清香木（*Pistacia weinmannifolia*）、小叶榕（*Ficus microcarpa*）等四季常绿树种，同时也可以结合木槿（*Hibiscus syriacus*）、常青藤（*Hedera nepalensis* var.*sinensis*）等植物，共同形成园林式的河道两岸环境。以此来形成稳固的植物防护地被，这样可以减少复杂天气对地表径流的影响，有效保护河道两侧坡面生态稳定性，防止地表径流对坡面造成破坏。在坡面较为开阔的地区采用乔灌草相互搭配的形式，这样可以增强水土保持植物的防护功能，同时也有利于维持河道工程的整体观赏性。

由于贵州地区喀斯特地貌的特殊性，河道两边均存在裸露岩石以及废土，这些都给水土保持植物的生长带来了严重的影响，很容易出现水土流失现象。结合贵州的气候条件，所选择的水土保持植物必须具有耐寒以及抗旱的特点，可以采用紫藤（*Wisteria sinensis*）、爬山虎（*Parthenocissus tricuspidata*）、常青藤（*Hedera nepalensis* var. *sinensis*）、女贞（*Ligustrum lucidum*）、木荷（*Schima superba*）等植物。根据生态适应性原则，应做到因地制宜，“适地适树”“适地适草”。植被应多为河道两岸原生物种，具有适应性强、存活率高等特点，作为河道两旁的水土保持植物，通过在河道两岸进行合理的种植搭配，能够有效改善河道两岸的土壤（图11-20），不但能够起到水土保持的作用，而且能够有效美观河道两岸的环境，提高居民生活的质量，有助于城市生态文明建设。

在植物搭配方面，选择灌草混植护坡原则、生态保育与植物多样性并重原则、与绿化目标相符原则及生态适应性原则。总的来说，在护坡体系中，植被以乡土物种为主，以多年引种驯化获得成功的外来品种为辅。灌木植物应具备的特点有：植物低矮，分枝多，覆盖能力强；根系抗拉、抗剪能力强，能延伸到土体深层；抗逆性强，如抗旱、抗寒、耐盐碱、耐贫

图11-20　南明河上游的生态驳岸

瘠等；绿期长，易养护管理，价格低廉。草本植物应具备的特点有：根系发达，根须多，分蘖性强，根系固土能力强；蔓延、覆盖性能好；生长快，绿期长，抗逆性强，耐粗放管理，等。茎秆直立型草本和疏丛型草本混播，可增加有效覆盖面积，增强坡面土壤抗冲性。根茎型草本和须根型草本混播，极易构成草本根系网，明显增强对土体的加筋作用，从而提高边坡根-土复合体的抗冲、抗剪强度。灌木中不同种类的搭配，应考虑灌木根茎不同生长分布类型的种间合理搭配，使浅层根系和深层根系均匀分布于坡面土层中，以充分发挥根系锚固作用和加筋作用的互补效应。草本和灌木的搭配，要充分考虑植物地下和地上的空间分布，实现对水分、养分、光照条件等的合理利用，减少植物生存竞争，保证边坡绿化的长期稳定，达到防护、生态、景观一举三得的效果（图11-21）。

图11-21　南明河市区河岸段的植物配置

4. 特色与展望

南明河作为贵阳人的母亲河，其生态安全关乎贵阳城市水源安全。在之前的生态修复治理当中，水质问题已经有了很大的改善。主要应通过建设污水处理厂来解决，还应该从源头上保护，通过应用植物的特性，以生态景观的手法保护水质安全。应在中下游严控垃圾、污水流入，丰富河岸带生态景观，力争将南明河沿岸逐步打造成具有自然之美的城市休闲河岸和生态走廊（图11-22）。

河道植被的后期养护，应根据植物的生长及开花特性进行合理灌溉和施肥。在秋冬季节旱期，每天的淋水量要稍大于该种类规格的蒸腾量，使其含水量保持在植物的标准配量之间；对一些成活率不高的品种或已明显老化死亡的植物要及时改植；及时做好病虫害防治工作，以防为主，精心管养，使植物增强抗病虫能力。

图11-22　具有自然之美的城市休闲河岸和生态走廊

三、贵州凯里金泉湖修复与景观建设植物应用

1. 项目概况

本项目位于贵州省黔东南苗族侗族自治州凯里市，北邻迎宾大道，东邻金山大道，南邻凯麻高速、沪瑞高速的交汇处。区域位于云贵高原东部，由西向东倾斜，山岭与盆地相间，冬无严寒，夏无酷暑。“天无三日晴，地无三里平”“一山有四季，十里不同天”是该区域气候非常形象的写照。本项目涉及面积合计548.3亩。

凯里市素有“苗岭明珠”“百节之乡”“芦笙的故乡”“歌的故乡，舞的海洋”“东方斗牛之乡”等美称，民族民间文化蔚为大观，民族传统节日多达135个，每个节日都包含着美丽的神话和传说，犹如一部活的民族艺术大词典。凯里市属典型的民族风情生态旅游区，以其得天独厚的自然景观、古朴浓郁的民族风俗和悠久独特的民族文化成为世界级的民族风情旅游胜地之一，被联合国世界文化保护基金会列为“返璞归真，重返大自然”最高档次的世界十大旅游景区之一，被列为“世界少数民族文化保护圈”和全国“绿城”之一。

2. 项目设计理念

活力金泉——强调功能使用，在沿湖设置商业街、会所、酒店及生态休闲活动中心等各种设施和空间服务市民。丰富而多样的滨水景观效果，塑造景观活力，强调生态保护，强调自然与城市协调，强调人的参与性，让人去体验场地的张力，体会文脉的内涵（图11-23）。

图11-23　活力金泉设计

生态水岸——注重改善城市生态环境，改变城市形象。以生态自然为原则，在形式上利用多重手法组织丰富样式。建设特色滨水休闲旅游区，完善城市的休闲功能（图11-24）。

图11-24　生态水岸设计

3. 植物应用规划设计

（1）功能定位

在遵循总体设计理念“活力金泉、生态水岸”的基础上，恢复和塑造自然生态景观，创造特色滨水景观及序列性的植物景观，将不同时期的观形、取色、闻香、品味及听声的植物合理地配置，组成了三时有花、四季有景的滨湖园林风光（图11-25）。

春天樱花、桃花繁花似锦；夏天香樟、鹅掌楸密闭成荫；秋天正值花期的桂花、叶色金黄的银杏树，配以常绿的广玉兰别有一番繁茂昌盛的景象；冬天苍劲的黑松、孤傲自赏的梅花，配以色彩红艳的山茶，平添几分盎然的情趣。

图11-25　三时有花、四季有景的滨湖园林风光

（2）规划设计原则

① 因地制宜，凸显地方特征的原则。根据现有场地特征，充分考虑当地的绿化基础、气候条件、地域条件和文化基础，融合本地丰富的历史文化底蕴。选择适合当地土壤气候等环境因素的树种。多考虑乡土树种，优先选用本土具有观赏价值的植物种类，注意季相变化的丰富性。

② 以人为本的原则。任何景观都是为人而设计的，但人的需求并非完全是对美的享受，真正的以人为本应当首先满足人作为使用者的最根本的需求。植物景观设计亦是如此，设计者必须掌握人们生活和行为的普遍规律，使设计能够真正满足人的行为感受和

需求，即必须实现其为人服务的基本功能（图11-26）。但是，有些决策者为了标新立异，把大众的生活需求放在一边，植物景观设计缺少了对人的关怀，走上了以我为本的歧途。如禁止入内的大草坪、地毯式的模纹广场，烈日暴晒，缺乏私密空间，人们只能望“园”兴叹。因此，植物景观的创造必须符合人的心理、生理，满足感性和理性需求，把服务和有益于“人”的健康和舒适作为植物景观设计的根本，体现以人为本，满足居民“人性回归”的渴望，力求创造环境宜人、景色引人、为人所用、尺度适宜、亲切近人，达到人景交融的环境。

图11-26　以人为本的植物景观构建

③ 科学性原则。植物是有生命力的有机体，每一种植物对其生态环境都有特定的要求。在利用植物进行景观设计时，必须先满足其生态要求。如果景观设计中的植物不能与种植地点的环境和生态相适应，就不能存活或生长不良，也就不能达到预期的景观效果。

④ 师法自然的原则。植物景观设计中栽培群落的设计，必须遵循自然群落的发展规律并从丰富多彩的自然群落组成、结构中借鉴保持群落的多样性和稳定性，这样才能从科学性上获得成功。自然群落内各种植物之间的关系是极其复杂和矛盾的，主要包括寄生关系、共生关系、附生关系、生理关系、生物化学关系和机械关系。在实现植物群落物种多样性的基础上，考虑这些种间关系，有利于提高群落的景观效果和生态效益。

（3）植物种植分区设计

① 商业度假区。在商业街、广场主入口布置树阵，以树形整齐、分枝高、树冠大的乔木为主，这种乔木除了有良好的透视效果，也可提供绿荫，配以色彩鲜艳的花卉或花境，自然与规则种植形式结合，创造热闹、高人气的商业氛围（图11-27）。

② 会所滨水区。种植乔木以常绿植物（香樟、乐昌含笑、女贞）为主、落叶色叶植物（法桐、日本樱花等）为辅，具有较明显的季节性，使人在感受轻松愉悦的同时亦体验自然界四季变化之美。采用花色植物烘托温馨浪漫之感，整体结合花色地被，形成一个色彩鲜明的景观植物带（图11-28）。

图11-27　商业度假区的植物种植设计

图11-28　会所滨水区的植物种植设计

③ 商业休闲区。以高大挺拔的植物为主干树，配以色彩鲜艳的时花、花灌、地被等，临湖结合地形，空间上适宜采用列植树阵+疏林花卉地被搭配，营造半开阔的望湖植物围合空间，为游客提供舒适自然怡人、慢生活的停留休闲空间（图11-29）。

图11-29 商业休闲区的植物种植设计

④ 生态湿地区。以湿生、水生植物芦苇类、荷花等片植为主要景观特色，展现富野趣、自然的湿地景观。阳光绿地以阳光、草坪、花卉共同形成大气、开阔的公共活动空间（图11-30）。

图11-30 生态湿地区的植物种植设计

⑤ 密林探幽区。以冬、夏景为主，通过自然式种植常绿、落叶针阔叶乔灌木，营造郁郁葱葱的混交密林植物景观，创造安静深远、较为密闭的空间序列；游人可在林中漫步，享受密林大氧吧的清新与安静（图11-31）。

⑥ 健身娱乐区。构建保健植物群落，以春景为主打，突出赏花、观果、芳香植物的景观，营造半开敞的活动空间，给人以春的活力（图11-32）。

图11-31　密林探幽区的植物种植设计

图11-32　健身娱乐区的植物种植设计

4. 植物物种选择与配置

（1）观赏景观季节分析

① 春季（红色）。万物复苏，欣赏植被新生嫩叶，春花旖旎。主要特色植被：垂柳、女贞、樱花、桃花、玉兰、含笑等（图11-33）。

② 夏季（绿色）。植被郁郁葱葱、色艳荫浓。主要特色植被：樟树、鹅掌楸、紫薇、荷花、石榴等。

③ 秋季（黄色）。收获果实、观赏落叶，体会季节的变化美。主要特色植被：桂花、银杏、水杉、法桐、芦苇等。

④ 冬季（蓝色）。观赏植物的枝干美，各花冬春怒放。主要特色植被：雪松、蜡梅、紫荆、杜鹃、山茶等。

图11-33　四季有景的植物配置

（2）商业度假区植物配置

特色：都市光韵、树姿绰约。

控制导则：

① 在商业街、广场主入口布置景观树阵，以树形整齐、分枝高、树冠大的乔木为主，如银杏、香樟、杜英、榉树、法桐等，除了有良好的透视效果，也可提供绿荫。

② 树阵间配以精致的花钵、树池，适当点缀色彩鲜艳的花卉或花境，自然与规则种植形式结合，创造热闹、高人气的商业氛围。

③ 岸边采用自然疏林草地的形式配置植物，如垂柳、红枫、五角枫、广兰+红花檵木、垂丝海棠、蔷薇+葱兰、萱草、红花酢浆草等。植被以灌木为主，乔木为辅，形成开阔视野的临湖空间（图11-34）。

图11-34　商业度假区植物配置

主要植物品种选用：

① 乔木——银杏、香樟、杜英、榉树、法桐、垂柳、红枫、五角枫、广玉兰、榆树、楝树、龙爪槐等。

② 灌木——海桐、金叶女贞、大叶黄杨、红叶小檗、常春藤、红花蔷薇、红花檵木、垂丝海棠等。

③ 地被及水湿生植物——非洲菊、金盏菊、天竺葵、三色堇、石竹、吉祥草、孔雀草、百日草、葱兰、萱草、红花酢浆草、水葱、美人蕉等。

（3）会所滨水区植物配置

特色：花开烂漫、四季之美。

控制导则：

① 会所前广场采用规则式配置，种植乔木以常绿植物为主、落叶色叶植物为辅。这种配置形式具有较明显的季节性，使人在感受轻松氛围的同时亦体验自然界四季变化之美。

② 会所建筑周边采用花色植物烘托温馨浪漫之感，整体结合花色地被，形成一个色彩鲜明的景观植物带。

③ 临湖平台结合树池，以榉树、银杏、垂柳等为上木，形成开阔视野；周边以疏林草地为主，草地边缘充分结合景点的立意，以散植、群植、点植等配置方式，配植日本樱花、水杉、法国冬青、樱花、丁香、紫叶李、紫穗槐、雪松等，营造半私密的休闲空间，用叶色、花卉的季节变化增强都市空间与自然风情相互结合的效果（图11-35）。

主要植物品种选用：

① 乔木——香樟、乐昌含笑、女贞、法桐、日本樱花、榉树、垂柳、水杉、雪松、广玉兰、领春木、红枫、香果树等。

② 灌木——南天竹、法国冬青、贵州苏铁、月桂、火棘、丁香、紫叶李、紫穗槐、小叶女贞、小叶黄杨、红叶小檗、红花檵木、海桐等。

图11-35　会所滨水区植物配置

③ 地被及水湿生植物——长春花、迎春、三色堇、雏菊、紫罗兰、鸢尾、紫藤、结缕草、水葱、香蒲等。

（4）商业休闲区植物配置

特色：傲梅林立、闲适怡人。

控制导则：

① 商业街区以高大挺拔的植物如香樟、榉树为主干树，设置特色花钵、花箱，搭配色彩鲜艳的时花、花灌、地被等，营造热闹的商业氛围。

② 临湖带状绿化，为达到视线通透，树木枝叶舒展遮阴，并与人具有互动性的效果，树种选择适宜多样性。结合地形，以红梅为主体，搭配当地品种不尽相同的梅花。空间上适宜采用列植树阵+疏林花卉地被搭配，营造半开阔的望湖植物围合空间，为游客提供舒适自然怡人、慢生活的停留休闲空间（图11-36）。

主要植物品种选用：

① 乔木——香樟、榉树、红梅、美人梅、当地梅花品种、水杉、雪松、广玉兰、鹅掌楸、单性木兰、翠柏、青钱柳、桢楠等。

② 灌木——阔叶十大功劳、红花檵木、金边黄杨、法国冬青、金叶女贞、毛叶丁香、白玉兰、碧桃、紫叶李、贴梗海棠、南天竹、伞房决明等。

③ 地被及水湿生植物——红花石蒜、红花酢浆草、满天星、半枝莲、凤仙花、三色堇、千日红、麦冬、吉祥草、黑麦草等。

（5）生态湿地区植物配置

特色：夏则荷香、秋则芦秀。

控制导则：

① 生态湿地以湿生、水生植物芦苇类、荷花等片植为主要景观特色，展现富于野趣、自然的湿地景观。游人在此可以欣赏到乡野湿地风光，春季柳梢新绿，夏季荷香虫鸣，秋季芦

图11-36 商业休闲区植物配置

苇摇曳，冬季银装素裹。

② 阳光绿地以开敞的大草坪为主，边缘搭配低矮的、花色艳丽多彩的地被植物，并以香花植物如桂花、丹桂、金桂等为主，阳光、草坪、花卉共同形成大气开阔的公共活动空间。游人可在此放风筝、晒太阳、踢球、野餐等，是游人重要的活动场所（图11-37）。

主要植物品种选用：

① 乔木——水杉、垂柳、银杏、雪松、法桐、鹅掌楸、杜英、榉树、观光木、穗花杉、银钟花、桂花等。

② 灌木——丹桂、金桂、大叶棕竹、小叶棕竹、南天竹、小黄花茶、紫叶李、蜡梅、火棘等。

③ 地被及水湿生植物——葱兰、满天星、常夏石竹、高羊茅、千屈菜、慈姑、灯心草、香蒲、唐菖蒲、紫花水生鸢尾、芦苇、狼尾草、睡莲、荷花、芒草、美人蕉等。

（6）密林探幽区植物配置

特色：夏日郁葱、冬景苍翠。

控制导则：

① 通过自然式种植常绿落叶针阔叶乔灌木，营造郁郁葱葱的混交密林植物景观，创造安静深远、较为密闭的空间序列。林中凉亭以冬景为主，配置雪松、蜡梅、毛杜鹃等冬季景观植物；绿林探幽则以夏荫为主，配置紫竹林、樟树、鹅掌楸、紫薇、石榴等夏季枝叶浓绿植物。

② 游人可在林中漫步，享受密林大氧吧的清新与安静，感受大自然的博大与包容，使身心得到在繁忙都市中难以获得的放松闲适。

主要植物品种选用：

① 乔木——雪松、紫竹、樟树、鹅掌楸、杜英、伯乐树、翠柏、厚朴、金钱槭、花榈木、大果马蹄荷、悬铃木、女贞、榆树、楝树、垂柳、红花木莲等。

图11-37　生态湿地区植物配置

② 灌木——蜡梅、毛杜鹃、紫薇、石榴、夏鹃、栀子、夹竹桃、海桐、八角金盘、月季、龟甲冬青、铺地柏等。

③ 地被及水湿生植物——麦冬、葱兰、矮生向日葵、矮牵牛花、大岩桐、满天星、红花石蒜、黑麦草、地毯草、毛杜鹃、水葱、千屈菜、香蒲、唐菖蒲等。

（7）健身娱乐区植物配置

特色：清风徐徐、远香缥缈。

控制导则：

① 在针阔混交密林的背景下，或自然，或规则，稀疏种植多种观赏价值较高的乔木和各种四季花灌木，突出赏花、观果、芳香植物的景观，营造半开敞的活动空间。

② 区域为健身活动场地，构建保健植物群落，以春景为主打，乔木以适量落叶植物搭配常绿植物；芳香类气体的散发，对人体具有保健功能；并多选用春季花色叶植物（金丝桃、迎春、碧桃等）群植，给人以春的活力（图11-38）。

主要植物品种选用：

① 乔木——深山含笑、紫花含笑、乐昌含笑、深山含笑、醉香含笑、峨眉含笑、香樟、银杏、竹柏、罗汉松、丹桂、白蜡、法桐、紫荆、白玉兰、元宝枫、红枫、五角枫等。

② 灌木——山茶、金丝桃、迎春、碧桃、垂丝海棠、贴梗海棠、伞房决明、龟甲冬青、紫叶李、阔叶十大功劳、迎春、紫茉莉等。

③ 地被及水湿生植物——三色堇、藿香蓟、美人蕉、一串红、红花酢浆草、凤仙花、矮牵牛、葱兰、红花石蒜、长春花、麦冬、黑麦草、凌霄、金银花、水生鸢尾、慈姑等。

5. 养护与管理

① 养护管理技术要求。应根据不同气候和立地条件及时浇水保持土壤湿度；对名贵树种或久旱情况下进行叶面喷雾；浇水后及时松土。

图11-38 健身娱乐区植物配置

② 施肥。施肥量因树而异，制定不同类型乔灌木施肥量及方法。

③ 中耕除草。乔木、灌木下的大型野草必须铲除，特别是对树木危害严重的各类藤蔓；中耕除草应选在晴朗或初晴天气、土壤不过分潮湿的时候进行；中耕深度以不影响根系生长为限。

参考文献

包满珠，2008. 我国城市植物多样性及园林植物规划构想. 中国园林，24（7）: 1-3.

陈煜初，付彦荣，2016. 基于园林造景的水生植物应用关键技术解析. 中国园林，32（12）: 16-20.

丁水龙，金晨莺，杨波，2014. 杭州三潭印月地被植物调查及配置特色. 中国园林（10）: 86-89.

傅伯杰，陈利顶，1996. 景观多样性的类型及其生态意义. 地理学报，5: 454-462.

赖馨，刘湘，2019. 城市河道生态化治理及管理研究——以贵州蚂蚁河为例. 湖北农业科学，58（12）: 79-83.

兰波，吴锦燕，2009. 城市河道生态自然景观营造的探讨——以南宁市五象新区良庆河、楞塘冲综合整治工程生态景观规划设计为例. 广西城镇建设，11: 95-98.

李丹雄，武亚南，王进辉. 2019. 浅谈河道治理工程中植物选择与配置. 福建林业科技，46（4）: 99-105.

李钧，2011. 贵州山区河道治理工程设计总结与思考. 人民珠江，32（4）: 30，63.

李林英，2013. 河岸植被带恢复技术. 北京：中国林业出版社.

柳骅，夏宜平，2003. 水生植物造景. 中国园林，19（3）: 59-62.

孟伟，张远，渠晓东，2011. 河流生态调查技术方法. 北京：科学出版社.
田郑鹏，曹虎，耿士均，等，2015. 水生植物在植物造景中的运用. 安徽农业科学，43（5）: 161-162.
王文君，黄道明，2012. 国内外河流生态修复研究进展. 水生态学杂志，33（4）: 142-146.
伍康福，2020. 贵州喀斯特地貌开发区河道治理问题与对策. 河南科技，20: 95-97.
熊坤杨，2019. 生态河道治理模式及其评价方法研究. 中国高新科技，3: 111-113.
姚元丽，2020. 水利工程河道治理常见问题及对策分析. 科技风，14: 205.
赵宗锐，2018. 河道生态治理的模式与工程设计. 郑州：郑州大学.

中文索引

Y

Z

拉丁文索引